普通高等教育"十四五"系列教材

水工钢结构

主编　王正中　陈媛　谢遵党

中国水利水电出版社
www.waterpub.com.cn
·北京·

内 容 提 要

本教材主要依据《钢结构设计标准》(GB 50017—2017)、《水利水电工程钢闸门设计规范》(SL 74—2019)、《高强钢结构设计标准》(JGJ/T 483—2020)、《建筑结构可靠性设计统一标准》(GB 50068—2018)编写。内容共分八章,包括:绪论、钢结构的材料及设计方法、钢结构的连接、钢梁、钢柱与钢压杆、钢桁架、平面钢闸门、BIM 技术在水工钢闸门设计中的应用。每章内容配有摘要、例题、章后小结,并附有思考题和习题。本教材为新形态富媒体教材,配套有电子多媒体课件,并应用网络技术穿插了部分动画、图片及工程案例等数字化素材,方便读者学习。

本教材内容丰富,系统性强,理论联系实际,可作为水利水电工程、农业水利工程、土木工程、工程管理及相关专业本科教学用书,也可供相关科研技术人员参考使用。

图书在版编目(CIP)数据

水工钢结构 / 王正中,陈媛,谢遵党主编. -- 北京:
中国水利水电出版社,2021.11
普通高等教育"十四五"系列教材
ISBN 978-7-5226-0300-1

Ⅰ. ①水… Ⅱ. ①王… ②陈… ③谢… Ⅲ. ①水工结构－钢结构－高等学校－教材 Ⅳ. ①TV34

中国版本图书馆CIP数据核字(2021)第252371号

书　　名	普通高等教育"十四五"系列教材 **水工钢结构** SHUIGONG GANG JIEGOU
作　　者	主编　王正中　陈　媛　谢遵党
出版发行	中国水利水电出版社 (北京市海淀区玉渊潭南路 1 号 D 座　100038) 网址:www.waterpub.com.cn E-mail:sales@waterpub.com.cn 电话:(010) 68367658 (营销中心)
经　　售	北京科水图书销售中心 (零售) 电话:(010) 88383994、63202643、68545874 全国各地新华书店和相关出版物销售网点
排　　版	中国水利水电出版社微机排版中心
印　　刷	清淞永业 (天津) 印刷有限公司
规　　格	184mm×260mm　16 开本　19.25 印张　468 千字
版　　次	2021 年 11 月第 1 版　2021 年 11 月第 1 次印刷
印　　数	0001—2000 册
定　　价	**52.00 元**

编审人员名单

主　编　王正中　陈　媛　谢遵党

副主编　李会军　尹志刚　李占超

编　者　（按姓氏笔画排序）

王正中　尹志刚　申永康　白俊斌

李占超　李会军　杨　芳　陈　媛

陈丽晔　张雪才　赵春龙　贾仕凯

谢遵党

主　审　王元清

前　言

　　本教材由国内实践经验丰富、掌握行业发展前沿动态的大型钢铁企业，金属结构加工企业，以及国有大型设计研究院专家及国家高水平理工科大学专家教授合编而成。以新工科创新人才能力培养为核心，重点突出理论与实践的有机结合，同时紧密结合（水工）钢结构领域的新成果及新规范，力求打造出一部产学研用无缝对接、现代化、立体化的《水工钢结构》多媒体教材。

　　本教材以专业培养目标为导向，从"合理增负""课时压缩"及"强化能力"出发，优化与重组教学内容，引进现代 BIM 设计新技术，新增数字化设计方法，加强了工程案例教学及工程前沿进展，充分利用了数字化资源和手段。内容上着重论述钢结构的基本性能和设计原理，强化基本理论和设计方法，将设计原理与最新科研成果和新规范相结合，以现行《钢结构设计标准》（GB 50017—2017）、《水利水电工程钢闸门设计规范》（SL 74—2019）等为编写依据。内容共分八章，包括：绪论、钢结构的材料及设计方法、钢结构的连接、钢梁、钢柱与钢压杆、钢桁架、平面钢闸门、BIM 技术在水工钢闸门设计中的应用。为了突出重点和难点，加深对钢结构的设计原理、计算方法和构造处理的理解及应用，各章前有内容摘要、中间有例题，后面有小结，并附有思考题和习题。本教材配套电子多媒体课件，并应用网络技术穿插了部分动画、图片及工程案例等数字化素材，方便读者学习。

　　本教材由西北农林科技大学、四川大学、黄河勘测规划设计研究有限公司、中国电建集团西北勘测设计研究院有限公司、中国水电建设集团夹江水工机械有限公司、西安工程大学、长春工程学院、太原钢铁集团有限公司、中国电建集团成都勘测设计研究院有限公司、扬州大学合编而成，具体分工为：王正中、白俊斌编写第1章；白俊斌、张雪才编写第2章；杨芳、贾仕凯编写第3章；陈媛编写第4章；申永康、尹志刚编写第5章；李会军编写第6章；王正中、谢遵党编写第7章；赵春龙、陈丽晔编写第8章；李占超制作PPT。整本教材由王正中、李会军统稿，清华大学王元清主审。本教材可作为高等院校水利水电工程、农业水利工程、土木工程及相关专业教材，也可作为相关科研与工程技术人员的参考书。

在本教材的编写过程中得到了各编写单位和中国水利水电出版社的大力支持和帮助，在此对他们一并表示衷心的感谢。

限于编者水平，书中难免存在不妥之处，敬请读者批评指正。

编　者

2021年6月

数 字 资 源 清 单

二维码编号	资 源 名 称	资源类型
资源1-1	思考题	拓展资料
资源2-1	钢板层间撕裂的断面图	图片
资源2-2	疲劳计算的构件和连接分类	图片组
资源2-3	正应力幅的疲劳计算参数	图片
资源2-4	剪应力幅的疲劳计算参数	图片
资源2-5	国内外不锈钢常用标准	图片
资源2-6	思考题	拓展资料
资源3-1	焊接连接	微课
资源3-2	普通螺栓连接	微课
资源3-3	铆钉连接	微课
资源3-4	高强度螺栓连接	微课
资源3-5	埋弧焊	微课
资源3-6	气体保护电弧焊	微课
资源3-7	角焊缝	微课
资源3-8	焊缝的代号	图片
资源3-9	对接焊缝的坡口形式	图片
资源3-10	钢板上的螺栓容许间距	图片
资源3-11	角钢上螺栓容许最小间距	图片
资源3-12	工字钢和槽钢腹板上的螺栓容许距离	图片
资源3-13	工字钢和槽钢翼缘上的螺栓容许距离	图片
资源3-14	型钢的螺栓排列	图片
资源3-15	思考题	拓展资料
资源3-16	习题	拓展资料
资源4-1	工作平台示意图	图片
资源4-2	钢平台梁格	图片
资源4-3	屋架钢梁1	图片
资源4-4	屋架钢梁2	图片

二维码编号	资 源 名 称	资源类型
资源 4 - 5	"工"字钢屋盖梁	图片
资源 4 - 6	H 型钢梁	图片
资源 4 - 7	槽钢平台梁	图片
资源 4 - 8	吊车轨道组合钢梁	图片
资源 4 - 9	钢桁架梁	图片
资源 4 - 10	钢梁的整体失稳与局部失稳	图片
资源 4 - 11	H 型钢梁整体失稳试验	视频
资源 4 - 12	钢梁的整体失稳示意图	图片
资源 4 - 13	受均布荷载作用简支梁的最小梁高 h_{min}	图片
资源 4 - 14	变截面的梁	图片
资源 4 - 15	钢梁的局部失稳	图片
资源 4 - 16	翼缘与腹板局部失稳示意图	图片
资源 4 - 17	不同应力作用下的薄板局部失稳	图片
资源 4 - 18	组合梁的加劲肋 1	图片
资源 4 - 19	组合梁的加劲肋 2	图片
资源 4 - 20	纵横加劲肋与短加劲肋	图片
资源 4 - 21	支承加劲肋	图片
资源 4 - 22	次梁与主梁的叠接	图片
资源 4 - 23	次梁与主梁的平接	图片
资源 4 - 24	思考题	拓展资料
资源 4 - 25	习题	拓展资料
资源 5 - 1	轴心受压构件的截面分类（板厚 $t < 40mm$）	图片
资源 5 - 2	轴心受压构件的截面分类（板厚 $t \geqslant 40mm$）	图片
资源 5 - 3	格构式构件的缀材布置	图片
资源 5 - 4	格构式构件的换算长细比 λ_0 的计算公式	图片
资源 5 - 5	缀条式格构式轴心受压构件的剪切角变形示意图	图片
资源 5 - 6	轴心受压柱柱头	图片
资源 5 - 7	梁与柱的刚性连接	图片
资源 5 - 8	刚接柱脚	图片
资源 5 - 9	柱脚的抗剪	图片
资源 5 - 10	格构柱的整体式刚接柱脚	图片

二维码编号	资 源 名 称	资源类型
资源 5-11	格构柱的分离式柱脚	图片
资源 5-12	思考题	拓展资料
资源 5-13	习题	拓展资料
资源 6-1	桁架厂房	图片
资源 6-2	桁架重型厂房	图片
资源 6-3	工业厂房	图片
资源 6-4	桁架屋盖	图片
资源 6-5	下承式桁架桥 1	图片
资源 6-6	下承式桁架桥 2	图片
资源 6-7	桁架铁路	图片
资源 6-8	悬索桥	图片
资源 6-9	桁架渡槽	图片
资源 6-10	管道支架	图片
资源 6-11	空间桁架厂房	图片
资源 6-12	广州国际会展中心	图片
资源 6-13	空间桁架输电塔	图片
资源 6-14	空间桁架塔吊	图片
资源 6-15	屋盖支撑布置图	图片
资源 6-16	垂直支撑的形式	图片
资源 6-17	受压杆件的容许长细比	图片
资源 6-18	受拉构件的容许长细比	图片
资源 6-19	屋架杆件垫板布置	图片
资源 6-20	弦杆截面改变时的轴线位置	图片
资源 6-21	钢桁架起拱	图片
资源 6-22	思考题	拓展资料
资源 6-23	习题	拓展资料
资源 7-1	表孔弧门	图片
资源 7-2	潜孔弧门	图片
资源 7-3	定轮闸门	图片
资源 7-4	滑动闸门	图片
资源 7-5	设计例题——潜孔式平面钢闸门设计	拓展资料

二维码编号	资 源 名 称	资源类型
资源 7-6	思考题	拓展资料
资源 8-1	水工钢闸门三维布置图	图片
资源 8-2	基于 BIM 的钢闸门 CAD/CAE 一体化过程	图片
资源 8-3	设计例题：钢闸门的 BIM 技术应用	拓展资料
资源附表 1-1	《钢结构设计标准》（GB 50017—2017）规定的钢材的强度设计值	图片
资源附表 1-2	《钢结构设计标准》（GB 50017—2017）规定的焊缝的强度指标	图片
资源附表 1-3	《钢结构设计标准》（GB 50017—2017）规定的螺栓连接的强度设计值	图片
资源附表 1-4	钢材的尺寸分组	图片
资源附表 1-5	《水利水电工程钢闸门设计规范》（SL 74—2019）规定的钢材容许应力	图片
资源附表 1-6	《水利水电工程钢闸门设计规范》（SL 74—2019）规定的焊缝的容许应力	图片
资源附表 1-7	《水利水电工程钢闸门设计规范》（SL 74—2019）规定的普通螺栓连接的容许应力	图片
资源附表 1-8	《水利水电工程钢闸门设计规范》（SL 74—2019）规定的机械零件的容许应力	图片
资源附录 2	结构或构件的变形容许值	拓展资料
资源附录 3	梁的整体稳定系数	拓展资料
资源附表 4-1	a 类截面轴心受压构件的稳定系数 φ	图片
资源附表 4-2	b 类截面轴心受压构件的稳定系数 φ	图片
资源附表 4-3	c 类截面轴心受压构件的稳定系数 φ	图片
资源附表 4-4	d 类截面轴心受压构件的稳定系数 φ	图片
资源附表 5-1	型钢规格和截面特性（等边角钢）	拓展资料
资源附表 5-2	型钢规格和截面特性（普通工字钢）	拓展资料
资源附表 5-3	型钢规格和截面特性（H 型钢和 T 型钢）	拓展资料
资源附表 5-4	型钢规格和截面特性（普通槽钢）	拓展资料
资源附表 5-5	型钢规格和截面特性（热轧无缝钢管）	拓展资料
资源附表 5-6	型钢规格和截面特性（电焊钢管）	拓展资料
资源附录 6	矩形弹性薄板弯矩系数	拓展资料
资源附录 7	钢闸门的自重估算公式	图片
资源附录 8	材料的摩擦系数	图片

目　录

第一章

绪　论

第一节　钢结构的特点

钢结构是由钢制材料组成的结构，是主要的建筑结构类型之一。用型钢或钢板作为基本构件，根据使用要求，通过焊接或螺栓连接等方法，按照一定规律组成的承载结构称为钢结构。因其自重较轻且施工简便，被广泛应用于工业厂房、体育场馆、超高层建筑结构等领域。钢结构容易锈蚀，一般钢结构要除锈、镀锌或涂料，且要定期维护。钢结构的内在特性是由它所用的原材料和所经受的一系列加工过程决定的。外界的作用，包括各类荷载和气象环境对它的性能也有不可忽视的影响。

与其他材料的结构相比，钢结构具有以下特点。

一、强度高，重量轻

钢材强度较高，弹性模量也高。与混凝土、砌体和木材比较，虽然容重较大，但强度更高，故其密度与其强度的比值较小，在同样受力条件下，钢结构构件的截面尺寸小、用料少、重量轻，便于运输和安装，且基础负荷小，可降低地基与基础部分的造价。上部结构质量轻，地震作用小，有利于抗震。适用于跨度大、高度高、承载重的结构。

二、材质均匀，可靠性高

与混凝土和砌体材料相比，钢材属单一材料，钢材在钢厂生产时，整个过程可严格控制，质量比较稳定，内部组织比较均匀，接近于均质各向同性体，在一定应力条件下，属于理想弹性材料，最符合固体力学对材料性能所作的基本假定；钢材组织均匀，接近于各向同质匀质体，钢材的物理力学特性与工程力学对材料性能所作的基本假定符合较好，其计算结果与实际工作状态比较符合，钢结构的实际工作性能比较符合目前采用的理论计算结果，计算结果可靠；钢结构件一般在专业工厂制作，成品精度高，采用现场安装，施工质量易于保证。因此，钢结构可靠性高。

三、塑性与韧性好

由于钢材的塑性好，钢结构在一般情况下不会因偶然超载或局部超载而发生突然断裂破坏，破坏前一般都会产生明显的变形，易于被发现，可及时采取补救措施，避免重大事故的发生。此外，钢材还具有良好的韧性，能很好地承受动力荷载，结构对动力载荷的适应性强，具有良好的吸能能力，抗震性能优越。因此，它比混凝土及砌体结构的抗震性好，这些性能也为钢结构的安全可靠提供了充分的保证。但钢材的韧性不是一成不变的，材质、板厚、受力状态、温度等都会对它有一定的影响，所以设计钢结构时必须正确选用钢材。当承受多次交变载荷作用时，还应从计算、构造和施工几个方面来考虑疲劳问题。

四、具有可焊性

由于钢材具有可焊性，使钢结构的连接大为简化，可适应制造各种复杂结构形状的需要。但焊接时产生很高的温度，温度分布很不均匀，结构各部位的冷却速度也不同，因此不但在高温区（焊缝附近）的材料性质有变坏的可能，而且还产生较高的焊接残余应力和残余变形，使结构中的应力状态复杂化。

五、工业化程度高

钢结构制作与安装工业化程度高，施工周期短。钢材由各种型材组成，都可采用机械加工和自动化加工，在专业化的金属结构制造厂加工制造，因而制作简便，生产效率和成品的精度高。钢构件制造完成后运至施工现场拼装，可采用安装方便的螺栓连接，有时还可在地面拼装成较大的单元后再行吊装，制造周期短，施工方便，可尽快发挥投资的经济效益。工厂机械化制造钢结构构件成品精度高、生产效率高、工地拼装速度快、工期短。钢结构是目前工业化程度最高的一种结构。

六、拆迁方便

由于钢材强度高，故可建造出重量轻、连接简便的可拆迁结构。钢结构建筑拆除几乎不会产生建筑垃圾，拆迁方便。钢结构本身的特性使其不易在拆迁过程中遭到损坏或产生显著变形，即使产生轻微变形也易于修复，并且由于连接的特性，使其易于加固、改建和拆迁。

七、密封性好

钢材本身组织非常致密，当采用焊接连接的钢板结构时，具有较好的水密性和气密性，可用来制作压力容器、管道等。

八、具有可重复使用性

钢结构加工制造过程中产生的余料、碎屑及废弃和破坏了的钢结构或构件，均可回炉重新冶炼成钢材重复使用。因此，钢材被称为绿色建筑材料或可持续发展的材料。

九、耐腐蚀性差

钢材在潮湿环境中，特别是处在有腐蚀性介质的环境中容易锈蚀，因此必须对钢结构采取防护措施，如除锈、刷漆、镀锌等，而且使用期间还应定期维护。这就使钢结构的维护费用较砌体和钢筋混凝土结构高。在没有腐蚀性介质的一般环境中，钢结构经除锈后再涂上防锈涂料，锈蚀问题并不严重。目前国内外开发了各种高性能防腐涂料和抗锈蚀性能良好的耐大气腐蚀钢材，并用于工程结构，可以较好地解决钢结构耐腐蚀性差的问题。我国建成的一些大桥如南京长江三桥采用的防腐涂料具有 50 年的抗腐蚀性能。不锈钢和不锈钢复合材料具有良好的耐腐蚀性能，在腐蚀环境下、近海工程等结构中得到广泛应用。如油气田管道、制盐工程、造纸机械，金属屋面有青岛机场的大跨度屋面、琶洲会展中心顶棚幕墙，水利钢结构有三峡工程的泄洪排沙管道、港珠澳大桥、白鹤滩水电站、乌东德水电站、引汉济渭工程、大藤峡水利枢纽等。

十、耐热但不耐高温

钢材耐热但不耐高温。当温度低于200℃时，钢材的性能变化很小，具有较好的耐热性能。随着温度的升高，钢材的强度逐渐降低。当温度在250℃左右时，钢材的塑性和韧性降低，破坏时常呈脆性断裂；当温度达到450～600℃时，钢材的强度不足常温的1/3；温度继续升高时，钢材的承载能力几乎完全丧失。因此，在有特殊防火要求的结构中，钢结构须采取隔热或防火措施。考虑一定的安全储备，当钢结构表面长期受到温度高于150℃的辐射热时，需采取隔热防护措施。当有防火要求时，要采取防火措施，如在钢结构外面包混凝土或其他防火材料，或在构件表面喷涂防火涂料。我国生产的有机钛耐高温漆，耐高温600℃±10℃可达24h。采用耐火钢也是解决钢结构不耐火的一种方法，我国武汉钢铁集团生产出的高性能耐火耐候钢，在1080℃高温下2.5h内仍保持较高强度。

第二节　钢结构的结构形式与应用

根据钢结构的特点，结合我国国情，同时考虑建筑物的使用要求，钢结构在我国的应用范围大致如下。

一、大跨度空间结构

结构跨度越大，自重在荷载中所占的比例就越大，减轻结构的自重会带来明显的经济效益。由于钢材轻质高强，因此钢结构在大跨度空间结构中得到了广泛的应用。以网架、网壳、拱桁架、弦支穹顶、索穹顶为代表的空间结构迅速发展，广泛应用于体育场馆、候机楼、大剧院、博物馆等大型公共建筑当中。如2008年北京奥运会体育场馆鸟巢（图1-1），主体钢结构形成整体的巨型空间马鞍形钢桁架编织式"鸟巢"结构，主体建筑呈空间马鞍椭圆形，南北长332.3m，东西宽296.4m，最高点高度为68.5m，最低点高度为42.8m，上部钢结构总用钢量为4.2万t。图1-2为2008年北京奥运会体育场馆水立方，长宽均为177m，高为31m，墙体与屋盖由6个十四面体、2个十二面体组成的基本单元体经旋转、切割组合而成，是新型网架结构形式之一。

图1-1　2008年北京奥运会体育场馆鸟巢　　图1-2　2008年北京奥运会体育场馆水立方

二、桥梁工程

越来越多的大跨度桥梁采用钢结构，图1-3为南京长江公路三桥，是我国第一座钢塔（高215m）钢箱梁桥面斜拉桥，主桥跨径648m，也是世界上第一座弧线形斜拉桥。江苏苏通长江公路大桥为钢箱梁桥面斜拉桥，主跨长1080m。江苏润扬公路大桥为钢箱梁桥面斜拉桥，跨度1490m。西堠门悬索桥跨度达1650m。日本明石海峡悬索桥跨度达1991m。上海卢浦大桥为钢拱桥（图1-4），跨度为750m。沪通公路铁路两用大桥正桥为两塔五跨斜拉桥，大桥主跨1092m，为世界首座跨度超千米的公路铁路两用桥。

图1-3 南京长江公路三桥　　　　　　图1-4 上海卢浦大桥

三、工业厂房

重型工业厂房的主要承重骨架、有强烈辐射热的车间（图1-5）等常采用钢结构。结构形式多为由钢屋架和阶形柱组成的门式刚架或排架，也有采用网架做屋盖的结构形式。

近年来，随着压型钢板等轻型屋面材料的采用，轻钢结构工业厂房得到了迅速发展，其结构形式主要为实腹式变截面门式钢架（图1-6）。

图1-5 首钢曹妃甸钢铁厂　　　　　图1-6 轻型工业厂房门式钢结构

由于钢材具有良好的韧性，直接承受起重量较大或跨度较大的桥式吊车梁以及设有较大锻锤或产生动力作用的其他设备的厂房等，即使屋架跨度不大也往往由钢制成。对于抗震要求高的结构也多采用钢结构。

四、多层、高层建筑结构

多层、高层建筑结构已经成为现代化城市的标志。钢结构重量轻和抗震性能好的特点对高层建筑具有重要意义。钢材强度高则构件截面尺寸小，可提高有效使用面积，重量轻可大大减轻构件、基础和地基所承受的荷载，降低基础工程等的造价，且有利于抗震。美国目前的最高建筑为纽约新世贸 1 号楼，高度为 541m。上海中心大厦 121 层，结构高度为 580m。深圳的平安大厦和天津 117 大楼高度均为 597m。台北 101 大楼高度为 508m，地上 101 层。由于钢结构的综合效益指标优良，近年来在多层、高层民用建筑中得到了广泛的应用（图 1-7）。

五、高耸结构和塔桅钢结构

高耸结构包括输电塔、通信塔、信号发射塔、火箭（卫星）发射塔架、风电塔筒等（图 1-8）。高耸结构和塔桅钢结构高度大，横截面尺寸小，风荷载和地震作用常常起控制作用，自重对结构的影响较大，常采用钢结构。广州电视塔高 450m，若加上 160m 的天线则总高度达 610m。美国的 KVLY 电视塔高达 628.8m，属于柔性缆索全钢结构。波兰曾经建成高达 645m 的同类型电视塔，但在 1991 年替换缆索时倒塌。

图 1-7 上海世界金融中心

图 1-8 上海"东方明珠"电视塔

六、活动式钢结构

钢结构广泛应用于水利工程中的钢闸门、阀门、拦污栅、船闸闸门、升船机和钢引桥等，可充分发挥钢结构重量轻的特点，降低启闭设备的造价和运转所耗费的动力，图 1-9 为活动桥梁结构。一些钢闸门为动水启闭，可发挥钢材塑性和韧性好的性能特点。图 1-10 为三峡工程永久船闸"人"字钢闸门，采用双线五级连续梯级船闸设计，闸门孔口净宽 34m，门高 38.5m，宽 20.2m，厚 3m，共采用 24 扇门，每扇门重约 804t，无论是面积还是重量都达到极值，是当时世界上最大的船闸闸门。图

1-11 为大藤峡水利枢纽工程船闸下闸首"人"字钢闸门，高 47.5m，比三峡"人"字钢闸门高出 9m，被誉为"天下第一门"。

图 1-9 活动桥梁结构

图 1-10 三峡工程永久船闸"人"字钢闸门

图 1-11 大藤峡水利枢纽工程永久船闸"人"字钢闸门

图 1-12 深水半潜式钻井平台
"海洋石油 981 号"

七、装拆式钢结构

钢结构可采用便于拆装的螺栓连接，在水利工程中经常会遇到需要搬迁和周转使用的结构。例如，施工用的钢栈桥、钢模板，装配式的混凝土搅拌料和砂、石骨料的输送架，流动式展览馆，移动式平台等。这类结构充分发挥了钢结构自重轻、便于运输和安装的特点。图 1-12 为我国建造的深水半潜式钻井平台"海洋石油 981 号"，质量超过 3 万 t，平台高 136m，可在 3000m 深水区作业，钻井深度可达 12000m。

八、钢-混凝土组合结构

钢-混凝土组合结构是充分发挥钢材和混凝土两种材料各自优点的合理组合，充分发挥了钢材抗拉强度高、塑性好和混凝土抗压性能好的优点，弥补了彼此各自的缺点。不但具有优良的静力、动力工作性能，而且能大量节约钢材、降低工程造价和加快施工进度，同时对环境污染也较小，符合我国建筑结构发展的方向。

钢-混凝土组合结构用于多层和高层建筑中的楼面梁、桁架、板、柱，屋盖结构中的屋面板、梁、桁架，厂房中的柱及工作平台梁、板及桥梁（图 1-13），还用于厂房中的吊车梁。钢-混凝土组合结构有组合梁、组合板、组合桁架和组合柱四大类。

钢-混凝土组合结构中钢骨、钢筋、混凝土三种材料协同工作。钢骨和混凝土直接承受荷载，由于混凝土增大了构件截面刚度，防止了钢骨的局部屈曲，使钢骨部

图 1-13　钢-混凝土组合结构

分的承载力得到了提高，另外被钢骨围绕的核心混凝土因为钢骨的约束作用，使核心区混凝土的强度得以提高，即钢骨和混凝土两者的材料强度均得到了充分的发挥，从而使构件承载力大幅度提高。

（1）抗震性能优越。由于混凝土混合式钢结构不受含钢率限制，其承载力比相同截面的钢筋混凝土结构高出 1 倍还多。与钢筋混凝土结构相比，钢-混凝土组合结构尤其是实腹式钢骨混凝土结构，由于钢骨架的存在，具有较大的延性和变形能力，表现出良好的抗震性能。

（2）经济指标好。与钢结构相比，钢-混凝土组合结构用钢量大幅度减小。在承载相当的情况下一般可节省钢材 50% 左右，造价可降低 10%～40%；与钢筋混凝土结构相比，可节省 60% 左右的混凝土，并减小了构件的截面尺寸，增加了使用面积和层高，避免形成肥梁胖柱，减轻地基荷载，降低基础费用，因此具有可观的经济效益。

（3）施工速度快，工期短。钢-混凝土组合结构中钢骨架在混凝土未浇注以前已形成钢结构，已具有相当大的承载能力，能够承受构件自重和施工时的活荷载，并可以将模板悬挂在钢结构上，不必为模板设置支柱。在多高层建筑中，不必等待混凝土达到一定强度就可以继续上层施工，可加快施工速度，缩短建筑工期。

（4）耐火性和耐腐蚀性好。众所周知，钢结构耐火性和耐腐蚀性较差，但对于钢-混凝土组合结构来说，由于外包混凝土的存在，在保证承载力提高的前提下，使构件耐火性和耐腐蚀性较钢结构得到了提高。

九、容器与管线钢结构

冶金、石油、化工企业中大量采用钢板做成的容器结构，包括油罐、煤气罐、高

炉、热风炉等。此外，经常使用的还有皮带通廊栈桥、管道支架、锅炉支架等其他钢构筑物，海上采油平台也大都采用钢结构（图 1-14、图 1-15）。利用钢结构密闭性好的特点，可制成储罐、输油（气、原料）管道、水工压力管道、石油化工塔等。三峡水利枢纽工程中的发电机组采用的压力钢管直径 12.4m，钢管壁厚达 60mm。

图 1-14　海上采油平台

图 1-15　管道工程

十、抗震要求高的钢结构

钢结构自身重量轻，受到地震作用较小，钢材塑性和韧性好，是国内外历次地震中损坏最轻的结构形式，在抗震设防区特别是强震区宜优先选用钢结构。

综上所述，钢结构是在各种工程中广泛应用的一种重要结构形式。终止使用的钢结构可拆除异地重建或用作炼钢材料，钢结构符合可持续发展要求。我国钢材产量已位居世界第一，年产能约 10 亿 t。钢结构在工程建设中将会发挥日益重要的作用，具有广阔的前景。

第三节　钢结构的发展

一、钢结构的发展概况

钢结构的应用在我国已有悠久的历史，最早的钢结构为铁索桥和宗教铁塔。据历史记载，早在汉明帝时（公元 60 年前后），便在我国西南地区交通要道的高山峡谷上建造了铁链桥，其中兰津桥是其最早的一座。其后，以明代建造的云南沅江桥、清代建造的四川泸定桥最为著名。我国现存最早的桥梁有四川大渡河泸定铁索桥，建于1705 年，净跨 100m，宽 2.7m，由 9 根桥面铁链（上铺木板）和 4 根手扶铁链组成，每根铁链重约 1.6t，铁链系于直径 20cm、长 4m 的铸铁锚桩上。当时在水流湍急的大渡河上能架起这样的铁链桥，展示了我国劳动人民的聪明才智和创造力。

除铁链悬桥外，我国古代还建有许多铁塔，如公元 1061 年（宋代）在湖北荆州玉泉寺建成的 13 层铁塔（塔身高 17.9m，由生铁铸造成，目前依然存在），还有山东济宁铁塔寺铁塔和江苏镇江甘露寺铁塔等。中华民族对钢结构的应用曾经居于世界领先地位。

国外铁结构的应用比我国晚几个世纪，直到 1779 年，英国用生铁在塞文河上建造了第一座铸铁拱桥——科尔布鲁克代尔（Coalbrookdale）肋拱桥，跨长 30.5m。随着冶金技术的发展，出现了熟铁铆钉连接结构，铸铁结构逐渐被锻铁结构取代。1850年英国威尔士建成了麦奈海峡（Menai straits）四跨箱型截面铁路桥，由锻铁型板和角铁经铆钉连接而成。随着1855年英国人发明贝氏转炉炼钢法和1865年法国人发明平炉炼钢法，以及1870年成功轧制出工字钢之后，形成了钢材生产的工业化及批量化，钢材开始在建筑领域逐渐取代锻铁材料，1889年法国建成的巴黎埃菲尔铁塔（Eiffel）高324m。20世纪初焊接技术的出现，以及1934年高强度螺栓连接的出现，极大地促进了钢结构的发展。如1931年美国建成了帝国大厦，高381m，102层；1974年在芝加哥建造了西尔斯（Sears）大厦，高440m，110层；1981年建成的英国亨伯（Humber）吊桥，主跨为1410m。此外，钢结构在苏联和日本等国家也得到了广泛的应用。

我国由于长期受封建制度的束缚，近代又遭受帝国主义的侵略，到新中国成立前钢结构在我国的发展比较缓慢。其间虽建有为数不多的钢结构桥梁和建筑物，但绝大多数是由外商承包设计和施工的。中华人民共和国成立前由外国人建造的钢桥有：唐山运河铁路桥，于1906年建成，由英国人设计，比利时人建造，是中国第一座现代铁路钢桥；兰州中山大桥建于1907年，长233m、宽7m，2007年维修后改为人行桥。由中国人自行设计建造的铁路钢桥是1902—1909年詹天佑主持建造的京张铁路桥，121座，累计长1951m，最大跨度33.5m；1937年由茅以升主持建造了杭州钱塘江公铁两用大桥。现存的古铁塔有建于967年的广州光孝寺7层铁塔、建于1061年的湖北玉泉寺13层铁塔等。它们表明了我国古代建筑和冶金技术的高度水平。

1949年我国的钢材产量只有十几万吨，直到20世纪80年代，我国的钢产量远不能满足我国经济建设的需要，钢结构仅限用于钢筋混凝土结构不能代替的结构。这时期具有代表性的工程有：1957年建成的我国第一座跨长江公铁两用武汉长江大桥，长1670m；1968年建成的南京长江大桥，长4589m，这是中国人自己建造的钢结构桥梁，开创了我国自力更生建设大型桥梁的新纪元；1968年建成的首都体育馆，屋盖为平板钢网架，长112.9m、宽99m；1975年建成的上海体育馆，屋面为圆形钢网架，跨度110m，采用8个独脚拔杆整体抬吊、高空水平移位安装；1975年建成的兵马俑1号坑钢结构，结构形式为三铰拱，跨度72m。20世纪80年代以来，特别是1996年我国的钢材年产突破1亿t逐年产量快速提高以来，钢结构科学技术和工程建设有了空前规模的发展。钢结构的设计、制造和安装水平有了很大提高，钢结构已在各类工程结构中得到大量应用，有些在规模上和技术上已达到世界领先水平。钢结构近年来在高度、跨度、长度、造型等方面发展很快，跨度和高度成为衡量钢结构技术水平的主要标志之一。高层建筑、广播电视塔、体育场馆屋盖造型在世界各大城市不断地攀比竞争，在人类建筑史上创造了一个又一个奇迹。钢结构的创新是无休止的，它不断改变和推动人类在建筑史上创造奇迹，是人类挑战大自然的本能，是人类社会进步、科学技术发展的必然结果。

随着我国经济的飞速发展，在钢结构设计理论、结构制造安装水平等方面都有了较快的发展。在钢结构大跨度工业厂房、高耸结构和高层建筑、桥梁、水工钢闸门、采油平台等方面都有较多的应用。如2008年建成的体育场馆鸟巢和水立方，成为

2008 年北京奥运会标志性建筑。在钢结构桥梁方面，1957 年建成了武汉大桥，1968年建成了南京长江大桥，1991 年建成了上海黄浦大桥，1993 年建成了九江长江大桥，2007 年建成了深圳湾公路大桥，2018 年建成了连接香港大屿山、澳门半岛和广东省珠海市的港珠澳大桥等。

在水利水电工程方面，钢结构也得到了广泛应用。1988 年葛洲坝水利枢纽全部竣工，是我国万里长江上建设的第一个大坝，是长江三峡水利枢纽的重要组成部分，也是世界上最大的低水头大流量径流式水电站。葛洲坝水利枢纽坝型为闸坝，最大坝高 47m，总库容 15.8 亿 m^3。总装机容量 271.5 万 kW。葛洲坝水利枢纽建成后发挥了巨大的经济和社会效益，提高了中华人民共和国水电建设方面的科学技术水平，培养了一支高水平的进行水电建设的设计、施工和科研队伍，为之后我国的水电建设积累了丰富的经验。2006 年，在距下游葛洲坝水利枢纽工程 38km 处，三峡大坝全线建成，是当今世界最大的水力发电工程。三峡水电站大坝高 181m，正常蓄水位 175m，大坝长 2335m。三峡工程是迄今世界上综合效益最大的水利枢纽，发挥了巨大的防洪效益和航运效益。三峡大坝建成后，形成长达 600km 的水库，采取分期蓄水，成为世界罕见的新景观。工程竣工后，水库正常蓄水位 175m，防洪库容 221.5 亿 m^3，总库容达 393 亿 m^3，充分发挥了其长江中下游防洪体系中的关键性骨干作用，并将显著改善长江宜昌至重庆 660km 的航道，万吨级船队可直达重庆港，将发挥防洪、发电、航运、养殖、旅游、南水北调、供水灌溉等十大效益，是世界上任何巨型电站无法比拟的。2020 年新疆亚曼苏水电站建成并投入使用，调压室钢管总长 180m，最大内径 12m，总容积 16405m^3，是我国首个明钢管气垫式调压室，也是目前世界最大钢结构气垫式调压室，我国在气垫式调压室的建设方面形成了独有核心技术，在海内外设计了"伞上伞"、钢罩、明钢管等各类气垫式调压室水电工程，降低了传统气垫式的运用条件，极大拓展了气垫式调压室的运用范围，引领了气垫式调压室技术长足发展。

2018 年我国的钢材产能已超过 10 亿 t，位居世界第一。高的钢产量为发展钢结构提供了物质基础。一系列的规范和规程的颁发及计算机技术的应用发展，为我国的钢结构发展提供了必要的技术支持。国家从政策上积极支持发展钢结构，发布的中国建筑技术政策、建筑业推广应用新技术、建设事业技术政策纲要等文件均提出"加大推广应用钢结构的力度，进一步推广与扩大建筑钢结构的应用，促进建筑钢结构的持续发展"。钢结构是环保型的、易于产业化和可再次利用、可持续发展的结构，积极合理地扩大钢结构在工程中的应用是社会发展的需要。

随着科技的进步和国民经济的发展及市场经济的不断完善，我国的钢结构技术政策也从限制使用改为积极合理地推广应用，应用范围日益扩大，特别是我国新的《钢结构设计标准》（GB 50017—2017）、《冷弯薄壁型钢结构技术规范》（GB 50018—2002）和《水利水电工程钢闸门设计规范》（SL 74—2019）的颁布实施，为钢结构在我国的快速发展创造了条件。

二、钢结构的发展方向

随着我国经济建设和国际贸易的迅速发展、钢产量的提高、钢材品种的逐渐增多，钢结构的应用也会得到进一步发展。在钢结构的发展中应注重以下几个方面。

（一）高效钢材的研制和应用

高效钢材包括低合金钢材、热强化钢材、经济截面钢材、表面处理钢材、冷加工钢材、金属制品和粉末冶金等。采用高强度钢材可以用较少的材料做成功效较高的结构，对于跨度大、荷载大的结构和移动式结构极为有利。我国结构用钢主要为普通低合金钢，《钢结构设计标准》（GB 50017—2017）的低合金结构钢有 Q345（16Mn 钢）、Q390（15MnV 和 15MnTi 钢）和 Q420（15MnVN 钢），它们的屈服强度分别为 $345N/mm^2$、$390N/mm^2$ 和 $420N/mm^2$。目前，屈服强度为 $460N/mm^2$、厚度为 110mm 的 Q460 钢已成功应用于 2008 年北京奥运会体育场"鸟巢"结构。即使如此，我们与国外水平相比仍有较大差距，如美国早在 1969 年已采用屈服点为 $700N/mm^2$ 的钢材。

工程结构用的高强度钢材一般都是低合金结构钢。列入现行《钢结构设计标准》（GB 50017—2017）的低合金结构钢有 Q345、Q390、Q420、Q460。我国在建的沪通长江公路铁路两用大桥已采用 Q500 钢材。日本已在明石海峡大桥中采用了屈服强度不低于 $685N/mm^2$ 的 HT780 钢，研究强度更高的钢材及其合理使用将是今后的发展方向。

为了节约材料，应大力生产和推广应用经济断面钢材，如薄壁 H 型钢、大尺寸冷（热）成型圆钢管和方钢管等，并不断完善系列产品与应用标准。

普通钢结构耐火性能差，设计要求在构件表面涂覆适当厚度的隔热防火材料。这种做法不但增加了建设成本和环境污染的可能性，而且减少了建筑物的有效空间，在钢材冶炼中掺入 Cr、Mo、Nb 等元素进行合金化处理后，可使钢材在高温（≥600℃）时保持较高的强度，称其为耐火钢。采用耐火钢可省去或减薄防火涂料，我国的宝山钢铁股份有限公司、马鞍山钢铁股份有限公司和武汉钢铁股份有限公司等都已生产出了耐火耐候钢，在 600℃时的屈服强度不低于常温时屈服强度的 2/3，已用于上海中福城、中国残疾人体育艺术培训基地等工程建设。需要继续积极开发价廉物美的耐火钢，并制定相应的设计规程，扩大工程应用。

锈蚀是钢材的一大弱点，在钢材冶炼中掺入 Cu、Ni、Ti、Cr、P 等元素，能提高钢材的耐腐蚀能力，称其为耐大气腐蚀钢（耐候钢）。研究生产新的高性能耐候钢和耐火耐候钢及涂料，并合理推广应用。

钢材的屈强比越低，材料破断前产生稳定塑性变形的能力越高，吸振性能越好。我国已开发研究生产出了低屈强比耐振结构钢，并用于工程中的耗能构件，尚需继续进行低屈强比耐振结构钢的研究。

水工钢结构的使用环境与普通钢结构有所不同，其长期浸泡在水环境下，存在氯离子腐蚀，长期经受高速水流中泥沙冲刷及水生物的腐蚀，特别是沿海水利设施的腐蚀环境则更为复杂，由于不锈钢材料具有耐腐蚀、抗冲击、耐摩擦的特性，近年来，在水工钢结构及沿海水利设施得到广泛的应用，并取得了良好的效果。

另外，我国冶金工业部门正在努力研制和生产适合于结构用的新钢种，如高层建筑结构用钢板，该钢板专门用于高层建筑和其他重要建（构）筑物厚板焊接截面，还有用于抗震耗能部件的低屈服点钢材以及耐候钢等。

（二）新型结构的应用

新型结构包括轻型钢结构、空间结构、预应力钢结构、组合结构、膜结构和管桁架结构等。

（1）轻型钢结构主要采用冷弯型钢和压型钢板等高效经济截面钢材，减轻结构自重，降低工程造价。结构形式受欧洲传统的木构架建筑影响较大，常由薄壁型钢或小断面型钢组合成桁架来代替木构建筑的墙筋、搁栅和橼架等。骨架的组合方式一般同建筑规模、生产方式、施工条件以及运输能力有关。轻钢结构的抗震性能远优于传统的混凝土和砖混住宅。同时，由于轻钢结构自重轻，单位面积重量仅相当于同等面积砖混结构重量的 1/4，所以其基础处理简便，适用于大多数地质情况。

（2）空间结构。近年来，大跨度空间结构在我国已有较大发展，如网架、网壳、悬索结构、弦支穹顶、张弦梁、索穹顶等，主要应用于体育场馆、汽（火）车站、飞机场、大型会议室等空间需要比较大的公共、运动场所。空间结构能适应不同跨度、不同支承条件的各种建筑要求。形状上也能适应正方形、矩形、多边形、圆形、扇形、三角形以及由此组合而成的各种形状的建筑平面。同时，又具有轻巧、建筑造型美观等特点。

（3）预应力钢结构一般是在结构体系中采用少量高强钢材，对其施加预应力，提高结构的承载力或刚度。凡是钢结构适用的地方都可以用预应力钢结构取代，以改善结构性能降低钢耗。尤其在跨度大、荷载重的情况下经济效益更为显著。预应力钢结构应用广泛的是房屋建筑结构，如体育场馆、会展中心、剧院、商场、飞机库、候机楼等大型公共建筑。另一个应用较多的领域是桥梁结构，国内外许多悬索桥、斜拉桥都是技术成熟的工程实践。预应力钢结构在水利水电工程方面也有一定的应用，如三峡工程中船闸人字钢闸门采用了预应力的门背斜拉杆，有效地防止了门扇在水中旋转时产生的挠曲变形和扭转变形。

（4）组合结构将钢与混凝土组合起来共同受力并发挥各自的优点，可有效节约材料。目前，推广应用的是钢与混凝土的组合梁和钢管混凝土结构。钢梁与钢筋混凝土板间用抗剪键相连而使整个结构整体工作。钢管混凝土结构不仅使混凝土受到钢管的约束而提高了其抗压强度，同时由于管内混凝土的填充也提高了钢管抗压的稳定性，因而构件的承载能力大为提高，且具有良好的塑性和韧性，经济效益显著。

（5）膜结构是一种建筑与结构结合的结构体系，由高强膜材料和加强构件（如钢架、钢柱及钢索）组成。膜既是覆盖物，又是结构的一部分，重量轻，广泛应用于体育场馆、机场候机厅等。膜结构按照支承方式分为充气式膜结构、张拉膜结构和骨架支承膜结构。

（6）与网架结构相比，管桁架结构省去下弦纵向杆件和网架的球节点，可满足各种不同建筑形式的要求，尤其是构筑圆拱和任意曲线形状比网架结构更有优势。其各向稳定性相同，节省材料用量。与传统的开口截面（H 型钢和工字钢）钢桁架相比，管桁架结构截面材料绕中和轴较均匀分布，使截面同时具有良好的抗压和抗弯扭承载能力及较大刚度，不用节点板，构造简单。管桁架结构整体性能好，扭转刚度大且外表美观，制作、安装、翻身、起吊都比较容易。采用这种结构的建筑物基本属于公共建筑。

（三）更新设计理论

水工钢结构一直沿用容许应力设计法，这种方法的优点是计算简便，可以满足正常的使用要求，但缺点是所给定的容许应力不能保证各种结构具有比较一致的可靠度。目前的设计方法计算的可靠度还只是构件或某一截面的可靠度，应向以整个结构体系可靠度分析为目标的结构设计发展。钢结构的计算理论，如稳定计算、塑性设计、优化设计、钢结构抗火设计及在动力荷载作用下的性能等，都需要进步深入研究。因此，采用以概率理论为基础的极限状态设计法是其发展的必然趋势，水工钢结构应研究以一次二阶矩概率论为基础的极限状态设计法，我国《钢结构设计标准》（GB 50017—2017）采用的就是这一方法。

（四）创新设计方法

现行水工钢结构的各专门规范和桥梁钢结构采用的仍然是容许应力设计方法，改变以概率论为基础的极限状态设计方法是必然趋势。因此应积极开展这方面的研究工作，促使早日采用概率极限状态设计方法。目前的设计方法计算的可靠度还只是构件或某一截面的可靠度。由于计算机的广泛应用，为水工钢结构的优化设计及空间结构有限元分析提供了可能。如将水工钢闸门按空间结构进行分析计算，考虑面板与水平次梁的整体作用，其结果较真实地反映了闸门的工作情况。根据实践经验及理论分析，对于大型闸门，按空间结构计算可节省10%～15%的钢材。

（五）研究和推广钢结构的新型连接方法

目前，钢构件的连接多采用焊接和螺栓连接，为提高焊接质量、改进焊接工艺，应研究与高强度结构钢相匹配的高质量焊接材料和焊接工艺，如采用二氧化碳气体保护焊、电渣焊等。对于摩擦型高强螺栓，由于其连接具有较好的塑性和韧性，避免了焊接中存在的焊接应力和焊接变形等缺点，因此在工程中应用较多。随着新材料的研发及设计理念和设计方法的改进，新的结构体系不断涌现。近年来，许多新型钢结构如巨型结构、空间网格结构、薄壁型钢结构、预应力钢结构、悬挂结构、钢-混凝土混合结构、索膜结构、索网结构、索支结构和其他杂交结构等发展迅速，它们耗钢量低，性能优越，能适应新颖的建筑造型，具有美好的发展前景。

（六）不断提高制造业工业水平和安装技术

提高钢结构加工制作和施工安装技术的总体水平，加强科学管理和质量控制，提高生产率，改进钢结构制造的工艺和设备更新，提高机械化和自动化水平。促进结构形成自动化、标准化、产品化，实现工厂化批量生产，作为产品投放市场。创造具有中国特色的安装技术和成套工法，积累建设大型钢结构工程的经验，不断提高我国的钢结构安装技术水平，进一步提高工程质量、降低生产成本，实现钢结构的制作、安装水平接近或达到国际先进水平。

第四节　水工钢结构课程的主要内容、
性质、任务和基本要求

一、水工钢结构课程的主要内容

水工钢结构课程的主要内容包括材料、连接、基本构件（包括钢梁、钢柱等）和钢桁架、钢闸门等。

二、水工钢结构课程的性质

水工钢结构是从水工结构中按材料划分出来的，这门学科主要是建立在建筑材料、材料力学、结构力学和其他力学及工程实践知识的基础上，按照结构物使用的目的，在预计的各种荷载作用下和使用期间不致使结构失效。因此，在进行钢结构设计时就必须考虑具体的材料性能及其连接，综合运用力学知识及结构理论，研究结构在使用环境和荷载作用下的工作状况，设计出既安全实用又经济合理的结构。本课程有时需要直接引用力学课程中的有关计算公式，有时还要通过适当的假定，把某些复杂公式转化成实用方便的简化公式。所以，对于设计工作者，必须熟悉这些力学课程的有关内容。

需要指出的是，钢结构这门学科不仅仅是力学的简单分析和运算，一个优秀的设计师，除应具备钢结构的基本知识外，还必须熟悉结构的使用要求，了解结构的工作状况，同时还需具有丰富的工程实践经验。本课程以上述内容展开，由浅入深地介绍钢结构的基本知识以及相关设计理论和方法，并列举了大量案例，旨在培养具备丰富理论知识和设计实践的合格的水工钢结构设计师。

三、水工钢结构课程的任务和基本要求

本课程的任务是阐述常用结构钢的工作性能、钢结构的连接设计、钢结构各类构件的基本设计原理，结合水利工程专业的要求，讲述平面钢闸门的设计原理和方法。通过对本课程的学习，要求能具备钢结构的基本知识，掌握正确的设计原理和方法，能够进行水工钢结构一般构件的计算，能够对钢梁、钢柱等基本构件及钢桁架、平面钢闸门进行设计，了解我国现行钢结构设计标准和水工钢结构的基本计算和构造要求。

本　章　小　结

（1）认识钢结构的特点，了解钢结构在我国的发展概况以及目前的应用情况，特别是在水利工程中的应用情况。

（2）了解钢结构在我国的合理应用范围及发展方向，随着我国经济的高速增长和现代化建设步伐的加快，钢结构的应用范围将日益扩大。

（3）钢结构是一门理论性较强但又密切联系实践的课程。学习时应掌握好基本理论，学习好基本概念，理论联系实际，不断总结经验。

思　考　题

（1）钢结构具有哪些特点？结合你所在地区钢结构的应用情况，你认为应该怎样合理选用钢结构？

（2）本课程有哪些主要内容和特点？你准备怎样进行学习？

（3）我国与发达国家在钢结构领域的主要差距有哪些？

（4）钢结构有哪些优点与缺点？设计中如何扬长避短？

（5）钢结构设计的目的是什么？如何实现这个目的？

（6）举例说明你参观过的钢结构工程有哪些特点，并给予评价。

第二章
钢结构的材料及设计方法

内容摘要

钢材的破坏形式，钢材的机械性能及其影响因素，钢材的疲劳特性及计算，钢材的分类、牌号、规格及选用，钢结构设计方法，钢材的强度设计值及容许应力值。

学习重点

钢材的主要机械性能、破坏形式及影响因素，钢结构设计方法。

第一节 钢材及其破坏形式

一、钢材

钢主要是由生铁冶炼而成，是机械制造中应用最广泛的金属材料。

钢的种类繁多，分类方法也不尽相同，随着现代工业的迅速发展，出现了许多新的钢种。为了适应对外开放，我国参照国际标准 ISO 4948/1、ISO 4948/2 制定了《钢分类　第1部分：按化学成分分类国家标准》（GB/T 13304.1—2008）、《钢分类　第2部分：按主要质量等级和主要性能或使用特性的分类》（GB/T 13304.2—2008）。该标准按照化学成分将钢分为非合金钢、低合金钢、合金钢三大类，每一类钢按照主要质量等级、主要性能和使用特性分成若干小类。

钢材是钢锭、钢坯或钢材通过压力加工制成的一定形状、尺寸和性能的材料。大部分钢材都是通过压力加工，使被加工的钢（坯、锭等）产生塑性变形。

二、钢材的主要破坏形式

随着现代工业的迅速发展，原来大量使用的钢材构件不断地出现严重的破坏问题。这种问题遍及国民经济和国防建设的各个领域，从日常生活到工农业生产，凡是涉及钢材的地方都存在着钢材的破坏问题。钢材的破坏形式分为塑性破坏和脆性破坏。

（一）塑性破坏

钢材在常温和静力荷载作用下产生很大的变形之后发生的断裂破坏称为塑性破坏。其破坏特征是塑性变形很大且只有当构件中的应力达到抗拉强度 f_u 后才会发生破坏，破坏后的断口呈纤维状，色泽灰暗。由于破坏前的塑性变形很大，且变形持续时间较长，有十分明显的预兆，极易被发现，故能及时采取必要的措施，防止事故发生。同时，由于较大塑性变形可使结构发生内力重分布，使结构中部分应力趋于均匀，因而提高了结构的承载力，钢结构的塑性设计就建立在这种足够的塑性变形能力之上。

在塑性和韧性较好的钢材中通常以穿晶方式（即裂纹穿过晶粒内部扩展）发生塑性破坏，在断口附近会观察到大量的塑性变形的痕迹，如颈缩。在简单的单向拉伸实验中，塑性破坏是微孔形成、扩大和连接的过程。在高应力状态下，钢材产生塑性变形后，在钢材中的非金属夹杂物、析出相粒子（统称为异相颗粒）周围产生应力集中，截面拉开，或使异相颗粒折断而形成微孔。微孔的扩大与连接也是塑性破坏的结果。当微孔扩大到一定的程度，相邻微孔间的钢材产生较大塑性变形后就发生微观塑性失稳，就像宏观的试样产生颈缩一样，此时微孔迅速扩大，直至微孔细缩成一条线，最后因为钢材与钢材间的连接截面太小，承载力不足而发生破坏。

此外，连续的滑移变形也会导致塑性破坏。当滑移面的滑移方向与外拉应力成45°时，分切应力最大，当切应力达到临界分切应力时会发生滑移。微孔可能在滑移带与异相颗粒交汇处形成，并且沿着滑移面逐渐扩大最终相互连接在一起。

（二）脆性破坏

钢结构所用的钢材在正常使用条件下，虽然具有较高的强度、较好的塑性和韧性，但在某些条件下，仍然有发生脆性破坏的可能性。

脆性破坏是指当钢材承受动荷载（包括冲击荷载和振动荷载）或处于复杂应力、低温等情况下所发生的低应力断裂现象。此时，其应力常低于钢材的屈服点 f_y，破坏断口平直，呈有光泽的晶粒状。由于破坏前的变形甚微，没有明显的塑性变形，破坏速度极快，无法察觉和补救，属突发性的破坏，而且个别构件的断裂常引起整个结构的坍塌，后果严重，损失较大。因此，在钢结构的设计、施工和使用过程中，要特别注意防止这种破坏的发生。

脆性破坏通常发生于高强度或者塑性和韧性较差的钢材中。此外，塑性较好的钢材在低温、厚的截面、高的应变速率等条件下，或当裂纹起重要作用时，也可能以脆性方式断裂。

脆性破坏起源于引起应力集中的微裂纹。脆性破坏时，裂纹传播速度极快，一般是声速的 1/3 左右，在钢中可达到声速。当裂纹扩展进入更低的应力区或材料的高韧性区时，裂纹就停止扩展。通常，裂纹更容易沿着特定的晶面扩展、劈开，成为解理断裂，这些特定的晶面被称为解理面。当钢材沿晶界析出连续或不连续的脆性相，或者当偏析相或杂质弱化晶界时，裂纹可能沿着晶界扩展，造成沿晶脆性断裂。

第二节　钢材的主要机械性能和指标

由于钢结构在使用过程中要受到各种形式的外力作用，所以要求钢材必须具有抵抗外力作用而不超过允许的变形和不会引起破坏的能力，这种能力统称为钢材的力学性能（或机械性能）。钢材在外力作用下所表现出来的各种特性，如弹性、塑性、韧性、强度等称为力学性能指标。钢材的力学性能指标是结构设计的重要依据，这些指标的测定主要靠试验完成。实际过程中，结构的受力情况和使用条件是多种多样的，不可能对每种情况都进行试验来测定力学性能指标。

一、强度和塑性

（一）强度

单向拉伸试验是钢材力学性能最重要的试验方法之一，所得结果是最基本、最重要的指标。在常温和静力荷载作用下，对钢材标准试件（图2-1）进行单向拉伸试验是力学性能试验中最具代表性的。该试验简单易行，可得到反映钢材强度和塑性的几项主要性能指标，且对其他受力状态（受压、受剪等）也有代表性。

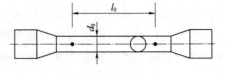

图2-1　静力拉伸标准试件

图2-2为低碳钢和低合金结构钢标准试件在常温及静力荷载情况下的单向拉伸应力-应变曲线。其中ε是指伸长量Δl与原始标距长度l_0的比值；σ是指拉伸力F与原始截面积S_0的比值，通过该曲线可以获得钢材的多项性能指标。

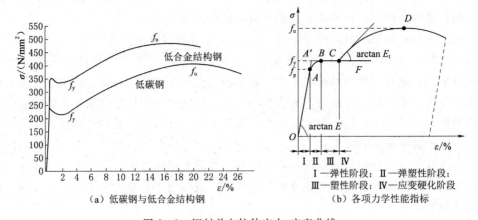

（a）低碳钢与低合金结构钢

I—弹性阶段；II—弹塑性阶段；
III—塑性阶段；IV—应变硬化阶段
（b）各项力学性能指标

图2-2　钢材单向拉伸应力-应变曲线

由图2-2可以看出，低碳钢和低合金结构钢从加载到破坏经历了四个阶段：弹性阶段（I）应力由零到比例极限f_p，这是应力-应变图中直线段的最大应力值。弹性变形一种可逆变形，它是金属金格中原子自平衡位置产生可逆位移的反映。严格地说，比f_p略高处还有弹性极限，但弹性极限与f_p极其接近，所以通常略去弹性极限的点，把f_p看作是弹性极限。弹塑性阶段（II）在f_p之后应变ε不再与应力呈线性关系，而是非线性关系，直至屈服点f_y。塑性阶段（III）应力维持屈服点f_y不变，而应变不断增加，即出现了一段纯塑性变形，也称为塑性平台。在应变硬化阶段（IV）屈服平台之后，钢材内部结晶组织自行调整，强度又有所提高，应力-应变关系曲线又上升，但相对来说应变比弹性阶段增加得快，直至在试件的某一薄弱截面发生颈缩现象而断裂破坏。破坏时，钢材达到其极限抗拉强度f_u。这种破坏形式就是前面提到的塑性破坏。

根据钢材的单调拉伸应力-应变曲线，可以得到钢材的三个重要力学性能指标：抗拉强度f_u、伸长率δ和屈服强度f_y。

抗拉强度f_u是钢材的一项重要的强度指标，它反映钢材受拉时所能承受的极限应力。同时反映了钢材内部组织的优劣，并与疲劳强度有着密切关系。

虽然钢材在应力达到极限抗拉强度 f_u 时才发生断裂，但是结构强度设计时却以钢材的屈服点 f_y 作为静力强度的承载力极限，即屈服点 f_y 是钢结构设计中应力允许达到的最大限值，因为当构件中的应力达到屈服点时，结构会因过度的塑性变形而不适于继续承载。试验表明，当应力开始进入塑性阶段时，曲线的波动较大，而后才逐渐趋于平稳，即出现上屈服点和下屈服点。试件发生屈服且应力首次下降前的最大应力称为上屈服强度，记为 R_{eH}；在屈服期间不计初始瞬时效应（指在屈服过程中试验力第一次发生下降）时的最小应力称为下屈服强度，记为 R_{eL}。在屈服过程中产生的伸长称为屈服伸长。屈服伸长对应的水平线段或曲折线段称为屈服平台或屈服齿。屈服伸长变形是不均匀的，当外力从屈服阶段最大应力下降到最小应力时，在试件的局部区域开始形成与拉伸轴约成 45°的所谓吕德斯（Liders）带或屈服线，随后再沿试件长度方向逐渐扩展。当屈服线布满整个试件长度时，屈服伸长结束，试样开始进入均匀塑性变形阶段。试验表明：上屈服点与试验时的加荷载速度及试件形状等试验条件有关，而下屈服点则对此不太敏感，因而以下屈服点作为材料强度的标准值。

由图 2-2 可以看到，屈服点以前的应变很小，如把钢材的弹性工作阶段提高到屈服点，且不考虑应变硬化阶段，则可把应力-应变曲线简化为如图 2-3 所示的两条直线，称之为理想弹塑性体应力-应变曲线。它表示钢材在屈服点以前应力与应变关系符合胡克定律，接近理想弹性体工作；屈服点以后塑性平台阶段又近似于理想的塑性体工作。这一简化与实际误差不大，却大大方便了计算，成为钢结构弹性设计和塑性设计的理论基础。

钢材在一次压缩或剪切时所表现出来的应力与应变关系变化规律基本上与拉伸试验相似，只是剪切时的强度指标数值比拉伸或压缩时的小。

碳素结构钢和低合金钢有明显的屈服点和屈服平台［图 2-2（a）］。热处理钢材和调质处理的低合金结构钢却没有明显的屈服点和塑性平台。这类没有明显屈服阶段的塑性材料，按照国家标准的规定，取塑性应变为 0.2％时所对应的应力值作为条件屈服极限或名义屈服极限（图 2-4），用 $\sigma_{0.2}$ 表示。为简便起见，也可以用 $\varepsilon=0.5\%$ 所对应的应力作为其屈服强度，因为它与 $\sigma_{0.2}$ 相差不多。为简明统一，在钢结构中对 f_y 与 $\sigma_{0.2}$ 不再区分，均用符号 f_y 表示，并统一使用屈服强度叫法。

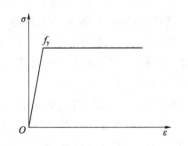

图 2-3　理想弹塑性体应力-应变曲线

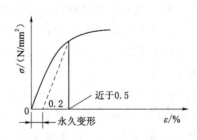

图 2-4　名义屈服点

（二）塑性

塑性是指金属材料断裂前发生塑性变形（不可逆永久变形）的能力。钢材的塑性一般是指当应力超过屈服点后产生显著的残余变形（塑性变形）而不立即断裂的性质。钢材在断裂前所产生的塑性变形由均匀塑性变形和集中塑性变形两部分构成。试件拉伸至颈缩前的塑性变形是均匀性塑性变形，颈缩后颈缩区的塑性变形是集中塑性变形。大多数拉伸时形成颈缩的韧性钢材，其均匀变形量要比集中塑性变形量小得多，一般不会超过集中塑性变形的一半。许多钢材（尤其是高强度钢）的均匀塑性变形量仅为集中塑性变形的 5%～10%。

衡量钢材塑性好坏的主要指标是伸长率 δ 和断面收缩率 ψ。

（1）伸长率 δ。伸长率 δ 是反映钢材在荷载作用下塑性变形能力的指标，它等于试件拉断后标距的长度与原标距间伸长的长度 $(l_1 - l_0)$ 与原标距长度 (l_0) 的比值，以百分数表示，即

$$\delta = \frac{l_1 - l_0}{l_0} \times 100\% \tag{2-1}$$

式中　l_0——试件原标距长度（图 2-1）；

　　　l_1——试件拉断后标距的长度。

δ 随试件的标距长度与试件直径（图 2-1）的比值 (l_0/d_0) 增大而减小。取圆试件直径的 5 倍或 10 倍为标定长度，这样的拉伸试样为比例试件，前者被称为短比例试件，后者被称为长比例试件，所得到的相应伸长率分别用 δ_5 或 δ_{10} 表示。一般来说比例试件尺寸越短，断后伸长率越大，反应在 δ_5 与 δ_{10} 的关系上就是 $\delta_5 > \delta_{10}$，因为颈缩区塑性变形不受标距长度的影响，标距长度越大，颈缩区塑性变形相对值越小。根据试验结果显示，$\delta_5 \approx (1.2 \sim 1.5)\delta_{10}$。特别指出，只有在测量断后延伸率时才要求应用比例拉伸试件，并给出试件的比例系数，其他的性能指标则不做要求。

（2）断面收缩率 ψ。除了用断后伸长率来表示钢材的塑性性能外，还可以用断面收缩率来表示钢材的塑性。断面收缩率 ψ 是指试件拉断后，颈缩区的断面面积缩小值 $(A_0 - A_1)$ 与原断面面积 (A_0) 的比值，以百分数表示，即

$$\psi = \frac{A_0 - A_1}{A_0} \times 100\% \tag{2-2}$$

式中　A_0——试件原来的断面面积；

　　　A_1——试件拉断后颈缩区的断面面积。

断面收缩率 ψ 也是单向拉伸试验提供的一个塑性指标。ψ 越大，塑性越好。现行国家标准《厚度方向性能钢板》（GB/T 5313—2010）中，使用沿厚度方向标准拉伸试件的断面收缩率来定义 Z 向钢（即 Z 向性能测试钢，又称抗层状撕裂钢）的种类，如 ψ 分别大于等于 15%、25%、35% 时，为 Z15、Z25、Z35 钢。

根据 δ 与 ψ 的相对大小可以判断钢材在拉伸时是否形成颈缩：如果 $\psi > \delta$，则钢材在拉伸试验中形成颈缩，且 δ 与 ψ 之差越大，颈缩越严重；如果 $\delta \geqslant \psi$，则钢材在拉伸试验中不会形成颈缩。如高锰钢拉伸时不产生颈缩，其 $\delta \approx 55\%$，$\psi \approx 35\%$；12CrNi3 钢淬火高温回火后，试样拉断时会有明显的颈缩，其 $\delta \approx 26\%$，$\psi \approx 65\%$。

伸长率 δ 是钢材均匀变形和集中变形（颈缩区）的总和，因此它不能代表钢材的最大塑性变形能力。断面收缩率 ψ 是衡量钢材塑性的一个比较真实和稳定的指标，但

是在测量时容易产生较大的误差。因此塑性指标的具体选用原则是：对于在单一拉伸条件下工作的长形零件，无论其是否产生缩颈，都用 δ 评定材料的塑性，因为产生缩颈时局部区域的塑性变形量对总伸长实际上没有什么影响；如果金属材料机件是非长形件，在拉伸时形成缩颈（包括因试件标距部分截面微小不均匀或结构不均匀导致过早形成的缩颈），则用 ψ 作为塑性指标。因为 ψ 反映了钢材断裂前的最大塑性变形量，而此时 δ 则不能显示材料的最大塑性。ψ 是在复杂应力状态下形成的，冶金因素的变化对性能的影响在 ψ 上更为突出，所以 ψ 比 δ 对组织变化更为敏感。

在实际工程中，结构和构件难免会存在一些缺陷（如应力集中、材质缺陷等）。当钢材具有良好的塑性时，构件缺陷所造成的应力集中可以利用塑性变形加以调整，即在受力达到一定程度后，个别区域因材料屈服而产生塑性变形，构件内部应力可以重新分布而趋于比较均匀，不致因个别区域首先出现裂纹并扩展到整个构件而导致破坏。

二、韧性

钢材的韧性是钢材在塑性变形和断裂过程中吸收能量的能力，也是表示钢材抵抗冲击荷载的能力。它与钢材的塑性有关而又不同于塑性，它是强度与塑性的综合表现。与脆性破坏相反，材料在断裂前有较大变形、断裂时断面常呈现外延变形，此变形不能立即恢复，其应力-变形关系成非线性，消耗的断裂能很大。

韧性通常以冲击强度的大小、晶状断面率来衡量。韧性越好，则发生脆性断裂的可能性越小。韧性钢材比较柔软，它的拉伸断裂伸长率、抗冲击强度较大；硬度、拉伸强度和拉伸弹性模量相对较小。而刚性钢材的硬度、拉伸强度较大，断裂伸长率和冲击强度低一些。弯曲强度反应材料的韧性大小，弯曲强度小则钢材的韧性好，反之则韧性差。

钢材在一次拉伸静力作用下断裂时所吸收的能量，用单位体积吸收的能量来表示，其值等于图 2-2（a）中应力-应变曲线与横坐标所包围的总面积。塑性好的钢材，其应力-应变曲线包围的面积大，所以韧性值大。由单向拉伸试验获得的韧性没有考虑应力集中和动荷载作用的影响，只能用来比较不同钢材在正常情况下的韧性好坏。然而，实际结构中脆性断裂并不发生在单向受拉的地方，而总是发生在有缺口高峰应力的地方，在缺口高峰应力的地方常呈三向受拉的应力状态。因此，最有代表性的是钢材的缺口冲击韧性，简称冲击韧性。

冲击韧性也称缺口韧性，是评定带有缺口的钢材在冲击荷载作用下抵抗脆性破坏能力的指标。冲击韧性或冲击功试验（简称冲击试验）因试验温度不同而分为常温、低温和高温冲击试验三种；若按试样缺口形状又可分为 V 形缺口和 U 形缺口冲击试验两种。冲击韧度指标的实际意义在于揭示材料的变脆倾向。通常用带有夏比 V 形缺口的标准试件做冲击试验（图 2-5），由于 V 形缺口比较尖锐，因此缺口根部的高峰应力及其附近的应力状态能更好地描绘实际结构的缺陷。夏比缺口韧性用 A_{kv} 表示，其值为击断试件所消耗的冲击功，单位为 J。

一般把 A_{kv} 值低的材料称为脆性材料，把 A_{kv} 值高的材料称为韧性材料。A_{kv} 值取

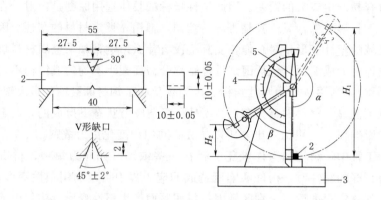

图 2-5 夏比 V 形缺口冲击试验和标准试件（单位：mm）
1—摆锤；2—试件；3—试验机台座；4—刻度盘；5—指针

决于材料及其状态，同时与试样的形状、尺寸有很大关系。A_{kv} 值对材料的内部结构缺陷、显微组织的变化很敏感，如夹杂物、偏析、气泡、内部裂纹、钢的回火脆性、晶粒粗化等都会使 A_{kv} 值明显降低；同种材料的试样，缺口越深、越尖锐，缺口处应力集中程度越大，越容易变形和断裂，冲击功越小，材料表现出来的脆性越高。因此不同类型和尺寸的试件，其 A_{kv} 值不能直接比较。试验表明，钢材的冲击韧性值随温度的降低而降低，且在某一温度范围内，A_{kv} 值发生急剧降低，这种现象称为冷脆，此温度范围称为韧脆转变温度（T_k）。但不同牌号和不同质量等级钢材的降低规律又有很大的不同。因此，在寒冷地区承受动力作用的重要承重结构，应根据其工作温度和所用钢材牌号，对钢材提出相应温度下的冲击韧性指标的要求，以防发生脆性破坏。

三、冷弯性能

冷弯性能指钢材经冷加工（即在常温下加工）产生塑性变形时，对产生裂缝的抵抗能力。用冷弯试验来检验钢材承受规定弯曲程度的弯曲变形性能，并显示其缺陷程度。弯曲程度一般用弯曲角度 α（外角）或弯心直径 d 与材料厚度 a 的比值表示，a 越大或 d/a 越小，则材料的冷弯性越好。冷弯性能可衡量钢材在常温下冷加工弯曲时产生塑性变形的能力。冷弯性能是衡量中厚钢板塑性好坏的一项重要力学性能指标，冷弯试验是必不可少的检验项目。

冷弯试验在材料试验机上进行（图 2-6）。试验时，根据钢材的牌号和板厚，按国家相关标准规定的弯心直径，通过冷弯冲头加压，在试验机上把试件弯曲到规定的角度，检查试件弯曲部分的外面、里面和侧面有无裂纹、裂断或分层，如无这些现象

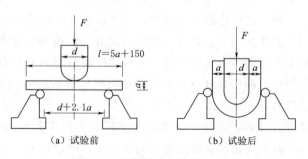

图 2-6 冷弯试验（单位：mm）

即认为试件冷弯性能合格。

冷弯试验一方面是检验钢材能否适应构件制作中的冷加工工艺，另一方面还能暴露出钢材的内部缺陷（颗粒组织、结晶情况和非金属夹杂物分布等缺陷），鉴定钢材的塑性和可焊性。因此，钢材的冷弯性能是判别钢材塑性变形能力及冶金质量的综合指标，常作为静力拉伸试验和冲击试验等的补充试验。焊接承重结构以及重要的非焊接承重结构采用的钢材均应具有冷弯试验的合格保证。

四、可焊性

钢材的可焊性指在一定材料、工艺和结构条件下，钢材经过焊接后能获得良好的焊接接头性能。

钢材的焊接性能受含碳量和合金元素含量的影响。碳当量反映钢中化学成分对硬化程度的影响，它是把钢中的合金元素（包括碳）按其对淬硬性（包括冷裂、脆化等）的影响程度折合成碳的相当含量。当含碳量在 0.12％～0.20％时，碳素钢的焊接性能最好。含碳量超过上述范围时，焊缝及热影响区容易变脆。一般 Q235A 的含碳量较高，且含碳量不作为交货条件，因此这一牌号的钢材通常不能用于焊接构件。而 Q235B、Q235C、Q235D 的含碳量控制在上述的适宜范围之内，是适合焊接使用的普通碳素钢牌号。在高强度低合金结构钢中，低合金元素大多对可焊性有不利影响。低合金结构钢的可焊性可根据其碳当量而定。碳当量是衡量普通低合金结构钢中各元素对焊后母材的碳化效应的综合性能。

20 世纪 40—50 年代，当时钢材以 C-Mn 强化为主，为了评定这类钢材的焊接性，先后建立了许多碳当量公式，其中以国际焊接协会推荐的 C_E 公式应用较广，其公式是按各元素的重量百分比计算，计算式如下

$$C_E = C + \frac{Mn}{6} + \frac{Cr + Mo + V}{5} + \frac{Cu + Ni}{15} \qquad (2-3)$$

式中　　C、Mn、Cr、Mo、V、Ni、Cu——碳、锰、铬、钼、钒、镍和铜的百分含量。

该公式主要适用于中等强度的非调质低合金钢。当 $C_E \leqslant 0.38％$ 时，钢材的可焊性很好，可以直接施焊；当 $C_E = 0.38％～0.45％$ 时，钢材呈现淬硬倾向，施焊时需要控制焊接工艺，采取预热措施并使热影响区缓慢冷却，以免发生淬硬开裂；当 $C_E > 0.45％$ 时，钢材的淬硬倾向更加明显，须严格控制焊接工艺和预热温度才能获得合格的焊缝。

钢材焊接性能的优劣除与钢材的碳当量有直接关系外，还与母材厚度、焊接方法、焊接工艺参数以及结构形式等条件有关。目前，国内外都采用可焊性试验的方法来检验钢材的焊接性能，从而制定出重要结构和构件的焊接制度和工艺。

第三节　影响钢材机械性能的主要因素

在钢结构中常用的钢材，如 Q235、Q345 钢等，在一般情况下，既具有较高的强度，又有很好的塑性和韧性，是比较理想的承重结构材料，但是仍有可能出现脆性断裂。促使钢材发生脆性断裂的因素很多，主要的因素有钢材的化学成分、冶炼和浇注

方法、轧制过程、时效和冷作硬化、工作温度、受力状态、加载速度等。而在碳素钢中添加某些合金元素或者通过不同的处理方法可以改善钢的使用性能和工艺性能，使得合金钢具备许多碳素钢不具有的某些优良或特殊的性能。如合金钢具有高的强度与韧性、良好的耐蚀性，在高温下具有较高的硬度和强度，良好的工艺性能如冷变形性、淬透性、耐回火性和焊接性等。合金钢之所以具备这些优异的性能，主要是合金钢中的铁与其他元素之间的相互作用。因此若需改善钢材的某些缺陷，就需要对其影响因素进行研究与探索。

一、化学成分

钢的基本元素是铁（Fe），碳素钢中纯铁约占 99%，此外便是碳（C）、硅（Si）、锰（Mn）等杂质元素，以及在冶炼过程中不易除尽的有害元素硫（S）、磷（P）、氧（O）、氮（N）等，它们的总和占 1% 左右。在低合金钢中，除上述元素外，还有少量合金元素，如铜（Cu）、钒（V）、钛（Ti）、铌（Nb）、铬（Cr）等，总含量通常不超过 3%。尽管钢材中除铁外的其他元素含量不高，但对钢材的物理力学性能却有着极大的影响。

（一）碳（C）

碳是各种钢中的重要元素之一，在碳素结构钢中是铁以外的最主要元素。钢材中大部分空间内为柔软的纯铁体，而化合物渗碳体（Fe_3C）及渗碳体与纯铁体的混合物——珠光体则十分坚硬，它们形成网络夹杂于纯铁体之间。钢材的强度来自渗碳体与珠光体，因此碳是形成钢材强度的主要成分。随着含碳量的提高，钢的强度逐渐增高，而塑性和韧性下降，冷弯性能、焊接性能和耐大气锈蚀性能等也变劣。但当含碳量在 1.0% 以上时，随着含碳量的增加，钢材的强度反而下降。

碳素钢按碳的含量进行区分，小于 0.25% 时为低碳钢，0.25%～0.6% 时为中碳钢，大于 0.6% 时为高碳钢。当含碳量超过 0.3% 时，钢材的抗拉强度很高，但却没有明显的屈服点，且塑性较差；含碳量超过 0.2% 时，钢材的焊接性能开始恶化。表 2-1 为钢的四种基本组织及其力学性能。

表 2-1　　　　　　　　　　　　钢的四种基本组织及其力学性能

名称	含碳量/%	结构特征	性能
铁素体	≤0.02	碳溶于 α-Fe 中的固溶体	强度、硬度很低，塑性好，冲击韧性很好
奥氏体	0.8	碳溶于 $\beta\gamma$-Fe 中的固溶体	强度、硬度不高，塑性大
渗碳体	6.67	化合物 Fe_3C	抗拉强度很低，硬脆，很耐磨，塑性几乎为 0
珠光体	0.8	铁素体与 Fe_3C 的机械混合物	强度较高，塑性和韧性介于铁素体和渗碳体之间

（二）硅（Si）

在普通碳素钢中，硅是一种强脱氧剂，常与锰共同除氧，从而有效减少氧化铁等夹杂，生产镇静钢。适量的硅可以细化晶粒、提高钢的强度，而对塑性、韧性、冷弯性能和焊接性能无显著不良影响。硅的含量在一般镇静钢中为 0.12%～0.30%，在低合金钢中为 0.2%～0.55%。但是结构钢中的硅含量过高（达 1%）会降低钢材塑性、冲击韧性、抗锈性和可焊性。

硅可以使钢的强度提高，而对韧性没有明显影响。主要是因为 Si 元素可以固溶于奥氏体中，使得奥氏体转变速度下降，临界冷却速度降低，抑制奥氏体生成的同时，对奥氏体晶粒长大具有一定的阻碍作用，在热处理过程中能够有效防止加热时产生的过热倾向，使钢更加细化，对提高钢的强度、韧性具有利作用。

（三）锰（Mn）

锰是炼钢时用来脱氧去硫而存于钢中的，属于有益元素，在普通碳素钢中它是一种弱脱氧剂，可提高钢材强度，降低硫、氧对所引起的钢材热脆性，大大改善钢材的热加工性能和冷脆倾向，同时能提高钢材的强度和硬度，且对钢材的塑性和韧性无明显影响。锰还是我国低合金钢的主要合金元素，其含量为 $0.8\%\sim1.8\%$，但锰的含量过高（达 $1.0\%\sim1.5\%$）会使钢材变脆变硬，并降低钢材的抗锈性和可焊性，故应限制其含量。

（四）硫（S）

硫是有害元素，常以硫化铁的形式夹杂于钢中。当温度达 $800\sim1000℃$ 时，硫化铁会熔化使钢材变脆，因而在进行焊接或热加工时，有可能引发热裂纹，称为热脆。此外，硫还会降低钢材的冲击韧性、疲劳强度、抗锈蚀性能和焊接性能等。非金属硫化物夹杂经热轧加工后还会在厚钢板中形成局部分层现象，在采用焊接连接的节点中，沿板厚方向承受拉力时，会发生层状撕裂破坏。因此，应严格限制钢材中的含硫量，随着钢材牌号和质量等级的提高，含硫量的限制值由 0.05% 依次降至 0.025%，厚度方向性能钢板（抗层状撕裂钢板）的含硫量更限制在 0.01% 以下。

（五）磷（P）

磷既是有害元素也是能利用的合金元素。随着磷含量的增加，钢材的强度、屈强比、硬度以及抗锈蚀能力均提高，但严重降低钢的塑性、韧性、冷弯性能和焊接性能。特别是温度越低，对塑性和韧性的影响越大，促使钢材变脆，称为冷脆。因此，磷的含量也要严格控制，随着钢材牌号和质量等级的提高，含磷量的限值由 0.045% 依次降至 0.025%。但是由于磷可提高钢材的耐磨性和耐蚀性，故当采用特殊的冶炼工艺时，磷可作为一种掺杂元素来制造含磷的低合金钢，此时其含量可达 $0.12\%\sim0.13\%$。

（六）氧（O）和氮（N）

氧和氮是冶炼时从空气进入钢材的有害气体，能使钢材变得极脆。随着氧含量的增加，钢材的强度有所提高，但塑性特别是韧性显著降低，可焊性变差。氧的存在会造成与硫类似的钢材热脆。氮对钢材性能的影响与碳、磷类似，随着氮含量的增加，可使钢材的强度提高，塑性、韧性降低，可焊性变差，钢材的冷脆性会明显加剧。氮在铝、铌、钒等元素的配合下可以减少其不利影响，提高合金钢的强度和抗腐蚀性，可作为合金钢的合金元素使用。如在九江长江大桥中已成功使用 15MnVN 钢，就是 Q420 中的一种含氮钢，氮含量控制在 $0.010\%\sim0.020\%$。

（七）氢（H）

氢呈极不稳定的原子状态溶解在钢中，其溶解度随温度的降低而降低，常在结构疏松区域、孔洞、晶格错位和晶界处富集，生成氢分子，产生巨大的内压力，使钢材开裂，称为氢脆。氢脆属于延迟性破坏，在有拉应力作用下，常需要经过一定孕育发展期才会发生。在破裂面上常可见到白点，称为氢白点。含碳量较低且硫、磷含量较少的钢，氢脆敏感性低。钢的强度等级越高，对氢脆越敏感。

（八）钒（V）、铌（Nb）、钛（Ti）

钒、铌、钛等元素在钢中形成微细碳化物，加入适量能起细化晶粒和弥散强化作用，从而提高了钢材的强度和韧性，又可保持良好的塑性。三者对钢的作用具有相同之处，但又存在细微的区别。

钒在钢中的作用主要是析出强化和细化晶粒。它是强烈的碳化物形成元素，能显著提高钢的强度。在高温阶段，钒及其碳氮化物溶解于奥氏体中，随着轧制的进行、温度的降低，钒的碳氮化物将沿着奥氏体晶界析出，从而阻止奥氏体的再结晶及晶粒长大，有利于获得较细小的铁素体晶粒，钒的这一作用也可减少由于硅的加入而提高临界转变温度导致对铁素体晶粒长大的不利影响。

铌是细化晶粒最重要的微合金元素，在微合金化钢中，铌通过细化晶粒提高了钢的强度，同时又改善了钢的韧性，并通过析出强化与控制相变来进一步提高钢的强度。铌与碳具有极强的亲和力，易形成碳化物和碳氮化物，细小弥散的 Nb（C，N）可抑制再加热时奥氏体晶粒的长大，得到较细小的奥氏体晶粒，轧制和相变后可获得细小的铁素体晶粒。同时，在奥氏体中或铁素体中形成 Nb（C，N）沉淀，提高了钢的强度。

钢材力学性能的影响对 Ti 含量十分敏感，容易引起性能波动。在低合金高强度钢中加入微量钛可以提高钢的强度，改善钢的冷成形性能和焊接性能。由于钛的化学性很活泼，易与 C、N、O、S 等元素形成化合物。其中，钛与氧的亲和力很强，钢液必须用铝充分脱氧后才能加入钛，以防止生成二氧化钛。Ti 含量对钢的强度影响主要分为三个阶段，起三种不同的主要作用：含有微量 Ti（＜0.04％）时，主要形成 TiN，而形成的 TiC 含量很少，此时的 Ti 沉析出强化作用很小，起细化晶粒作用；含有中等含量 Ti 时（0.04％～0.08％），超出 TiN 理想化学配比的 Ti 固溶在钢中，以细小 TiC 质点形式析出，起到析出强化作用；钛还可以作为钢中硫化物变性元素使用，以改善钢材各向性能差别。

（九）铝（Al）、铬（Cr）、镍（Ni）

铝是强脱氧剂，用铝进行补充脱氧不仅可以进一步减少钢中的有害氧化物，而且能细化晶粒。低合金钢的 C、D 及 E 级都规定铝含量不低于 0.015％，以保证必要的低温韧性。铬、镍是提高钢材强度的合金元素，用于 Q390 及以上牌号的钢材中，但其含量应受到限制，以免影响钢材的其他性能。除此，铬、镍还可在金属基体表面形成保护层，提高钢对大气的抗腐蚀能力，同时保持钢材具有良好的焊接性能。其中镍不仅能使钢强度增加，同时还能改善钢的低温性能，特别是改善钢的低温韧性，是提高韧性的主要元素，主要是由于镍在低温下易发生交滑移。镍还能提高钢的淬透性；镍钢的耐腐蚀性能优异，对酸、碱以及海水都有较强的耐蚀能力。但是镍钢在高温高压下对氧介质的抗腐蚀能力较弱，造成钢的不同程度的损坏。

二、钢材的生产过程

不仅仅化学成分对结构钢的性能具有重要的影响，在钢材的生产过程中都需要经过冶炼、浇铸、轧制和热处理等工序才能成材，多道工序对钢材的各项性能都有一定的影响。现根据生产过程分别叙述如下。

（一）冶炼

炼钢的过程是把熔融的生铁进行除杂，使碳含量降低到预定的范围，将其他杂质降低到允许的范围。在理论上，凡含碳量在 2‰ 以下含有害杂质较少的铁、碳合金可称为钢。在炼钢的过程中，采用的炼钢方法不同，除掉杂质的程度就不同，所得钢的的质量也有差别。目前国内钢材冶炼方法主要有平炉炼钢、氧气顶吹转炉炼钢、碱性侧吹转炉炼钢及电炉炼钢。

平炉炼钢是利用煤气或其他燃料供应热能，把废钢、生铁熔液或铸铁块和不同的合金元素等冶炼成各种用途的钢。平炉的原料广泛，容积大，产量高，冶炼工艺简单。由于熔炼时间长，杂质含量控制精确，清除较彻底，钢材的质量好，化学成分稳定（偏析度小），力学性能可靠，用途广泛。但平炉炼钢周期长、效率低、成本高，现已逐渐被氧气顶吹转炉炼钢所取代。

氧气顶吹转炉炼钢是利用高压空气或氧气使炉内生铁熔液中的碳和其他杂质氧化，在高温下使铁液变为钢液。氧气顶吹转炉冶炼的钢中有害元素和杂质少，质量和加工性能优良，且可根据需要添加不同的元素冶炼碳素钢和合金钢。但是利用高压空气时，容易混入空气中的氮、氢等杂质，故现在国内外都采用高纯氧气炼钢。由于氧气顶吹转炉可以利用高炉炼出的生铁熔液直接炼钢，生产周期短、效率高、质量好、成本低、建厂快，已成为国内外发展最快的炼钢方法。

碱性侧吹转炉钢生产的钢材冲击韧性、可焊性、时效性、冷脆性、抗锈性能等都较差，故目前这种炼钢法在国内基本已被淘汰。

电炉炼钢是利用电热原理，以废钢和生铁等为主要原料，在电弧炉内冶炼。冶炼过程一般分为熔化期、氧化期和还原期，在炉内不仅能造成氧化气氛，还能造成还原气氛，因此脱磷、脱硫的效率很高，易于清除杂质和严格控制化学成分，炼成的钢质量好。但因耗电量大，成本高，主要用于冶炼优质碳素钢及特殊的特殊合金钢。在机械等工业部门应用较多，目前国外已采用超高功率电炉炼钢。

综上所述，由于平炉炼钢由于生产效率低，碱性侧吹转炉炼钢生产的钢结构材料质量较差，目前基本已被淘汰。在建筑钢结构中，一般不使用电炉冶炼的钢结构材料，而主要使用氧气顶吹转炉生产的钢结构材料。目前氧气顶吹转炉钢的质量，由于生产技术的提高，已不低于平炉钢的质量。同时，氧气顶吹转炉钢具有投资少、生产率高、原料适应性大等特点，目前已成为主流炼钢方法。

冶炼这一冶金过程形成钢的化学成分与含量、钢的金相组织结构，不可避免地存在冶金缺陷，因此可以根据其化学成分、有害物的含量等进行分类，从而进一步确定不同的钢种、钢号及其相应的力学性能，以便在实际应用中进行选择。

（二）浇铸

把熔炼好的钢液浇铸成钢锭或钢坯有两种方法：一种是浇入铸模做成钢锭，另一种是浇入连续浇铸机做成钢坯。前者是传统的方法，所得钢锭需要经过初轧才能成为钢坯；后者是近年来迅速发展的新技术，浇铸和脱氧同时进行。铸锭过程中因脱氧程度不同，可将碳素结构钢分为沸腾钢、镇静钢、半镇静钢和特殊镇静钢四类。

沸腾钢是在炉中和盛钢桶中的熔炼钢液中使用弱脱氧剂锰铁进行脱氧。当钢液浇铸时，钢液中仍保留有相当多的氧化铁，与其中的碳等化合生成一氧化碳（CO）等气体大量逸出，致使钢液剧烈"沸腾"，故称沸腾钢。沸腾钢在铸模中冷却很快，溶于钢液中的气体不能全部逸出，凝固后在钢材中夹杂有较多的氧化铁和气孔，还使硫、磷杂质分布不均，出现其局部富集的所谓"偏析"现象。钢的"偏析"及分布不均的气泡使钢材质量较差。但沸腾钢生产简单，价格便宜，质量能满足一般承重钢结构的要求，因而应用较多。

镇静钢（又称全净钢）因浇铸时加入强脱氧剂（如硅、锰）使脱氧较完全，其中硅的脱氧能力要强于锰。此外，强脱氧剂在还原氧化铁的过程中还会产生热量，使钢液冷却缓慢，保温时间得以加长，气体充分逸出，浇注时不会出现沸腾现象，因而质量优良且均匀，组织致密，杂质少，偏析小。与沸腾钢相比，其冲击韧性和焊接性较好，冷脆和时效敏感性较小，强度和塑性也略高。但镇静钢需要一定量的强脱氧剂，铸锭时需要适当保温，因而生产过程较复杂，冷却后钢锭头部缩凹而需要切除的部分较多，致使收得率低（约80%），因而价格较高。

半镇静钢（又称半净钢）的脱氧程度介于上述两者之间。特殊镇静钢是在锰硅脱氧后再用铝补充脱氧，其脱氧程度高于镇静钢。连续浇铸可以产出镇静钢而没有缩孔，并且化学成分分布比较均匀，只有轻微的偏析现象。采用这种连续浇铸技术既提高了产品质量，又降低了成本，已成为浇铸的主要方法。低合金高强度结构钢均为镇静钢或特殊镇静钢。

特殊镇静钢的脱氧要求比镇静钢更高，一般应含有足够的形成细晶粒结构的元素，如铝等，通常是用硅脱氧后再用铝补充脱氧。我国碳素结构钢中的 Q235-D 钢以及桥梁用钢如 16MnQ 等属特殊镇静钢。

（三）轧制

钢在冶炼及浇铸过程中会不可避免地产生冶金缺陷。常见的冶金缺陷有偏析、非金属夹杂、气孔及裂纹等。偏析是指金属结晶后化学成分分布不匀；非金属夹杂是指钢中含有硫化物等杂质；气孔是指浇铸时由 FeO 与 C 作用所生成的 CO 气体不能充分逸出而滞留在钢锭内形成的微小空洞。这些缺陷都将影响钢的力学性能，因此需要通过轧制等工艺来促使钢材机械性能的改善。

由铸坯轧制钢材，是把钢坯再加热至 1200～1300℃ 的高温后进行的，这使得钢具有很好的塑性和锻焊性能。在辊轧压力作用下，使钢锭中的小气泡、裂纹等缺陷焊合起来，使金属组织更加致密。轧制还可以破坏钢锭的铸造组织，使钢的晶粒变细，并消除显微组织缺陷，因而改善了钢材的力学性能，而且压缩比（钢坯与轧成钢材厚度之比）越大时其强度和冲击韧性等也越高。此外，由于轧辊的压延作用，钢材顺轧辊轧制方向的强度和冲击韧性等机械性能比其横向的要好。浇铸时钢液中的非金属夹杂物在轧制过程中能造成钢材的分层，所以分层是钢材（尤其是厚板）的一种缺陷。层间撕裂的预防措施包括：在节点设计中采取相应的措施，改变接头形式，以减小约束度和避免拉力垂直于板面的情况；降低钢材非金属夹杂物的含量，选择对层间撕裂敏感性小的材料，必要时对钢板进行超声波检查。

（四）热处理

钢的热处理是将钢在固态范围内施以不同的加热、保温和冷却措施，以改变其内部组织构造，达到改善钢材性能的一种加工工艺。热处理工艺只改变金属材料的组织和性能而不以改变形状和尺寸为目的。

热处理可提高零件的强度、硬度、韧性、弹性等，同时还可改善毛坯或原材料的切削加工性能，使之易于加工。它是改善金属材料的工艺性能、保证产品质量、延长使用寿命、挖掘材料潜力不可缺少的工艺方法。据统计，在机床制造中，热处理件占60%～70%；在汽车、拖拉机制造中热处理件占70%～80%；在刀具、模具和滚动轴承制造中，几乎全部零件都需要进行热处理。现代机器设备对金属材料的性能不断提出新的要求，热处理的作用日趋重要。

热处理的工艺方法有很多，其中钢材的普通热处理主要包括退火、正火、淬火和回火四种基本工艺。

退火是将钢加热、保温，然后随炉或埋入灰中使其缓慢冷却以获得近于平衡状组织的热处理工艺。其主要目的是均匀钢的化学成分以及组织，细化晶粒，调整硬度，消除内应力和加工硬化，改善钢的成形以及切削加工性能，并为催化做好组织准备。退火的工艺有很多种，其中常用的有完全退火、球化退火、去应力退火、再结晶退火等。

正火是将钢加热到850～900℃，保温后在空气中冷却的热处理工艺。正火的冷却速度比退火快，正火后的钢材组织比退火细，强度和硬度有所提高。如果钢材在终止热轧时的温度正好控制在上述范围内，可得到正火的效果，称为控轧。如果热轧卷板的成卷温度正好在上述范围内，则卷板内部的钢材可得到退火的效果，钢材会变软。正火可以为预备热处理，为机械加工提供合适的硬度，又能细化晶粒，消除应力，为最终的热处理提供合适的组织状态，为退火做准备。正火也可以作为最终处理热处理，为某些受力较小、性能要求不高的碳素结构钢零件提供合适的机械性能。对于大型的工件以及形状复杂或截面变化明显的工件，用正火代替淬火和回火可以有效地防止变形和开裂。

淬火是把钢材加热至900℃以上，保温一段时间，然后放入水或油中快速冷却以获得马氏体组织的热处理工艺。淬火的目的是使过冷奥氏体进行马氏体或贝氏体转变，得到马氏体或贝氏体组织，然后配合不同温度的回火，以大幅提高钢的刚性、硬度、耐磨性、疲劳强度以及韧性等，从而满足各种机械零件和工具的不同使用要求。但是，由于马氏体形成过程中伴随着体积的膨胀，造成淬火件产生了内应力，而马氏体组织通常脆性又较大，这使得钢件淬火时很容易产生裂纹或者变形。因此在进行钢件淬火时，要严格把控淬火加热温度，选择合理的淬火介质等。

回火是将钢材重新加热至650℃左右并保温一段时间，然后在空气中自然冷却至室温的热处理工艺。回火的目的主要是消除淬火内应力，以降低钢的脆性，防止产生裂纹，同时也使钢获得所需的力学性能。根据回火的温度不同（参考 GB/T 7232—1999），可将钢的回火分为以下三种。

（1）低温回火（250℃以下）。目的是降低钢材淬火产生的内应力和脆性，但基本保持了淬火所获得的高硬度和高耐磨性。淬火后低温回火的用途最为广泛，如各种刀具、模具、滚动轴承和耐磨件等。

（2）中温回火（250～500℃）。目的是使钢获得高弹性，并且保持较高的硬度和一定的韧性。经过中温回火的钢材主要用于弹簧、发条、锻模等。

（3）高温回火（500℃以上）。淬火加高温回火的复合处理工艺也称调质处理，调质处理后钢材的硬度约为 20～35HRC。这是由于调质处理后其渗碳体呈细粒状，与正火后的片状渗碳体组织相比，在载荷作用下不容易发生应力集中，从而使得钢材的韧性显著提高，因此经过调质处理的钢材可以获得强度、韧性都比较好的综合力学性能，广泛应用于承受循环应力的中碳钢重要件，如连杆、曲轴、主轴、齿轮、重要的螺钉等。

三、钢材的缺陷

钢在冶炼及浇铸过程中会不可避免地产生冶金缺陷。常见的冶金缺陷有偏析、非金属夹杂、裂纹及分层等。偏析是指钢中化学成分不一致和不均匀性，特别是硫、磷偏析会严重恶化钢材的塑性、韧性和可焊性。非金属夹杂指钢中含有硫化物和氧化物等杂质，它会降低钢材的力学性能和工艺性能。无论是微观抑或宏观的裂纹，不论其成因如何，均使钢材的冷弯性能、冲击韧性和疲劳强度显著降低，并增加钢材脆性破坏的危险。分层指沿钢材厚度方向形成层间并不相互脱离的分层，不影响厚度方向的强度，但显著降低冷弯性能。在分层的夹缝处还易锈蚀。

消除冶金缺陷的主要措施是进行轧制（热轧、冷轧），通过改变钢材的组织和性能，细化晶粒，消除显微组织缺陷，提高强度、塑性、韧性。因此轧制钢材比铸钢具有更高的力学性能。轧后热处理，可进一步改善组织，消除残余应力，提高钢材强度。

四、钢材的硬化

钢材的硬化有三种情况：时效硬化、应变（冷作）硬化和应变时效。

时效硬化指钢材仅随时间的增长而转脆的现象，又称老化。在冶炼时溶于铁中的少量氮和碳，随着时间的增长逐渐从固溶体中析出，生成氮化物和碳化物，散存在铁素体晶粒的滑动界面上，对晶粒的塑性滑移起到遏制作用，从而使钢材的强度提高，塑性和韧性下降（图 2-7）。产生时效硬化的过程一般较长，但在振动荷载、反复荷载及温度变化等情况下会加速发展。在实际生产中往往采用喷漆、钝化、镀膜、涂层等多种方式来防止钢材的老化现象。

应变硬化也称冷作硬化，指钢材在

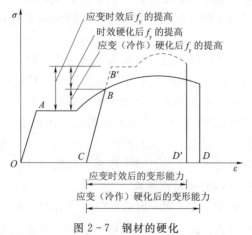

图 2-7　钢材的硬化

间歇重复荷载作用下，钢材的弹性区扩大，屈服点提高，而塑性和冲击韧性下降。在常温下加工叫冷加工，冷拉、冷弯、冲孔、机械剪切等加工使钢材产生很大塑性变形，由于减小了塑性和韧性性能，普通钢结构中不利用硬化现象所提高的强度。冷作硬化虽可提高钢材的屈服强度，但同时会降低塑性增加脆性，对钢结构特别是承受动力荷载的钢结构是不利的。因此，钢结构设计中一般不利用冷作硬化来提高钢材屈服强度，而且对直接承受较大动力荷载的钢结构还应设法消除冷作硬化的影响，例如刨去钢板因剪切形成的冷作硬化边缘金属等。

应变时效是指当钢材产生塑性变形后，晶体中的氮化物和碳化物将更容易析出（特别是在高温作用下），因此使已经冷作硬化的钢材又伴随着时效硬化。

硬化使钢材的塑性和韧性降低，故在普通钢结构中不利用硬化现象来提高强度。对于重要的结构，要求对钢材进行人工时效后检验其塑性和冲击韧性，有时还要采取措施消除或减轻硬化的不良影响，保证结构具有足够的抗脆性破坏能力。对局部硬化部分可采用刨边或钻孔的办法予以消除。

（一）温度的影响

钢材的力学性能对温度相当敏感，温度升高与降低都使钢材性能发生变化。前面所讨论的均是钢材在常温下的工作性能，但当温度升高时，钢材的抗拉强度、屈服强度及弹性模量均有变化。

一般来说，当温度升高时，钢材的屈服强度、抗拉强度和弹性模量的总趋势是降低的，如图 2-8 所示。在 150℃ 以下时变化不大。在 250℃ 左右时，钢材的抗拉强度有所提高，但这时的相应伸长率较低、冲击韧性变差，钢材在此温度范围内破坏时常呈脆性破坏特征，称为"蓝脆"（因表面氧化膜呈蓝色）。在蓝脆区进行热加工可能引起裂纹，因此应避免在蓝脆区进行热加工。当温度在 260～320℃ 时，钢材的屈服强度、抗拉强度和弹性模量开始显著下降，而伸长率开始显著增大，钢材产生徐变。徐变现象指在应力持续不变的情况下钢材以很缓慢的速度继续变形的现象。当温度在

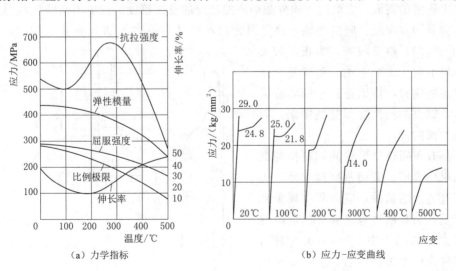

（a）力学指标　　　　　　　　　　　　（b）应力-应变曲线

图 2-8　温度对碳素结构钢力学性能的影响

430～540℃时，钢材强度和弹性模量急剧下降。当温度达600℃时，钢材的抗拉强度、屈服强度和弹性模量均接近于0，其承载能力几乎完全丧失。因此，当结构的表面长期受辐射热达150℃以上或可能受到火焰作用时，须采取隔热层加以保护。

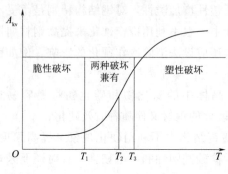

图2-9　钢材冲击韧性与温度的关系曲线

钢材在高温下使用相对较少，但是在常温或者更低的温度下使用的较多，更为广泛。因此相比高温性能，研究钢材的低温性能显得更加重要。图2-9为钢材冲击韧性与温度的关系曲线。当温度从常温开始下降时，随着温度的降低，钢材的强度虽略有提高，但其塑性和韧性降低，材料逐渐变脆，尤其是当温度下降到脆性转变温度区（$T_1 < T < T_2$）时，钢材的冲击韧性急剧降低，材料的破坏特征明显地由塑性破坏转变为脆性破坏，即出现通常的低温脆断，其对应的转变温度常称为该钢材的脆性转变温度。钢结构设计中应防止脆性破坏，因而选用钢材时应使其脆性转变温度区的下限温度T_1低于结构所处的工作环境温度，且钢材在工作环境温度下具有足够的冲击韧性值；但一般并不要求钢材脆性转变温度区的上限温度T_2低于结构的工作环境温度，因为这样虽使结构更安全可靠，但将造成选材困难和浪费。

（二）应力集中的影响

钢材标准拉伸试验是采用经过机械加工的光滑圆形或板状试件，在轴心拉力作用下截面应力分布均匀。实际钢结构中常有孔洞、缺口等，致使构件截面突然改变。在荷载作用下，这些截面突变处的某些部位（孔洞边缘或缺口尖端等处）将产生局部高峰应力，其余部位应力较低且分布极不均匀，这种现象称应力集中。通常把截面高峰应力与平均应力（当截面受轴心力作用时）的比值称为应力集中系数，其值可表明应力集中程度的高低，它取决于构件截面突然改变的急剧程度。在应力高峰区域总是存在着同号的双向或三向应力场，这是因为材料的某一点在x方向伸长的同时，在y方向（横向）将要收缩，当板厚较大时还将引起z方向收缩。处于复杂受力状态的钢材，特别是处于同号应力场时，钢材的塑性变形受到限制，有变脆的倾向。

具有不同缺口形状的钢材拉伸试验结果也表明，截面改变越突然、尖锐程度越大的试件，应力集中现象就越严重，引起钢材脆性破坏的危险性就越大。如图2.10所示，其中第1种试件为标准试件，第2、3、4种试件为不同应力集中水平的对比试件，

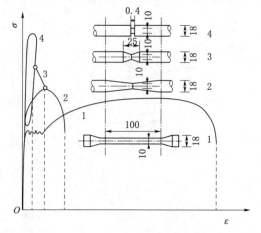

图2-10　应力集中对钢材性能的影响（单位：mm）

第 4 种试件已无明显屈服点，表现出高强钢的脆性破坏特征。

当结构所受静力荷载（以轴心拉力为例）不断增加时，高峰应力及其邻近处局部钢材将首先达到屈服强度。此后继续增加荷载将使该处发展塑性变形而应力保持不变，所增加的荷载由附近应力较低即尚未达到屈服强度部的钢材承受，然后塑性区逐步扩展，直到构件全截面都达到屈服强度时为强度的极限状态。因此，应力集中一般不影响截面的静力极限承载力，设计时可不考虑其影响。但是，较严重的应力集中，特别是在动力荷载作用下，加上残余应力和钢材加工的冷作硬化等不利因素的影响，常是结构尤其是在低温下工作的钢结构发生脆性破坏的重要原因。

应力集中现象还可能由内应力产生。内应力的特点是力系在钢材内自相平衡，而与外力无关，其在浇铸、轧制和焊接加工过程中，因不同部位钢材的冷却速度不同，或因不均匀加热和冷却而产生。其中焊接残余应力的量值往往很高，在焊缝附近的残余拉应力常达到屈服点，而且在焊缝交叉处经常出现双向甚至三向残余拉应力场，使钢材局部变脆。当外力引起的应力与内应力处于不利组合时会引发脆性破坏。

因此，在进行钢结构设计时，应尽量使构件和连接节点的形状与构造合理，防止截面的突然改变。在进行钢结构的焊接构造设计和施工时，应尽量减少焊接残余应力。

第四节　复杂应力下的钢材工作性能

屈服条件（又称塑性条件）是指多向应力状态下变形体某点进入塑性状态并使塑性变形继续进行所必须满足的力学条件。

在弹性力学中，为方便求解常把应力或位移用几个任意的或某种特殊类型的函数表示，这些函数通常称为应力函数或位移函数。

在单向拉伸试验中，单向应力达到屈服点时，钢材即进入塑性状态，即单向应力作用下钢材的屈服条件是 $\sigma \geq f_y$。但在复杂应力如平面或立体应力作用下（图 2-11），钢材是否进入塑性状态就不能按其中某一项应力是否达到 f_y 来判定，这时确定钢材的屈服条件则要用强度理论来解决。对于接近理想弹塑性体的建筑钢材来说，用能量强度理论（或称第四强度理论）来确定屈服条件比较合适。

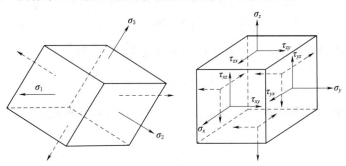

图 2-11　复杂应力状态

能量强度理论认为，当钢材单元处于两向或三向应力状态下（图 2-11），由弹性状态转入塑性状态时，其单位体积的形状改变能应等于单向拉伸达到屈服状态时积聚于单位体积中的应变能。

因此，钢材在多轴应力作用下由弹性状态转入塑性状态的屈服条件可以用折算应力 σ_{eq} 与钢材在单向应力时的屈服点 f_y 相比较来判断，即

$$\sigma_{eq}=\sqrt{\sigma_x^2+\sigma_y^2+\sigma_z^2-(\sigma_x\sigma_y+\sigma_y\sigma_z+\sigma_z\sigma_x)+3(\tau_{xy}^2+\tau_{yz}^2+\tau_{zx}^2)} \qquad (2-4)$$

式中　σ_x——沿 x 轴的正应力；

　　　σ_y——沿 y 轴的正应力；

　　　σ_z——沿 z 轴的正应力；

　　　τ_{xy}——x 平面内沿 y 方向的剪应力；

　　　τ_{yz}——y 平面内沿 z 方向的剪应力；

　　　τ_{zx}——z 平面内沿 x 方向的剪应力。

当 $\sigma_{eq}<f_y$ 时，为弹性状态；当 $\sigma_{eq}\geqslant f_y$ 时，为塑性状态。

若用主应力表示，则

$$\sigma_{eq}=\sqrt{\sigma_1^2+\sigma_2^2+\sigma_3^2-(\sigma_1\sigma_2+\sigma_2\sigma_3+\sigma_3\sigma_1)} \qquad (2-5)$$

也可表示为

$$\sigma_{eq}=\sqrt{\frac{1}{2}\left[(\sigma_1-\sigma_2)^2+(\sigma_2-\sigma_3)^2+(\sigma_3-\sigma_1)^2\right]} \qquad (2-6)$$

式中　σ_1、σ_2、σ_3——不同方向的主应力。

由式（2-6）可以看出，如果材料处于三向同号应力场，它们的绝对值又相差不大时，即使 σ_1、σ_2、σ_3 的绝对值很大，甚至远远超过屈服点，材料也不易进入塑性状态，因而材料处于同号应力场中，容易产生脆性破坏；反之，当其中有异号应力，且同号的两个应力相差又较大时，即使最大的一个应力尚未达到屈服点 f_y，材料也已进入塑性工作状态，这说明钢材处于异号应力状态时，容易发生塑性破坏。

当材料处于平面应力状态时，式（2-4）和式（2-5）可简化为

$$\sigma_{eq}=\sqrt{\sigma_x^2+\sigma_y^2-\sigma_x\sigma_y+3\tau_{xy}^2} \qquad (2-7)$$

$$\sigma_{eq}=\sqrt{\sigma_1^2+\sigma_2^2-\sigma_1\sigma_2} \qquad (2-8)$$

在一般实腹梁腹板中，只存在正应力 σ 和剪应力 τ，则

$$\sigma_{eq}=\sqrt{\sigma^2+3\tau^2} \qquad (2-9)$$

当处于纯剪切状态时 $\sigma=0$，取 $\sigma_{eq}=\sqrt{3\tau^2}=\sqrt{3}\tau=f_y$，由此得

$$\tau=\tau_y=\frac{f_y}{\sqrt{3}}\approx 0.58f_y \qquad (2-10)$$

即剪应力达到 $0.58f_y$ 时，钢进入塑性状态。所以《钢结构设计标准》（GB 50017—2017）确定钢材抗剪强度设计值为抗拉强度设计值的 0.58 倍。

第五节 钢材的疲劳

一、疲劳破坏的特点

钢材在连续反复循环荷载作用下，虽然应力还低于抗拉强度，甚至低于屈服强度，也有可能发生脆性断裂破坏，这种现象称为钢材的疲劳。疲劳断裂是微观裂缝在连续反复荷载作用下不断扩展直至断裂的脆性破坏。断口可能贯穿于母材，可能贯穿于连接焊缝，也可能贯穿于母材及焊缝。根据循环荷载的幅值和频率，疲劳可以分为等幅疲劳、变幅疲劳和随机疲劳；根据材料破坏前所经历的循环次数（即寿命）以及疲劳荷载的应力水平，疲劳又可以分为高周疲劳、低周疲劳和亚临界疲劳。

虽然从宏观看，疲劳断裂是突然发生的，但实际上是在钢材内部经历了长期的发展过程才出现的。在连续重复荷载作用下，总会在钢材内部质量薄弱的个别点上（如不均匀夹杂、化学成分偏析、轧制时形成的微裂纹，或加工制造形成的刻槽、孔洞和裂纹等）首先出现塑性变形，并硬化而逐渐形成一些微裂痕，裂痕的数量增加并互相连通形成钢材内部的裂缝。这时，有效截面减小、应力集中现象加剧，最后晶体内的结合力终于抵抗不住高峰应力，钢材突然断裂。由此可见，钢材的疲劳破坏首先是由钢材内部构造不均匀和应力分布不均匀引起的。应力集中可以使个别晶粒很快出现塑性变形、硬化等，从而大大降低钢材的疲劳强度。

疲劳破坏导致的断口从宏观上分成两个表面形态完全不同的区域：光滑平整的疲劳破坏区和凹凸不平的最后破断区。疲劳微裂缝是疲劳破坏区的起始区域，其成长缓慢，每循环周期由于变形而使疲劳裂纹表面前后相互摩擦而得到类似磨亮抛光的表面。有时光滑平整的疲劳破坏区会出现贝纹线（常近似同心半圆，圆心即裂纹源），其成因是应力振幅的大小不同（低应力时疲劳裂纹减缓或停止成长，高应力时疲劳裂纹继续或加速成长）。应根据疲劳条纹的密度、疲劳源区的光亮度和台阶情况来确定疲劳源的起始次序。最初疲劳源区经历交变负荷作用的时间长，疲劳条纹密度大，同时比较光泽明亮。凹凸不平的最后破断区是最后疲劳破坏的阶段，当试样无法承受所施加的载荷而突然断裂时，因没有经过摩擦阶段，故其表面将出现粗糙而不规则的特征，也称其为粒状表面。

从微观上借助先进的观察设备可发现断口存在微细间隔的平行纹路（宽约 2.5×10^{-5} mm），称疲劳条纹。疲劳条纹垂直于疲劳裂纹的延伸方向，每条疲劳条纹代表的是经一次应力循环后疲劳裂纹前端前进的距离。材料塑性越佳，疲劳条纹越明显；应力范围越大，疲劳条纹越宽。疲劳条纹与贝纹线外观相似但尺度不同，单一的贝纹线内可能包含数千条以上的疲劳条纹。

钢材在某一连续反复荷载作用下，发生疲劳破坏时相应的最大应力 σ_{max} 称为疲劳强度。钢材的疲劳强度与反复荷载引起的应力种类（拉应力、压应力、剪应力和复杂应力等）、应力循环形式、应力循环次数、应力集中程度和残余应力等有着密切的关系。

二、影响疲劳强度的主要因素

材料的疲劳强度对各种外在因素和内在因素都极为敏感。外在因素包括零件的应力集中（包括零件的形状和尺寸、表面光洁度等），作用的应力幅和应力的循环次数等，内在因素包括材料本身的成分、组织状态、纯净度和残余应力等。这些因素的细微变化，均会造成材料疲劳性能的波动甚至大幅度变化。各种因素对疲劳强度的影响是疲劳研究的重要内容，这种研究将为零件合理的结构设计以及正确选择材料和合理制定各种冷热加工工艺提供依据，以保证零件具有良好的疲劳性能。

本书仅从影响钢材疲劳强度的三个主要因素进行讨论，即应力集中（构造状况）、作用的应力幅与应力的循环次数。

（一）应力集中

应力集中可以促使疲劳裂纹的形成，对疲劳强度的影响很大。在钢结构和钢构件中，产生应力集中的原因极为复杂，因此钢结构和钢构件疲劳强度的计算比钢材要困难得多。钢结构和钢构件在截面突然改变处都会产生应力集中，如梁与柱的连接节点、柱脚、梁和柱的变截面处以及截面形孔等削弱处。此外，对于非焊接结构，有钢材表面的凹凸麻点、刻痕，轧钢时的夹渣、分层，切割边的不平整，冷加工产生的微裂纹以及螺栓孔等。对于焊接结构，还有焊缝外形及其缺陷，缺陷包括气孔、咬肉、夹渣、焊根、起弧和灭弧处的不平整、焊接裂纹等，都会对结构或构件的疲劳强度产生影响。构件截面改变越剧烈，应力集中系数就越大。因此，工程上常采用改变构件外形尺寸的方法来减小应力集中。如采用较大的过渡圆角半径，使截面的改变尽量缓慢，如果圆角半径太大而影响装配时，可采用间隔环，这样既降低了应力集中，又不影响轴与轴承的装配。此外，还可采用凹圆角或卸载槽以达到应力平缓过渡。设计构件外形时，应尽量避免带有尖角的孔和槽。在截面尺寸突然变化处（阶梯轴），当结构需要直角时，可在直径较大的轴段上开卸载槽或退刀槽减小应力集中；当轴与轮毂采用静配合时，可在轮毂上开减荷槽或增大配合部分轴的直径，并采用圆角过渡，从而缩小轮毂与轴的刚度差距，减缓配合面边缘处的应力集中。

一般来说，构件表层的应力都很大，例如在承受弯曲和扭转的构件中，其最大应力均发生在构件的表层。同时由于加工的原因，构件表层的刀痕或损伤处又将引起应力集中。因此，对疲劳强度要求高的构件，应采用精加工方法，以获得较高的表面质量。特别是对高强度钢这类对应力集中比较敏感的材料，其加工更需要精细。

《钢结构设计标准》（GB 50017—2017）根据构造形式引起的应力集中程度，借鉴国外经验，把承受正应力幅的构件和连接分成 14 类，表示为 $Z_1 \sim Z_{14}$，把承受剪应力幅的构件和连接分成 3 类，表示为 $J_1 \sim J_3$，见资源 2-2，疲劳破坏时的应力幅随类别增大而减小。

（二）应力幅

每次循环中的最大拉应力 σ_{max}（取正值）和最小拉应力或压应力 σ_{min}（拉应力取正值，压应力取负值）之差称为应力幅，即

$$\Delta\sigma = \sigma_{max} - \sigma_{min} \tag{2-11}$$

资源 2-2
疲劳计算的
构件和连接
分类

按照应力幅是常幅（所有应力循环中的应力幅保持常量，不随时间变化）或变幅（应力幅随时间随机变化），把应力幅循环特征分为常幅循环应力谱和变幅循环应力谱两种谱形（图 2-12）。

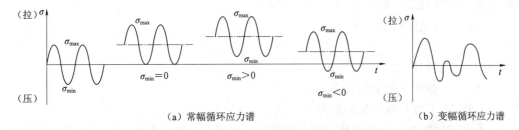

（a）常幅循环应力谱   （b）变幅循环应力谱

图 2-12 常幅循环应力谱和变幅循环应力谱

试验表明，无论哪种形式的应力循环，不管最大应力 σ_{max} 是否相同，只要它们的应力幅 $\Delta\sigma$ 相等，其对构件及其连接的疲劳效应是相同的。应力幅在实际工程中具有很多的应用：可以使用应力幅对工程的寿命进行预测；在保证使用寿命的情况下，可以通过应力幅的计算选择合适的材料，减少工程投资，降低成本。

（三）应力循环次数

应力循环次数指在连续重复荷载作用下应力由最大到最小的循环次数。在不同的应力幅作用下，各类构件及其连接发生疲劳破坏的应力循环次数不同，应力幅越大，循环次数越少，反之则越多。在实际工程中，很多时候应力的最大值和最小值是已知的，因而可以通过疲劳计算方法得出允许应力循环次数，从而对工程项目的寿命进行预算，以规避潜在的风险。

三、疲劳曲线（$\Delta\sigma-n$ 曲线）

最早的经典疲劳试验结果是德国科学家韦勒在 1858—1871 年得出的，他制作了各种类型的疲劳试验机，并在严格控制载荷大小的情况下，完成了第一批金属试样的疲劳试验，首次用循环应力-疲劳寿命曲线的形式来描述材料在循环应力下的行为，这种曲线至今仍被广泛使用，并被称为韦勒曲线。

对不同构件和连接，在疲劳试验机上用不同的应力幅进行常幅循环应力试验可绘出 $\Delta\sigma-n$ 关系，即疲劳曲线（图 2-13）。由图 2-13（a）可以看出，$\Delta\sigma-n$ 近似成双曲线关系。图中纵坐标为循环应力的应力幅，横坐标为断裂循环周次 n，常用对数值表示。可以看出，较大应力幅时，断裂循环周次 n 小（寿命短）；较小应力幅时，断

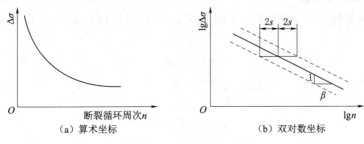

（a）算术坐标   （b）双对数坐标

图 2-13 疲劳曲线

裂循环周次 n 大（寿命长）。随断裂循环周次增加，应力幅逐渐下降，当断裂循环周次再增加时，最大应力幅不降低，此时对应的应力为疲劳极限。试验中，一般规定钢的断裂循环周次 $n=5\times10^6$ 次。为了便于计算，目前国内外都采用双对数坐标轴的方法使曲线变为直线，如图 2-13（b）所示。

在双对数坐标系中，疲劳直线方程为

$$\lg n=C_1-\beta\lg(\Delta\sigma) \tag{2-12}$$

式中　n——循环次数；

C_1——横坐标轴上的截距；

β——直线对纵坐标的斜率。

考虑到试验数据的离散性，取平均值减去 2 倍 $\lg n$ 的标准差（$2s$）作为疲劳强度的下限值；如果 $\lg(\Delta\sigma)$ 服从正态分布，从构件或连接抗力角度来说，其保证率为97.73%。因而疲劳直线方程为

$$\lg n=C_1-\beta\lg\Delta\sigma-2s=C_2-\beta\lg\Delta\sigma$$
$$或\quad n(\Delta\sigma)^\beta=10^{C_2}=C$$

其中 C 与 C_2 都是常数，从而得到对应于 n 次循环的容许应力幅为

$$[\Delta\sigma]=\left(\frac{C}{n}\right)^{\frac{1}{\beta}} \tag{2-13}$$

资源 2-3
正应力幅
的疲劳计
算参数

对不同的构件和连接类型，由于试验数据回归的直线方程各异，其斜率也不尽相同。为便于设计，我国《钢结构设计标准》（GB 50017—2017）按连接方式、受力持点和疲劳强度，再适当照顾 $\Delta\sigma$-n 曲线簇的等间距布置，各类构件和连接归纳分类划分为 14 类，对应的 β、C 值见资源 2-3。查相应的 C 值和 β 值，计算所对应的容许应力幅 $[\Delta\sigma]$。

四、疲劳计算

由于目前对疲劳的极限状态及其影响因素研究还不充分，因而《钢结构设计标准》（GB 50017—2017）中还是采用容许应力计算方法，而不是用概率极限状态设计法来计算钢构件和连接的疲劳。对直接承受动力荷载重复作用的钢结构构件及其连接，当应力变化的循环次数 $n\geqslant5\times10^4$ 次时，应进行疲劳计算。疲劳计算又分为常幅疲劳计算（所有应力循环内的应力幅保持常量）和变幅疲劳计算（应力循环内的应力幅随机变化）两种，它计算采用容许应力法，应力按弹性状态计算。

（一）常幅疲劳计算

常幅疲劳条件下构件及其连接的名义正应力幅或剪应力幅应符合下列公式的要求：

$$\Delta\sigma\leqslant\gamma_t[\Delta\sigma_z] \tag{2-14}$$
$$\Delta\tau\leqslant[\Delta\tau_c] \tag{2-15}$$
$$[\Delta\sigma_z]=(C_z/n)^{1/\beta} \tag{2-16}$$
$$[\Delta\tau_c]\leqslant(C_J/n)^{1/\beta} \tag{2-17}$$

式中　$\Delta\sigma$、$\Delta\tau$——验算部位的名义正应力幅和名义剪应力幅；

资源 2-4
剪应力幅
的疲劳计
算参数

γ_t——板厚（或直径）修正系数；

$[\Delta\sigma_z]$、$[\Delta\tau_c]$——正应力常幅疲劳极限和剪应力常幅疲劳极限，N/mm²；

C_Z、C_J、β——参数，正应力幅和剪应力幅的疲劳计算参数，分别见资源 2-3 和资源 2-4。

对于焊接结构，焊缝及近旁存在高值残余拉应力，焊接残余拉应力最高峰值往往可达到钢材的屈服强度。在裂纹形成过程中，循环内应力的变化是以高达钢材屈服强度的最大内应力为起点，往下波动变化区间为应力幅与该处应力集中系数的乘积，几乎与最大应力无关。在裂纹扩展阶段，裂纹扩展速率主要受控于该处的应力幅值。因此，$\Delta\sigma = \sigma_{max} - \sigma_{min}$，$\Delta\tau = \Delta\tau_{max} - \Delta\tau_{min}$。

对非焊接结构，一般不存在很高的残余应力，其疲劳寿命不仅与应力幅有关，还与名义最大应力有关，因此，疲劳强度计算统一采用应力幅的形式，对非焊接构件及连接引入折算应力幅，以考虑 $\Delta\sigma_{max}$ 的影响。根据试验结果分析，折算应力幅的计算公式为：$\Delta\sigma = R = S_{max} - 0.7\Delta\sigma_{min}$，$P_s = \Delta\tau_{max} - 0.7\Delta\tau_{min}$。

（二）变幅疲劳计算

工程结构承受的重复荷载的应力幅多数是随机变化的，如风力发电塔架结构承受的风荷载、桥梁结构的车辆荷载、吊车梁的吊车荷载等。对随机变化的变幅疲劳，若能预测结构在使用寿命期间各种荷载的频率分布、应力幅水平及频次分布总和所构成的设计应力谱，则可算出各正应力幅 $\Delta\sigma_1$、$\cdots$、$\Delta\sigma_i$、$\cdots$、σ_k；各自的重复出现次数 n_1、$\cdots$、n_i、$\cdots$、n_k，对此可近似地按照线性疲劳累积损伤原则，将随机变化的应力幅折算为等效常幅应力幅 $\Delta\sigma_e$。研究表明，对变幅疲劳问题，低应力幅在高周循环阶段的疲劳损伤程度有所降低，且存在一个不会疲劳损伤的截止限。无论是正应力幅还是剪应力幅，均取 $n=5\times10^6$ 次时的应力幅为常幅疲劳极限，取 $n=5\times10^8$ 次时的应力幅为变幅疲劳截止限。则可按线性积累损伤法将其折算为等效常幅疲劳，按式（2-18）计算，即

$$\Delta\sigma_e \leqslant [\Delta\sigma] \tag{2-18}$$

$$\Delta\sigma_e = \left[\frac{\sum n_i(\Delta\sigma_i)^\beta}{\sum n_i}\right]^{\frac{1}{\beta}} \tag{2-19}$$

式中　$\Delta\sigma_e$——变幅疲劳的等效常应力幅；

n_i——预期寿命内应力幅达 $\Delta\sigma_i$ 的应力循环次数；

$\sum n_i$——以应力循环次数表示的结构预期使用寿命。

$[\Delta\sigma]$——常幅疲劳容许应力幅，见式（2-13）。

但是在实际结构中，往往无法预测到结构使用期内的实际变幅规律，则可按设计的最大应力幅考虑欠载效应后，按常幅疲劳计算，即

$$\alpha_f \Delta\sigma \leqslant [\Delta\sigma]_{2\times10^6} \tag{2-20}$$

式中　$\Delta\sigma$——在计算部位的最大应力幅；

$[\Delta\sigma]_{2\times10^6}$——循环次数 n 为 2×10^6 次的容许应力幅，按式（2-13）计算；

α_f——欠载效应的等效系数，重级工作制硬钩吊车 $\alpha_f=1.0$，重级工作制软钩吊车 $\alpha_f=0.8$，中级工作制吊车 $\alpha_f=0.5$。

在进行疲劳计算的时候需要考虑以下使用条件：

（1）直接承受动荷载重复作用的钢结构构件及其连接，当应力循环次数 $n \geqslant 5 \times 10^4$ 次时，应进行疲劳计算。应力幅按弹性工作计算。

（2）上述疲劳计算方法不适用于构件表面温度大于 150℃、构件处于海水腐蚀环境、构件焊后经热处理消除残余应力、构件处于低周-高应变疲劳状态的情况，此时应进行的专门研究。

（3）疲劳计算采用的是容许应力幅法，应力应按弹性状态计算，容许应力幅按构件和连接类别、应力循环次数及计算部件的板件厚度确定。

（4）计算公式以试验为依据的，试验中已包含了动力的影响，故荷载应采用标准值且不乘动力系数，应力幅按弹性工作计算。

（5）在非焊接构件和连接的条件下，在应力循环中不出现拉应力的部位可不计算疲劳。

（6）抗剪摩擦型连接可不进行疲劳验算，但其连接处开孔主体金属应进行疲劳计算；栓焊并用连接应力应按全部剪力由焊缝承担的原则，对焊缝进行疲劳计算。

（7）在需要进行疲劳计算的构件中，焊缝应根据结构的重要性、荷载特性、焊缝形式、工作环境以及应力状态等情况，分别选用不同的质量等级。

改善结构疲劳性能应针对影响疲劳寿命的主要因素进行，设计时采用合理的构造细节，努力减小应力集中，尽量避免多条焊缝交汇而导致较大多轴残余拉应力，尽可能使产生高残余拉应力部位处于低应力区；焊接接头中，当拉应力与焊缝轴线垂直时，严禁采用部分焊透对接焊缝、背面不清根的无衬垫焊缝；不同厚度板材或管材对接时，均应加工成斜坡过渡；制作和安装时采取有效工艺措施，保证质量，减少或防止产生初始裂纹。

第六节　钢材的腐蚀

一、腐蚀

腐蚀是钢材受周围环境介质作用而产生的破坏现象，腐蚀破坏也是各类功能材料的重要失效方式之一。据发达国家统计，每年因腐蚀造成的损失大约占到国民经济总产值的 2%～5%，大于水灾、风灾、地震等自然灾害损失总和的 5 倍以上。近年来，我国制造业稳居世界第一，但腐蚀造成的经济损失达到 2 万亿元以上。

二、腐蚀的分类

依据腐蚀机理，腐蚀可划分为化学腐蚀和电化学腐蚀两种。按照环境介质可分为大气腐蚀、土壤腐蚀、非电解液腐蚀、气体腐蚀、电解液腐蚀、外部电流腐蚀、接触腐蚀、应力腐蚀、摩擦腐蚀、生物腐蚀等。

根据腐蚀的破坏形态，腐蚀可划分为以下两种形式。

（一）全面腐蚀

全面腐蚀是最常见的腐蚀形态，是指腐蚀分布在整个金属材料的表面上，也称一般腐蚀。作用在金属表面的腐蚀可以是均匀的，也可以是不均匀的，在均匀的全面腐蚀情况下，根据腐蚀速率可以进行相关金属构件的设计，通常来讲，全面腐蚀的危害是可以预见的。

（二）局部腐蚀

局部腐蚀是指在腐蚀环境作用下，钢材表面某些不连续的局部区域腐蚀的速度相较于其他区域要快，破坏程度也较大，从而形成局部明显破坏的腐蚀现象，主要包括孔蚀、缝隙腐蚀、晶间腐蚀、应力腐蚀、磨损腐蚀等类型。局部腐蚀往往与钝化现象有关，当金属表面大部分区域保持钝化状态时，局部区域钝化膜的破坏就会导致腐蚀加速而发生局部腐蚀。由于局部腐蚀发生在材料表面的某些局部区域，具有隐蔽性、随机性和突发性等特点，很难被早期发现，因此是危害最大的腐蚀破坏形式。

三、全面腐蚀速度与耐蚀标准

对于金属腐蚀，人们最关心的是腐蚀速度。只有知道准确的腐蚀速度，才能选择合理的防蚀措施，为结构设计提供依据。由于金属遭受腐蚀后，其质量、厚度、机械性能、组织结构及电极过程等指标都会发生变化，因此表示金属全面腐蚀速度常用的指标有质量指标、深度指标以及电流指标。

（一）质量指标

用金属在腐蚀前后质量的变化（单位面积在单位时间内质量的增加或减小）来表示腐蚀速度：

$$v^- = \frac{w_0 - w_1}{st}$$

$$v^+ = \frac{w_2 - w_0}{st}$$

式中　v^-——质量减少时的腐蚀速度，$g/(m^2 \cdot h)$；

　　　v^+——质量增加时的腐蚀速度，$g/(m^2 \cdot h)$；

　　　w_0——金属的初始质量，g；

　　　w_1——消除了腐蚀产物后金属的质量，g；

　　　w_2——带有腐蚀产物的金属质量，g；

　　　s——金属的面积，m^2；

　　　t——腐蚀进行的时间，h。

（二）深度指标

采用单位时间内的腐蚀深度来表示腐蚀的速度：

$$v_L = \frac{v^- \times 24 \times 365}{(100)^2 \rho} \times 10 = \frac{v^- \times 8.76}{\rho}$$

式中　v^-——质量减少时的腐蚀速度，$g/(m^2 \cdot h)$；

　　　ρ——金属的密度，g/cm^3；

　　　10——系数。

（三）电流指标

采用腐蚀电流密度表示腐蚀速度：

$$\Delta W = \varepsilon Q = \varepsilon I t$$

$$\varepsilon = \frac{1}{F}\frac{A}{n} \quad v^- = \frac{Ai_\alpha}{nF} \times 10^4$$

四、比较典型的局部腐蚀

（一）点腐蚀

金属的大部分表面不发生腐蚀或腐蚀程度很轻微，但局部地方出现腐蚀小孔并向深处发展的现象称为点腐蚀或点蚀。点腐蚀是一种破坏性和隐患比较大的腐蚀形态之一，在质量损失很小的情况下，就会引发设备发生穿孔破坏，造成介质流失，设备报废。

点腐蚀的特征如下：

（1）点腐蚀的产生与临界电位有关，只有金属表面局部区域的电极电位达到并高于临界电位值时才能形成点腐蚀，该电位称作点腐蚀电位或击穿电位，一般用 E_b 表示。这时阳极溶解电流显著增大，导致钝化膜被破坏发生点腐蚀。

（2）点腐蚀发生在有特殊离子的介质中，例如同时含有氧化剂（空气中的氧）和活性阴离子存在的溶液中。活性阴离子如卤素离子，会破坏金属的钝性而引起点腐蚀，卤素离子对不锈钢引起点腐蚀敏感性的作用顺序为 Cr＞Br＞I，另外也有在 CIO 和 SCN 等介质中产生点腐蚀的现象。这些特殊阴离子引起合金表面发生不均匀腐蚀，导致膜产生不均匀破坏。所以溶液中含有活性阴离子是发生点腐蚀的必要条件。

（3）点腐蚀多发生在表面生成钝化膜的金属或合金上，如不锈钢、铝及铝合金等。在这些金属或合金表面的某些局部区域钝化膜产生了破坏，未受破坏的区域和受到破坏且已裸露出基体金属的区域形成了活化-钝化腐蚀电池，钝化表面为阴极而且面积比膜破坏处的活化区大得多，腐蚀就向深处发展而形成蚀孔。

（二）缝隙腐蚀

在介质中，由于金属与金属或金属与非金属之间形成特别小的缝隙（其宽度一般为 0.025～0.1mm）足以使介质进入缝隙内而又使这些介质处于停滞状态，引起缝内金属的加速腐蚀，这种腐蚀称为缝隙腐蚀。

缝隙腐蚀主要特征如下：

（1）产生缝隙腐蚀的必要条件是金属与金属或金属与非金属之间形成的缝隙，其宽度必须在 0.025～0.1mm 的范围内，只有介质滞流在缝内才会发生缝隙腐蚀。当宽度大于 0.1mm 时，介质不再处于滞流状态，则不发生缝隙腐蚀。

（2）造成缝隙腐蚀的条件比较广泛，如金属与金属的连接（如焊接、螺栓连接、铆接等），金属与非金属的连接（如金属与塑料、橡胶、木材、石棉、织物及各种法兰盘之间的衬垫），金属表面的沉积物、附着物、腐蚀产物（灰尘、砂粒、焊渣溅沫、锈层、污垢等）结垢都会形成缝隙。由于缝隙在工程结构中是不可避免的，因此缝隙腐蚀也经常发生。

（3）几乎所有的金属或合金都会产生缝隙腐蚀。从普通不锈钢到特种不锈钢，只要有一定的缝隙存在即可发生缝隙腐蚀。而不锈钢等自钝化能力较强的合金或金属，对缝隙腐蚀的敏感性越高越易发生。

（4）几乎所有腐蚀介质都会引起金属缝隙腐蚀，它包括酸性、中性或淡水介质，其中又以充气含氯化物等活性阴离子溶液最为容易。

（三）晶间腐蚀

沿着或紧挨着金属的晶粒边界发生的腐蚀称为晶间腐蚀。由微电池作用引起的局部破坏从表面开始，沿晶界向内发展，直至整个金属由于晶界破坏而完全丧失强度，这是一种危害很大的局部腐蚀。晶间腐蚀的产生因素有两个：一是内因，即金属或合金本身晶粒与晶界化学成分差异、晶界结构、元素的固溶特点、沉淀析出过程、固态扩散等金属学问题，导致电化学不均匀性，使金属具有晶间腐蚀倾向；二是外因，在腐蚀介质中能显示晶粒与晶界的电化学不均匀性。

（1）不锈钢的晶间腐蚀。不锈钢的晶间腐蚀常常是在受到不正确的热处理以后发生的，使不锈钢产生晶间腐蚀倾向的热处理叫作敏化热处理。奥氏体不锈钢的敏化热处理温度范围为 $450\sim850℃$。当奥氏体不锈钢在这个温度范围较长时间加热（如焊接）或缓慢冷却，就产生了晶间腐蚀敏感性。铁素体不锈钢的敏化温度在 $900℃$ 以上，而在 $700\sim800℃$ 退火可以消除晶间腐蚀倾向。

（2）晶间腐蚀的控制。基于奥氏体不锈钢的晶间腐蚀是晶界产生贫铬而引起的，控制晶间腐蚀可以从控制碳化铬在晶界上沉积来考虑。通常可采用下述几种方法：①重新固溶处理，加热到 $1050\sim1100℃$，使得 $(Fe、Cr)23C$ 溶解；②稳定化处理，加入 Ti、Nb，并在 $900℃$ 处理，使得 $(Fe、Cr)23C$ 很难析出；③采用超低碳不锈钢；④采用双相钢。

（四）应力腐蚀

应力腐蚀破裂是指金属材料在固定拉应力和特定介质的共同作用下所引起的破裂，简称应力腐蚀，英语缩写是 SCC。但应力腐蚀是一种更为复杂的现象，即在某一特定介质中，材料不受应力作用时腐蚀甚微；而受到一定拉伸应力作用时，经过一段时间甚至延性很好的金属也会发生脆性断裂。

（1）应力腐蚀主要特征。

一般认为发生应力腐蚀需具备三个基本条件，敏感材料、特定环境和拉伸应力。

1）从金到钛、锆，几乎所有的金属或合金在特定环境中都有某种应力腐蚀敏感性。合金比纯金属更容易产生应力腐蚀破裂。

2）每种合金的应力腐蚀破裂只是对某些特定的介质敏感。随着合金使用环境不断增加，现已发现能引起各种合金发生应力腐蚀的环境非常广泛。

3）发生应力腐蚀必须有拉伸应力作用。

4）应力腐蚀破裂是一个典型的滞后破坏，是材料在应力与环境介质共同作用下，经一定时间的裂纹形核、裂纹亚临界扩展，最终达到临界尺寸，此时由于裂纹尖端的应力强度因子达到材料的断裂韧性而发生失稳断裂。这种滞后破坏过程可分为三个阶段：①孕育期，裂纹萌生阶段，裂纹源成核所需时间段，占整个时间的 90% 左右；②裂纹扩展期，裂纹成核后直至发展到临界尺寸所经历的时间段；③快速断裂期，在此阶段，裂纹达到临界尺寸后，由纯力学作用裂纹失稳瞬间断裂。

（2）应力腐蚀的裂纹有晶间型、穿晶型和混合型三种类型。裂纹的途径与具体的金属-环境体系有关。同一材料因环境变化，裂纹途径也可能改变。

（3）应力腐蚀裂纹主要特点：①裂纹起源于表面；②裂纹的长宽不成比例，相差几个数量级；③裂纹扩展方向一般垂直于主拉伸应力的方向；④裂纹一般呈树枝状。

（五）磨损腐蚀

高速流动的腐蚀介质（气体或液体）对金属材料造成的腐蚀破坏称为磨损腐蚀（Erosion - corrosion），简称磨蚀，也叫冲刷腐蚀。

（1）影响因素。

1）耐磨损腐蚀性能与它的耐蚀性和耐磨性都有关系。

2）表面膜的保护性能和损坏后的修复能力，对材料耐磨损腐蚀性能起决定性的作用。

3）流速：流速对金属材料腐蚀的影响是复杂的，当液体流动有利于金属钝化时，流速增加将使腐蚀速度下降。流动也能消除液体停滞而使孔蚀等局部腐蚀不发生，只有当流速和流动状态影响到金属表面膜的形成、破坏和修复时才会发生磨损腐蚀。

4）液体中含有悬浮固体颗粒（如泥浆、料浆）或气泡，气体中含有微液滴（如蒸气中含冷凝水滴），都使磨损腐蚀破坏加重。

（2）磨损腐蚀的两种重要形式。

1）湍流腐蚀或冲击腐蚀。高速流体或流动截面突然变化形成了湍流或冲击，对金属材料表面施加切应力，使表面膜破坏。不规则的表面使流动方向更为紊乱，产生更强的切应力，在磨损和腐蚀的协同作用下形成腐蚀坑。

2）空泡腐蚀（Cavitation Erosion）。空泡腐蚀又叫气蚀、穴蚀。当高速流体流经形状复杂的金属部件表面时，在某些区域流体静压可降低至液体蒸气压以下，因而形成气泡。在高压区气泡受压力而破灭，气泡的反复生成和破灭产生很大的机械力使表面膜局部毁坏，裸露出的金属受介质腐蚀形成蚀坑。蚀坑表面可以再钝化，气泡破灭又再使表面膜破坏。

第七节 钢材的种类、规格及其选用

工业用钢是经济建设中使用最广、用量最大的金属材料，在工农业生产中占据着极其重要的地位。生产上使用的钢材品类很多，性能也千差万别，为了便于生产、使用和研究，需要对钢进行分类和编号。

一、钢材的种类

钢材的种类简称钢种。钢材的分类标准有很多，按照用途分类可以将钢材分为结构钢、工具钢和特殊性能钢；按照化学成分可以将钢材分为碳素钢和合金钢。碳素钢又可以分为碳素结构钢、优质碳素结构钢和碳素工具钢；合金钢可以按照合金元素的含量进行分类，分为低合金钢、中合金钢和高合金钢。按照钢材中有害杂质的含量可以将钢材分成普通质量钢、优质钢、高级优质钢和特级优质钢等。本节主要对碳素结构钢、优质碳素结构钢与低合金结构钢、不锈钢和其他建筑用钢进行讨论。

（一）碳素结构钢

碳素结构钢的含碳量 $w_c \leqslant 0.38\%$，而以 $w_c \leqslant 0.25\%$ 的最常见，即为低碳钢。这类钢在使用中一般不需要进行热处理，尽管 S、P 的含量比较高，但是性能上仍能满足一般的工程结构以及一些机件的使用要求，并且价格低廉，因此在国民经济的各个部门得到了广泛的应用，其产量约占钢总产量的 $70\% \sim 80\%$。

按国家标准《碳素结构钢》（GB/T 700—2006），我国生产的碳素结构钢有 Q195、Q215、Q235 和 Q275 等四种牌号，其中 Q 是屈服强度中"屈"字汉语拼音的字首，后接的三位阿拉伯数字表示该钢种厚度小于 16mm 时的最低屈服点，单位为 MPa。阿拉伯数字越大，含碳量越高，强度和硬度越大，塑性越低。由于碳素结构钢冶炼容易、成本较低，并且具有良好的加工性能，所以使用广泛。其中 Q235 钢的强度适中，塑性、韧性均较好，是钢结构常用品种之一。表 2-2 是碳素结构钢的牌号、化学成分、力学性能和用途表。

表 2-2　　　　　碳素结构钢的牌号、化学成分、力学性能和用途表

牌号	等级	成分/%					力学性能/MPa			用途举例
		C	Mn	Si	S	P	s	b	s	
Q215	A	0.09～0.15	0.25～0.55	≤0.3	≤0.050	≤0.045	≥215	335～410	≥31	塑性好，通常轧制成薄板、钢管、型材制造钢结构，也用于制作铆钉、螺丝、冲压件、开口销等
	B				≤0.045					
Q235	A	0.14～0.22	0.30～0.65	≤0.3	≤0.050	≤0.045	≥235	375～460	≥26	强度较高，塑性也较好，常轧制成各种型钢、钢管、钢筋等制成各种钢构件、冲压件、焊接件以及不重要的轴类螺钉、螺母等
	B	0.12～0.20	0.30～0.70		≤0.045					
	C	≤0.18	0.35～0.80		≤0.040	≤0.040				
	D	≤0.17			≤0.035	≤0.035				
Q255	A	0.18～0.28	0.40～0.7	≤0.3	≤0.050	≤0.045	≥255	410～510	≥24	强度更高，用作键、轴、销、齿轮、拉杆、销钉等
	B				≤0.045					

注　1. 摘自 GB/T 700—2006。

2. Q235C、Q255A、Q255B 均为镇静钢，Q235D 为特殊镇静钢，其余脱氧方法不限。

按质量等级将 Q235 钢分为 A、B、C、D 四个等级，按字母顺序由 A 到 D 表示质量等级由低到高。除 A 级外，其他三个级别的碳素结构钢含碳量均在 0.20% 以下，焊接性能也很好。A 级钢只保证抗拉强度、屈服点、伸长率，必要时尚可附加冷弯试验要求，无冲击功规定，化学成分中对碳、锰可以不作为交货条件。B、C、D 级钢均保证抗拉强度、屈服点、伸长率、冷弯和冲击韧性（夏比 V 形缺口试验，温度分别为 +20℃、0℃、−20℃ 时的冲击功 $A_k \geqslant 27J$）等力学性能。不同质量等级对化学成分的要求也不尽相同。

碳素结构钢的钢号由代表屈服点的字母 Q、屈服点数值（MPa）、质量等级符号、脱氧方法符号等四个部分组成。例如，碳素结构钢钢号表示示例如下：

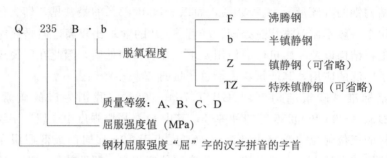

（二）优质碳素结构钢

优质碳素结构钢与碳素结构钢的主要区别在于钢中含杂质元素较少，磷、硫等有害元素的含量均不大于 0.035%，供货时既保证化学成分，又对其他缺陷的限制也较严格，具有较好的综合性能，主要用于制造机器零件。

按照国家标准《优质碳素结构钢》（GB/T 699—2015）生产的钢材共有两大类，一类为含锰量普通的钢，另一类为含锰量较高的钢。两类的钢号均用两位数字表示，它表示钢中的平均含碳量的万分数，前者数字后不加 Mn，后者数字后加 Mn。如 45 号钢，表示平均含碳为 0.45% 的优质碳素结构钢；45Mn 号钢，则表示平均含碳量为 0.45%，但锰的含量也较高的优质碳素结构钢。这类钢一般为镇静钢。若为半镇静钢、沸腾钢或专门用途钢，则在牌号后增加符号表示。这类钢可按不热处理和热处理（正火、淬火、回火）状态交货，用作压力加工用钢（热压力加工、顶锻及冷拔坯料）和切削加工用钢，由于价格较高，钢结构中使用较少，仅使用经过热处理的优质碳素结构钢冷拔高强钢丝或制作高强螺栓、自攻螺钉等。

08、10、15、20 等牌号属于低碳钢，具有塑性优良，易于拉拔、冲压、挤压、锻造和焊接的特点。其中 20 钢用途最广，常用于制造螺钉、螺母、垫圈、小轴、焊接件，有时也用于渗碳件。

40、45 等牌号属于中碳钢，因钢中珠光体含量增多，其强度、硬度有所提高，而淬火后的硬度提高尤为明显。其中以 45 钢最为典型，它的强度、硬度、塑性、韧性均较适中，即综合性能优良。45 钢常用来制造主轴、丝杠、齿轮、连杆、蜗轮、套筒、键和重要螺钉等。

60、65 等牌号属于高碳钢。它们经过淬火、回火后，不仅强度、硬度显著提高，且弹性优良，常用于制造小弹簧、发条、钢丝绳、轧辊、凸轮等。

（三）低合金结构钢

合金结构钢是为了改善某些性能在碳素结构钢的基础上加入某些特定的合金元素所炼成的钢，如果钢中的含硅量大于 0.5%，或者含锰量大于 1.0%，也属于合金结构钢。低合金结构钢是指添加的合金元素总量小于 5%，而这类钢通常在退火或者正火的状态下使用，形成后不再进行淬火、调质等热处理。与碳含量相同的碳素结构钢相比，具有较高的强度，较好的塑性、韧性和耐蚀性，且大多都具有良好的可焊性，广泛地应用于制造桥梁、汽车、铁道、船舶、锅炉、高压容器、油缸、输油管、钢筋、矿用设备等。

按照 GB/T 13304—2008，低合金钢根据主要性质和使用特性可分为以下几种。

（1）可焊接的低合金高强度结构钢，包括一般用途低合金钢，如：锅炉和压力容器用低合金钢、造船用低合金钢、汽车用低合金钢、桥梁用低合金钢、自行车用低合金钢、舰船和兵器用低合金钢、核能用低合金钢。

（2）低合金耐候钢。

（3）低合金混凝土用钢及预应力用钢。

（4）铁道用低合金钢。

（5）矿用低合金钢。

（6）其他低合金钢，如焊接用钢。

可焊接低合金高强度结构钢（简称低合金高强钢）应用最为广泛，它的含碳量低于 0.2%，并以锰为主要合金元素（0.8%～1.8% Mn），有时还加入少量 Ti、V、Nb、Cr、Ni、Re 等，通过"固溶强化"和"细化晶粒"等作用，使钢的强度、韧性提高，但仍能保持优良的焊接性能。例如，原 16Mn 钢的屈服强度约为 345MPa，而碳素结构钢 Q235 的屈服强度约为 235MPa，因此，用低合金高强钢代替碳素结构钢，就可在相同载荷条件下，使构件减重 20%～30%，从而节省钢材、降低成本。

按国家标准《低合金高强度结构钢》（GB/T 1591—2018），低合金高强钢的牌号表示方法与碳素结构钢相同，即以字母 Q 开始，后面以三位数字表示其最低屈服点，最后以符号表示其质量等级。如 Q345A 表示屈服点不小于 345MPa 的 A 级低合金高强钢。我国生产的低合金钢有 Q355、Q390、Q420、Q460、Q500、Q550、Q620 和 Q690 八种牌号，其中 Q355、Q390 和 Q420 为钢结构常用的钢种。

Q355、Q390 和 Q420 按质量等级分为 A、B、C、D、E 五个等级，按字母顺序由 A 到 E，表示质量等级由低到高。其中 A、B 级为镇静钢，C、D、E 级为特种镇静钢。

（四）不锈钢

不锈钢是不锈钢和耐酸钢的统称。在冶金学和材料科学领域中，依据钢的主要性能特征，将含铬量大于 10.5%，且以耐蚀性和不锈性为主要使用性能的一系列铁基合金称作不锈钢。通常对在大气、水蒸气和淡水等腐蚀性较弱的介质中不锈和耐腐蚀的钢种称为不锈钢；对在酸、碱、盐等腐蚀性强烈的环境中具有耐蚀性的钢称为耐酸钢。两种钢因成分上的差异而导致了它们具有不同的耐蚀性，前者合金化程度低，一般不耐酸；后者合金化程度高，既具有耐酸性又具有不锈性。

不锈钢最基本的特性是在大气条件下有耐锈性和在各种液体介质中有耐蚀性。这一特性与钢中的铬含量有直接关系，随着铬含量的提高而增强。当铬含量达到 10.5% 以上时钢的这一特征发生突变，从易生锈到不锈，从不耐蚀到耐腐蚀，而且含铬量从 10.5% 以后随着铬含量的不断提高，其耐锈性和耐蚀性也不断得到改善。一般不锈钢的最高铬含量为 26%，更高的铬含量已没有必要。

不锈钢钢种很多，性能又各异，常见的分类方法如下。

（1）按钢的组织结构分类，如马氏体不锈钢、铁素体不锈钢、奥氏体不锈钢和双相不锈钢等。

（2）按钢中的主要化学成分或钢中一些特征元素来分类，如铬不锈钢、铬镍不锈钢、铬镍钼不锈钢及超低碳不锈钢、高钼不锈钢、高纯不锈钢等。

（3）按钢的性能特点和用途来分类，如耐硝酸（硝酸基）不锈钢、耐硫酸不锈钢、耐点蚀不锈钢、耐应力腐蚀不锈钢、高强度不锈钢等。

（4）按钢的功能特点分类，如低温不锈钢、无磁不锈钢、易切削不锈钢、超塑性不锈钢等。

资源 2-5
国内外不
锈钢常用
标准

目前最常用的分类方法是按钢的组织结构特点和按钢的化学成分特点以及两者相结合的方法来分类。例如，把目前的不锈钢分为：马氏体钢（包括马氏体 Cr 不锈钢和马氏体 Cr-Ni 不锈钢）、铁素体钢、奥氏体钢［包括 Cr-Ni 和 Cr-Mn-Ni（-N）奥氏体不锈钢］、双相钢（$\alpha+\gamma$ 双相）和沉淀硬化型钢等五大类，或分为铬不锈钢和铬镍不锈钢两大类。国内外不锈钢常用标准详见资源 2-5。

（五）其他建筑用钢

在某些情况下，要采用一些有别于上述牌号的钢材时，其材质应符合国家的相关标准。例如，当焊接承重结构为防止钢材的层状撕裂而采用 Z 向钢时，应符合《厚度方向性能钢板》（GB/T 5313—2010）的规定；处于外露环境对耐腐蚀有特殊要求或在腐蚀性气、固态介质作用下的承重结构采用耐候钢时，应满足《焊接结构用耐候钢》（GB/T 4172—2000）的规定；当在钢结构中采用铸钢件时，应满足《一般工程用铸造碳钢件》（GB/T 11352—2009）的规定；处应用于高层和大跨度及其他重要结构，应满足《建筑结构用钢板》（GB/T 19879—2015）等。随着我国冶金技术的发展，一些钢材的性能指标也得到提高，应注意相关标准中的变化。

二、钢材的规格

钢结构所用钢材主要是热轧成型的钢板和型钢、冷加工成型的薄壁型钢。设计时宜优先选用型钢，以减小制作工作量、降低造价。当型钢规格不能满足要求或尺寸不合适时，再采用钢板制作所需截面形式构件。

（一）热轧钢板

钢板分厚钢板、薄钢板和扁钢（或带钢），其规格和用途如下。

（1）厚钢板：厚度 4.5～60mm，常用厚度间隔为 2mm，宽度 600～3000mm，长度 4～12m。主要用作梁、柱、实腹式框架等构件的腹板和翼缘及桁架中的节点板等。

（2）薄钢板：厚度 0.35～4mm，宽度 500～1500mm，长度 0.5～4m。主要用来制造冷弯薄壁型钢。

（3）扁钢：厚度 4～60mm，宽度 12～200mm，长度 3～9m。可用作组合梁和实腹式框架构件的翼缘板、构件的连接板、加劲肋等，也是制造螺旋焊接钢管的原材料。

另外，还有非承载钢板，即花纹钢板，厚为 2.5～8mm，宽为 600～1800mm，长为 0.6～12m。主要用作走道板和钢梯踏步板。

热轧钢板截面的标注符号是"—宽度×厚度×长度"，单位为 mm，也可以用"—宽度×厚度"，或者"—厚度"标注。例如：—600×10×1200，也可以表示为—600×10，或者—10。

（二）热轧型钢

常用的热轧型钢有角钢、工字钢、H 型钢、T 型钢、槽钢、钢管等，如图 2 - 14 所示。

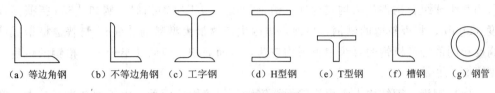

（a）等边角钢　　（b）不等边角钢　　（c）工字钢　　　（d）H 型钢　　（e）T 型钢　　　（f）槽钢　　（g）钢管

图 2 - 14　热轧型钢截面

（1）角钢分为等边（也叫等肢）角钢和不等边（又叫不等肢）角钢两种，主要用来制作桁架等格构式结构的杆件和支撑等连接杆件。角钢型号的表示方法为在符号"∟"后加"长边宽×短边宽×厚度"（对不等边角钢，如∟100×80×8），或加"边长×厚度"（对等边角钢，如∟100×8），单位均为 mm。我国目前生产的最大等边角钢肢宽为 200mm，最大不等边角钢的两个肢宽分别为 200mm 和 125mm。角钢的供应长度一般为 3～19m。

（2）工字钢有普通工字钢和轻型工字钢两种。普通工字钢和轻型工字钢的两个主轴方向的惯性矩相差较大，不宜单独用作受压构件，而宜用作腹板平面内受弯构件，或由工字钢和其他型钢组成的组合构件或格构式构件。普通工字钢和轻型工字钢分别采用"I""QI"和截面高度（单位为 cm）表示。20 号以上的工字钢又按腹板的厚度不同，分为 a、b 或 a、b、c 等类别，其中 a 类腹板较薄，c 类腹板较厚。例如 I30a 表示高度为 300mm、腹板厚度为 a 类的工字钢。轻型工字钢的腹板和翼缘均较普通工字钢的薄，因而在相同重量下其截面刚度大，能节约钢材。我国生产的普通工字钢的型号为 10～63 号，轻型工字钢的型号为 10～70 号，供应长度均为 5～19m。

（3）H 型钢与普通工字钢相比，其翼缘板的内外表面平行并且翼缘宽度大，便于与其他构件连接，截面材料分布更为合理，因而在截面面积相同的条件下，其绕弱轴的抗弯刚度要比工字钢大一倍以上，绕强轴的抗弯能力也高于工字钢，用钢量可比工字钢减少 10%～30%。根据《热轧 H 型钢和剖分 T 型钢》（GB/T 11263—2017），H 型钢可分为宽翼缘 H 型钢（HW，翼缘宽度 B 与截面高度 H 相等）、中翼缘 H 型钢 [HM，$B=(1/2～2/3)H$] 和窄翼缘 H 型钢 [HN，$B=(1/3～1/2)H$] 三类，其中 W、M 和 N 分别为 wide、middle 和 narrow 英文的字头。各类 H 型钢均可剖分为 T 型钢供应，代号分别为 TW、TM 和 TN。H 型钢用代号后加"高度 H×宽度 B×腹板厚度 t_1×翼缘厚度 t_2"表示，如 HM340×250×9×14，其剖分 T 型钢为 TM170×250×9×14，单位均为 mm。宽翼缘和中翼缘 H 型钢可用于钢柱等受压构件，窄翼缘 H 型钢则适用于钢梁等受弯构件。目前，国内生产的最大型号 H 型钢为 HN700×300×13×24。供货长度可与生产厂家协商，长度大于 24m 的 H 型钢不成捆交货。

（4）T 型钢分两种：用 H 型钢直接剖分而成的 T 型钢，具有抗弯能力强、施工简单、节约成本和结构重量轻等优点；热轧一次成型的 T 型钢，主要使用在机械、充小五金型钢使用。T 型钢代号与 H 型钢相对应，TW、TM、TN 分别表示宽翼缘

T 型钢、中翼缘 T 型钢和窄翼缘 T 型钢，其表示方法亦与 H 型钢相同，用代号后加"高度 H ×宽度 B ×腹板厚度 t_1 ×翼缘厚度 t_2"表示。

（5）槽钢：分热轧普通槽钢和轻型槽钢两种。适于做檩条等双向受弯的构件，也可用其组成组合构件或格构式构件。槽钢的型号与工字钢相似，例如［32a 指截面高度 320mm、腹板较薄的槽钢。目前，国内生产的最大型号为［40c。与普通槽钢截面高度相同的轻型槽钢的翼缘和腹板均较薄，截面面积小但回转半径大。槽钢的供货长度为 5～19m。

（6）钢管：钢结构中常用热轧无缝钢管和焊接钢管两种。由于回转半径较大，常用作桁架、网架、网壳等平面和空间格构式结构的杆件，在钢管混凝土柱中也有广泛的应用。用符号"ϕ"后面加"外径×厚度"表示，如 $\phi400×6$，单位为 mm，供货长度为 3～12m。焊接钢管的外径可以做得更大，一般由施工单位卷制。《结构用无缝钢管》（GB/T 8162—2008）给出的钢管钢材包括 Q235、Q345、Q390、Q420、Q460。设计时应注意其厚度分组与钢板不完全相同，壁厚大的钢管强度设计值和冲击功保证值可能低于《钢结构设计标准》（GB 50017—2017）的数值，如壁厚为 32mm 和 34mm 的 Q345 无缝钢管的强度设计值要低约 10%；—40℃的冲击功保证值为 27J，也低于 Q345 钢其他型材的 34J。

（三）薄壁型钢

薄壁型钢是板材在常温状态下采用弯曲、模压或轧制成型的型钢。目前薄壁型钢采用 1.5～6mm 厚的钢板经冷弯和辊压成型的型材（见图 2－15）和采用 0.4～1.6mm 厚的薄钢板经辊压成型的压型钢板，其截面形式和尺寸均可按受力特点合理设计。变形大的部位存在应变硬化，力学性能会发生变化。与相同截面积的热轧型钢相比，薄壁型钢因其壁薄而截面开展，能充分利用钢材的强度，截面抵抗矩大，节约钢材，已在我国广泛推广应用。但因钢板的厚度较薄，对锈蚀影响较为敏感。《冷弯型钢》（GB/T 6725—2008）提出产品所用钢材为 Q235、Q345、Q390，规定以型材技术要求作为交货条件，不必再对其原板的材质性能提出要求。厚度小于或等于 6mm 的产品强度设计值可按《冷弯薄壁型钢结构技术规范》（GB 50018—2002）的规定取值。我国的薄壁型钢通常用 1.5～6mm 厚的镀锌或镀铝锌薄钢板冷加工而成。按

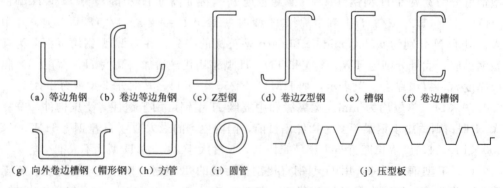

（a）等边角钢　（b）卷边等边角钢　（c）Z 型钢　（d）卷边 Z 型钢　（e）槽钢　（f）卷边槽钢

（g）向外卷边槽钢（帽形钢）（h）方管　　　（i）圆管　　　　　　（j）压型板

图 2－15　薄壁型钢截面

照《建筑用压型钢板》（GB/T 12755—2008），设计时应在设计文件上注明压型钢板的材质、设计和质量及技术要求。楼盖用压型钢板宜选用镀锌板，不应选用彩色涂层板。基板镀层应选用热镀锌（牌号后缀 Z）或热镀铝锌（牌号后缀 AZ）。镀层厚度与面漆（涂层）种类应按照应用环境侵蚀条件与使用寿命及工程造价等因素合理选定。屋面、墙面和楼盖用压型钢板的基板厚度宜分别不小于 0.6mm、0.5mm 和 0.8mm。

三、钢材的选用原则和建议

钢材的选用既要确保结构物的安全可靠，又要经济合理，是钢结构设计中首要的一环，必须慎重对待。结构钢材的选用应遵循技术可靠、经济合理的原则，综合考虑结构的重要性、荷载特征、结构形式、应力状态、连接方法、工作环境、钢材厚度和价格等因素，选用合适的钢材牌号和材性保证项目。承重结构所用的钢材应具有屈服强度、断后伸长率、抗拉强度、冷弯试验和硫、磷含量的合格保证，对焊接结构尚应具有碳当量的合格保证；对直接承受动力荷载或需验算疲劳的构件所用钢材尚应具有冲击韧性合格保证。钢材的选用应考虑的主要因素有以下几个方面。

（1）结构的重要性。钢材的质量等级越高，其价格也越高。建筑物安全等级不同，要求的钢材质量也应不同，重要的（一级）建筑物或构件高于一般的（二级）和次要的（三级）建筑物或构件。因此应根据结构的不同特点来选择适宜的钢材质量等级。如 A 级钢仅可用于结构工作温度高于 0℃的不需要验算疲劳的结构。

（2）荷载情况。直接承受动力荷载的构件及强震区的结构应选用综合性能好的钢材，重级工作制吊车梁和局部开启的深孔工作闸门以及吊车桁架等对钢材的要求高于中级、轻级工作制吊车梁及吊车桁架，受拉构件高于受压构件。

（3）连接方法。钢结构的连接方法分焊接连接和非焊接连接两种。由于焊接是一种不均匀热作业，在焊接过程中，构件中会产生焊接应力、焊接变形及其他一些焊接缺陷，如咬肉、气孔、裂纹、夹渣等，有导致结构产生裂缝或脆性断裂的危险。因此，焊接结构对材质的要求应严格一些。例如，在化学成分方面，焊接结构必须严格控制碳、硫、磷的极限含量，而非焊接结构对含碳量的要求则可降低。此外，连接材料的焊条或焊丝的型号和性能应与相应母材的性能相适应，其熔敷金属的力学性能不应低于相应母材标准的下限值及设计规定。

（4）结构所处的温度和环境。钢材处于低温状态时材质变脆，因而在低温条件下工作的结构，尤其是焊接结构，应选用具有良好抗低温脆断性能的镇静钢，根据具体情况提出适当的负温冲击韧性要求。工作环境温度 $t \geqslant 0℃$ 时，质量等级不应低于 B 级；当 $0℃ > t \geqslant -20℃$ 时，Q235 和 Q355 钢不应低于 C 级，Q390 和 Q420 及 Q460 钢不应低于 D 级；当 $t < -20℃$ 时，Q235 和 Q355 钢不应低于 D 级，Q390 和 Q420 及 Q460 钢应选用 E 级。需验算疲劳的非焊接结构钢材，其质量等级要求可比焊接结构降低一级但不应低于 B 级。此外，露天的结构容易产生时效，受有害介质作用的钢材容易腐蚀和断裂，也应加以区别地选择不同材质，如 Q235NH、Q355NH 和 Q415NH 牌号的耐候结构钢。

水工钢结构长期浸泡在水环境中，存在氯离子腐蚀（点蚀）、高速水流的冲刷、水生物的腐蚀等，不锈钢在长江三峡、向家坝、溪洛渡、乌东德、白鹤滩、引汉济渭、大藤峡等工程大量使用，积累了丰富的经验，并取得良好的效果。在不锈钢的选材上要注重考虑大气环境、水质状况、泥沙含量、流速、水生物等因素，一般来讲，双相钢的强度、硬度耐点蚀指数、与异种金属的可焊性要优于奥氏体钢［包括 Cr - Ni 和 Cr - Mn - Ni(- N) 奥氏体不锈钢］，2205 作为双相钢的代表品种比奥氏体不锈钢 304 适合在水工环境下使用，经济型双相不锈钢 32304 则更具有良好的性价比。

水工钢结构中的支承滚轮等部件，其外形尺寸和所受外力较大，可采用《一般工程用铸造碳钢件》（GB 11352—2009）中的 ZG230 - 450、ZG270 - 500、ZG310 - 570、ZG340 - 640 等铸钢，或《大型低合金钢铸件》（JB/T 6402—2006）中的 ZG35Cr1Mo、ZG50Mn2 等合金铸钢。水工钢闸门的主轨、支承结构的轮轴等常采用锻钢制作，也可采用 35 号、45 号优质碳素结构钢或 35Mn2、40Cr、34CrNi3Mo 等合金钢。若选用钢结构设计标准还未推荐的钢材时，宜按照《建筑结构可靠性设计统一标准》（GB 50068—2018）进行统计分析，也可经研究试验、专家论证、政府行政备案处理，确定其设计强度，作为其材质与性能选用的依据，以确保钢结构的质量。

第八节　钢 结 构 的 设 计

钢结构设计的基本原则是要做到技术先进、经济合理、安全适用和确保质量。在做钢结构设计时，应从钢结构建筑工程实际出发，考虑材料供应和施工条件，合理选用材料，满足结构在运输、安装和使用过程中的强度、刚度和稳定性的要求，同时还要符合防火标准，注意结构的防腐蚀要求。在技术经济指标方面，应针对节约材料、提高制作的劳动生产率、降低运输费用和减少安装工作量以缩短工期等主要因素，进行多方案比较，抓住主要矛盾以形成综合经济指标最佳的方案。

一、结构的功能要求

根据《建筑结构可靠性设计统一标准》（GB 50068—2018）规定，结构在预定的使用期限内应满足各种预期的功能要求，并且要经济合理。具体来说，结构应具有以下几项功能。

（一）安全性

结构在正常施工和正常使用时，能承受可能出现的各种作用（包括直接施加在结构上的各种荷载、引起结构外加变形或约束变形的其他间接作用，如温度变化、地震等）和在偶然事件发生时和发生后仍能保持必需的整体稳定性，不发生倒塌或连续破坏。例如，厂房结构受自重、吊车、风和积雪等荷载作用时，均应坚固不坏，而在遇到强烈地震、爆炸等偶然事件时，允许有局部的损伤，但应保持结构的整体稳定而不发生倒塌。

（二）适用性

结构在正常使用时具有良好的工作性能，如不发生过大的变形，不产生影响正常使用的振动等。如吊车梁变形过大会使吊车无法正常运行，水池出现裂缝便不能蓄水等，都影响正常使用，需要对变形、裂缝等进行必要的控制。

（三）耐久性

结构在正常维护下具有足够的耐久性能，如不产生影响结构预期使用寿命的严重锈蚀等。从工程概念上讲，足够的耐久性能就是指在正常维护条件下结构能够正常使用到规定的设计使用年限。例如，不致因混凝土的老化、腐蚀或钢筋的锈蚀等而影响结构的使用寿命。

这些功能要求概括起来称为结构的可靠性，即结构在规定的时间内（设计基准期），在规定的条件下（正常设计、正常施工、正常使用维护）完成预定功能（安全性、适用性和耐久性）的能力。显然，增大结构设计的余量，如加大结构构件的截面尺寸或提高对材料性能的要求，总是能够增加或改善结构的安全性、适应性和耐久性要求，但这将使结构造价提高，不符合经济的要求。因此，结构设计要根据实际情况，解决好结构可靠性与经济性之间的矛盾。既要保证结构具有适当的可靠性，又要尽可能降低造价，做到经济合理。

二、结构的极限状态

整个结构或结构的一部分超过某一特定状态就不能满足设计规定的某一功能要求，即结构或构件达到使用功能上允许的某个限值的状态，此特定状态称为该功能的极限状态。极限状态是区分结构工作状态可靠或失效的标志。结构的极限状态可以分为两类：承载能力极限状态和正常使用极限状态。

（一）承载能力极限状态

这种极限状态对应于结构或构件达到了最大承载能力或不适于继续承载的变形。当结构或构件出现下列状态之一时，即认为超过了承载能力极限状态：①整个结构或构件的一部分作为刚体失去平衡（如结构发生倾覆、过大的滑移等），结构或构件一旦超过承载能力极限状态，就不能完成安全性的功能，会产生重大经济损失和人员伤亡；②结构构件或连接因材料强度被超过而破坏（包括疲劳破坏），或因产生过度塑性变形而不适于继续承载；③结构转变为机动体系，即由几何不变体系变成几何可变体系；④结构或构件丧失稳定，如压杆屈曲或是细长压杆失稳退出工作导致结构破坏等。

（二）正常使用极限状态

这种极限状态对应于结构或构件达到正常使用或耐久性的某项限值。当结构或构件出现下列状态之一时，即认为超过了正常使用极限状态：①影响正常使用或外观的变形（如过大的挠度）；②影响正常使用的振动；③影响正常使用或耐久性能的局部损坏（包括裂缝宽度达到限值）；④影响正常使用的其他特定状态。

对承载能力极限状态采用荷载效应的基本组合和偶然组合进行设计，对正常使用极限状态按荷载的短期效应组合和长期效应组合进行设计。

三、概率极限状态设计法

以概率为基础的极限状态设计方法简称概率极限状态设计法。该法以结构的失效概率或可靠指标来度量结构的可靠度。

（一）功能函数、极限状态方程

若设计时需要考虑影响结构可靠性的几个相互独立的随机变量 X_i（$i=1,2,\cdots,$

n ），则结构的功能函数可表示为

$$Z=g(X_1,X_2,\cdots,X_n) \qquad (2-21)$$

X_i 为影响结构或构件可靠度的基本变量，指结构上的各种作用和材料性能、几何参数等。

若将影响结构可靠性的随机变量简化为结构抗力 R 和作用效应 S 两个随机变量，则式（2-21）所定义的结构功能函数可表达为

$$Z=g(R,S)=R-S \qquad (2-22)$$

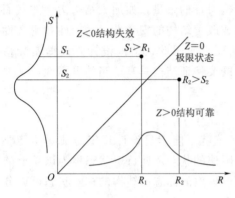

图 2-16 结构所处的工作状态

它可以用来表示结构的三种工作状态（图 2-16）：

（1）当 $Z>0$ 时，结构能够完成预定的功能，处于可靠状态。

（2）当 $Z<0$ 时，结构不能完成预定的功能，处于失效状态。

（3）当 $Z=0$ 时，即 $R=S$，结构处于极限状态。

$Z=g(R,S)=R-S=0$ 称为极限状态方程。

由于 R 和 S 是受多种因素影响的随机变量，故功能函数 Z 也是随机变量。从概率论的观点来看，结构是否达到极限状态并非确定的事实。这就是说，按正常设计建造的结构仍不能认为它就是绝对安全可靠的，其仍然存在着抗力 R 小于荷载效应 S 的可能性。但只要这种可能性（抗力小于荷载效应的概率）非常小，即可认为此结构是可靠的。

（二）结构可靠度、失效概率及可靠指标

结构在规定的时间内、规定的条件下完成预定功能的概率称为结构的可靠度。可靠度是对结构可靠性的一种定量描述，亦即概率度量。

按照结构可靠度理论，结构能够完成预定功能的概率称为可靠概率 P_s，结构不能完成预定功能的概率称为失效概率 P_f。显然，二者是互补的，即 $P_s+P_f=1$。因此，结构可靠性也可用结构的失效概率来度量，失效概率越小，结构可靠度越大。P_s 可表示为

$$P_s=P(Z>0)=P(R-S>0) \qquad (2-23a)$$

相应结构的失效概率 P_f 可表示为

$$P_f=P(Z<0)=P(R-S<0) \qquad (2-23b)$$

显然

$$P_s=1-P_f \qquad (2-24)$$

因此，结构可靠度 P_s 的计算可以转化为失效概率 P_f 的计算。只要结构的失效概率 P_f 小于预定的可以接受的程度，就认为此结构是安全可靠的。

设结构抗力 R 和荷载效应 S 都为服从正态分布的随机变量，R 和 S 互相独立。由概率论知，结构功能函数 $Z=R-S$ 也是正态分布的随机变量，可表示为

$$P_f = P(Z = R - S < 0) = \int_{-\infty}^{0} f(Z)dZ \tag{2-25}$$

Z 的概率密度曲线如图 2-17 所示。失效概率 P_f 就是图 2-17 中阴影部分的面积。设结构抗力 R 的平均值为 μ_R，标准差为 σ_R；荷载效应的平均值为 μ_s，标准差为 μ_s。则功能函数 Z 的平均值及标准差为

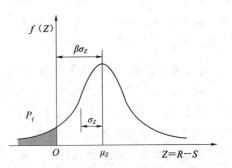

图 2-17 功能函数 Z 的概率密度曲线

$$\mu_Z = \mu_R - \mu_s \tag{2-26}$$

$$\sigma_Z = \sqrt{\sigma_R^2 + \sigma_s^2} \tag{2-27}$$

结构失效概率 P_f 与功能函数平均值 μ_Z 到坐标原点的距离有关，取 $\mu_Z = \beta\sigma_Z$。由图 2-17 可见，β 与 P_f 之间存在着对应关系：β 值越大，失效概率 P_f 就小；β 值越小，失效概率 P_f 就大。因此，β 与 P_f 一样也可作为度量结构可靠度的一个指标，故称 β 为结构的可靠指标。β 值可按下式计算：

$$\beta = \frac{\mu_Z}{\sigma_Z} = \frac{\mu_R - \mu_s}{\sqrt{\sigma_R^2 + \sigma_s^2}} \tag{2-28}$$

因此，式（2-23b）可写为

$$P_f = P\left(\frac{Z - \mu_Z}{\sigma_Z} < -\beta\right) = \Phi(-\beta) \tag{2-29}$$

式中 $\Phi(-\beta)$——标准正态分布函数。

如为非正态分布，可用当量正态化方法转化为正态分布。

将式（2-28）稍加变换，则

$$\mu_R = \mu_s + \beta\sqrt{\sigma_R^2 + \sigma_s^2} \tag{2-30}$$

当结构处于可靠状态时，要求

$$\mu_R - \alpha_R\beta\sigma_R \geqslant \mu_s + \alpha_s\beta\sigma_s \tag{2-31}$$

其中

$$\alpha_R = \frac{\sigma_R}{\sqrt{\sigma_R^2 + \sigma_s^2}}$$

$$\alpha_s = \frac{\sigma_s}{\sqrt{\sigma_R^2 + \sigma_s^2}}$$

式（2-31）左、右即分别为 R 和 S 的设计验算点坐标 R^*、S^*，要求

$$R^* \geqslant S^* \tag{2-32}$$

由于式（2-26）～式（2-32）不考虑 Z 的分布，只考虑均值和方差（二阶矩），对非线性函数用泰勒级数展开取线性项，故此法称为一次二阶矩法，也称近似概率设计法。

式（2-31）中可靠指标的取值用校准法求得。"校准法"即对现有结构构件进行反演计算和综合分析，求得其可靠指标，并用于确定今后设计时应采用的目标可靠指

标。《水利水电工程结构可靠度设计统一标准》（GB 50199—2013）和《建筑结构可靠性设计统一标准》（GB 50068—2018）对于安全等级不同的结构取不同的目标可靠度：对于延性破坏，一级为 3.7，二级为 3.2，三级为 2.7；对于脆性破坏，一级为 4.2，二级为 3.7，三级为 3.2。

四、《钢结构设计标准》（GB 50017—2017）的计算方法

现行钢结构设计标准除疲劳计算外，采用以概率理论为基础的极限状态设计方法，用分项系数的设计表达式进行计算。这是因为考虑到直接应用结构可靠度或结构失效概率进行结构设计运算过于复杂，为方便工程设计，标准通过优化，采用以分项系数表达的概率极限状态设计法，在各个分项系数中隐含了可靠指标 β。

对于承载能力极限状态，当考虑荷载效应基本组合进行强度和稳定性设计时，按下列设计表达式中最不利值确定。

（1）可变荷载效应控制的组合：

$$\gamma_0\left(\gamma_G \sigma_{G_k} + \gamma_{Q_1}\sigma_{Q_{1k}} + i\sum_{i=2}^{n}\gamma_{Q_i}\psi_{ci}\sigma_{Q_{ik}}\right) \leqslant f \tag{2-33}$$

（2）永久荷载效应控制的组合：

$$\gamma_0\left(\gamma_G \sigma_{G_k} + \sum_{i=1}^{n}\gamma_{Q_i}\psi_{ci}\sigma_{Q_{ik}}\right) \leqslant f \tag{2-34}$$

式中　γ_0——结构重要性系数，考虑到结构破坏时可能产生后果的严重性分为一级、二级、三级三个安全等级，分别采用 1.1、1.0 和 0.9；

G_k——永久荷载的标准值，如结构自重等；

σ_{G_k}——永久荷载标准值 G_k 在结构构件截面或连接中产生的应力；

γ_G——永久荷载分项系数，当永久荷载效应对结构构件的承载能力不利时取 1.3，但对式（2-34）则取 1.35，当永久荷载效应对结构构件的承载能力有利时，取为 1.0；

$\sigma_{Q_{1k}}$——起控制作用的第 1 个可变荷载标准值 Q_{1k} 在结构构件截面或连接中产生的应力（该值使计算结果为最大）；

$\sigma_{Q_{ik}}$——其他第 i 个可变荷载标准值 Q_{ik} 在结构构件截面或连接中产生的应力；

σ_{Q_1}、γ_{Q_i}——第 1 个和其他第 i 个可变荷载分项系数，当可变荷载效应对结构构件的承载能力不利时取 1.5［当楼面（包括工业平台）活荷载大于 $4.0kN/m^2$ 时，取 1.3］，有利时取为 0；

Q_{1k}、Q_{ik}——第 1 个和其他第 i 个可变荷载的标准值，如楼面活荷载、风荷载、雪荷载等；

ψ_{ci}——第 i 个可变载荷的组合值系数，可按荷载规范的规定采用；

f——结构构件或连接的强度设计值 $f=f_k/\gamma_R$，见附表 1-1～附表 1-3；

γ_R——抗力分项系数。经概率统计分析：对 Q235 钢取 $\gamma_R=1.087$；对 Q345、Q390 和 Q420 钢取 $\gamma_R=1.111$；

f_k——钢材（或焊缝熔敷金属）强度的标准值。

钢材尺寸分组见附表 1-1。

（3）对于正常使用的极限状态，用下式进行计算：

$$w = w_{G_k} + w_{Q_{1k}} + \sum_{i=2}^{n} \psi_{c_i} w_{Q_{ik}} \leqslant [w] \tag{2-35}$$

式中　w——结构或结构构件中产生的变形值；

　　　w_{G_k}——永久荷载的标准值在结构或构件中产生的变形值；

　　　$w_{Q_{1k}}$——第一个可变荷载的标准值在结构或构件中产生的变形值，它大于其他任意第 i 个可变荷载标准值产生的变形值；

　　　$w_{Q_{ik}}$——其他第 i 个可变荷载标准值在结构或结构构件中产生的变形值；

　　　$[w]$——结构或构件的变形限值。

对水利工程中水上部分的钢结构也可采用《钢结构设计标准》（GB 50017—2017）进行设计。

五、水工钢结构按容许应力计算方法

水工钢结构设计，由于所受荷载涉及水文、泥沙、波浪等自然条件，情况复杂，统计资料不足，同时，因经常处于水位变动或盐雾潮湿等容易腐蚀的环境，在计算中如何反映实际问题尚待解决。因此，水工钢结构目前还不具备采用概率极限状态法计算条件，目前仍采用容许应力法，即以结构构件的计算应力不大于有关规范所给定的材料容许应力的原则来进行设计的方法。

《水利水电工程钢闸门设计规范》（SL 74—2019）所采用的容许应力计算法是以结构的极限状态（强度、稳定、变形等）为依据，对影响结构可靠度的某种因素以数理统计的方法，并结合我国工程实践，进行多系数分析，求出单一的设计安全系数，以简单的容许应力形式表达，实质上属于半概率、半经验的极限状态计算法。其强度计算的一般表达式为

$$\sum N_i \leqslant \frac{f_y S}{K_1 K_2 K_3} = \frac{f_y S}{K} \tag{2-36}$$

即

$$\sigma = \frac{\sum N_i}{S} \leqslant \frac{f_y}{K} = [\sigma] \tag{2-37}$$

式中　N_i——根据标准荷载求得的内力；

　　　f_y——钢材的屈服点；

　　　K_1——荷载安全系数；

　　　K_2——钢材强度安全系数；

　　　K_3——调整系数，用以考虑结构的重要性，荷载的特殊变异和受力复杂等因素；

　　　S——构件的几何特性；

　　　$[\sigma]$——钢材或连接的容许应力，《水利水电工程钢闸门设计规范》（SL 74—2019）规定的钢材和连接容许应力见附表 1-4～附表 1-7，机械零件的容许应力见附表 1-8。

该方法的优点是简单实用，已有多年的使用经验，积累的资料和数据较完整，因

此至今在水工钢结构、钢结构的疲劳验算、储液罐和压力容器等结构的设计中仍在应用。缺点是采用弹性分析，无法考虑钢材的塑性性能和内力重分布；将非确定性的结构可靠性问题作为确定性问题处理，全凭工程经验确定单一的安全系数，缺乏理论依据。为了保证安全，往往采用较大的安全系数，造成材料的浪费。有时因经验不足，考虑不周，也有可能带来安全隐患。

六、结构内力的分析方法

（一）一阶弹性分析

结构的内力一般按结构静力学方法进行一阶弹性分析求得。分析时力的平衡条件按变形前的结构杆件轴线建立，即不考虑结构变形对内力的影响，故可利用叠加原理。先分别按各种荷载单独计算结构内力，然后进行内力组合得到结构各部位的最不利内力设计值。这正是极限状态设计表达式（2-33）～式（2-37）建立的基础之一。

（二）框架结构的近似二阶弹性分析

（1）二阶弹性分析。二阶弹性分析与一阶弹性分析的不同之处在于，力的平衡条件是按发生变形后的杆件轴线建立的。二阶弹性分析的结果更接近于实际，而且自动考虑了杆件的弹性稳定问题。

（2）框架结构的近似二阶弹性分析。图 2-18 所示为典型的多层框架按位移法分析计算过程图。结构的一阶弯矩 M_1 可由无侧移框架 ［图 2-18（b）］的弯矩 $M_{\mathrm{I b}}$ 和有侧移框架 ［图 2-18（c）］的弯矩 $M_{\mathrm{I s}}$ 叠加求得：

$$M_1 = M_{\mathrm{I b}} + M_{\mathrm{I s}} \tag{2-38}$$

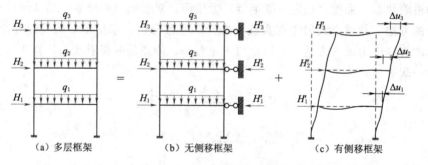

（a）多层框架　　　　（b）无侧移框架　　　　（c）有侧移框架

图 2-18　多层框架的一阶分析

当考虑近似二阶分析时，各层的二阶层间侧移可由 $P-\Delta$ 效应（即重力二阶效应）增大系数 α_{2i} 乘以各层的一阶层间侧移 Δu_i 得到。相应的有侧移框架的各层弯矩也将增大 α_{2i} 倍变为 $\alpha_{2i} M_{\mathrm{I s}}$。故采用二阶近似分析时，框架杆件的端弯矩 M_{II} 为

$$M_{\mathrm{II}} = M_{\mathrm{I b}} + \alpha_{2i} M_{\mathrm{I s}} \tag{2-39}$$

式中　$M_{\mathrm{I b}}$——假定框架无侧移时 ［图 2-18（b）］按一阶弹性分析求得的各杆弯矩；

$M_{\mathrm{I s}}$——框架各节点侧移时 ［图 2-18（c）］按一阶弹性分析求得的杆件弯矩；

α_{2i}——考虑二阶效应第 i 层杆件的侧移弯矩增大系数。

$$\alpha_{2i} = \frac{1}{1 - \dfrac{\Delta u_i \sum N_i}{h_i \sum H_i}} = \frac{1}{1 - \theta_i^{\mathrm{II}}} \tag{2-40}$$

其中，θ_i^{II} 为二阶效应系数：

$$\theta_i^{II} = \frac{\Delta u_i \sum N_i}{h_i \sum H_i} \tag{2-41}$$

式中 $\sum H_i$——产生层间侧移 Δu_i 的所计算楼层及其以上各层的水平荷载之和；

$\sum N_i$——本层所有柱的轴力之和。

对于非框架结构的二阶效应系数可按下式计算：

$$\theta_i^{II} = \frac{1}{\eta_{cr}} \tag{2-42}$$

式中 η_{cr}——整体结构最低阶弹性临界荷载与荷载设计值的比值。

标准 GB 50017—2017 还规定，当采用此近似二阶弹性分析时，还要考虑结构整体的初始缺陷对内力的影响。一般，缺陷的最大值按主体结构最大允许安装偏差 Δ_0 小于 $H/2500 + 10\text{mm}$ 且不应大于 25mm 取值，初始几何缺陷按最低阶屈曲模态按高度分布。考虑到节点偏心和残余应力等其他不利因素，标准 GB 50017—2017 取整体初始几何缺陷代表值的最大值 Δ_0（图 2-19）为 $H/250$，H 为结构总高度。可按式（2-43）确定各层的整体初始几何缺陷代表值 [图 2-19 (a)]：

$$\Delta_i = \frac{h_i}{250}\sqrt{0.2 + \frac{1}{n_s}} \tag{2-43}$$

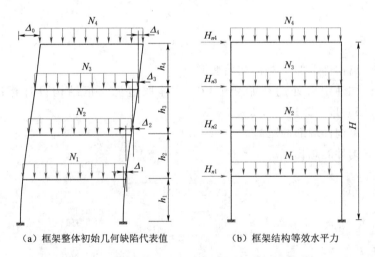

（a）框架整体初始几何缺陷代表值　　　（b）框架结构等效水平力

图 2-19 框架结构整体初始几何缺陷代表值及等效水平力

为了方便计算，其影响可通过在框架每层柱顶按式（2-44）施加等效的假想水平力 H_{ni} [图 2-19 (b)] 来体现，它应与实际的水平荷载同时考虑，施加方向应考虑荷载的最不利组合。

$$H_{ni} = \frac{G_i \Delta_i}{h_i} = \frac{G_i}{250}\sqrt{0.2 + \frac{1}{n_s}} \tag{2-44}$$

式中 Δ_i——所计算 i 楼层的初始几何缺陷代表值，mm；

n_s——结构总层数，当 $\sqrt{0.2+\dfrac{1}{n_s}}<\dfrac{2}{3}$ 时取 $\dfrac{2}{3}$，当 $\sqrt{0.2+\dfrac{1}{n_s}}>0.1$ 时，取此根号值为 1.0；

h_i——所计算楼层的高度，mm；

G_i——第 i 楼层的总重力荷载设计值，N。

必须指出，因二阶弹性分析时荷载和位移成非线性关系，叠加原理已不再适用，上一节给出的以应力形式表示的极限状态设计表达式也同样不再适用。为了得到结构各杆件的最不利内力设计值，必须先进行荷载组合。用二阶内力计算框架柱的整体稳定时，框架柱的计算长度系数可取 1.0，这是二阶 $P-\Delta$ 弹性分析与一阶弹性分析在稳定计算中的重要不同之处。

（三）结构的直接分析设计法

二阶 $P-\Delta$ 弹性分析只能考虑整体的二阶变形效应，受压构件的稳定还需单独验算；该法也不能考虑材料的塑性性能，无法考虑结构的内力重分布。直接分析设计法除考虑整体结构的二阶 $P-\Delta$ 效应，还考虑了构件的弓形变形二阶 $P-\delta$ 效应，还能考虑各种对结构刚度有影响的因素，如各种初始缺陷、材料弹塑性、节点半刚性等，能更准确地预测结构行为。

构件的初始缺陷代表值同时考虑了初始几何缺陷和残余应力的等效缺陷，其几何形状取压杆最低阶屈曲模态——正弦半波来模拟 [图 2-20（a）]，按式（2-45）计算：

$$\delta_0=e_0\sin\frac{\pi x}{l} \qquad (2-45)$$

式中 δ_0——离构件端部 x 处的初始变形值；

e_0——构件中点处的初始变形值，具体取值见《钢结构设计标准》（GB 50017—2017）5.2.2 条；

x——离构件端部的距离；

l——构件的总长度。

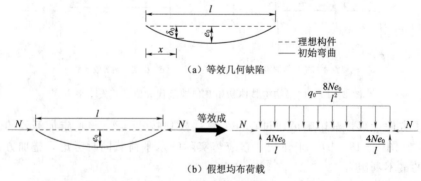

图 2-20 构件的初始缺陷

受压构件的初始缺陷也可采用假想均布荷载进行等效简化计算，假想均布荷载可由 $Ne_0=q_0l^2/8$ 确定 [图 2-20（b）]，即

$$q_0 = \frac{8Ne_0}{l^2} \qquad\qquad (2-46)$$

此外，文献［15］提出了形成构件缺陷的一种新的等效荷载法，该法采用两端固定单跨梁的挠曲线模拟缺陷杆件，与图 2-20 所示两种方法相比，该方法具有便捷、高效与实用性强等特点，既适用于简单的结构，又适用于任意复杂的空间结构。

（1）二阶 P-Δ-δ 弹性分析。该法是直接分析法的一种特例。结构分析时不考虑材料非线性，只考虑几何非线性。在建立结构计算模型时，考虑整体和构件的初始缺陷。

在各种荷载组合下进行几何非线性分析，相互比较求得最不利设计内力，并据此验算构件截面强度，因已考虑了具有初始缺陷的压杆的 P-δ 效应，故不再需要基于计算长度的稳定性验算。

（2）二阶弹塑性分析。该法同时考虑几何非线性和材料非线性、各种初始缺陷、节点连接刚度等因素，能够真实反映结构在荷载作用下的内力和变形状态，准确预测结构体系及其组件的极限承载力和破坏模式，从而可以免除长度系数的计算，以及单个构件的承载力验算等烦琐的工作。

本　章　小　结

（1）钢材有塑性破坏和脆性破坏两种形式。后者为变形小的突然性断裂，危险性大，应在设计、制造、安装中严格防止。围绕钢材可能发生的这两种破坏形式，掌握各种因素对钢材性能的影响。

（2）钢材的机械性能包括强度、塑性、韧性等方面。强度指标为屈服点 f_y 和抗拉强度 f_u；塑性指标为伸长率和冷弯试验；韧性指标为冲击功 A_k。它们可分别由单向均匀拉伸试验、冷弯试验和冲击试验获得。

（3）在影响钢材机械性能的诸因素中，重点认识应力集中是引进起钢材脆性破坏的主要原因之一，掌握应力集中的特征、原因，以及防止或改善应力集中的合理措施。

（4）影响钢材疲劳的主要因素是应力集中、作用的应力幅和应力的循环次数。疲劳验算仍属容许应力法范畴。

（5）《钢结构设计标准》（GB 50017—2017）推荐采用的钢材为 Q235 钢、Q345钢、Q390 钢、Q420 钢、Q460 钢和 Q345GJ 钢。钢结构所用钢材应根据结构的重要性、荷载特征、连接和工作条件等选用。

（6）钢结构采用的设计方法是概率极限状态设计法，它是在结构的可靠性与经济之间选择一个合理的平衡点。水工钢结构由于工作条件的复杂性，仍然采用容许应力设计法。

（7）结构的极限状态分承载能力极限状态和正常使用极限状态两类。前者包括强度破坏、丧失稳定、疲劳破坏和达到不适于继续承载的过大变形等；后者指正常使用下结构的变形使其不适于继续使用，如挠度过大、局部失稳等。

（8）《钢结构设计标准》（GB 50017—2017）采用以分项系数表达的概率极限状态设计法，应掌握公式中各符号的意义，并正确使用。同时弄清与水工钢结构容许应力法的区别。

通过本章内容的学习，要求能掌握钢材的性能及影响因素，在进行钢结构设计时能正确选择钢材并提出适当的性能指标要求，会在设计中正确处理各种细部构造，防止结构或构件发生脆性破坏，从而保证结构的安全可靠。

思　考　题

（1）解释下列名词：塑性破坏、脆性破坏、上屈服点、下屈服点、弹性变形、弹性极限、塑性变形、伸长率、断面收缩率、冲击韧性、时效硬化、应变硬化、应变时效、疲劳破坏、疲劳曲线、应力幅。

（2）钢材的塑性破坏和脆性破坏各有何特点？与其化学成分和组织构造有何关系？如何防止脆性破坏？

（3）试述钢材的主要力学性能指标及其测试方法。

（4）为什么钢材的单向均匀拉伸试验是钢材机械性能的常用试验方法？

（5）在钢材静力拉伸试验测定其机械性能时，常用应力-应变曲线来表示，其中纵坐标为名义应力，试解释何谓名义应力？

资源 2-6
思考题

（6）什么是钢材的冷弯性能？钢材的冷弯性能和哪些因素有关？

（7）测定钢材冲击韧性时，常用标准试件的形式有哪几种？

（8）试解释钢材 V 形缺口试件的冲击韧性指标 A_{kv} 的含义。

（9）影响焊接性能的主要因素有哪些？如何根据碳当量来计算构件是否具有良好的焊接性（以 C_E 公式说明）？

（10）影响钢材性能的主要化学成分有哪些？钢材中微量元素包括什么？碳、硫、磷对钢材性能有何影响？

（11）简述哪些因素对钢材性能有影响？

（12）何为"热脆"？何为"冷脆"？如何防止"热脆"与"冷脆"的出现？

（13）钢冶炼后因浇注方法（脱氧程度或方法）不同可以分为几种？它们有何区别？请做简单概述。

（14）热处理包括哪些常用的工艺，它们的作用分别是什么？

（15）钢材中残余应力是如何产生的？对钢材有何影响？如何消除或降低残余应力的影响？

（16）温度对钢材的机械性能有何影响？什么是蓝脆现象？

（17）钢材的冷加工硬化对钢材的性能有何影响？

（18）什么是钢材的应力集中？试叙述应力集中对钢材性能的影响。

（19）为什么薄钢板的强度比厚钢板的强度高（或钢材的强度按其厚度或直径分组）？

（20）决定钢材机械和加工工艺性能的主要因素是什么？什么因素与钢材的机械

性能有密切关系？

（21）什么是钢材的疲劳或疲劳破坏？有何特征？属于什么性质破坏？主要影响因素和防止措施有哪些？

（22）钢材的疲劳破坏应力幅主要取决于哪些因素？哪些因素影响不显著？

（23）什么是钢材的条件疲劳强度？对钢结构进行疲劳计算时，如何考虑应力集中与缺陷对疲劳的影响？

（24）疲劳计算使用的注意事项有哪些？应该如何改善结构的疲劳性能？有哪些措施？

（25）选择建筑钢材时主要应考虑哪些因素的影响？

（26）钢材的力学性能为何要按厚度分类？在选用钢材时，应如何考虑板厚的影响？

（27）什么是结构的可靠性和可靠度？钢结构可靠度要求是什么？

第三章

钢结构的连接

内容摘要

钢结构中的焊缝连接、普通螺栓连接及高强度螺栓（摩擦型和承压型）连接的构造和设计方法。

学习重点

连接的构造及强度计算。

第一节　钢结构的连接类型

钢结构是由钢板、型钢通过必要的连接组成基本构件，再通过一定的安装连接装配成的空间整体结构。因此，连接的构造和计算是钢结构设计的重要组成部分。采取合适的连接方法，对保证钢结构建造质量、提升施工效率及降低工程造价等均起到很重要的作用。

钢结构的连接方法有焊接连接、螺栓连接和铆钉连接三种（图3-1）。目前，焊接连接应用普遍；螺栓连接中高强螺栓连接发展迅速，使用越来越多；铆钉连接已基本被螺栓连接和焊接所代替。

资源3-1
焊接连接

资源3-2
普通螺栓
连接

资源3-3
铆钉连接

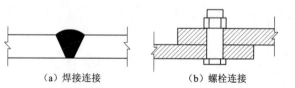

（a）焊接连接　　　　（b）螺栓连接　　　　（c）铆钉连接

图3-1　钢结构的连接方法

一、焊接连接

焊接是对焊缝连接的简称。通过电弧产生的热量同时熔化焊条和焊件，然后冷却凝结成焊缝，从而把钢材连接成一体。任何形状的钢结构都可以用焊接连接。

优点：构造简单，加工方便，操作简便省工，生产效率高，工业化程度高，一般不需要拼接材料，节省钢材，焊接的刚度大，密闭性能好。

缺点：焊缝附近的钢材在焊接过程中形成热影响区，使材质变脆；塑性和韧性较差，施焊时容易产生焊接缺陷，使疲劳强度降低；焊接过程中的不均匀的高温和冷却，使结构产生焊接残余应力和残余变形，对结构的承载力、刚度和使用性能有一定的影响；加之连接刚度大，局部裂缝一旦产生容易扩展到整体，尤其在低温下易发生脆断。

钢结构中的焊缝连接，主要采用电弧焊。电弧焊又分手工焊、自动焊和半自动焊。自动焊和半自动焊可采用埋弧焊或气体保护焊。

对接焊缝应当采用与主体金属相适应的焊条或焊丝，施焊合理、质量合格时，其强度与主体金属强度相当。角焊缝的截面形状一般为等腰直角三角形，其直角边长称为焊脚（h_f），斜边上的高（$0.7h_f$）称为有效厚度。用侧面角焊缝连接承受轴向力时，焊缝主要承受剪切力，计算时假设剪应力沿着有效厚度的剪切面均匀分布，只验算其抗剪强度。正面角焊缝受力复杂，同时存在弯曲、拉伸（或压缩）和剪切应力，其破坏强度比侧面角焊缝高。

焊接过程中，由于被连接构件局部受热和焊后不均匀冷却，将产生焊接残余应力和焊接变形，其大小与焊接构件的截面形状、焊缝位置和焊接工艺等有关。焊接残余应力高的可达到钢材屈服点，对构件的稳定和疲劳强度均有显著的影响。焊接变形可使构件产生初始缺陷。设计焊接结构以及施工过程都应采取措施，减少焊接应力和焊接变形。

二、螺栓连接

螺栓连接是通过扳手施拧使螺栓产生紧固力，将被连接构件连接成一体。螺栓连接分为普通螺栓连接、高强度螺栓连接和锚固螺栓连接三大类。

优点：施工工艺简单，易于实施，安装拆卸方便，可以提高工程进度。适用于工地安装连接和装拆结构和临时性的连接。

缺点：需要开孔，对构件截面有一定的削弱，加之制孔比较费工，且被连接的构件在拼接和安装时必须对孔，制造精度要求比较高；有时还需要增设辅助连接件，增加钢材用料。

（一）普通螺栓连接

普通螺栓连接分为 A、B、C 三级，A、B 级称为精制螺栓，C 级称为粗制螺栓。精制螺栓表面须经车床加工，故其尺寸准确，精度较高，须配精度较高和孔壁表面粗糙度较低的 I 类孔（须钻小孔，组装后再铰孔或铣孔）。孔径 d_0 比螺栓杆径 d 大 $0.3mm \sim 0.5mm$，受剪性能良好，但由于制造和安装比较费工，已很少采用。粗制螺栓表面不加工，尺寸不很准确，只需配用精度和孔壁粗糙度一般的 II 类孔（通常为一次冲成或钻成设计孔径）。一般情况下，当 $d \leq 16mm$ 时，孔径 d_0 比螺栓杆径 d 大 $1.5mm$；当 $d=18 \sim 24mm$ 时，d_0 比 d 大 $2mm$；当 $d=27 \sim 30mm$ 时，d_0 比 d 大 $3mm$。粗制螺栓连接由于与螺栓孔径间空隙较大，受剪时板件间将发生较大的相对滑移变形，直至螺栓杆与孔壁接触，受剪性能较差。由于操作简单，施工方便，无特殊设备，应用广泛，常用于承受拉力的安装螺栓连接、次要结构和可拆卸结构的受剪连接及安装时的临时连接。

铰制孔螺栓是普通螺栓的一种形式，螺杆部分直径与其孔之间的基本尺寸一样，是过渡配合（不是间隙配合），螺纹部分与 C 级粗制螺栓相同。当被联接件间有相对滑动时，依靠螺栓本身的抗剪作用，防止其运动，故只需要较小的预紧力，常用于承受剪切力较大的连接。

（二）高强度螺栓连接

高强度螺栓是采用强度较高的钢材制成，利用特制的扳手，对栓杆施加强大的紧固预拉力，夹紧被连接构件。高强度螺栓连接分为摩擦型和承压型两种。在使用期间外力不超过板件接触面间的最大摩擦力，以外力达到板件接触面的最大摩擦力为极限状态，板件间不会发生相对的滑移，被连接构件弹性受力，称为高强度螺栓摩擦型连接。相反，如果外力超过板件接触面间的最大摩擦力，并产生相对的滑移，依靠栓杆受剪和孔壁承压以及板件接触面间的摩擦传力，则称为高强度螺栓承压型连接，此时以栓杆剪切或孔壁承压破坏为极限状态。其后期的受力同普通螺栓连接。

高强度螺栓摩擦型连接优点是加工方便，对构件截面削弱较小，可拆卸，能承受动力荷载，耐疲劳，韧性和塑性好。高强度螺栓承压型连接的优点是克服摩擦力产生相对滑移后可继续承载，设计承载力大，可节省螺栓用量，与摩擦型相比变形大，刚度较差，动力性能较差，强度储备小，只适用于承受允许一定滑移的静力荷载或间接动力荷载的结构。螺栓孔采用钻成孔，摩擦型连接螺栓的孔径 d_0 比螺栓杆的直径 d 大 $1.5\sim2.0$mm；承压型连接 d_0 比 d 大 $1.0\sim1.5$mm。

（三）锚固螺栓连接

锚固螺栓简称锚栓，将被连接件锚固到已硬化的混凝土基材上的锚固组件。锚栓是螺栓连接形式的一种，装配后可拆卸的只有螺母部分，螺杆部分与混凝土基材通过某种形式固定在一起，不能分离。主要有膨胀型锚栓、扩孔型锚栓、黏结型锚栓、化学植筋四类。

三、铆钉连接

铆钉连接是用一端带有半圆形预制钉头的铆钉，经加热后插入被连接件的钉孔中，用铆钉枪连续锤击或用压铆机挤压铆成钉头，使连接件被铆钉夹紧形成固定的连接。铆钉连接传力可靠，塑性，韧性均较好，但制造费工费料，打铆噪声大，工作条件差，已基本被焊接和螺栓连接所取代。

第二节　焊　接　连　接

一、焊接方法

根据焊接原理不同，钢结构的焊接方法可分为熔焊、压焊、钎焊三大类。

熔焊是焊接过程中将主体金属（母材）在连接处加热至熔化状态，与附加熔化的填充金属形成熔池，金属原子充分扩散、紧密接触，冷却凝固后成为整体（形成接头），是一种不加压完成的焊接方法，主要有电弧焊、气焊、电渣焊等。

压焊是在焊接过程中无论加热与否均需要加压的焊接方法。常见的压焊有电阻焊、摩擦焊、冷压焊、扩散焊、爆炸焊等。电阻焊是冷弯薄壁构件常用的连接方法，利用电流通过焊件接触点表面产生的热量来熔化金属，再通过压力使其焊合。电阻焊适用于板叠厚度不超过 12mm 的焊接。

钎焊是把熔点低于被焊金属的钎料（填充金属）熔化之后填充接头间隙，并与被焊金属相互扩散实现连接。钎焊过程中被焊工件不熔化，且一般没有塑性变形。

钢结构中主要采用熔焊。本节主要讲解熔焊中电弧焊和气焊的几种方法。

（一）手工电弧焊

手工电弧焊是生产中最常用的一种焊接方法，图 3-2 是手工电弧焊示意图，由焊条、焊钳、焊件和导线等组成电路，通电后焊条和焊件之间产生强大的电弧，电弧周围的金属变成液态形成熔池，熔化的焊条滴落在熔池中，并与焊件熔化部分结合，冷却后形成焊缝。焊条表面敷有一层药皮，药皮一是能够稳定电弧，二是在焊接过程中产生气体和熔渣覆盖着熔池，防止空气中的氧、氮等气体与融化的液体金属接触，避免形成脆性易裂的化合物，另外药皮中的合金成分还可改善焊缝性能。

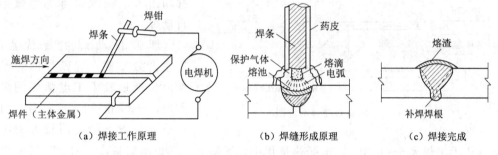

(a) 焊接工作原理　　　　(b) 焊缝形成原理　　　　(c) 焊接完成

图 3-2　手工电弧焊示意图

手工电弧焊的设备简单，操作灵活方便，适用于任意空间位置的焊接，特别适用于焊接短焊缝。但生产效率低，劳动强度大，焊接质量与焊工的技术水平有很大的关系。

手工焊常采用的焊条有碳钢焊条和低合金钢焊条，应符合《碳钢焊条》（GB/T 5117—1995）或《低合金钢焊条》（GB/T 5118—1995）的规定。标准中焊条型号的表示方法按熔敷金属的抗拉强度、药皮类型、焊接位置和电源种类等确定，其中 E 表示焊条，头两位数字表示焊条熔敷金属抗拉强度的最小值；碳素钢有 E43 和 E50 两种系列，低碳钢钢焊条有 E50、E55 和 E60。型号的第三位数字表示焊条适用的焊接位置，0 和 1 表示适用于全位置（平、立、仰、横）焊接；2 表示适用于平焊和平角焊；4 表示焊条适用于向下立焊。第三位和第四位数字组合在一起，表示焊接电流种类和药皮类型，例如，E4310 表示熔敷金属抗拉强度的最小值为 $43kgf/mm^2$，适用于全位置焊接，电流种类为直流反接，药皮类型为高纤维素钠型。低合金钢焊条的后缀符号表示熔敷金属化学成分的分类符号，如 A1 表示碳钼钢焊条，D3 表示锰钼钢焊条，G 表示其他根据合金元素需要缺的低合金钢焊条。

在选用焊条时，应与主体金属相匹配。一般情况下，Q235 钢采用 E43 型焊条，Q345（Q355）钢采用 E50 型焊条，Q390 和 Q420 钢采用 E55 型焊条，Q460 采用 E60 型焊条。当不同强度的两种钢材进行连接时，宜采用与低强度钢材相适应的焊条。

（二）埋弧自动焊或半自动焊

埋弧自动焊是焊接机械化的一种主要的焊接方法，图 3-3 所示为埋弧自动焊示意图。采用设有涂层的焊丝，插入从漏斗中流出的覆盖在被焊金属上面的焊剂中，通电后高温的电弧熔化了焊丝和焊剂，熔化的焊剂浮在熔化的金属表面，保护熔化金属

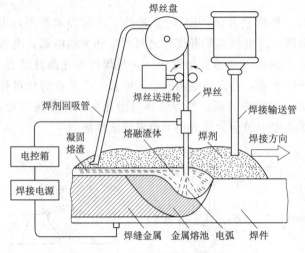

资源3-5
埋弧焊

图3-3　埋弧自动焊示意图

不与外界空气接触，有时焊剂还可提供焊缝必要的合金元素，改善焊缝质量。当焊丝随着焊机的自动移动而下降和熔化时，颗粒状的焊剂不断从漏斗流下埋住电弧，全部焊接过程自动进行时称为埋弧自动焊，焊机移动由人工操纵时称为埋弧半自动焊。

埋弧自动焊主要优点：①生产效率高，埋弧焊的焊丝伸出长度远较手工电弧焊的焊条短，一般在50mm左右，而且是光焊丝，可使用较大的电流（比手工焊大5～10倍），电弧热量集中，熔深大；②焊缝质量高，对焊接熔池保护较完善，焊缝质量均匀，内部缺陷比较少，塑性和冲击韧性都好，焊缝金属中杂质较少，只要焊接工艺选择恰当，较易获得稳定高质量的焊缝；③劳动条件好，除了减轻手工操作的劳动强度外，电弧弧光埋在焊剂层下，没有弧光辐射。

埋弧自动焊也有不足之处，如不及手工焊灵活，一般只适合于水平位置或倾斜度不大的焊缝；工件边缘准备和装配质量要求较高、费工时；由于是埋弧操作，看不到熔池和焊缝形成过程，因此必须严格控制焊接的规范性。

自动或半自动埋弧焊采用的焊丝和焊剂应与主体金属强度相适应，即熔敷金属的强度与主体金属的相等。焊丝应符合《熔化焊用钢丝》（GB/T 14957—1994）、《非合金钢及细晶粒钢药芯焊丝》（GB/T 10045—2018）和《低合金钢药芯焊丝》（GB/T 17493—2008）的规定，焊剂则根据需要按《埋弧焊用碳素钢焊丝和焊剂》（GB/T 5293—1999）和《低合金钢埋弧焊用焊剂》（GB/T 12470—2003）相配合。

（三）熔化极气体保护电弧焊

熔化极气体保护电弧焊简称气体保护焊，分为惰性气体保护电弧焊（MIG）、活性气体保护电弧焊（MAG）和CO_2气体保护电弧焊（CO_2焊），如图3-4所示，是利用气体作为保护介质，在电弧周围形成保护层，使被熔化的金属与空气隔绝，以保护焊接过程的稳定。由于焊接时没有焊剂产生的熔渣，便于观察焊缝的成型过程，但

资源3-6
气体保护
电弧焊

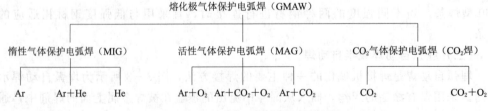

图3-4　熔化极气体保护电弧焊分类

操作时须在室内避风处，在工地进行时须搭设防风棚。

脉冲 MIG 焊与脉冲 MAG 焊类似，可以在低电流区间实现稳定的喷射过渡，焊接时飞溅小，焊缝成形美观，但对于低碳钢来说是一种昂贵的焊接方法。水工及建筑钢结构大多采用 CO_2 气体保护电弧焊法（图 3-5）。

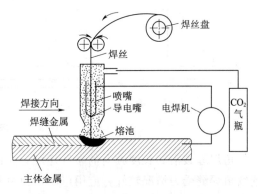

图 3-5　CO_2 气体保护电弧焊过程示意图

CO_2 焊相较于手工电弧焊和埋弧自动焊的优点是：①电流强、电弧加热集中，焊丝熔化快，熔深大，焊接速度较快；②熔池体积小，热影响区较窄，焊接变形小，因此焊接强度相比手工焊较高，塑性较好；③具有较高的抗腐蚀能力，焊缝含氢量低，抗裂性能好；④相较于埋弧自动焊，施焊部位可见度好，操作方便；⑤CO_2 气体成本低。CO_2 焊的缺点是：设备较复杂且容易发生故障；电弧光较强；金属易飞溅且易受风的影响，焊缝表面成型不如埋弧自动焊平滑，适用于厚钢板或特厚钢板（板厚 $t \geqslant 100\text{mm}$）的焊接。

CO_2 气体保护焊采用的焊丝应符合《气体保护电弧焊用碳钢、低合金钢焊丝》（GB/T 8110—2008）的规定，CO_2 应符合《焊接用二氧化碳》（HG/T 2537—1993）的规定。

二、焊缝连接的形式

焊缝有对接焊缝和角焊缝两种基本形式。对接焊缝位于被连接板件或其中一个板件的平面内，且焊缝截面与构件截面重合，传力均匀平顺，没有明显的应力集中，受力性能较好，用量经济，多应用于直接承受动力荷载的接头中。但是焊件边缘需要加工，对被连接两板的间隙和坡口尺寸有严格的要求。角焊缝位于板件边缘，传力不均匀，受力情况复杂，受力不均匀容易引起应力集中。但因不需开坡口，尺寸和位置要求精度稍低，使用灵活，制造较方便，故得到广泛应用。应用时，结合构造、安装和焊接条件进行合理选择。

焊缝连接按所连接构件的相对位置分为对接、T 形连接、搭接和角接共 4 种类型（图 3-6）。

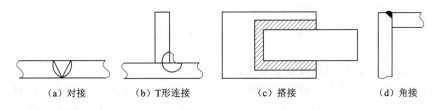

（a）对接　　　　（b）T形连接　　　　（c）搭接　　　　（d）角接

图 3-6　焊缝连接形式

按作用力与焊缝方向之间的关系，对接焊缝可分为直缝和斜缝；角焊缝可分为正面角焊缝、侧面角焊缝和斜向角焊缝（图 3-7）。

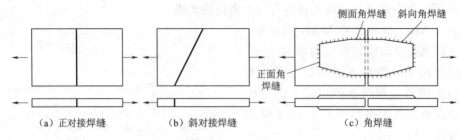

（a）正对接焊缝　　　　　（b）斜对接焊缝　　　　　　　（c）角焊缝

图 3-7　焊缝形式

资源 3-7
角焊缝

角焊缝按沿其长度方向的布置还可分为连续角焊缝和间断角焊缝两种（图 3-8）。连续角焊缝受力情况较好，应用广泛，为主要的角焊缝形式；间断角焊缝的起弧和灭弧处容易引起严重的应力集中，重要结构应避免使用，只能用于次要构件的连接或受力很小的部件连接中。受力间断角焊缝的间断距离不宜过大，对受压构件应满足 $l \leqslant 15t$，对受拉构件 $l \leqslant 30t$，t 为较薄焊件厚度。

焊缝按施焊位置分为平焊、横焊、立焊和仰焊（图 3-9）。平焊亦称为俯焊，施焊方便，质量易保证；立焊、横焊施焊较难，质量和效率均低于平焊，要求焊工的操作水平较高。仰焊最为困难，施焊条件最差，质量不易保证，故设计和制造时应尽量避免。

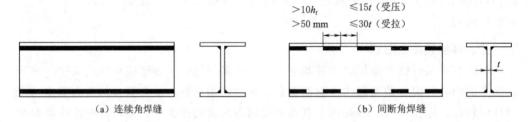

（a）连续角焊缝　　　　　　　　　　　　　（b）间断角焊缝

图 3-8　连续角焊缝和间断角焊缝

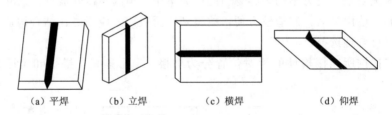

（a）平焊　　　　　（b）立焊　　　　　（c）横焊　　　　　（d）仰焊

图 3-9　施工焊接位置

三、焊缝连接的缺陷及焊缝质量检验

焊缝连接的缺陷是指在焊接过程中，产生于焊缝金属或附近热影响区钢材表面或内部的缺陷。最常见的缺陷有裂纹、焊瘤、烧穿、弧坑、气孔、夹渣、咬边、未熔合、未焊透（规定部分焊透者除外）及焊缝外形尺寸不符合要求、焊缝成型不良等（图 3-10）。它们将直接影响焊缝质量和连接强度，使焊缝受力面积削弱，且在缺陷处引起应力集中，导致产生裂纹，并由裂纹扩展引起断裂。

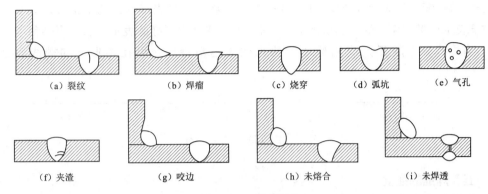

（a）裂纹　　　　（b）焊瘤　　　　（c）烧穿　　（d）弧坑　　（e）气孔

（f）夹渣　　　　（g）咬边　　　　（h）未熔合　　　　（i）未焊透

图 3-10 焊缝缺陷

焊缝的质量检验，按《钢结构工程质量验收标准》（GB 50205—2020）分为三级，其中三级焊缝只要求对全部焊缝作外观检查；二级焊缝除要求对全部焊缝作外观检查外，还须对部分焊缝作超声波等无损探伤检查；一级焊缝要求对全部焊缝作外观检查及无损探伤检查，这些检查都应符合各自的检验质量标准。

根据结构的重要性、荷载特性、焊缝形式、工作环境及应力状态等情况，《钢结构设计标准》（GB 50017—2017）对焊缝质量等级有具体规定。

（1）在需要计算疲劳的构件，作用力垂直于焊缝长度方向的横向对接焊缝或 T 形对接与角接组合焊缝，受拉时应为一级，受压时应为二级；作用力平行于焊缝长度方向的纵向对接焊缝不应低于二级。重级工作制和起重量 $Q \geqslant 50t$ 的中级工作制吊车梁的腹板与上翼缘之间以及吊车桁架上弦杆与节点板之间的 T 形接头焊缝均要求焊透，焊缝形式一般为对接与角接的组合焊缝。其质量等级不应低于二级。

（2）在工作温度等于或低于 $-20℃$ 的地区，构件对接焊缝的质量不得低于二级。

（3）不需要计算疲劳的构件，凡要求与母材等强的对接焊缝宜焊透，受拉时质量等级不低于二级，受压时不低于二级。

（4）T 形接头采用的角焊缝或部分焊透的对接与角接组合焊缝，以及搭接连接采用的角焊缝，对直接承受动力荷载且需要验算疲劳的结构和吊车起重量 $\geqslant 50t$ 的中级工作制吊车梁、梁柱及牛腿等重要构件焊缝的质量等级不应低于二级；对其他结构，焊缝质量等级可为三级。

从规范规定的四条原则可以看出焊缝质量等级选用的基本规律：受拉焊缝高于受压焊缝，受动力荷载焊缝高于受静力荷载焊缝。对接焊缝一般要求全焊透并与母材等强，做无探伤检测，质量等级不低于二级。角焊缝一般只进行外观检测，质量等级为三级。

四、焊缝代号

焊缝代号由引出线、图形符号和辅助符号三部分组成。引出线由横线和带箭头的斜线组成。箭头指到图形当中的相应焊缝处，横线的上下用来标注图形符号和焊缝尺寸。当引出线的箭头指向焊缝所在位置一侧时，将图形符号和焊缝尺寸标注在横线的上面；反之，则将图形符号和焊缝尺寸标注在水平横线的下面。必要时，可以在水平横线的末端加一尾部作为标注其他说明的地方。图形符号表示焊缝的基本形式，如用

资源 3-8
焊缝的代号

▲表示角焊缝，V 表示 V 形坡口的对接焊缝。辅助符号表示焊缝的辅助要求，如三角旗▲表示现场安装焊缝等。资源 3－8 列举了一些常用焊缝的表示方法，可供参考。

当焊缝分布较复杂或用标注方法无法表达清楚时，可在图形上加栅线表示（图 3－11）。

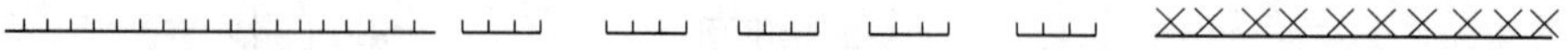

（a）正面焊缝　　　　　（b）背面焊缝　　　　　（c）安装焊缝

图 3－11　用栅线表示焊缝

五、焊缝的强度

焊缝的强度主要取决于焊缝金属和主体金属的强度，并与焊接形式、应力集中程度以及焊接的工艺条件等有密切关系。

对接焊缝的应力分布情况基本上和板件一样，可用计算板件强度的方法进行计算。对接焊缝的静力强度一般均能达到母材的强度。因此，钢结构设计规范规定，对接焊缝的抗压、抗剪和满足Ⅰ级、Ⅱ级焊缝质量检查标准的抗拉强度设计值均与母材相同，仅对满足Ⅲ级检查标准的对接焊缝抗拉设计强度，约取母材强度设计值的85％，这是因为焊缝质量变动大，焊缝缺陷对坑拉强度的影响十分敏感。

角焊缝按其长度方向与外力方向的不同，分为侧面焊缝（与外力平行）、正面焊缝（又称端缝，与外力垂直）和斜焊缝。国内外大量静力试验证明，角焊缝的强度与外力的方向有直接关系。其中，侧面焊缝强度最低，正面焊缝强度最高。正面焊缝的破坏强度是侧面焊缝的 1.35～1.55 倍，斜焊缝的强度介于两者之间。由于角焊缝的应力状态极为复杂，在各种破坏形式中取其最低的平均剪应力来控制角焊缝的强度。故规范规定，抗拉、抗压和抗剪不分焊缝质量级别均采用相同的强度设计值（附表 1－2）。侧面焊缝与正面焊缝在强度上的区别，将在设计计算式中给予体现。对施工条件较差的高空安装焊缝，按附表 1－2 规定的强度设计值乘以 0.9 系数采用。

水工钢闸门等水工钢结构，由于使用条件的特殊性，应按《水利水电工程钢闸门设计规范》（SL 74—2019）的规定采用焊缝的容许应力，见附表 1－6。

第三节　对　接　焊　缝　连　接

一、对接焊缝的构造

按是否焊透对接焊缝可分为焊透的和部分焊透的两种。焊透的对接焊缝强度高，受力性能好，故一般均采用焊透的对接焊缝。只有当板件较厚而内力较小或甚至不受力时，才可采用部分焊透的对接焊缝，以省工省料和减小焊接变形。但由于它们未焊透，应力集中和残余应力严重，对于直接承受动力荷载的构件不宜采用。这里仅介绍焊透的焊接连接。

采用对接焊缝时，为了保证焊接质量，常常需要对焊件边缘加工成适当形式和尺寸的坡口，以便焊接时有必要的焊条运转空间，保证在板件全厚度内焊透。坡口形式随着板厚和焊接方法而不同。板越厚或手工焊时,坡口要相应加大,但应尽量减少对接焊缝的截面面积或体积。对接焊缝用料经济、传力均匀,无明显的应力集中,利用承受动力荷载,但需开坡口,焊件长度要精确。

对接焊缝坡口的具体形式与尺寸应根据国家标准来确定。坡口形式通常有 I 形(即不开坡口)、单边 V 形、双边 V 形、单边 U 形、双边 U 形、K 形和 X 形,详见资源 3-9。在各种坡口中,沿板件厚度方向通常有高度为 p 的一段不开口,称为钝边,并留间隙 b(平均为 1~3mm),焊接从钝边根部开始。

当采用手工焊时,若焊件较薄($t \leqslant 10$mm)可用 I 形坡口(资源 3-9);板件稍厚($t=10~20$mm)用 V 形坡口(资源 3-9);板件更厚($t>20$mm)时可用 U 形或 X 形坡口(资源 3-9)。这些焊缝在正面焊好后,须再从背面清渣补焊(封底焊缝)。U 形或 X 形坡口与 V 形坡口相比可以减小焊缝体积。其中 U 形加工较困难,X 形加工较简单,焊缝体积也小,常用于有翻转条件的焊件,以便从两面施焊。

资源 3-9
对接焊缝
的坡口
形式

在 T 形或角接接头中及对接接头一边板件不便开坡口时,可采用单边 V 形、J 形或 K 形坡口(资源 3-9)。

埋弧焊的熔深较大,故同样坡口形式的适用板厚 t 可以适当加大,对接间隙 b 可稍小,钝边高度 p 可稍大。

在钢板厚度或宽度有变化的焊接中,为了使构件传力均匀,减少应力集中,应在板的一侧或两侧做成坡度不大于 1:2.5 的斜坡(图 3-12),形成平缓的过渡。若板厚相差不大于 4mm,则可不做斜坡。对于直接承受动力荷载且需计算疲劳的结构,上述变宽、变厚处的坡度不应大于 1:4。

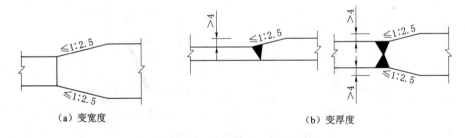

(a)变宽度　　　　　　　　(b)变厚度

图 3-12　变截面钢板拼接

对接焊缝的起点和终点常因不能熔透而出现凹形的焊口,受力后易出现裂缝及应力集中。为消除这种不利情况,施焊时常将焊缝两端施焊至引弧板上,然后再将多余的部分割掉(图 3-13),并用砂轮将表面磨平。在工厂焊接时可采用引弧板;在工地焊接时,除了受动力荷载的结构外,一般不用引弧板,而是计算时将每条焊缝长度减去 $2t$(连接件中较小的厚度)。

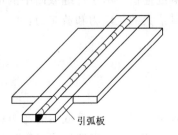

引弧板

图 3-13　对接焊缝施焊用引弧板

二、对接焊缝的计算

对接焊缝的截面与被连接件截面基本相同,故焊缝中应力与被连接件截面的应力分布情况一致,设计时采用的强度计算式与被连接件的相同。

（一）轴心受力的对接焊缝的计算

对接焊缝受垂直于焊缝长度方向的轴向力（拉力或压力）作用时，焊缝强度按下式计算：

$$\sigma = \frac{N}{l_w t} \leqslant f_t^w \text{ 或 } f_c^w \tag{3-1}$$

式中　N——轴心拉力或压力；

　　　l_w——焊缝的计算长度，当采用引弧板时，取焊缝的实际长度；当未采用引弧板时，每条焊缝的计算长度取实际长度减去 $2t$；

　　　t——两块板件厚度的较小值，T形连接中为腹板厚度；

f_t^w、f_c^w——对接焊缝的抗拉和抗压强度设计值，按附表 1-2 采用。

当按式（3-1）计算的对接直焊缝的强度低于焊件的强度时，为了提高连接的承载能力，可将直焊缝移到受力较小的部位；不便移动时可改为二级直焊缝，也可以改用斜焊缝 [图 3-14（b）]。《钢结构设计标准》（GB 50017—2017）规定当斜焊缝和作用力间夹角 α 符合 $\tan\alpha \leqslant 1.5$（$\alpha \leqslant 56.3°$）时，强度不低于母材，可不计算焊缝强度。

对于按一级、二级标准检验焊缝质量的重要构件，对接焊缝和构件等强，不必计算。只对有拉应力构件中的三级对接直焊缝，需进行焊缝抗拉强度计算。

按容许应力法计算水工金属结构时，应按《水利水电工程钢闸门设计规范》（SL 74—2019）中的规定选取许用应力值。

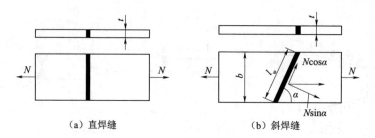

（a）直焊缝　　　　　　　　（b）斜焊缝

图 3-14　轴心受力对接焊缝

（二）弯矩、剪力共同作用时对接焊缝的计算

（1）矩形截面。图 3-15（a）为在弯矩 M、剪力 V 共同作用下的矩形截面对接焊缝连接。由于焊缝截面中的最大正应力和最大剪应力不在同一点上，故应分别计算其最大的正应力和剪应力：

$$\sigma = \frac{M}{W_w} \leqslant f_t^w \tag{3-2}$$

$$\tau_{max} = \frac{VS}{It} \leqslant f_v^w \tag{3-3}$$

式中　M——计算截面的弯矩；

　　　W_w——焊缝计算截面的截面模量；

V——与焊缝方向平行的剪力；

S——焊缝计算截面在计算剪应力处以上或以下部分截面对中和轴的面积矩；

I——焊缝计算截面对中和轴的惯性矩；

f_v^w——对接焊缝的抗剪强度设计值，按附表1-2采用。

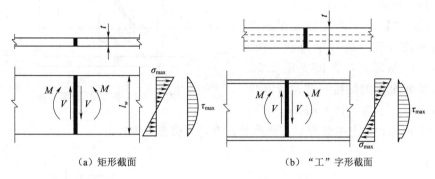

（a）矩形截面　　　　　　　　　（b）"工"字形截面

图3-15　对接焊缝受弯矩、剪力共同作用

（2）"工"字形截面。图3-15（b）为在弯矩M、剪力V共同作用下的矩形截面对接焊缝连接，同时截面中的最大正应力和最大剪应力也不在同一点上，所以也应按式（3-2）和式（3-3）分别进行验算。此外，在同时受有较大正应力σ_1和较大剪应力τ_1的翼缘与腹板交接处，还应验算其折算应力：

$$\sqrt{\sigma_1^2+3\tau_1^2}\leqslant 1.1 f_t^w \tag{3-4}$$

式中　σ_1——腹板对接焊缝端部处的正应力，按$\sigma_1=\dfrac{M}{W_w}\dfrac{h_0}{h}=\sigma_{max}\dfrac{h_0}{h}$计算；

　　　τ_1——腹板对接焊缝端部处的剪应力，按$\tau_1=VS_{w1}/(I_w t_w)$计算，其中S_{w1}为"工"字形截面受拉翼缘对截面中和轴的面积矩，t为"工"字形截面腹板厚度；

　　　1.1——调节系数，考虑最大折算应力只在腹板端部处局部出现，而焊缝强度最低限值与最不利应力同时存在的概率较小，故将其强度设计值f_t^w提高10%。

（三）弯矩、剪力和轴心力共同作用时对接焊缝的计算

对接焊缝承受弯矩、剪力和轴心力共同作用时，焊缝正应力为弯矩和轴心力引起的应力之和，剪应力仍按式（3-3）计算。需要验算折算应力时按式（3-4）进行。

【例3-1】　设计500mm×14mm钢板的对接焊缝拼接，钢板承受轴心拉力，其中恒荷载和活荷载标准值引起的轴心拉力值分别为700kN和400kN，相应的荷载分项系数分别为1.3和1.5，已知钢材为Q235-BF，采用E43型焊条手工电弧焊，三级质量标准，施焊时未采用引弧板。

解：焊缝承受的轴心拉力设计值为

$$N=700\times1.3+400\times1.5=1510（kN）$$

三级对接焊缝抗拉强度设计值$f_t^w=185N/mm^2$（见附表1-2），先考虑用直焊缝验算其强度：

$$\sigma = \frac{N}{l_w t} = \frac{1510 \times 10^3}{(500 - 2 \times 14) \times 14} = 228.5(\text{N/mm}^2) > f_t^w = 185(\text{N/mm}^2)$$

直焊缝强度不够，故建议采用斜对接焊缝，按照 $\tan\theta \leqslant 1.5$ 的要求布置斜焊缝。如图 3-16 所示。

【例 3-2】 8m 跨度简支梁的截面和荷载设计值（梁自重包括在内）如图 3-17 所示，拟在离支座 2.5m 处做翼缘和腹板的拼接，试设计其拼接对接焊缝。已知钢材为 Q235-BF，采用 E43 型焊条手工电弧焊，三级质量标准，用引弧板施焊。

图 3-16 例 3-1 计算简图

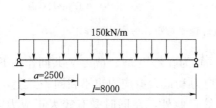

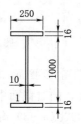

图 3-17 例 3-2 计算简图（单位：mm）

解：离支座 2.5m 处的内力设计值为

$$M = \frac{qab}{2} = \frac{150 \times 2.5 \times (8 - 2.5)}{2} = 1031.25(\text{kN} \cdot \text{m})$$

$$V = q(l/2 - a) = 150 \times (8/2 - 2.5) = 225(\text{kN})$$

梁截面参数

$$I = (250 \times 1032^3 - 240 \times 1000^3)/12 = 2898 \times 10^6(\text{mm}^4)$$

$$W = 2898 \times 10^6 / 516 = 5.616 \times 10^6(\text{mm}^3)$$

$$S_1 = 250 \times 16 \times 508 = 2.032 \times 10^6(\text{mm}^3)$$

$$S = S_1 + 10 \times 500^2/2 = 3.282 \times 10^6(\text{mm}^3)$$

先考虑翼缘和腹板都用直对接焊缝拼接，验算其强度：

$$\sigma = \frac{M}{W} = \frac{1031.25 \times 10^6}{5.616 \times 10^6} = 183.6(\text{N/mm}^2) < f_t^w = 185(\text{N/mm}^2)$$

$$\tau = \frac{VS}{It} = \frac{225 \times 10^3 \times 3.282 \times 10^6}{2898 \times 10^6 \times 10} = 25.5(\text{N/mm}^2) < f_v^w = 125(\text{N/mm}^2)$$

腹板和翼缘交接点 1 处：

$$\sigma_1 = \sigma_{max} \frac{h_0}{h} = 183.6 \times \frac{1000}{1032} = 177.9(\text{N/mm}^2) < f_t^w = 185(\text{N/mm}^2)$$

$$\tau_1 = \frac{VS_1}{It} = \frac{225 \times 10^3 \times 2.032 \times 10^6}{2898 \times 10^6 \times 10} = 15.8(\text{N/mm}^2) < f_v^w = 125(\text{N/mm}^2)$$

$$\sqrt{\sigma_1^2+3\tau_1^2}=\sqrt{177.9^2+3\times15.8^2}=180.0(\text{N/mm}^2)<1.1f_t^w$$
$$=1.1\times185=203.5(\text{N/mm}^2)$$

直焊缝拼接能满足设计要求。为使受力良好，同时也为了避免焊缝集中，在实际设计中通常将三块板的拼接错开。

第四节　角焊缝的构造和计算

一、角焊缝的形式与构造

（一）角焊缝的形式

角焊缝按两焊脚边的夹角可分为直角角焊缝（图 3-18）和斜角角焊缝（图 3-19）两种。直角角焊缝的受力性能较好，应用广泛；斜角角焊缝当两焊脚边夹角 $\alpha>135°$ 或 $\alpha<60°$ 时，不宜作受力焊缝（钢管结构除外）。本节主要对直角角焊缝的构造、工作性能和计算方法加以详细论述。

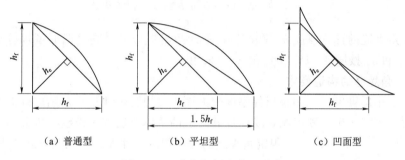

(a) 普通型　　　　(b) 平坦型　　　　(c) 凹面型

图 3-18　直角角焊缝截面形式

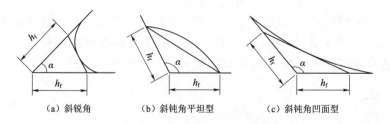

(a) 斜锐角　　　(b) 斜钝角平坦型　　　(c) 斜钝角凹面型

图 3-19　斜角角焊缝截面形式

角焊缝按其与外力作用方向的不同可分为平行于力作用方向的侧面角焊缝、垂直于力作用方向的正面角焊缝（也可称端焊缝）和与力作用方向斜交的斜向角焊缝三种（图 3-20）。

角焊缝按其截面形式可分为普通型、平坦型和凹面型三种（图 3-18）。一般情况下采用普通型角焊缝，但其力线弯折，应力集中严重；对于正面角焊缝也可采用平坦型或凹面型角焊缝；对承受直接动力荷载结构，为使传力平缓，正面角焊缝宜采用平坦型（长边顺内力方向），侧缝则宜采用凹面型角焊缝。

普通型角焊缝截面的两个直角边长 h_f 称为焊脚尺寸。计算焊缝承载力时，按最

小截面即 $\alpha/2$ 角处截面（直角角焊缝在 $45°$ 角处截面）计算，该截面称为有效截面或计算截面。其截面厚度称为计算厚度 h_e。[图 3-19（a）]。

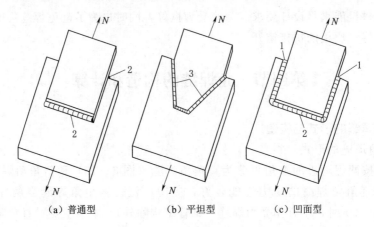

（a）普通型　　　　（b）平坦型　　　　（c）凹面型

图 3-20　角焊缝的受力形式
1—侧面角焊缝；2—正面角焊缝；3—斜向角焊缝

直角角焊缝的计算厚度 $h_e=0.7h_f$，不计凸出部分的余高。凹面型焊缝和平坦型焊缝的 h_f 和 h_e 按图 3-18（b）和（c）采用。

（二）角焊缝的构造要求

（1）最小焊脚尺寸。如果板件厚度较大而焊缝焊脚尺寸过小，则施焊时焊缝冷却速度过快，可能产生淬硬组织，易使焊缝附近的主体金属产生裂纹。因此《钢结构设计标准》（GB 50017—2017）规定角焊缝的最小焊脚尺寸 $h_{f\min}$ 应满足下式要求［图 3-21（a）］：

$$h_{f\min} \geqslant 1.5\sqrt{t_{\max}}$$

此处 $t_{\max}$ 为较厚焊件的厚度（mm）。自动焊的热量集中，因而熔深较大，故最小焊脚尺寸 $h_{f\min}$ 可较上式减小 1mm。T 形连接单面角焊缝可靠性较差，$h_{f\min}$ 应增加 1mm。当焊件厚度等于或小于 4mm 时，则 $h_{f\min}$ 应与焊件同厚。

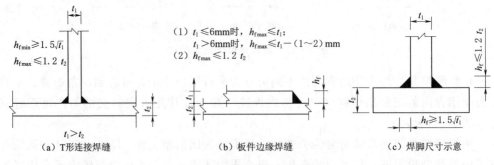

（a）T形连接焊缝　　　　　（b）板件边缘焊缝　　　　　（c）焊脚尺寸示意

图 3-21　角焊缝的焊脚尺寸

（2）最大焊脚尺寸。角焊缝的 h_f 过大，焊接时热量输入过大，焊缝收缩时将产生较大的焊接残余应力和残余变形，且热影响区扩大易产生脆裂，较薄焊件易烧穿。

因此，角焊缝的 h_{fmax} 应符合下列规定 [图 3-21 (b)]：

$$h_{fmax} \leq 1.2t_2$$

t_2 为较薄焊件厚度。对板件边缘（厚度为 t_1）的角焊缝尚应符合下列要求 [图 3-21 (b)]：

　　1) 当 $t_1 > 6mm$ 时，$h_{fmax} \leq t_1 - (1 \sim 2)mm$；

　　2) 当 $t_1 \leq 6mm$ 时，$h_{fmax} \leq t_1$。

　　(3) 最小计算长度。角焊缝的焊缝长度过短，焊件局部受热严重，且施焊时起落弧坑相距过近，再加上一些可能产生的缺陷使焊缝不够可靠。因此规定角焊缝的最小计算长度 $l_w \geq 8h_f$ 且不小于 40mm。

　　(4) 侧面角焊缝的最大计算长度。侧缝沿长度方向的剪应力分布很不均匀，两端大而中间小，且随焊缝长度与其焊脚尺寸之比的增大而更为严重。当焊缝过长时，其两端应力可能达到极限。而中间焊缝却未充分发挥承载力。因此，侧面角焊缝的最大计算长度取 $l_w \leq 60h_f$。当侧缝的实际长度超过上述规定数值时，超过部分在计算中不予考虑；若内力沿侧缝全长分布时则不受此限，例如"工"字形截面柱或梁的翼缘与腹板的角焊缝连接等。

　　(5) 在搭接连接中，为减小因焊缝收缩产生过大的焊接残余应力及因偏心产生的附加弯矩，要求搭接长度 $l \geq 5t_{min}$，且不小于 25mm。

　　(6) 板件的端部仅用两侧面角焊缝连接时（图 3-22），为避免应力传递过于弯折而致使板件应力过于不均匀，应使焊缝长度 $l_w \geq b$；同时，为避免因焊缝收缩引起板件变形拱曲过大，应满足 $b \leq 16t_{min}$（当 $t_{min} > 12mm$ 时）或 190mm（当 $t_{min} \leq 12mm$ 时）。当宽度 b 超过此规定时，若不满足此规定则应加焊端缝。

　　(7) 当角焊缝的端部在构件的转角处时，为避免起落弧缺陷发生在此应力集中较大部位处，宜作长度为 $2h_f$ 的绕角焊（图 3-23），且转角处必须连续施焊，以改善连接的工作性能。

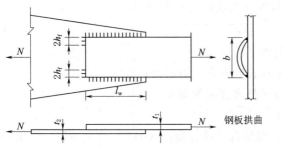

图 3-22　仅用两侧面角焊缝连接的构造要求

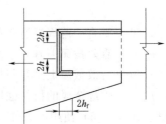

图 3-23　角焊缝的绕角焊

二、角焊缝的基本计算公式

(一) 角焊缝的应力状况和强度

　　(1) 侧面角焊缝。在图 3-24 所示的轴向力 N 作用下，侧面角焊缝主要承受平行于焊缝长度方向的剪应力 $\tau_{//}$。由于构件的内力传递集中到侧面，力线产生弯折，故在弹性阶段 $\tau_{//}$ 沿焊缝长度方向分布不均匀，两端大，中间小，侧面角焊缝塑性较好，在长度适当的情况下，应力经重新分布渐趋均匀。侧面角焊缝的破坏常由两端开始，在出现裂缝后通常沿 45°喉部截面迅速断裂。

（2）正截面角焊缝。在轴向力 N 作用下，正面角焊缝中应力沿焊缝长度方向分布比较均匀，两端比中间略低，应力状态比侧面角焊缝复杂。两焊脚边均有正应力和剪应力，且分布不均匀（图 3-24），在 45°喉部截面上有剪应力 $\tau_{//}$ 和正应力 $\sigma_{\perp}$。由于在焊缝根部应力集中严重，裂缝首先在此处产生，随即整条焊缝断裂，破坏面不太均匀，除沿 45°喉部截面处，亦可能沿焊缝的两熔合边破坏。正面角焊缝刚度大，塑性较差，破坏时变形小，但强度较高，其平均破坏强度为侧面角焊缝的 1.35～1.55倍。试验表明，在极限应力时，正面角焊缝的变形只有侧面角焊缝的 1/2.3 左右。焊缝优良性能的标志就是具有较大的塑形变形能力。从塑形变形的能力看，正面角焊缝远不如侧面角焊缝，因而将其承载能力降低（同侧面角焊缝）使用。

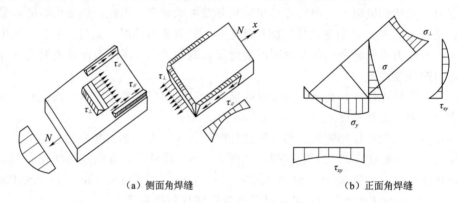

（a）侧面角焊缝　　　　　　　　　　（b）正面角焊缝

图 3-24　角焊缝的应力状态

（二）角焊缝有效截面上的应力

在外力作用下，直角角焊缝有效厚度截面上产生三个方向应力，即 $\tau_{//}$、$\sigma_{\perp}$、$\tau_{\perp}$（见图 3-25）。三个方向应力与焊缝强度间的关系为

$$\sqrt{\sigma_{\perp}^2 + 3(\tau_{\perp}^2 + \tau_{//}^2)} \leqslant f_u^w \qquad (3-5)$$

式中　$\sigma_{\perp}$——垂直于角焊缝有效截面上的应力；

　　　$\tau_{\perp}$——有效截面上垂直于焊缝长度方向的剪应力；

　　　$\tau_{//}$——有效截面上平行与焊缝长度方向的剪应力；

　　　f_u^w——焊缝金属的抗拉强度。

由于式（3-5）使用不方便，《钢结构设计标准》（GB 50017—2017）采用一般强度计算表达式：

$$\sqrt{\left(\frac{\sigma_f}{\beta_f}\right)^2 + \tau_f^2} \leqslant f_f^w \qquad (3-6)$$

式中　σ_f——按焊缝有效截面计算，垂直于焊缝长度方向的应力；

　　　τ_f——按焊缝有效截面计算，平行于焊缝长度方向的剪应力；

　　　β_f——正面角焊缝的强度设计值提高系数，对承受静力或间接承受动力荷载的结构取 $\beta_f=1.22$，对直接承受动力荷载结构取 $\beta_f=1.0$；

f_f^w——角焊缝的强度设计值。

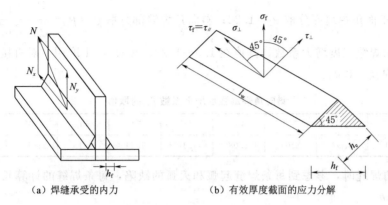

（a）焊缝承受的内力　　　　　　（b）有效厚度截面的应力分解

图 3-25　角焊缝的应力分析

σ_f 既不是正应力，也不是剪应力，而是 $\sigma_\perp$ 与 $\tau_\perp$ 的合力。对直角角焊缝而言

$\sigma_\perp = \tau_\perp = \dfrac{\sigma_f}{\sqrt{2}}$，代入至式（3-5）中，得

$$\sqrt{4\left(\frac{\sigma_f}{\sqrt{2}}\right)^2 + 3\tau_f^2} \leqslant \sqrt{3}\, f_f^w$$

简化后得

$$\sqrt{\left(\frac{\sigma_f}{\beta_f}\right)^2 + \tau_f^2} \leqslant f_f^w$$

其中　　　　　　　　　　$\beta_f = \sqrt{3/2} = 1.22$

三、角焊缝连接的计算

（一）角焊缝受轴心力作用时的计算

当作用力通过角焊缝群形心时，焊缝沿长度方向的应力均匀分布。由于作用力与焊缝长度方向间的关系不同，计算表达式有所不同：

（1）侧面角焊缝或作用力平行于焊缝长度方向的角焊缝

$$\tau_f = \frac{N}{h_e \sum l_w} \leqslant f_f^w \tag{3-7}$$

（2）正面角焊缝或作用力垂直于焊缝长度方向的角焊缝

$$\sigma_f = \frac{N}{h_e \sum l_w} \leqslant \beta_f f_f^w \tag{3-8}$$

（3）由侧面、正面角焊缝组成的三面围焊时，应分别计算在两个方向作用下的应力，然后按式（3-6）计算强度。

（4）由侧面、正面和斜向角焊缝组成的周围角焊缝，假设破坏时各部分角焊缝都达到各自的极限强度，则

$$\frac{N}{\sum(\beta_f h_e l_w)} \leqslant f_f^w \tag{3-9}$$

对于承受静力和间接动力荷载的结构，β_f 按下列规定采用：侧面角焊缝部分取 $\beta_f=1.0$；正面角焊缝部分取 $\beta_f=1.22$；斜向角焊缝部分取 $\beta_f=\beta_{f\theta}=\dfrac{1}{\sqrt{1-\sin^2\theta/3}}$，$\beta_{f\theta}$ 称为斜向角焊缝强度增大系数，其值在 $1.0\sim1.22$，按表 3-1 取用。对直接承受动力荷载的结构 $\beta_f=1.0$。

表 3-1　　　　　　　斜向角焊缝强度增大系数 $\beta_{f\theta}$ 的取值

θ	0°	20°	30°	40°	45°	50°	60°	70°	80°～90°
$\beta_{f\theta}$	1.0	1.02	1.04	1.08	1.10	1.11	1.15	1.19	1.22

设计角焊缝时，考虑到每条焊缝起弧和灭弧的缺陷，每条焊缝的计算长度取实际长度减去 $2h_f$。

（二）轴向力作用下，角钢用角焊缝连接的计算

角钢用角焊缝连接可以采用两侧面焊缝、三面围焊和 L 形围焊三种方式。为了避免偏心受力，应使焊缝传递的合力作用线与角钢杆件的轴线重合。

（1）两侧面焊缝连接时 ［图 3-26（a）］。

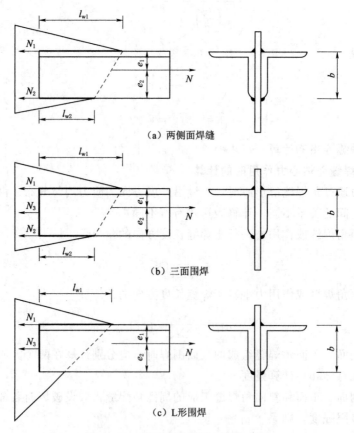

（a）两侧面焊缝

（b）三面围焊

（c）L 形围焊

图 3-26　角钢与钢板的角焊缝连接

由于角钢截面重心轴线到肢背和肢尖的距离不相等，靠近重心轴线的肢背焊缝承受较大的内力。设 N_1、N_2 分别为角钢肢背和肢尖焊缝承受的内力，由力矩平衡条件可得

$$N_1 = \frac{e_2}{e_1 + e_2}N = K_1 N \qquad (3-10)$$

$$N_2 = \frac{e_1}{e_1 + e_2}N = K_2 N \qquad (3-11)$$

式中　e_1、e_2——角钢与连接板贴合肢重心轴线到肢背与肢尖的距离；

　　　K_1、K_2——钢肢背与角钢肢尖焊缝的内力分配系数，实际设计时，可按表 3 - 2 的近似值采用。

表 3 - 2　　　　　　　　　　　角钢侧面角焊缝内力分配系数

角钢类型	连接情况	分配系数	
		角钢肢背 K_1	角钢肢尖 K_2
等边	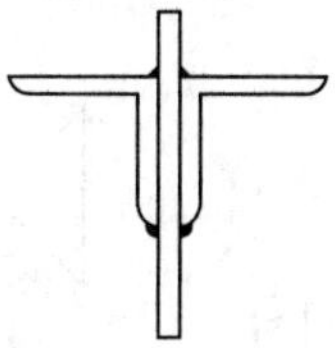	0.70	0.30
不等边（短肢相连）	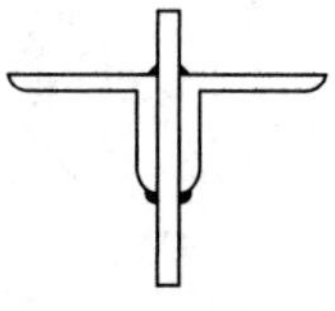	0.75	0.25
不等边（长肢相连）	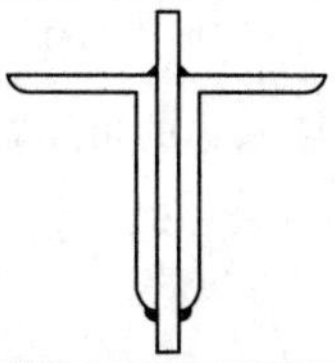	0.65	0.35

算得 N_1、N_2 后，根据构造要求确定肢背和肢尖的焊脚尺寸 h_{f1} 和 h_{f2}，然后分别计算角钢肢背和肢尖焊缝所需的计算长度：

$$\sum l_{w1} = \frac{N_1}{0.7 h_{f1} f_f^w} \qquad (3-12)$$

$$\sum l_{w2} = \frac{N_2}{0.7 h_{f2} f_f^w} \qquad (3-13)$$

（2）采用三面围焊时［图 3 - 26（b）］。

根据构造要求，首先选取端缝的焊脚尺寸 h_f 并计算其所能承受的内力（设截面为双角钢组成的 T 形截面）：

$$N_3 = 2 \times 0.7 h_f b \beta_f f_f^w \qquad (3-14)$$

由平衡条件可得

$$N_1 = K_1 N - \frac{N_3}{2} \qquad\qquad (3-15)$$

$$N_2 = K_2 N - \frac{N_3}{2} \qquad\qquad (3-16)$$

同样，由 N_1、N_2 分别计算角钢肢背和肢尖的侧面焊缝。

（3）采用 L 形围焊时［图 3-26（c）］。

L 形围焊中由于角钢肢尖无焊缝，可令式（3-16）中的 $N_2 = 0$，则有

$$N_3 = 2K_2 N \qquad\qquad (3-17)$$

$$N_1 = N - N_3 = (1 - 2K_2) N \qquad\qquad (3-18)$$

求得 N_1 和 N_3 后，可分别计算角钢正面角焊缝和肢背侧面角焊缝。

（4）特殊情况下的角焊缝。在某些较为复杂的情况下，焊缝有效截面上存在分别垂直于两个直角边的应力 σ_{fx} 与 σ_{fy}，如图 3-27 所示，不能再直接套用式（3-6），而需要按照式（3-5）重新推导。

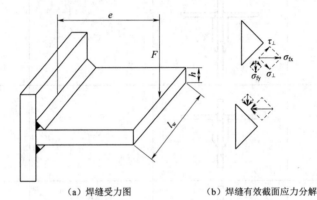

（a）焊缝受力图　　　　　　（b）焊缝有效截面应力分解

图 3-27　同时受 σ_{fx} 与 σ_{fy} 力的角焊缝

σ_{fy} 由竖向力 F 产生：$\sigma_{fy} = \dfrac{F}{2h_e l_w}$

σ_{fx} 由偏心弯矩 $M = Fe$ 产生，上下每条焊缝受水平力 $H = M/h$，有 $\sigma_{fx} = \dfrac{H}{h_e l_w} = \dfrac{Fe/h}{h_e l_w}$。

在图 3-26（b）中，有 $\sigma_\perp = \dfrac{\sigma_{fx}}{\sqrt{2}} + \dfrac{\sigma_{fy}}{\sqrt{2}}$，$\tau_\perp = \dfrac{\sigma_{fx}}{\sqrt{2}} - \dfrac{\sigma_{fy}}{\sqrt{2}}$。代入式（3-5）中可得

$$\sqrt{\frac{\sigma_{fx}^2 + \sigma_{fy}^2 - \sigma_{fx}\sigma_{fy}}{1.5} + \tau_f^2} \leqslant f_f^w$$

使有效截面受拉时，σ_{fx} 与 σ_{fy} 为正，反之为负。

【例 3-3】　如图 3-28 所示一双盖板的角焊缝对接接头。已知钢板截面为 400mm×14mm，承受轴向力设计值 $N = 920$kN（静力荷载），钢材 Q235BF，手工焊，焊条为 E43 型，采用三面围焊。试设计此连接。

解：根据盖板与母材等强的原则，取盖板为 2—360mm×8mm

$$A = 2 \times 360 \times 8 = 5760 (\text{mm}^2) \approx 400 \times 14 = 5600 (\text{mm}^2)$$

角焊缝的焊接尺寸

$$h_{f\max} \leqslant t_{\min} - (1 \sim 2)(\text{mm}) = 8 - (1 \sim 2) = (6 \sim 7)(\text{mm})$$

$$h_{f\max} \leqslant 1.2 t_{\min} = 1.2 \times 8 = 9.6 (\text{mm})$$

$$h_{f\min} \geqslant 1.5 \sqrt{t_{\max}} = 1.5 \sqrt{14} = 5.6 (\text{mm})$$

取 $h_f = 6\text{mm}$，角焊缝的强度设计值为 $f_f^w = 160\text{N/mm}^2$

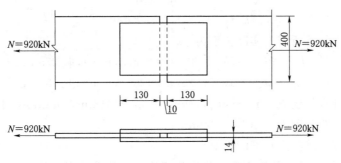

图 3-28 例 3-3 计算简图

采用三面围焊，端焊缝承受的内力为

$$N' = 2 \times 0.7 h_f b \beta_f f_f^w = 2 \times 0.7 \times 6 \times 360 \times 1.22 \times 160 = 590285 (\text{N}) \approx 590 (\text{kN})$$

侧面角焊缝实际长度为

$$l_w = \frac{N - N'}{4 h_e f_f^w} + h_f = \frac{(920 - 590) \times 10^3}{4 \times 0.7 \times 6 \times 160} + 6 = 129 (\text{mm})$$

取 $l_w = 130\text{mm}$。

焊缝最小计算长度 $l_w \geqslant \max[8h_f, 40] = \max[48, 40] = 48 (\text{mm})$

焊缝最大计算长度 $l_w \leqslant 60h_f = 360\text{mm}$

因此可取 $l_w = 130\text{mm}$。

拼接盖板的长度为

$$l = 2l_w + 10 = 2 \times 130 + 10 = 270 (\text{mm})$$

【例 3-4】 如图 3-29 所示，角钢和节点板采用两侧面焊缝连接。$N = 660\text{kN}$（静力荷载设计值），角钢为 2L100×10，节点板厚度为 $t = 12\text{mm}$，钢材为 Q235BF，焊条为 E43 型，手工焊。试确定所需的角焊缝的长度和焊脚尺寸。

解：角焊缝的强度设计值 $f_f^w = 160\text{N/mm}^2$，则

$$h_{f\max} \leqslant t_{\text{角钢}} - (1 \sim 2) = 10 - (1 \sim 2)$$
$$= 8 \sim 9 (\text{mm})$$

$$h_{f\max} \leqslant 1.2 t_{\min} = 1.2 \times 10 = 12 (\text{mm})$$

$$h_{f\min} \geqslant 1.5 \sqrt{t_{\max}} = 1.5 \sqrt{12} = 5.2 (\text{mm})$$

取肢背和肢尖的焊脚尺寸相同，均

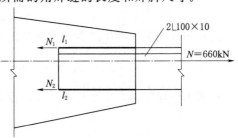

图 3-29 例 3-4 计算简图

为 $h_f = 8mm$。

肢背和肢尖处所承受的内力为

$$N_1 = K_1 N = 0.7 \times 660 = 462 (kN)$$
$$N_2 = K_1 N = 0.3 \times 660 = 198 (kN)$$

肢背和肢尖焊缝所需要的计算长度为

$$l_{w1} = \frac{N_1}{2 \times 0.7 h_f f_f^w} = \frac{462 \times 10^3}{2 \times 0.7 \times 8 \times 160} = 257.8 (mm)$$

$$l_{w2} = \frac{N_2}{2 \times 0.7 h_f f_f^w} = \frac{198 \times 10^3}{2 \times 0.7 \times 8 \times 160} = 110.5 (mm)$$

肢背和肢尖焊缝所需的实际长度为

$$l_1 = l_{w1} + 2h_f = 257.8 + 2 \times 8 = 273.8 (mm), \text{取 } 275mm$$

$$l_2 = l_{w2} + 2h_f = 110.5 + 2 \times 8 = 126.5 (mm), \text{取 } 130mm$$

焊缝最小计算长度 $l_w \geqslant \max[8h_f, 40mm] = \max[64mm, 40mm] = 64 (mm)$

焊缝最大计算长度 $l_w \leqslant 60h_f = 480mm$

因此，所取焊缝实际长度满足要求。

（三）在弯矩、剪力和轴心力共同作用下的 T 形连接角焊缝计算

图 3-30 所示为一同时承受弯矩 M、剪力 V 和轴心力 N 作用的 T 形连接。焊缝的 A 点为最危险点。计算时，先分别计算角焊缝在弯矩、剪力和轴心力作用下所产生的应力，然后按式（3-6）进行组合。

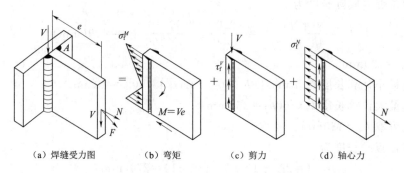

（a）焊缝受力图　　（b）弯矩　　（c）剪力　　（d）轴心力

图 3-30　弯矩、剪力和轴心力共同作用时 T 形接头角焊缝

在轴心力 N 作用下，产生垂直于焊缝长度方向的应力为

$$\sigma_f^N = \frac{N}{A_w} = \frac{N}{2h_e l_w} \tag{3-19}$$

在弯矩作用下，产生垂直于焊缝长度方向呈三角形分布的应力为

$$\sigma_f^M = \frac{M}{W_w} = \frac{6M}{2h_e l_w^2} \tag{3-20}$$

在剪力作用下，产生平行于焊缝长度方向的应力为

$$\tau_f^V = \frac{V}{A_w} = \frac{V}{2h_e l_w} \tag{3-21}$$

将应力代入式（3-6）得到

$$\sqrt{\left(\frac{\sigma_f^N + \sigma_f^M}{\beta_f}\right)^2 + \tau_f^2} \leqslant f_f^w \tag{3-22}$$

式中　A_w——角焊缝的有效截面面积；

$\quad\quad\ \ W_w$——角焊缝的有效截面模量。

（四）扭矩、剪力和轴心力共同作用下角焊缝计算

如图 3-31（a）所示为一受斜向力 F 作用的角焊缝连接搭接接头。将 F 力分解并向角焊缝有效截面的形心 O 简化后，可与图 3-31（b）所示的 $T = Ve$、V 和 N 共同作用等效。

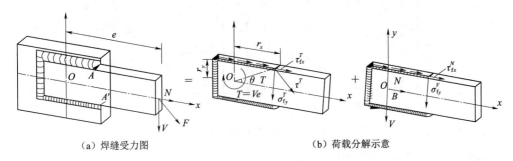

（a）焊缝受力图　　　　　　　　　（b）荷载分解示意

图 3-31　扭矩、剪力和轴心力共同作用时搭接接头的角焊缝

在计算扭矩 T 作用下焊缝产生的应力时，采用如下的假定：①被连接构件是绝对刚性的，而角焊缝是弹性的；②被连接构件绕角焊缝有效截面形心 O 旋转，角焊缝上任意一点的应力方向垂直该点与形心的连线，且应力大小与连线的距离 r 成正比。最危险点在 r 最大处（即 A 点或 A'）。A 点的应力按下式计算：

$$\tau_f^T = \frac{Tr}{I_p} = \frac{Tr}{I_x + I_y} \tag{3-23}$$

式中　I_x、I_y——角焊缝有效截面对 x 轴和 y 轴的惯性矩。

τ_f^T 可分解为垂直于水平焊缝长度方向的分应力 σ_{fy}^T 和平行于水平焊缝长度方向的分应力 τ_{fx}^T。

$$\sigma_{fy}^T = \tau_f^T \cos\theta = \frac{Tr}{I_p}\frac{r_x}{r} = \frac{Tr_x}{I_x + I_y} \tag{3-24}$$

$$\tau_{fx}^T = \tau_f^T \sin\theta = \frac{Tr}{I_p}\frac{r_y}{r} = \frac{Tr_y}{I_x + I_y} \tag{3-25}$$

在剪力 V 作用下产生的垂直于水平焊缝长度方向均匀分布的应力为

$$\sigma_{fy}^V = \frac{V}{h_e \sum l_w} \tag{3-26}$$

在轴心力 N 作用下产生的平行于水平焊缝长度方向均匀分布的应力为

$$\tau_{fx}^N = \frac{N}{h_e \sum l_w} \tag{3-27}$$

根据式（3-6），A 点焊缝应满足

$$\sqrt{\left(\frac{\sigma_{fy}^T + \sigma_{fy}^V}{\beta_f}\right)^2 + (\tau_{fx}^T + \tau_{fx}^N)^2} \leqslant f_f^w \qquad (3-28)$$

【例 3-5】　如图 3-32 所示为一支托板与柱的搭接连接，$l_1 = 300\text{mm}$，$l_2 = 400\text{mm}$。作用力的设计值 $V = 200\text{kN}$，钢材为 Q235B，焊条为 E43 型，手工焊，作用力距柱边缘距离 $e = 300\text{mm}$，支托板厚度 $t = 12\text{mm}$，试设计角焊缝。

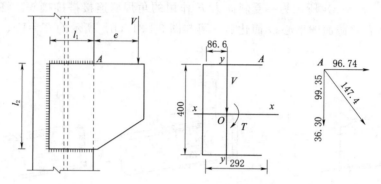

图 3-32　托板与柱的搭接连接

解：
$$h_f \leqslant h_{f\max} = 1.2t_{\min} = 1.2 \times 12 = 14.4(\text{mm})$$
$$h_f \leqslant h_{f\max} = t - (1 \sim 2) = 10 \sim 11(\text{mm})$$
$$h_f \geqslant h_{f\min} = 1.5\sqrt{t_{\max}} = 1.5\sqrt{20} = 6.7(\text{mm})$$

设三边的焊缝尺寸相同，取 $h_f = 8\text{mm}$，并近似地按支托与柱的搭接长度来计算角焊缝的有效截面。因为水平焊缝和竖向焊缝在转角处连续施焊，在计算焊缝长度时，仅在水平焊缝端部减去 $h_f = 8\text{mm}$，竖向焊缝不必减少。

将参考轴选至竖焊缝中点处，角焊缝有效截面的形心位置为

$$x = \frac{2 \times 0.7 \times 8 \times 292 \times (292/2 + 5.6/2)}{0.7 \times 8 \times (2 \times 292 + 400 + 5.6 \times 2)} = 87.3(\text{mm})$$

角焊缝有效截面的惯性矩为

$$I_x = 0.7 \times 8 \times [(400 + 5.6 \times 2)^3/12 + 2 \times 292 \times (200 + 2.8)^2] = 1.67 \times 10^8 (\text{mm}^4)$$

$$I_y = 0.7 \times 8 \times [(400 + 5.6 \times 2) \times 87.3^2 + 2 \times 292^3/12 + 2 \times 292 \times (292/2 + 2.8 - 87.3)^2]$$
$$= 0.53 \times 10^8 (\text{mm}^4)$$

$$I = I_x + I_y = 2.2 \times 10^8 (\text{mm}^4)$$

扭矩　$T = V(e_1 + e - x) = 200 \times (0.3 + 0.3 + 0.0028 - 0.0873) = 103.1(\text{kN} \cdot \text{m})$

角焊缝有效截面上 A 点应力为

$$\tau_A^T = \frac{T\gamma_y}{I} = \frac{103.1 \times 10^6 \times (200 + 5.6)}{2.2 \times 10^8} = 96.35(\text{N/mm}^2)$$

$$\sigma_A^T = \frac{T\gamma_x}{I} = \frac{103.1 \times 10^6 \times (292 + 2.8 - 87.2)}{2.2 \times 10^8} = 97.29(\text{N/mm}^2)$$

$$\sigma_A^V = \frac{V}{A} = \frac{200 \times 10^3}{0.7 \times 8 \times (400 + 2 \times 5.6 + 2 \times 292)} = 35.89 (\text{N/mm}^2)$$

$$\sqrt{\left(\frac{\sigma_A^T + \sigma_A^V}{\beta_f}\right)^2 + (\tau_A^T)^2} = \sqrt{\left(\frac{97.29 + 35.89}{1.22}\right)^2 + 96.35^2}$$

$$= 145.6 (\text{N/mm}^2) < f_f^w = 160 (\text{N/mm}^2)$$

因此满足要求。

第五节 焊接残余应力和残余变形

一、残余应力和残余变形的成因

钢结构在焊接过程中，焊件局部范围加热至熔化，而后又冷却凝固，结构经历了一个不均匀的升温冷却过程，导致焊件各部分热胀冷缩不均匀，从而在结构内残余应力并引起变形，通称为焊接残余变形和残余应力。

以下面的例子说明残余应力和残余变形的成因。如图 3-33 所示有三块钢板，其两端均与一刚度极大的挡板连接，且钢板之间互不传热。若对中间钢板均匀加热，设其自由伸长量为 Δl，但由于另两块处于常温钢板的约束，故其实际伸长量仅为 $\Delta l'$。此时，两边板由于伸长了 $\Delta l'$，在板内产生了拉应力，而中间板则因变形受阻产生了压应力。如果加热的温度很高，此压应力可达钢材的屈服点，板将产生热塑性压缩变形。热源去掉钢板冷却时，未引起压应力的变形将有较大的收缩，但又因受到两边板的限制而不能完全恢复，最终在中间板内产生较大的残余拉应力，两边板内则产生了残余压应力，并相互平衡。钢板则较原长缩短，产生了焊接残余变形。

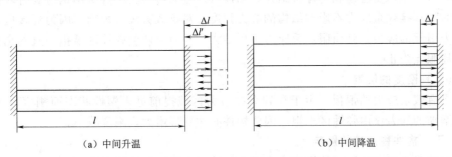

（a）中间升温   （b）中间降温

图 3-33 热残余应力和残余变形的成因

焊接残余应力和焊接残余变形是焊接结构主要问题之一，将影响结构的使用。焊接残余应力有纵向残余应力、横向残余应力和厚度方向的残余应力。

图 3-34 是焊接残余应力的示例，图 3-34（a）是两块钢板对接连接。焊接时钢板焊缝一边受热，将沿焊缝方向纵向伸长。但伸长量会因钢板的整体性，受到钢板两侧未加热区域的限制，由于这时焊缝金属是熔融塑性状态，伸长虽受限，却不产生应力（相当于塑性受压）。随后焊缝金属冷却恢复弹性，收缩受限将导致焊缝金属纵向受拉，两侧钢板则因焊缝收缩倾向牵制而受压，形成如图 3-34（b）所示的纵向焊接

残余应力分布。它是一组在外荷载作用之前就已产生的自相平衡的内应力。

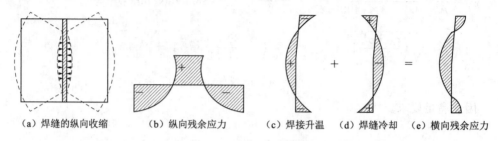

（a）焊缝的纵向收缩　　　（b）纵向残余应力　　　（c）焊接升温　（d）焊缝冷却　（e）横向残余应力

图 3－34　焊接残余应力

两块钢板对接连接除产生上述纵向残余应力外，还可能产生垂直于焊缝长度方向的残余应力。可以看到，焊缝纵向收缩将使两块钢板有相向弯曲变形的趋势 [3－34（a）中虚线所示]。但钢板已焊成一体，弯曲变形将受到一定的约束，因此在焊缝中段将产生横向拉应力，在焊缝两端则产生横向压应力，如图 3－34（c）所示。此外，焊缝冷却时除了纵向收缩外，焊缝横向也将产生收缩。由于施焊是按一定顺序进行，先焊好的部分冷却凝固恢复弹性较早，将阻碍后焊部分自由收缩，因此，先焊部分就会横向受压，而后焊部分横向受拉，形成如图 3－34（d）所示的应力分布。图 3－34（e）是上述两项横向残余应力的叠加，它也是一组自相平衡的内应力。

对于厚度较大的焊缝，外层焊缝因散热较快先冷却，故内层焊缝的收缩将受其限制，从而可能沿厚度方向也产生残余应力，形成三向应力场。

二、焊接残余应力的影响

（一）静力强度的影响

在常温下承受静荷载的焊接结构，当没有严重的应力集中且所用钢材具有较好的塑性时，焊接残余应力不影响结构的静力强度，对承载力没有影响。因为焊接应力加上外力引起的应力达到屈服点后应力不再增大，外力由两侧弹性区承担，直到全截面达到屈服点为止。

（二）刚度的影响

具有残余应力的钢板，由于在残余拉应力区域提前进入塑性状态而刚度降为 0，继续增加的外力仅由弹性区承担，因此构件必然变形增大，刚度减小。

（三）构件稳定性的影响

焊接残余应力使压杆的挠曲刚度减小，从而降低压杆的稳定性。

（四）疲劳强度的影响

焊缝及其近旁的较高的焊接残余应力对疲劳强度有不利的影响，将使疲劳强度降低。

（五）低温冷脆的影响

由于焊缝中存在三向应力，阻碍了塑性变形，在低温下易发生和发展裂缝，加速构件的脆性破坏。

三、消除和减少焊接残余应力和残余变形的措施

焊接残余变形和残余应力对结构性能均有不利影响，因此，钢结构从设计到制造

安装都应密切注意如何消除和减少焊接残余变形和残余应力。

（一）设计方面

注意选用合适的焊脚尺寸和焊缝长度；焊缝应尽可能地对称布置，尽量避免焊缝过度集中和多方向相交；连接过渡尽量平缓；焊缝布置尽可能考虑施焊方便，例如尽量避免仰焊等。

（二）制造加工方面

（1）采用合理的施焊次序。例如对于长焊缝，实行分段倒方向施焊［图 3-35（a）］；对于厚的焊缝，进行分层施焊［图 3-35（b）］；"工"字形顶接焊接时采用对称跳焊［图 3-35（c）］钢板分块拼焊［图 3-35（d）］等。这些做法的目的是避免焊接时热量过于集中，从而减少焊接残余变形和残余应力。

（2）采用对称焊缝，使其变形相反而相互抵消，并在保证安全可靠的前提下，避免焊缝厚度过大。

（3）在施焊前使构件有一个和焊接残余变形相反的变形，使焊接后产生的焊接残余变形与预变形相互抵消，以减小最终的总变形。

（4）对已经产生焊接残余变形的结构，可局部加热后用机械的方法进行矫正。对于焊接残余应力，可采用退火法、锤击法等措施来消除或减小。条件允许时可在施焊前将构件预热，这样可减少焊缝不均匀收缩和冷却速度，是减小和消除焊接残余变形及残余应力的有效方法。

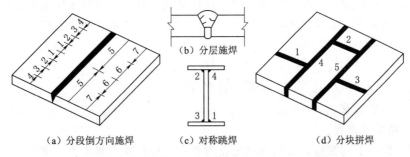

(a) 分段倒方向施焊　　(c) 对称跳焊　　(d) 分块拼焊

图 3-35　合理的焊接次序（图中数字表示施焊顺序）

第六节　普通螺栓连接

一、普通螺栓连接的构造

（一）普通螺栓的规格

钢结构采用的普通螺栓形式为六角头型，其代号用字母 M 和公称直径的毫米数表示。为制造方便，一般情况下同一结构中应尽可能采用一种栓径和孔径的螺栓，需要时也可采用 2～3 种螺栓直径。

螺栓直径 d 应根据整个结构及其主要连接的尺寸和受力情况选定，受力螺栓一般用不小于 M16，建筑工程中常用 M16、M20、M24 等。

螺栓与螺孔的配合，按《紧固件　螺栓与螺钉通孔》（GB/T 5277—85），为保证精度，各构件的螺孔应配钻，表 3-3 摘录自 GB/T 5277—85。

表 3-3　　　　　　　　　　　　　螺栓与螺钉通孔　　　　　　　　　　　　单位：mm

螺纹规格	通孔 d_h		
	精装配	中等装配	初装配
M10	10.5	11	12
M12	13	13.5	14.5
M16	17	17.5	18.5
M20	21	22	24
M24	25	26	28
M30	31	33	35

普通螺栓分为 A、B、C 三级，A、B 级为精制螺栓，C 级为粗制螺栓。粗制螺栓由未经加工的圆杆制成，螺栓孔径比螺栓杆径大 1.0~1.5mm，制作简单，安装方便，但受剪切时性能较差，只用于次要构件的连接或工地临时固定，或用在借螺栓传递拉力的连接上。精制螺栓由棒钢在车床上切削加工制成，杆径比孔径小 0.3~0.5mm，其受剪力的性能优于粗制螺栓，但由于制作和安装都比较复杂，很少应用。由于螺孔位置可能存在偏差，当采用普通螺栓群抗剪时，各螺栓的实际受力差异可能比较大，不建议在重要结构中采用普通螺栓抗剪（或高强度螺栓承压型抗剪）。

资源 3-10
钢板上的螺栓
容许间距

对于普通螺栓，螺栓长度应超过螺母 3~5 螺距，在采用一栓一母一垫时可按以下经验公式计算：

$$L = L' + 1.5d$$

式中　L'——连接板层总厚度（或称夹持厚度），mm；

资源 3-11
角钢上螺栓
容许最小间距

　　　　d——螺栓直径，mm。

（二）螺栓的排列

螺栓在构件上的布置、排列应满足受力要求、构造要求和施工要求。

（1）受力要求。在受力方向，螺栓的端距过小时，钢板有被剪断的可能。当各排螺栓距和线距过小时，构件有沿直线或折线破坏的可能。对受压构件，当沿作用力方向的螺栓距过大时，在被连接的板件间易发生张口或鼓曲现象。因此，从受力的角度规定了最大和最小的容许间距。

资源 3-12
工字钢和槽钢
腹板上的螺栓
容许距离

（2）构造要求。当螺栓栓距及线距过大时，被连接构件接触面不够紧密，潮气易侵入缝隙而产生腐蚀，所以规定了螺栓的最大容许间距。

（3）施工要求。要保证一定的施工空间，便于转动螺栓扳手，因此规定了螺栓最小容许间距。根据上述要求，钢板上螺栓的排列见图 3-36 和资源 3-10。

对于角钢、普通工字钢和槽钢上的螺栓排列，除应满足资源 3-12 要求外，还应注意不要在靠近截面倒角和圆角处打孔，为此，还应分别符合资源 3-11、资源 3-12 和资源 3-13 的要求。在 H 型钢上的螺栓排列，腹板上的 c 值可参照普通工字钢取值，翼缘上的 e 或 e_1、e_2 值（指螺栓轴线至截面弱轴 y 轴的距离）可根据其外伸

资源 3-13
工字钢和槽钢
翼缘上的螺栓
容许距离

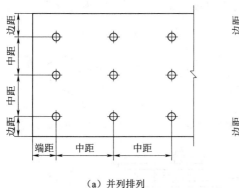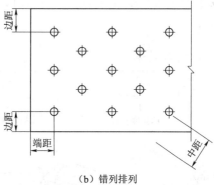

资源3-14
型钢的螺栓
排列

（a）并列排列　　　　　　　　　　　（b）错列排列

图3-36　螺栓的排列

宽度参照角钢取值。

二、普通螺栓连接的受力性能和计算

普通螺栓连接按螺栓传力方式分为受剪螺栓、抗拉螺栓和剪拉螺栓。当外力垂直于螺杆时，该螺栓为受剪螺栓［图3-37（a）］，当外力沿螺栓杆长方向时，该螺栓为受拉螺栓［图3-37（b）］。

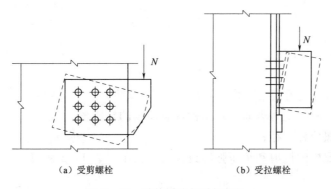

（a）受剪螺栓　　　　　　　　　　　（b）受拉螺栓

图3-37　受剪螺栓与受拉螺栓

（一）受剪螺栓连接

（1）受剪螺栓的工作性能。受剪螺栓连接在受力以后，当外力并不大时，首先由构件间的摩擦力来传递外力。当外力继续增大而超过极限摩擦力后，构件之间出现相对滑移，螺栓杆开始接触螺栓孔壁而使螺栓杆受剪，孔壁则受压。

受剪螺栓连接在达到极限承载力时可能出现以下五种破坏形式：

1）栓杆被剪断［图3-38（a）］，当螺栓直径较小而钢板相对较厚时可能发生；

2）孔壁挤压破坏［图3-38（b）］，当螺栓直径较大而钢板相对较薄时可能发生；

3）钢板被拉断［图3-38（c）］，当钢板因螺栓孔削弱过多时可能发生；

4）端部钢板被剪断［图3-38（d）］，当顺受力方向的端距过小时可能发生；

5）栓杆受弯破坏［图3-38（e）］，当螺栓过长时可能发生。

前三种破坏需要通过计算来防止，后两种破坏可通过构造要求来防止二者对应的构造要求分别为最小容许端距$\geqslant 2d_0$、板叠厚度$\leqslant 5d$，其中 d_0 为螺栓孔孔径，d 为螺栓直径。

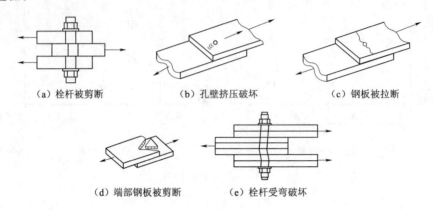

（a）栓杆被剪断　　　　（b）孔壁挤压破坏　　　　（c）钢板被拉断

（d）端部钢板被剪断　　　（e）栓杆受弯破坏

图 3-38　受剪螺栓连接的破坏形式

（2）受剪螺栓的承载力计算。受剪螺栓中，假定螺栓杆沿受剪面均匀分布，孔壁承压应力换算为沿栓杆直径投影宽度内板件面上均匀分布的应力。这样，一个抗剪螺栓的承载力设计值如下。

受剪承载力设计值：

$$N_V^b = n_V \frac{\pi d^2}{4} f_V^b \tag{3-29}$$

承压承载力设计值：

$$N_c^b = d \sum t f_c^b \tag{3-30}$$

式中　n_V——螺栓受剪面的个数，单剪 $n_V = 1$，双剪 $n_V = 2$，四剪 $n_V = 4$（图 3-39）；

　　　$\sum t$——在同一受力方向的承压构件总厚度的较小值；

　　　d——螺栓杆直径；

f_V^b、f_c^b——螺栓的抗剪和承压强度设计值，按附录表 1-2 采用。

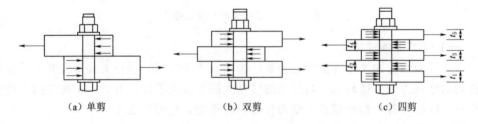

（a）单剪　　　　　　　（b）双剪　　　　　　　（c）四剪

图 3-39　受剪螺栓连接

单个受剪螺栓的承载力设计值应取 N_V^b、N_c^b 中的较小值，即 $N_{\min}^b = (N_V^b, N_c^b)$。为了保证连接能正常工作，每个螺栓在外来作用下所受实际剪力不得超过其承载力设计值，即 $N_V = N_{\min}^b$。

（3）受剪螺栓连接的计算。按《钢结构设计标准》（GB 50017—2007）规定，每一杆件在节点上以及拼接接头的一端，永久螺栓数不宜少于两个，因此螺栓连接中的螺栓一般是以螺栓群的形式出现。

1）受剪螺栓连接受轴心力作用的计算。

a. 连接所需的螺栓数目。图 3 - 40 所示为两块钢板通过上下两块盖板用螺栓连接，在轴心拉力 N 作用下，螺栓受剪，因轴心拉力通过螺栓群中心，可假定每个螺栓受力相等，则连接一侧所需螺栓数 n 为

$$n = \frac{N}{N_{\min}^b} \qquad (3-31)$$

当拼接一侧所排一列螺栓的数目过多，致使首尾两螺栓之间距离 l_1 过大时（图3 - 41），各螺栓实际受力会严重不均匀，两端的螺栓受力将大于中间的螺栓，可能首先达到极限承载力破坏，然后依次向内逐个破坏。故《钢结构设计标准》（GB 50017—2007）规定 $l_1 \geqslant 15d_0$，各螺栓受力仍可按均匀分布计算，但螺栓承载力设计值 N_v^b 和 N_c^b 应乘以下列折减系数 β 给予降低（高强度螺栓连接亦同样如此），即

当 $l_1 \geqslant 15d_0$ 时

$$\beta = 1.1 - \frac{l_1}{150d_0} \qquad (3-32)$$

当 $l_1 \geqslant 60d_0$ 时

$$\beta = 0.7 \qquad (3-33)$$

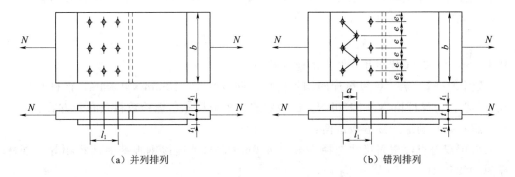

（a）并列排列　　　　　　　　　　　　（b）错列排列

图 3 - 40　受剪螺栓连接受轴心力作用

b. 构件净截面强度验算。螺栓连接中，由于螺栓孔削弱了构件截面，因此需要验算构件开孔处的净截面强度：

$$\sigma = \frac{N}{A_n} \leqslant f \qquad (3-34)$$

式中　A_n——连接件或构件在所验算截面上的净截面面积；

　　　　N——连接件或构件验算截面处的轴心力设计值；

　　　　f——钢材的抗拉（或抗压）强度设计值，按附录中附表 1 - 1 选用。

净截面强度验算应选择最不利截面，即内力最大或螺栓孔较多截面。如图 3 - 40 所示钢板为并列布置时，构件最不利截面Ⅰ—Ⅰ，其内力最大为 N，而截面Ⅱ—Ⅱ和

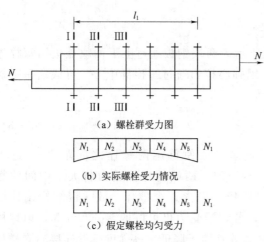

（a）螺栓群受力图

| N_1 | N_2 | N_3 | N_4 | N_5 | N_1 |

（b）实际螺栓受力情况

| N_1 | N_2 | N_3 | N_4 | N_5 | N_1 |

（c）假定螺栓均匀受力

图 3 - 41　螺栓群不均匀受力状态

Ⅲ—Ⅲ因前面螺栓已传递部分力，故内力分别递减为 $N-(n_1/n)N$ 和 $N-[(n_1+n_2)/n]N$（n、n_1、n_2 分别为连接一侧的螺栓总数和截面Ⅰ—Ⅰ、Ⅱ—Ⅱ上的螺栓数），均小于截面Ⅰ—Ⅰ的内力，如果螺栓孔数未增加时，可以不必计算。但对于连接盖板各截面，因受力相反，截面Ⅲ—Ⅲ受力最大，宜为 N，故还须按下面公式比较它和构件截面Ⅰ—Ⅰ的净截面面积，以确定最不利截面。

被连接构件截面Ⅰ—Ⅰ

$$A_n=(b-n_1d_0)t \qquad (3-35)$$

连接盖板截面Ⅲ—Ⅲ

$$A_n=2(b-n_2d_0)t_1 \qquad (3-36)$$

式中　n_1、n_2——截面Ⅰ—Ⅰ和Ⅲ—Ⅲ上的螺栓孔数；

t、t_1、b——构件和连接板的厚度及宽度。

当螺栓为错列布置时，构件或连接板除可能沿直线截面Ⅰ—Ⅰ破坏外，还可能沿折线截面Ⅱ—Ⅱ破坏，其长度虽较大，但螺栓孔较多，还须按下式计算其净截面面积，以确定最不利截面。

$$A_n=[2e_1+(n_2-1)\sqrt{a^2+e^2}-n_2d_0]t \qquad (3-37)$$

式中　n_2——折线截面Ⅱ—Ⅱ上的螺栓孔数。

【例3-6】 某一C级螺栓的钢板拼接。钢板截面—18mm×400mm，钢材 Q235 - A，轴心拉力设计值 $N=1120$kN。试确定连接盖板尺寸、螺栓数目及布置方式。

解：（1）确定连接盖板截面：

采用双盖板，截面尺寸选择 9mm×400mm，与被连接钢板截面面积相等，钢材亦为 Q235 - A。

（2）计算需要的螺栓数目和布置螺栓：

选 M22 螺栓，单个受剪螺栓的抗剪合承压承载力设计值：

$$N_V^b=n_V\frac{\pi d^2}{4}f_V^b=2\times\frac{\pi\times22^2}{4}\times140=106400(\text{N})=106.4(\text{kN})$$

$$N_c^b=d\sum tf_c^b=22\times18\times305=120800(\text{N})=120.8(\text{kN})$$

取 $N_{min}^b=106.4$kN，连接一侧螺栓需要的数目为

$$n=\frac{N}{N_{min}^b}=\frac{1120}{106.4}=10.5(\text{个}),\text{取 }n=12\text{ 个}$$

采用并列布置，如图 3 - 42 所示。连接盖板尺寸为—9×400×530（钢板厚 92mm、宽 400mm、长 530mm）。中距、端距、边距均符合资源 3 - 10 的容许距离要求。

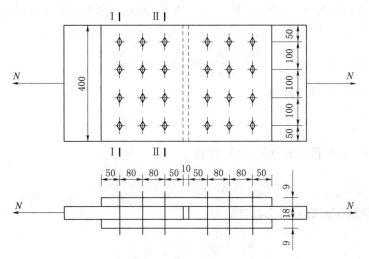

图 3-42 例 3-6 计算简图（单位：mm）

（3）验算被连接钢板的净截面强度：

被连接钢板截面 Ⅰ—Ⅰ 受力最大，连接盖板是截面 Ⅲ—Ⅲ 受力最大。但两者截面面积相等，只需验算被连接钢板的净截面强度。螺栓孔径为 $d_0 = 24$mm：

$$A_{nⅠ} = (b - n_1 d_0)t = (40 - 4 \times 2.4) \times 1.8 = 54.72 (\text{cm}^2)$$

$$\sigma = \frac{N}{A_{nⅠ}} = \frac{1120 \times 10^3}{54.72 \times 10^2} = 204.7 (\text{N/mm}^2) < f = 205 \text{N/mm}^2，满足$$

b. 受剪螺栓连接受扭矩和轴心力共同作用的计算。如图 3-43 所示的螺栓连接，受外荷载 F 及 N 作用，将 F 向螺栓群的中心平移，产生扭矩 $T = Fe$ 及竖向轴心力 $V = F$。扭矩 T、竖向力 F 及水平轴心力 N 均使各螺栓受剪。

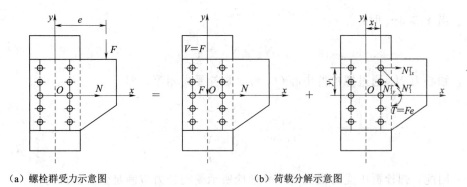

（a）螺栓群受力示意图　　　　　　（b）荷载分解示意图

图 3-43 螺栓群受偏心压力作用时的受剪螺栓

螺栓群在扭矩作用下，每个螺栓实际受剪。计算时假定：①被连接构件是绝对刚性的，螺栓则是弹性的；②各螺栓都绕螺栓群的形心 O 旋转，其受力大小与到螺栓群形心的距离成正比，方向与螺栓到形心的连线垂直。

设螺栓 1、2、3、…、n 到螺栓群形心 O 点的距离为 r_1、r_2、r_3、…、r_n，各螺

栓承受的剪力分别为 N_1^T、N_2^T、N_3^T、…、N_n^T，则由基本假定和平衡条件得

$$T = N_1^T r_1 + N_2^T r_2 + N_3^T r_3 + \cdots + N_n^T r_n \tag{3-38}$$

$$\frac{N_1^T}{r_1} = \frac{N_2^T}{r_2} = \frac{N_3^T}{r_3} = \cdots = \frac{N_n^T}{r_n} \tag{3-39}$$

从式（3-39）可以得到

$$N_2^T = \frac{r_2}{r_1} N_1^T, N_3^T = \frac{r_3}{r_1} N_1^T, \cdots, N_n^T = \frac{r_n}{r_1} N_1^T \tag{3-40}$$

将式（3-40）代入式（3-38）得到

$$T = \frac{N_1^T}{r_1}(r_1^2 + r_2^2 + \cdots + r_n^2) = \frac{N_1^T}{r_1} \sum r_i^2$$

1 号螺栓所受的剪力最大，其值为

$$N_1^T = \frac{Tr_1}{\sum r_i^2} = \frac{Tr_1}{\sum x_i^2 + \sum y_i^2} \tag{3-41}$$

将 N_1^T 沿坐标轴分解得

$$N_{1x}^T = \frac{Tr_1}{\sum x_i^2 + \sum y_i^2} \frac{y_1}{r_1} = \frac{Ty_1}{\sum x_i^2 + \sum y_i^2} \tag{3-42a}$$

$$N_{1y}^T = \frac{Tr_1}{\sum x_i^2 + \sum y_i^2} \frac{x_1}{r_1} = \frac{Tx_1}{\sum x_i^2 + \sum y_i^2} \tag{3-42b}$$

当螺栓群布置成狭长带状时，即当 $y_1 \geqslant 3x_1$ 或 $x_1 \geqslant 3y_1$ 时，可取式（3-42a）中 $\sum x_i^2 = 0$ 或取式（3-42b）$\sum y_i^2 = 0$，忽略 y 方向和 x 方向的分力。因此，上两式可以简化为

当 $y_1 > 3x_1$ 时：

$$N_1^T \approx N_{1x}^T = \frac{Ty_1}{\sum y_i^2} \tag{3-43}$$

当 $x_1 > 3y_1$ 时：

$$N_1^T = N_{1y}^T = \frac{Tx_1}{\sum x_i^2} \tag{3-44}$$

轴心力 N_v 通过螺栓群中心 O，每个螺栓受力相等，即

$$N_{1x}^N = \frac{N}{n} \tag{3-45}$$

$$N_{1y}^V = \frac{V}{n} \tag{3-46}$$

因此，螺栓群中受力最大的 1 号螺栓所承受的合力应满足强度条件为

$$\sqrt{(N_{1x}^T + N_{1x}^N)^2 + (N_{1y}^T + N_{1y}^V)^2} \leqslant N_{\min}^b \tag{3-47}$$

【例 3-7】　试验算一斜向拉力设计值 $F = 120kN$ 作用的 C 级普通螺栓链接的强度，如图 3-44 所示。螺栓 M20，钢材 Q235。

解：（1）单个螺栓的承载力由附表查得 $f_v^b = 140N/mm^2$，$f_c^b = 305N/mm^2$。

$$N_v^b = n_v \frac{\pi d^2}{4} f_v^b = 1 \times \frac{\pi \times 20^2}{4} \times 140$$

$$=43982(\text{N})=43.98(\text{kN})$$

$$N_c^b = d\sum t f_c^b = 20\times 10\times 305 = 61000(\text{N}) = 61(\text{kN})$$

所以应按 $N_{\min}^b = N_V^b = 43.98\text{kN}$ 进行计算。

（2）内力计算：

将 F 简化到螺栓群形心 O，则作用于螺栓群形心 O 的轴力 N、剪力 V 和扭矩 T 分别为

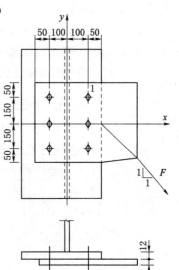

$$N = \frac{F}{\sqrt{2}} = \frac{120}{\sqrt{2}} = 84.85(\text{kN})$$

$$V = \frac{F}{\sqrt{2}} = \frac{120}{\sqrt{2}} = 84.85(\text{kN})$$

$$T = Ve = 84.85\times 150 = 12728(\text{kN}\cdot\text{mm})$$

（3）螺栓强度验算：

在上述的 N、V 和 T 作用下，1 号螺栓最为不利，对 1 号螺栓进行验算：

图 3-44 例 3-7 计算
简图（单位：mm）

$$\sum x_i^2 + \sum y_i^2 = 6\times 100^2 + 4\times 150^2 = 150000(\text{mm}^2)$$

$$N_{1x}^N = \frac{N}{n} = \frac{84.85}{6} = 14.142(\text{kN})$$

$$N_{1y}^V = \frac{V}{n} = \frac{84.85}{6} = 14.142(\text{kN})$$

$$N_{1x}^T = \frac{Ty_1}{\sum x_i^2 + \sum y_i^2} = \frac{12728\times 150}{150000} = 12.728(\text{kN})$$

$$N_{1y}^T = \frac{Tx_1}{\sum x_i^2 + \sum y_i^2} = \frac{12728\times 100}{150000} = 8.485(\text{kN})$$

螺栓 1 承受的合力为

$$\sqrt{(N_{1x}^T + N_{1x}^N)^2 + (N_{1y}^T + N_{1y}^V)^2} = \sqrt{(14.142+12.728)^2 + (14.142+8.485)^2}$$
$$= 35.13(\text{kN}) < N_{\min}^b = 43.98(\text{kN})$$

经验算 1 号螺栓满足强度要求。

（二）受拉螺栓连接计算

在受拉螺栓连接中，外力使被连接构件的接触面有互相分离的趋势，而使螺栓沿杆轴方向受拉，最后螺栓杆被拉断而破坏。

在图 3-45 所示的 T 形连接中，如果角钢的刚度不大，受拉后垂直于拉力作用方向的角钢会发生较大的变形，起杠杆作用，在角钢外侧产生撬力 $q/2$。螺栓实际所受拉力为 $(Q+N)/2$，角钢的刚度越小，撬力越大。实际计算中撬力值很难计算。目前在计算中对普通螺栓连接不考虑撬力作用，而是将螺栓抗拉强度设计值降低，一般取螺栓钢材抗拉强度设计值的 0.8 倍。此外，在构造上也可以采取在角钢中设加劲肋或增加角钢厚度等措施来减少或消除撬力。

一般假定拉应力在螺栓螺纹处截面上均匀分布，因此单个螺栓的抗拉承载力设计值为

$$N_t^b = A_e f_t^b = \frac{\pi d_e^2}{4} f_t^b \tag{3-48}$$

式中　A_e、d_e——螺栓螺纹处的有效截面面积和有效直径，按表 3-4 选用；

f_t^b——螺栓的抗拉强度设计值，按附表 1-3 选用。

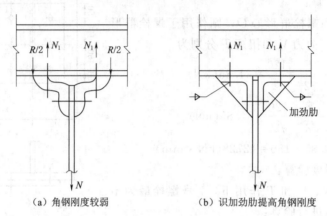

（a）角钢刚度较弱　　　　　　　（b）识加劲肋提高角钢刚度

图 3-45　受拉螺栓连接

表 3-4　　　　　　普通螺栓的标准直径及螺纹处的有效截面面积

外径/mm	16	18	20	22	24	27	30	33	36	42	48
内径 d_e/mm	14.12	15.65	17.65	19.65	21.19	24.19	26.72	29.72	32.25	37.78	43.31
有效截面面积 A_e/mm²	156.7	192.5	244.8	303.4	352.5	459.4	560.6	693.6	816.7	1121.0	1473.0

（1）受拉螺栓连接轴心受拉计算：

当外力通过螺栓群形心，假定所有受拉螺栓受力相等，所需的螺栓数目为

$$n = \frac{N}{N_t^b} \tag{3-49}$$

（2）受拉螺栓连接偏心受拉计算：

如图 3-46 所示为钢结构常见的一种普通螺栓连接形式。螺栓群受偏心拉力 F（与图 3-46 中所示的 $M=Fe$ 和 $N=F$ 共同作用等效）和剪力 V 作用。由于有焊在柱上的支托板承受剪力 V，故螺栓群只承受偏心拉力的作用。但计算时还须根据偏心距的大小将其区分为下列两种情况：

1）小偏心受拉情况——即偏心距 e 不大，弯矩 M 不大，连接以承受轴心拉力 N 为主时，在此种情况，螺栓群将全部受拉，端板不出现受压区，故在计算 M 产生的螺栓内力时，中和轴应取在螺栓群的形心轴 O 处，螺栓内力按三角形分布（上部螺栓受拉，下部螺栓受压），即每个螺栓所受拉力或压力的大小与该螺栓到中和轴的距离 y_i 成正比，即

$$\frac{N_1^M}{y_1} = \frac{N_2^M}{y_2} = \cdots = \frac{N_i^M}{y_i} = \cdots = \frac{N_n^M}{y_n}$$

因而

$$N_2^M = \frac{y_2}{y_1} N_1^M, N_3^M = \frac{y_3}{y_1} N_1^M, \cdots, N_i^M = \frac{y_i}{y_1} N_1^M, \cdots, N_n^M = \frac{y_n}{y_1} N_1^M$$

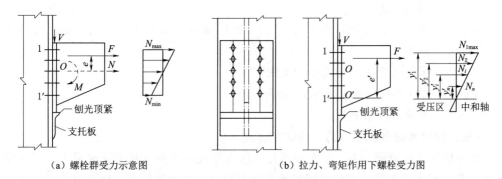

（a）螺栓群受力示意图　　　　（b）拉力、弯矩作用下螺栓受力图

图 3-46　受拉螺栓连接受偏心力作用

由力的平衡条件，并引入上式关系，可得

$$M=Ne=m(N_1^M y_1+N_2^M y_2+\cdots+N_i^M y_i+\cdots+N_n^M y_n)$$
$$=m\frac{N_1^M}{y_1}(y_1^2+y_2^2+\cdots+y_i^2+\cdots y_n^2)=m\frac{N_1^M}{y_1}\sum y_i^2$$

式中　m——螺栓的列数。

可得最顶端螺栓由弯矩产生的拉力为

$$N_1^M=\frac{My_1}{m\sum y_i^2}\tag{3-50}$$

在轴心力 N 作用下，每个螺栓均匀受力，其拉力值为

$$N_1^N=\frac{N}{n}\tag{3-51}$$

因此，螺栓群中螺栓所受最大拉力及最小拉力应符合下列条件：

$$N_{\max}=\frac{F}{n}+\frac{Ney_1}{\sum_{i=1}^n y_i^2}\leqslant N_t^b\tag{3-52}$$

$$N_{\min}=\frac{F}{n}-\frac{Ney_1}{\sum_{i=1}^n y_i^2}\geqslant 0\tag{3-53}$$

式中　F——偏心拉力设计值；

e——偏心拉力至螺栓群中心的距离；

n——螺栓数；

y_1——最外排螺栓到螺栓群中心的距离；

y_i——第 i 排螺栓到螺栓群中心的距离；

m——螺栓的列数。

2）大偏心受拉情况——当偏心距 e 较大，按式（3-53）计算不能满足要求时，端板底部出现受压区，螺栓群转动轴位置下移。为了方便计算，偏安全地近似取转动轴在弯矩指向一侧最外排螺栓处 O'，则

$$N_{1\max}=\frac{Fe'y_1'}{m\sum y_i'^2}\leqslant N_t^b\tag{3-54}$$

式中 F——偏心拉力设计值；

e'——偏心拉力到转动轴 O' 的距离，转动轴通常取在弯矩指向一侧最外排螺栓处；

y'_1——最外排螺栓到转动轴 O' 的距离；

y_i^2——第 i 排螺栓到转动轴 O' 的距离；

m——螺栓的纵向列数。

（三）同时受剪力和拉力的普通螺栓连接

C 级螺栓的抗剪能力差，对重要连接一般在端板下设置支托来承受剪力。对次要连接，若端板不设支托，螺栓将同时承受剪力和偏心拉力的作用。计算时应考虑两种可能的破坏形式：一是螺杆受剪兼受拉破坏；二是孔壁承压破坏。

根据试验，螺杆同时受剪和受拉的强度条件应满足下列圆曲线方程：

$$\sqrt{\left(\frac{N_v}{N_v^b}\right)^2+\left(\frac{N_t}{N_t^b}\right)^2}\leqslant 1 \tag{3-55}$$

孔壁承压的计算式：

$$N_v\leqslant N_c^b \tag{3-56}$$

式中 N_v^b、N_c^b、N_t^b——单个螺栓的抗剪、承压和抗拉承载力设计值。

第七节　高强度螺栓连接

一、概述

前面已经介绍，高强度螺栓有摩擦型和承压型两种。摩擦型高强度螺栓在抗剪连接中，设计时以剪力达到板件接触面间可能发生的最大摩擦力为极限状态。而承压型高强度螺栓在受剪时允许摩擦力被克服并发生相对滑移，螺栓杆与孔壁接触，使螺杆受剪和孔壁受压的最终破坏为极限状态。受拉时，两者没有区别。

高强度螺栓连接的构造和排列要求，除栓杆与孔径的差值较小外，与普通螺栓相同。

螺栓的长度 L 应符合设计要求或按下式计算确定：

$$L=L'+\Delta L,\Delta L=m+n_w s+3p$$

式中 L'——连接板层总厚度（或称夹持厚度），mm；

ΔL——附加长度，mm；

m——高强度螺母公称厚度，mm；

s——高强度垫圈公称厚度，mm；

n_w——垫圈数量，扭剪型高强度螺栓为 1，大六角头高强度螺栓为 2；

p——螺纹的螺距，mm，参见表 3-5。

根据公式计算所得值，当 $L\leqslant 100$mm 时，可按螺栓长度以 5mm 为一个规格的规定，将其个位数按 2 舍 3 入、7 舍 8 入的原则计算出使用长度；当 $L>100$mm 时，可按螺栓长度以 10mm 为一个规格的规定，将其个位数按 4 舍 5 入的原则，计算出使用长度。

表 3-5	高强度螺栓基本尺寸参数及附加长度 ΔL					单位：mm	
型　号	M12	M16	M20	M22	M24	M27	M30
高强度螺母公称厚度	12	16	20	22	24	27	30
螺纹的螺距	3	4	4	5	5	5	6
高强度垫圈公称厚度	1.75	2.0	2.5	2.5	3.0	3.0	3.5
大六角头高强度螺栓附加长度	23	30	35.5	39.5	43	46	50.5

（一）高强度螺栓的预拉力值

高强度螺栓的预拉力值应尽可能高些（表 3-6），但须保证螺栓在拧紧过程中不会屈服或断裂，是保证连接质量的关键性因素。高强度螺栓预拉力计算时应考虑：①在扭紧螺栓时扭矩使螺栓产生的剪力将降低螺栓的抗拉承载力；②施加预拉力时补偿应力损失的超张拉；③材料抗力的变异。规范规定预拉力设计值按下式确定：

$$P=\frac{0.9\times0.9\times0.9}{1.2}A_e f_u=0.6075 f_u A_e \qquad (3-57)$$

式中　A_e——螺栓的有效截面积；

　　　f_u——螺栓材料经热处理后的最低抗拉强度：8.8 级，取 $f_u=830\text{N/mm}^2$，10.9 级，取 $f_u=1040\text{N/mm}^2$。

表 3-6	单个高强度螺栓的预拉力 P				单位：kN	
型号	M16	M20	M22	M24	M27	M30
8.8 级	80	125	150	175	230	280
10.9 级	100	155	190	225	290	355

（二）高强度螺栓的紧固方法

高强度螺栓不论是用于摩擦型连接中的受剪螺栓，还是用于受拉或拉剪螺栓，其受力都是依靠螺栓对板叠强大的法向压力，即紧固预拉力 P。即使在高强度螺栓承压型连接中，也要部分利用这一性能，其预拉力也应与摩擦型连接的相同。因此，控制预拉力即控制螺栓的紧固程度，是保证高强度螺栓连接质量的一个关键性因素。

高强度螺栓的预拉力是通过扭紧螺母实现的。一般采用扭矩法、转角法和扭断螺栓尾部梅花卡头法。

（1）扭矩法。采用先用普通扳手初拧（不小于终拧扭矩值 50%），使连接件紧贴，然后用可以显示扭矩的特制扳手终拧。终拧扭矩值根据事先测定的扭矩和螺栓拉力之间的关系确定。施拧的偏差要小于±10%。

（2）转角法。先用人工扳手初拧螺母至拧不动为并做标记线，再用长扳手将螺母转动 1/2～3/4 圈（终拧）。终拧角度根据螺栓直径和板叠厚度等确定。不须专业扳手，工具简单但不够精确。

（3）扭断螺栓尾部梅花卡头法。此方法即先对螺栓初拧，然后用特制电动扳手的两个套筒分别套住螺母和螺栓尾部梅花卡头 [图 3-47（b）]。操作时，大套筒正转施加紧固扭矩，小套筒则施加紧固反扭矩，将螺栓紧固后再沿尾部槽口将梅花卡头拧掉。由于螺栓尾部槽口深度是按终拧扭矩和预拉力之间的关系确定的，故当梅花卡头拧掉时，螺栓即达到规定的预拉力值。扭剪型高强度螺栓由于具有上述施工简便且便于检查漏拧的优点，近年来在国内也得到广泛应用。

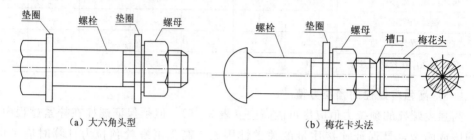

（a）大六角头型　　　　　　　　　（b）梅花卡头法

图 3-47　高强度螺栓

（三）高强度螺栓连接摩擦面抗滑移系数

使用高强度螺栓摩擦型连接时，被连接构件接触面间的摩擦力不仅和螺栓的预拉力有关，还与被连接构件材料及其接触面处理方法所确定的摩擦面抗滑移系数 μ 有关，常用的处理方法和规范规定的摩擦面抗滑移系数 μ 值见表3-7。承压型连接的板件接触面只要求清除油污及浮锈。接触面涂红丹或在潮湿、淋雨状态下进行拼装，摩擦面抗滑移系数 μ 将严重降低，故应严格避免，并应采取措施保证连接处表面干燥。

表 3-7　　　　　　　　　　　　　　　摩擦面抗滑移系数 μ

在连接处构件接触面的处理方法	Q235	Q345 或 Q390	Q420
喷砂	0.45	0.50	0.50
喷砂后涂无机富锌漆	0.35	0.40	0.40
喷砂后生赤锈	0.45	0.50	0.50
钢丝刷清除浮锈或未经处理的干净轧制表面	0.30	0.35	0.40

二、高强度螺栓摩擦型连接的计算

与普通螺栓连接一样，高强度螺栓摩擦型连接分为受剪螺栓连接、受拉螺栓连接和剪拉螺栓连接三种。

（一）受剪高强度螺栓摩擦型连接计算

（1）受剪高强度摩擦型螺栓连接承载力计算。高强度螺栓承受剪力时的设计准则是外力不超过摩擦力。每个螺栓的承载力设计值与预拉力 P、摩擦面的抗滑移系数 μ，摩擦面的数目 n_f 有关，计入抗力分项系数后，即得单个高强度螺栓的抗剪承载力设计值

$$N_v^b = 0.9 n_f \mu P \qquad (3-58)$$

式中　0.9——抗力分项系数 γ_R 的倒数（$\gamma_R = 1.111$）；

n_f——传力摩擦面数目；

μ——摩擦面抗滑移系数；

P——每个高强度螺栓的预拉力设计值。

（2）受剪高强度螺栓摩擦型连接的计算。受剪高强度螺栓摩擦型连接的受力分析方法与受剪普通螺栓连接一样，受剪高强度摩擦型高强度螺栓连接在受轴心力或偏心力作用时的计算可以利用普通受剪螺栓的计算公式进行，只需将单个普通螺栓的抗剪承载力设计值 N_{min}^b 改为单个高强度螺栓受剪承载力的设计值 N_v^b。

在净截面强度验算时，普通螺栓连接和摩擦型高强度连接［图 3-48（a）］有所区别。由于摩擦型高强度螺栓是依靠被连接件接触面间的摩擦力来传递剪力，假定每个螺栓所受的内力相同，接触面间的摩擦力均匀分布于螺栓孔的四周，每个螺栓所传递的内力在螺栓孔中心线的前面和后面各传递一半，这种现象称为孔前传力［图 3-48（b）］。由于一半剪力已由孔前摩擦面传递，所以净截面上的拉力 $N'<N$。最外列螺栓截面已传递 $0.5n_1(N/n)$（n、n_1 分别为构件一端和最外列截面处高强度螺栓数目），则最外列构件的净截面强度按下式计算：

$$\sigma = \frac{N'}{A_n} = \frac{N}{A_n}\left(1 - \frac{0.5n_1}{n}\right) \leqslant f \tag{3-59}$$

由于最外列以后各列螺栓处构件的内力显著减小，只有在螺栓数目显著增加的情况下，才进行其他截面的净截面强度验算。因此，一般只需验算最外列螺栓的净截面强度。

此外，由于 $N'<N$，所以除对有孔截面进行验算外，还应对毛截面进行验算，即应验算 $\sigma = N/A \leqslant f$。

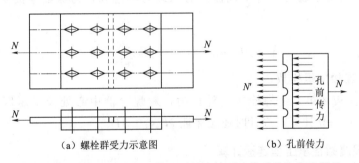

（a）螺栓群受力示意图　　　　（b）孔前传力

图 3-48　螺栓群受轴心力作用时的摩擦型连接受剪高强度螺栓

（二）受拉高强度螺栓摩擦型连接计算

高强度螺栓连接由于预拉力作用，构件间在承受外力作用前已经有较大的挤压力，高强度螺栓受到外拉力作用时，首先要抵消这种挤压力，在克服挤压力之前，螺杆的预拉力基本不变。当施加外力 N_t 使螺栓受拉时，螺栓略有伸长，使拉力增加 ΔP，而压紧的板件略有放松，使压力减小，对预拉力没有太大的影响。直到外拉力大于螺栓杆的预拉力时板叠松开，产生松弛现象。为使板件间保留一定的挤压力，《钢结构设计标准》（GB 50017—2017）规定，一个受拉摩擦型高强度螺栓的承载力设计值为

$$N_t^b = 0.8P \tag{3-60}$$

受拉高强度螺栓摩擦型连接受轴心力 N 作用时，假定每个螺栓均匀受力，连接所需的螺栓个数为

$$n \geqslant \frac{N}{N_t^b} \tag{3-61}$$

　　受拉高强度螺栓摩擦型连接受偏心拉力作用时，螺栓最大拉力不应大于 $0.8P$，以保证板件紧密贴合，端板不会被拉开，因此按受拉普通螺栓连接小偏心受拉情况按下式计算：

$$N_{1\max}=\frac{N}{n}+\frac{My_1}{\sum y_i^2}\leqslant N_t^b=0.8P \qquad (3-62)$$

　　式（3-62）中没有考虑撬力的影响，由于高强度螺栓间有压紧力，受拉时，撬开作用也有所缓和。根据试验，一般的构造情况，只要外拉力 $N_t>0.9P$ 以后就会出现不可忽视的撬力。此外，高强度螺栓受拉时的疲劳强度较低，在直接承受动力荷载的结构中宜取 $N_t<0.9P$。

（三）剪拉高强度螺栓摩擦型连接计算

　　高强度螺栓摩擦型连接，随着外力的增大，构件接触面挤压力由 P 变为 $P-N_t$，每个螺栓的抗剪承载力也随之减小，同时摩擦系数也下降。考虑这个影响，规范规定，当高强度螺栓摩擦型连接同时承受摩擦面间的剪力和螺栓杆轴方向的外拉力时，抗剪承载力按下式计算：

$$N_v=0.9n_f\mu(P-1.25N_t) \qquad (3-63)$$

式中　N_v——螺栓所受外拉力设计值，其值不得超过 $0.8P$。

　　整个连接抗剪承载力为各个螺栓抗剪承载力的总和，为保证连接安全承受剪力 V，要求：

$$V\leqslant 0.9n_f\mu\left(nP-1.25\sum_{i=1}^n N_{ti}\right) \qquad (3-64)$$

式中　n——连接中螺栓数；

　　　　N_{ti}——受拉区第 i 个螺栓所受外拉力，对螺栓群中心处及受压区的螺栓均按 $N_{ti}=0$ 计算，设计时还应保证 $N_{ti}\leqslant 0.9P$。

三、高强度螺栓承压型连接计算

　　前面已经介绍，受剪高强度螺栓承压型连接以栓杆受剪破坏和孔壁承压破坏为极限状态，其计算方法基本上与受剪普通螺栓连接相同。受拉高强度螺栓承压型连接与受拉摩擦型完全相同。承压型高强度螺栓连接计算公式见表 3-8。

表 3-8　　　　　　　　　　承压型高强度螺栓连接的计算公式

连接种类	单个螺栓承载力设计值	承受轴心力时所需螺栓数目	附　注
受剪螺栓	抗剪 $N_v^b=n_v\dfrac{\pi d_e^2}{4}f_v^b$ 承压 $N_c^b=d\sum t f_c^b$	$n\geqslant\dfrac{N}{N_{\min}^b}$	f_v^b、f_c^b 按附表 1-3 中承压型高强度螺栓取用；$N_{\min}^b$ 取 N_v^b、N_c^b 中的较小值
受拉螺栓	$N_t^b=0.8P$	$n\geqslant\dfrac{N}{N_t^b}$	
剪拉螺栓	$\sqrt{\left(\dfrac{N_v}{N_v^b}\right)^2+\left(\dfrac{N_t}{N_t^b}\right)^2}\leqslant 1,\ N_v\leqslant\dfrac{N_c^b}{1.2}$		N_v、N_t 分别为每个承压型高强度螺栓所受的剪力和拉力

　　注　在抗剪计算中，当剪切面在螺纹处时，采用螺杆的有效直径 d_e，即按螺纹处的有效面积计算 N_v^b。

对于剪拉承压型高强度螺栓连接，要求螺栓所受的剪力 N_v 不得超过孔壁承压设计值除以 1.2。这是考虑由于螺栓同时承受外力，使连接件之间压紧力减少，导致孔壁承压强度降低的缘故。

【例 3 - 8】 如图 3 - 49 所示，该连接承受轴心拉力设计值 $N = 1530\mathrm{kN}$，钢板截面 $340\mathrm{mm} \times 20\mathrm{mm}$，钢材为 Q345，采用 8.8 级 M22 高强度螺栓，连接处构件接触面做喷砂处理。设计用高强度螺栓的双拼接板连接。

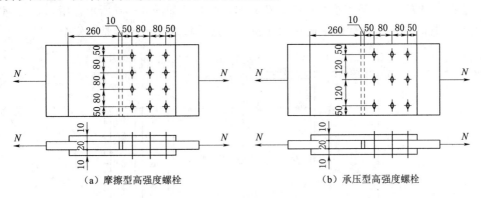

图 3 - 49 例 3 - 8 计算简图（单位：mm）

解：（1）采用摩擦型高强度螺栓时，单个螺栓的抗剪承载力设计值：

查表 3 - 6、表 3 - 7 可知，8.8 级 M22 高强度螺栓的预应力 $P = 150\mathrm{kN}$，抗滑移系数 $\mu = 0.5$，则

$$N_v^b = 0.9 n_f \mu P = 0.9 \times 2 \times 0.5 \times 150 = 135(\mathrm{kN})$$

所需螺栓数为

$$n = \frac{N}{N_v^b} = \frac{1530}{135} = 11.33$$

取 $n = 12$ 个，螺栓排列如图 3 - 49（a）所示。

构件净截面强度验算：

钢板端部最外排螺栓孔截面最危险，为

$$N' = N \left(1 - \frac{0.5 n_1}{n}\right) = 1530 \times \left(1 - 0.5 \frac{4}{12}\right) = 1275(\mathrm{kN})$$

$$A_n = t(b - n_1 d_0) = 20 \times (340 - 4 \times 24) = 4880(\mathrm{mm}^2)$$

$$\sigma = \frac{N'}{A_n} = \frac{1275 \times 10^3}{1880} = 261.3(\mathrm{N/mm}^2) \leqslant f = 295(\mathrm{N/mm}^2)，安全$$

（2）采用承压型高强度螺栓时，单个螺栓的抗剪承载力设计值计算如下：

查表得 $f_v^b = 250\mathrm{kN}$，$f_c^b = 590\mathrm{kN}$，则

$$N_v^b = n_v \frac{\pi d_e^2}{4} f_v^b = 2 \times \frac{\pi \times 22^2}{4} \times 250 = 1.901 \times 10^5(\mathrm{N}) = 190.1(\mathrm{kN})$$

$$N_c^b = d \sum t f_c^b = 22 \times 20 \times 590 = 25960(\mathrm{N}) = 259.6(\mathrm{kN})$$

$$N_{\min}^b = \min\{N_v^b, N_c^b\} = 190.1(\mathrm{kN})$$

所需螺栓数为

$$n = \frac{N}{N_{\min}^b} = \frac{1530}{190.1} = 8.05$$

取 $n=9$，螺栓排列如图 3-49（b）所示。

构件截面强度的验算，钢板端部最外排螺栓孔截面为最危险截面，仅需验算该截面：

$$A_n = t(b - n_1 d_0) = 20 \times (340 - 3 \times 24) = 5360(\text{mm}^2)$$

$$\sigma = \frac{N}{A_n} = \frac{1530 \times 10^3}{5360} \approx 285.4(\text{N/mm}^2) \leqslant f = 295(\text{N/mm}^2)，安全$$

【例 3-9】　某高强度螺栓连接，荷载与螺栓布置如图 3-50 所示，用 8.8 级 M20 高强度螺栓，构件接触面经喷砂后涂无机富锌漆。核算螺栓连接是否安全。

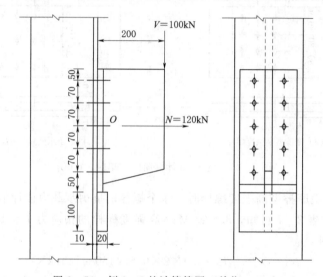

图 3-50　例 3-9 的计算简图（单位：mm）

解： 查表 3-6、表 3-7 可知，8.8 级 M20 高强度螺栓的预应力 $P=125\text{kN}$，抗滑移系数 $\mu=0.35$。

单个螺栓的抗拉承载力设计值：$N_t^b = 0.8P = 0.8 \times 125 = 100(\text{kN})$

顶排螺栓的拉力为

$$N_{\max} = \frac{(M + Ne)y_1'}{\sum y_i'^2} = 35.05(\text{kN})$$

第二排螺栓：

$$N_2 = 35.05 \times \frac{210}{280} = 26.29(\text{kN})$$

第三排螺栓：

$$N_3 = 35.05 \times \frac{140}{280} = 17.53(\text{kN})$$

第四排螺栓：

$$N_4 = 35.05 \times \frac{70}{280} = 8.76(\text{kN})$$

（1）采用摩擦型高强度螺栓连接时，单个螺栓受剪承载力设计值：

$$N_v^b = 0.9n_f\mu P = 0.9 \times 1 \times 0.35 \times 125 = 39.375(\text{kN})$$

单个螺栓平均所受剪力为

$$N_v = \frac{V}{n} = \frac{100}{10} = 10(\text{kN})$$

$$\frac{N_v}{N_v^b} + \frac{N_t}{N_t^b} = \frac{10}{39.375} + \frac{35.05}{100} = 0.254 + 0.3505 = 0.6045 < 1，安全$$

（2）采用承压型高强度螺栓连接：

查附表 1-3 得 $f_t^b = 400\text{kN}$，$f_v^b = 850\text{kN}$，$f_c^b = 470\text{kN}$，则

$$N_t^b = \frac{\pi d^2}{4}f_t^b = \frac{\pi \times 17.65^2}{4} \times 400 = 97868(\text{N}) = 97.868(\text{kN})$$

$$N_v^b = n_v\frac{\pi d_e^2}{4}f_v^b = 2 \times \frac{\pi \times 17.65^2}{4} \times 850 = 61167(\text{N}) = 61.167(\text{kN})$$

$$N_c^b = d\sum t f_c^b = 22 \times 10 \times 470 = 94000(\text{N}) = 94(\text{kN})$$

则 $\sqrt{\left(\frac{N_v}{N_v^b}\right)^2 + \left(\frac{N_t}{N_t^b}\right)^2} = \sqrt{\left(\frac{10}{61.167}\right)^2 + \left(\frac{35.85}{97.868}\right)^2} \approx \sqrt{0.2673 + 0.1283} \approx 0.6290 < 1$

$$N_v = 10(\text{kN}) < \frac{N_c^b}{1.2} = \frac{94}{1.2} = 78.3(\text{kN})，安全$$

本 章 小 结

（1）钢结构常用的连接方法为焊接和螺栓连接。无论是钢结构的制造或是安装，焊接均是主要连接方法。螺栓连接（普通螺栓和高强螺栓连接）在安装连接中应用较多。普通螺栓宜用于沿其杆轴方向受拉连接和次要的受剪连接。高强度螺栓适宜于钢结构重要部位的连接。摩擦型高强度螺栓宜用于主要部位和直接承受动力荷载的连接，承压型连接用于承受静力荷载或间接承受动力荷载的连接。

（2）焊接按焊缝的截面形状分角焊缝和对接焊缝。角焊缝便于加工但受力性能较差，对接焊缝则相反。除制造时接料和重要部位的连接常采用对接焊缝外，一般多采用角焊缝。

（3）焊接应满足构造要求，还应做必要的强度计算。对接焊缝除三级受拉焊缝外，均与母材等强，故一般不需计算。角焊缝应根据作用力与焊缝长度方向间的关系按式（3-6）计算。不论焊缝是受轴心力还是兼受弯矩（扭矩）和剪力，均可按危险点计算其所受的垂直于焊缝长度方向按焊缝有效截面计算的应力和平行于焊缝长度方向按焊缝有效截面计算的剪应力，然后代入公式计算。

（4）焊接残余应力和残余变形是焊接过程中局部加热和冷却，导致焊件不均匀膨胀和收缩而产生的。在焊缝附近的残余拉应力很高，常可达钢材屈服点。残余应力是自相平衡的力系。故对结构的静力强度无影响，但使结构的刚度和稳定承载力降低。

由于其影响，焊接结构疲劳计算必须采用应力幅计算准则。

（5）普通螺栓连接应满足构造要求，还应做必要的强度计算。对受剪和受拉螺栓连接，均是计算其最不利螺栓所受的力（剪力或拉力）不大于单个螺栓的承载力设计值，但受剪螺栓连接还须验算构件因螺孔削弱的净截面强度；偏心力作用的受拉螺栓连接还须区分大、小偏心情况。对剪拉螺栓连接则是其最不利螺栓的强度应满足相关公式。

（6）高强度螺栓连接分摩擦型和承压型两类，摩擦型应用普遍。对受剪和受拉高强度螺栓连接的计算与普通螺栓类似，只需代入相应的高强度螺栓的强度设计值，但受剪高强度螺栓连接的构件净截面强度须考虑孔前传力，同时还须验算毛截面强度；偏心力作用的受拉高强度螺栓连接无论偏心距大小，因接触面始终密合，其中和轴取螺栓群的形心轴。对剪拉高强度螺栓连接计算，考虑螺栓承受拉力后抗剪承载力的降低。

思 考 题

（1）钢结构常用的连接方法有哪几种？它们各在哪些范围应用较合适？

（2）手工焊条型号应根据什么选择？焊接 Q235B 钢和 Q345 钢的一般结构须分别采用哪种型号焊条？

（3）角焊缝的尺寸有哪些要求？

（4）螺栓在钢板和型钢上的容许距离都有哪些规定？它们是根据哪些要求制定的？

（5）普通螺栓群受偏心力作用时的受拉螺栓计算应怎样区分大小偏心情况？它们的特点有何不同？高强度螺栓承压型连接是否也要区分大小偏心情况？其中和轴应取螺栓群的什么位置？

（6）高强度螺栓摩擦型连接与承压型连接的受力特点有何不同？它们在传递剪力和拉力时的单个螺栓承载力设计值的计算公式有何区别？

（7）受剪连接中使用普通螺栓或摩擦型高强度螺栓，哪一种对构件开孔截面净截面强度影响大？为什么？

（8）剪拉普通螺栓连接与剪拉高强度螺栓摩擦型连接的计算方法有何不同？与剪拉高强度螺栓承压型连接的计算方法又有何不同？

习 题

（1）试验算图 3-51 所示牛腿与柱连接的对接焊缝强度。荷载设计值 $F = 270$kN，钢材 Q235-B，焊条 E43 型，手工焊，无引弧板，焊缝质量为三级（提示：假定剪力由腹板上的焊缝承受）。

（2）试设计图 3-51 所示连接中的角钢与节点板间的角焊缝 "A"。轴心拉力设计值 $N = 240$kN（静力荷载），钢材 Q235-B，焊条 E43 型，手工焊。

资源 3-15
思考题

资源 3-16
习题

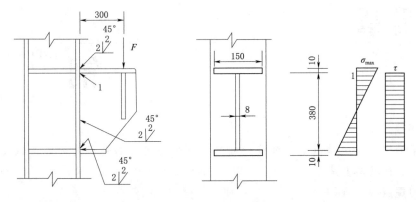

图 3-51 习题（1）图（单位：mm）

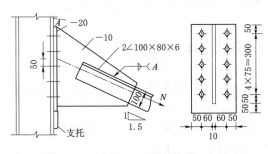

图 3-52 习题（2）图（单位：mm）

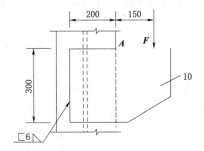

图 3-53 习题（3）图（单位：mm）

（3）试验算图 3-53 所示连接角焊缝的强度，荷载设计值 $F=140$ kN（静力荷载）。钢材 Q235-B，焊条 E43 型，手工焊（提示：假定焊缝在端部绕角焊缝起落弧，计算长度不考虑弧坑影响）。

（4）图 3-54 所示为一个用 M20C 级普通螺栓的钢板拼接，钢材 Q235A，$d_0=22$ mm。试计算此拼接能承受的最大轴心力设计值。

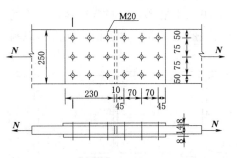

图 3-54 习题（4）图（单位：mm）

（5）试计算习题（2）连接中端板与柱连接的 C 级普通螺栓强度，螺栓 M22，钢材 Q235。

（6）若将习题（5）中端板与柱的连接螺栓改为 M24，并取消端板下的支托，其强度能否满足要求？

111

第四章

钢　梁

内容摘要

钢梁的形式与工作性能，强度、刚度、整体稳定与局部稳定计算，钢梁截面设计，拼接、连接与支座。

学习重点

理解钢梁整体稳定及局部稳定的概念及其保证措施；掌握钢梁刚度和强度、整体稳定及局部稳定的计算方法；运用基本理论进行型钢梁与组合梁的设计。

第一节　钢梁的形式及应用

钢梁是一种承受横向荷载作用的受弯构件，受弯矩或受弯矩与剪力共同作用，广泛应用于工作平台梁、钢桥、钢闸门和厂房结构中。

钢梁按加工制作方式分为型钢梁和组合梁两大类型，常用的钢梁截面形式如图 4-1 所示，分为型钢梁与组合梁两大类。其中主轴 x 称为强轴，另一主轴 y 称为弱轴，钢梁适用于承受作用于腹板平面内（即绕强轴 x 作用）的弯矩 M_x。型钢梁构造简单、价格低廉、制造较容易，应优先采用。当荷载及跨度较大时，例如钢闸门和钢引桥的主梁等，由于钢材规格的限制，不能满足承载力和刚度的要求，则须采用组

资源 4-1
工作平台
示意图

资源 4-2
钢平台梁格

资源 4-3
屋架钢梁1

资源 4-4
屋架钢梁2

资源 4-5
工字钢屋
盖梁

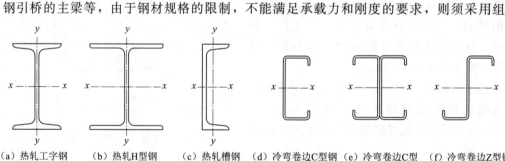

(a) 热轧工字钢　　(b) 热轧H型钢　　(c) 热轧槽钢　　(d) 冷弯卷边C型钢　(e) 冷弯卷边C型　(f) 冷弯卷边Z型钢
　　　　　　　　　　　　　　　　　　　　　　　　　　　　　　　　　　　组合截面

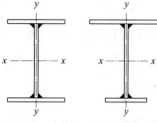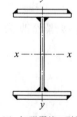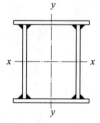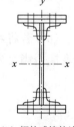

(g) H型钢组合截面　(h) 不对称H型钢　(i) 加强翼缘H型钢　　(j) 箱形组合截面　(k) 螺栓或铆接连接
　　　　　　　　　组合截面　　　　组合截面　　　　　　　　　　　　　　　"工"字形组合截面

图 4-1　钢梁常用的截面形式

合梁。

型钢梁分为热轧型和冷弯薄壁型钢梁两类。热轧型钢梁通常采用工字钢和槽钢 [图 4-1 (a)、图 4-1 (b)、图 4-1 (c)]，适合于在腹板平面内受弯的梁，截面材料的分布基本与弯应力的分布情况相适应 (图 4-5)，故比较经济合理。图 4-1 (a) 的普通工字钢截面高而窄，其侧向刚度较小，因而计算时往往由侧向稳定性起控制作用。图 4-1 (b) 的 H 型钢具有相对较宽的翼缘，具有较大的侧向刚度、抗扭刚度和整体稳定性。图 4-1 (c) 的槽钢因截面左右不对称，弯曲中心位于腹板的外侧，当荷载作用于翼缘上时，梁同时受弯和受扭，故只有在构造上能使荷载作用线接近弯曲中心或能防止截面扭转时才宜采用，如跨度较小的次梁或屋盖檩条。承受较轻荷载（轻屋面轻墙面等）和跨度不大的梁可以采用冷弯薄壁型钢，如图 4-1 (d)、图 4-1 (e)、图 4-1 (f) 所示，如轻型檩条和墙梁等，可显著降低用钢量，但需注意防腐。

资源 4-6
H 型钢梁

资源 4-7
槽钢平台梁

组合梁由钢板或型钢用焊接、铆钉或螺栓连接而成，主要有对称"工"字形、不对称"工"字形和双腹板箱形截面等 [图 4-1 (g) ~图 4-1 (k)]。最常用的是由三块钢板焊接组成的"工"字形截面梁 [图 4-1 (g)、图 4-1 (h)]。由于其构造简单，加工方便，而且可根据所受荷载大小调整翼缘和腹板的尺寸，用钢量较省。对于多层翼缘板焊接组成的焊接梁 [图 4-1 (i)]，会增加焊接工作量并产生较大焊接应力和焊接变形，而且各翼缘板间受力不均匀，故目前用得较少。双腹板箱形截面梁 [图 4-1 (j)] 具有较大的抗扭和侧向抗弯刚度，用于荷载和跨度较大而梁高又受到限制、侧向刚度要求较高及受双向弯矩较大的梁，但其用钢量较多，施焊不方便，制造较费工。对于跨度和动力荷载较大的梁，如所需厚钢板的质量不能满足焊接结构或动力荷载的要求时，可采用摩擦型高强螺栓或铆接连接而成的"工"字形截面组合梁 [图 4-1 (k)]。组合梁一般采用双轴对称截面 [图 4-1 (g)、图 4-1 (i)、图 4-1 (j)、图 4-1 (k)]，也可采用加强受压翼缘的单轴对称截面 [图 4-1 (h)]，以提高受压翼缘及梁的侧向刚度和稳定性。

资源 4-8
吊车轨道
组合钢梁

资源 4-9
钢桁架梁

将工字钢或 H 型钢沿图 4-2 (a) 所示折线切成两部分，然后错开将齿尖对齿尖焊接成图 4-2 (b) 所示带孔洞的"工"字形梁，这种梁称为蜂窝梁。与原来的工字钢相比，其承载能力和刚度均显著增大，自重减轻，蜂窝孔还便于设施穿过，是一种较为经济合理的构件形式，在国内外都得到了比较广泛的研究与应用。

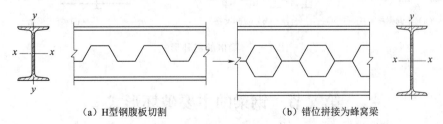

（a）H 型钢腹板切割　　　　　　　　　（b）错位拼接为蜂窝梁

图 4-2　蜂窝梁

钢与混凝土组合梁（图 4-3）利用混凝土抗压强度高、钢材拉弯承载力大的特点，在梁的受压区采用混凝土而其余部分采用钢材，充分发挥两种材料的优势。为保证两种材料共同受力，在钢梁顶面隔一定距离应焊接抗剪连接件。与单独工作的钢梁相比，钢与混凝土组合梁可节约钢材 20%～40%。

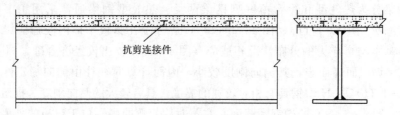

图 4-3　钢与混凝土组合梁

　　钢梁可做成简支梁、连续梁和悬臂梁等。虽然简支梁的钢材用量较大，但由于制造、安装、修理、拆换方便，而且不受温度变化和支座沉降的影响，因而使用最广泛。

　　在钢梁中，除少数情况（如吊车梁、起重机大梁等）可单独或成对布置外，通常是由许多梁（常有主梁和次梁）纵横交叉连接成梁格，并在梁格上铺放直接承受荷载的钢板或钢筋混凝土面板，例如楼盖、工作平台、桥梁、钢闸门等。

　　根据主梁和次梁的排列情况，梁格可分为下列三种形式。

　　（1）单向梁格［图 4-4（a）］——只有主梁，适用于主梁跨度较小或面板长度较大的情况。

　　（2）双向梁格［图 4-4（b）］——在主梁上设次梁，次梁由主梁支承，次梁上再支承面板，是应用最广泛的梁格类型。

　　（3）复式梁格［图 4-4（c）］——在主梁上设纵向次梁，主梁间再设横向次梁；荷载传递层次多，构造复杂，适用于主梁跨度大和荷载重的情况。

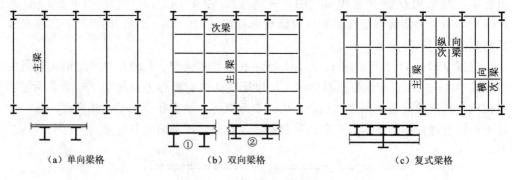

（a）单向梁格　　　　（b）双向梁格　　　　（c）复式梁格

图 4-4　梁格的三种形式

第二节　钢梁的主要破坏形式

钢梁的破坏形式主要有截面强度破坏、整体失稳破坏和局部失稳破坏等形式。

一、截面强度破坏

钢梁作为一种承受横向荷载作用的受弯构件，在承受弯矩作用时，一般还伴随有剪力作用，有时还有局部压力作用，当受力最大的截面或内力组合较大的截面，其应力（图 4-5）或折算应力最大值达到钢材强度屈服值时，钢梁达到承载极限状态，将发生截面强度破坏。强度破坏是钢梁的主要破坏形式。

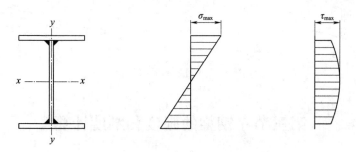

图 4-5　钢梁的弯应力与剪应力

二、整体失稳破坏

钢梁截面一般设计成高而窄的开口薄壁截面形式（"工"字形或槽形），受荷方向刚度大，侧向刚度较小。当荷载较小时，梁的弯曲平衡状态是稳定的。虽然外界各种因素会使梁产生微小的侧向弯曲和扭转变形，但外界影响消失后，梁仍能恢复原来的弯曲平衡状态。然而，当荷载增大到某一数值后，在很小的侧向力干扰下，梁在向下弯曲的同时，截面受压区将突然向刚度较小的侧向发生弯曲（图 4-6），由于截面受拉区对受压区的侧向弯曲有一定牵制作用，梁截面将出现侧向弯曲伴随扭转变形的侧向弯扭屈曲，这种破坏现象称为梁的整体失稳现象。

资源 4-10
钢梁的整体失稳与局部失稳

资源 4-11
H 型钢梁整体失稳试验

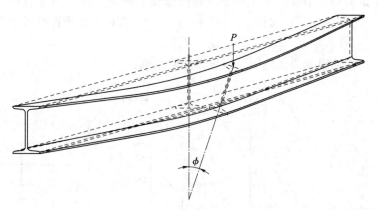

图 4-6　钢梁的整体失稳

三、局部失稳破坏

组合梁一般由翼缘和腹板等板件组成，为提高梁的抗弯强度和刚度，组合梁的腹板常采用高而薄的钢板；为提高梁的整体稳定性，受压翼缘板通常还被加宽减薄（加强受压翼缘的单轴对称截面）。对于这些宽而薄的板件，当板中压应力或剪应力达到某一数值后，腹板或受压翼缘的局部区域有可能偏离其正常位置出现波形屈曲（图 4-7），这种破坏现象称为梁的局部失稳现象。

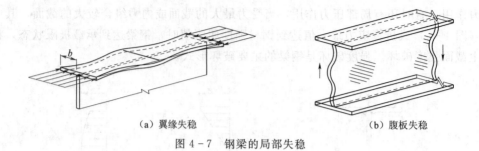

（a）翼缘失稳　　　　　　　　　　　（b）腹板失稳

图 4-7　钢梁的局部失稳

第三节　钢梁的强度和刚度计算

梁在横向荷载作用下，一般在腹板平面内产生弯矩、剪力和挠度，其强度和刚度是钢梁设计考虑的主要因素，设计时应先进行强度和刚度计算。

梁的强度计算包括抗弯强度计算、抗剪强度计算、局部承压强度计算及复杂应力状态下的折算应力计算。梁的刚度计算则是考虑梁的变形，即计算最大挠度或最大相对挠度。

一、梁的强度计算

（一）抗弯强度

梁在受弯时，钢材符合理想弹塑性假定，当弯矩逐渐增大时，截面中的应力应变始终符合平面假定。正应力的发展过程可分为下述三个阶段。

（1）弹性工作阶段。当作用于梁上的弯矩较小时，梁截面上最大应变 $\varepsilon_{max} \leqslant f_y/E$，整个梁截面处于弹性工作状态，此时截面上的应力呈三角形直线分布，其边缘的最大正应力不超过屈服极限 f_y ［图 4-8（a）］，其相应的弹性极限弯矩为

$$M_e = f_y W_n \tag{4-1}$$

式中　W_n——梁的净截面抵抗矩，或称净截面模量。

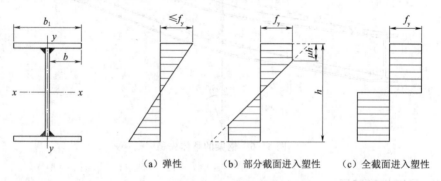

（a）弹性　　　（b）部分截面进入塑性　　　（c）全截面进入塑性

图 4-8　钢梁受弯时各阶段弯曲应力

（2）弹塑性工作阶段。当梁的边缘应力达到屈服点时，如继续增加荷载，按平面假定应变 ε 仍按直线规律增加，但因钢材有屈服台阶，按理想弹塑性考虑，边缘应力 f_y 保持不变，而且在截面的上下两边，凡是应变达到或超过钢材屈服时应变 ε_y 的部分其应力均等于 f_y，截面的边缘部分深度进入塑性，形成部分塑性区，但中间部分

仍处于弹性工作状态［图 4-8（b）］。

（3）塑性工作阶段。随着弯矩进一步增大，梁截面的塑性区便不断向内发展，直至全截面都进入塑性状态，形成"塑性铰"［图 4-8（c）］。此时弯矩不再增加，而变形却继续发展，梁的承载力达到极限，其塑性极限弯矩为

$$M_p = f_y \int_A y \, dA = f_y(S_{1n} + S_{2n}) = f_y W_{pn} \tag{4-2}$$

式中 S_{1n}、S_{2n}——梁净截面的上半部和下半部分别对于塑性阶段中性轴和面积矩，当截面上下不对称时，塑性阶段的中性轴为截面积 A 的平分线，不再同形心轴重合；

W_{pn}——梁的净截面塑性抵抗矩，或净截面塑性模量。

塑性极限弯矩 M_p 与弹性极限弯矩 M_e 之比为

$$F = \frac{M_p}{M_e} = \frac{W_{pn}}{W_n} \tag{4-3}$$

F 值取决于截面的几何形状，而与材料的性质无关，因而称为截面形状系数。对于矩形截面 $F=1.5$，圆形截面 $F=1.7$，圆环形截面 $F=1.27$，"工"字形截面对 x 轴 $F=1.10\sim1.17$，对 y 轴 $F=1.5$。

可见，梁的抗弯强度可按塑性工作阶段计算，称为塑性设计；也可按弹性工作阶段计算，则称为弹性设计。前者比后者更能充分发挥材料的作用，经济效益较高。考虑到塑性变形过大将引起梁的挠度过大，受压翼缘将过早失去局部稳定性，同时对于梁截面来说，除存在正应力外，还可能同时存在剪应力及局部压应力等，在这样的复杂应力状态下，梁在形成塑性铰之前就已丧失承载能力。如再考虑一些不利因素（如残余应力等），则也会使梁提前失去承载能力，所以对于直接承受动力荷载的梁，不考虑截面塑性工作，仅按弹性设计。对于承受静力荷载或间接动力荷载的梁只考虑部分截面塑性工作，上下两边塑性区的深度 μh ［图 4-8（b）］一般控制在 $h/8\sim h/4$，相应塑性区的发展用塑性发展系数 γ 来表示，对于双轴对称"工"字形截面，$\gamma_x = 1.05$，$\gamma_y = 1.20$；箱形截面 $\gamma_x = \gamma_y = 1.05$。

规范规定钢梁的抗弯强度计算公式如下。

（1）仅在弯矩 M_x 作用下：

$$\frac{M_x}{\gamma_x W_{nx}} \leqslant f \tag{4-4}$$

（2）在弯矩 M_x 和 M_y 共同作用下：

$$\frac{M_x}{\gamma_x W_{nx}} + \frac{M_y}{\gamma_y M_{ny}} \leqslant f \tag{4-5}$$

式中 M_x、M_y——绕 x 轴和 y 轴的弯矩（对"工"字形截面，x 轴为强轴，y 轴为弱轴）；

W_{nx}、W_{ny}——对 x 轴和 y 轴净截面模量；

γ_x、γ_y——截面塑性发展系数，对"工"字形截面取 $\gamma_x = 1.05$，$\gamma_y = 1.20$；承受动力荷载时取 $\gamma_x = \gamma_y = 1.0$（按弹性工作阶段设计），对其他截面按表 4-1 采用；

f——钢材的抗弯强度设计值。

表 4 - 1　　　　　　　　　　　　截面塑性发展系数 γ_x、γ_y 值

截面形式	γ_x	γ_y
		1.2
	1.05	1.05
	$\gamma_{x1}=1.05$ $\gamma_{x2}=1.2$	1.2
		1.05
	1.2	1.2
	1.15	1.15
	1.0	1.05
		1.0

γ_x、γ_y 是考虑塑性部分深入截面的系数，称为"截面塑性发展系数"，与式（4－3）的截面形状系数 F 的含义是有区别的。为避免梁在发生强度破坏之前而受压翼缘发生局部失稳，规范规定下列情况不考虑截面塑性的发展，仍采用弹性设计：

1）当梁受压翼缘的自由外伸宽度 b（图 4－8）与其厚度 t 之比：$13\sqrt{235/f_y}$ $<b/t\leqslant15\sqrt{235/f_y}$ 时，取 $\gamma_x=\gamma_y=1.0$。f_y 为钢材的屈服点，不分钢材厚度一律取为：Q235 钢，$f_y=235\text{N/mm}^2$；Q345 钢，$f_y=345\text{N/mm}^2$；Q390 钢，$f_y=390\text{N/mm}^2$；Q420 钢，$f_y=420\text{N/mm}^2$。

2）对于直接承受动力荷载或需要计算疲劳的梁，塑性深入截面将使钢材发生硬化，促使疲劳断裂提前出现，因此也按弹性工作阶段进行计算，取 $\gamma_x=\gamma_y=1.0$。

3）采用容许应力法进行设计的钢梁，如水工钢结构的梁，不考虑截面的塑性发展也按弹性工作阶段进行计算，取 $\gamma_x=\gamma_y=1.0$。

抗弯强度保证措施：由于梁的抗弯强度与截面模量有关，当梁的抗弯强度不能满足要求时，以增大梁高最为有效。

（二）抗剪强度

在横向荷载作用下，梁在受弯矩的同时又承受剪力，"工"字形和槽形截面腹板上剪应力分布如图 4－9 所示，对于"工"字形和槽形截面其最大剪应力在腹板中性轴处。

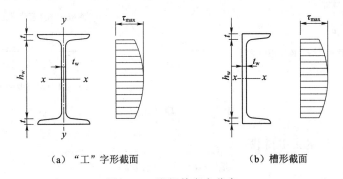

（a）"工"字形截面　　　　　　　　　（b）槽形截面

图 4－9　腹板剪应力分布

梁的抗剪强度按下式计算：

$$\tau=\frac{VS}{It_w}\leqslant f_v \tag{4－6}$$

式中　V——梁的剪力设计值；

$\quad\quad I$——毛截面惯性矩；

$\quad\quad S$——为计算剪应力处上半部分（或下半部分）截面对中性轴的面积矩；

$\quad\quad t_w$——计算剪应力处的截面宽度；

$\quad\quad f_v$——为钢材抗剪强度设计值。

抗剪强度保证措施：由于梁的剪应力主要由腹板承担，当梁的抗剪强度不足时，最有效的办法是增大腹板的面积，由于腹板的高度 h_w 一般是由刚度条件和构造要求确定，故设计时常采用加大腹板厚度 t_w 的办法来增大梁的抗剪强度。

（三）局部压应力

当梁的翼缘承受较大的固定集中荷载（包括支座反力）而又未设置支承加劲肋 [图 4-10 （a）]，或受有移动的集中荷载，如吊车轮压如图 4-10 （b）时，应计算腹板计算高度边缘的局部承压强度。对于翼缘上受均布荷载的梁，因腹板上边缘局部压应力不大，不需进行局部压应力验算。

荷载通过翼缘传至腹板使之受压，腹板边缘在集中压力 F 作用点处所产生的压应力最大，向两侧边则逐渐减小，其压应力的实际分布并不均匀，如图 4-10 （c）所示。可以认为集中荷载从作用处以 1：2.5（在梁截面作用高度 h_y 范围）和 1：1（在轨道高度 h_R 范围）扩散，在计算中假定集中压力 F 均匀分布在腹板计算高度边缘一段较短的范围 l_z 内，规范规定分布长度 l_z 取值如下。

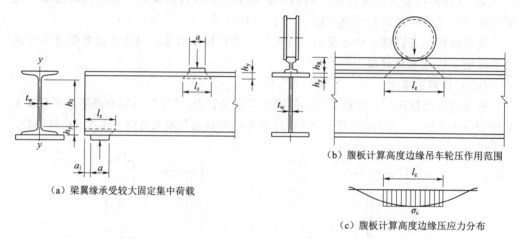

（a）梁翼缘承受较大固定集中荷载

（b）腹板计算高度边缘吊车轮压作用范围

（c）腹板计算高度边缘压应力分布

图 4-10　局部压应力

对于跨中承受的集中荷载：

$$l_z = a + 5h_y + 2h_R \qquad (4-7)$$

对于梁端承受支座反力：

$$l_z = a + 2.5h_y + a_1 \qquad (4-8)$$

式中　a——集中荷载沿梁跨度方向的支承长度，对钢轨上的轮压可取为 50mm；

　　　h_y——自梁顶面（或底面）至腹板计算高度边缘的距离，对焊接梁 h_y 为翼缘厚度，对型钢梁，h_y 包括翼缘厚度和圆弧部分；

　　　h_R——轨道的高度，对无轨道的梁 $h_R=0$。

在腹板计算高度边缘处的局部压应力验算公式为

$$\sigma_c = \frac{\psi F}{t_w l_z} \leqslant f \qquad (4-9)$$

式中　F——集中荷载，对动力荷载需要考虑动力系数；

　　　ψ——集中荷载增大系数，对重级工作制吊车梁取 $\psi=1.35$，其他梁 $\psi=1.0$；

　　　f——钢材抗压强度设计值。

局部承压强度保证措施：若验算不满足，对于固定集中荷载处（包括支座处）可设置支承加劲肋（图 4 - 38），并对支承加劲肋进行验算；对移动集中荷载，则应加大腹板厚度。

（四）折算应力

在组合梁的腹板计算高度边缘处，当同时受有较大的弯应力、剪应力和局部压应力时，或同时受有较大的弯应力和剪应力时（例如连续梁的支座处或梁的翼缘截面改变处等），应按下式验算该处的折算应力

$$\sigma_{eq} = \sqrt{\sigma^2 + \sigma_c^2 - \sigma\sigma_c + 3\tau^2} \leqslant \beta f \tag{4-10}$$

式中　β——计算折算应力的强度设计值增大系数；当 σ 与 σ_c 异号时，取 $\beta = 1.2$；当 σ 与 σ_c 同号或 $\sigma_c = 0$ 时，取 $\beta = 1.1$。

式（4 - 10）中的 σ、τ、σ_c 分别为腹板计算高度边缘同一点上的弯应力、剪应力和局部压应力，σ_c 按式（4 - 9）计算，σ 和 τ 分别按式（4 - 11）和式（4 - 12）计算，σ、σ_c 以拉应力为正，压应力为负。

$$\sigma = \frac{My_1}{I_n} \tag{4-11}$$

$$\tau = \frac{VS}{It_w} \tag{4-12}$$

式中　I_n——梁净截面惯性矩；

　　　y_1——应力计算点至梁中性轴的距离；

　　　S——应力计算点处上半部分（或下半部分）截面对中性轴的面积矩。

二、梁的刚度计算

梁的刚度计算属于正常使用极限状态问题，为保证梁的正常使用要求，梁应有足够的刚度，可用梁的最大挠度 ω 或相对挠度 ω/l 来衡量，要求不超过规范规定的最大挠度或相对挠度的容许值 $[\omega]$ 或 $[\omega/l]$，其表达式为

$$\omega \leqslant [\omega] \quad \text{或} \quad \frac{\omega}{l} \leqslant \left[\frac{\omega}{l}\right] \tag{4-13}$$

式中　l——梁的跨度（对悬臂梁取悬臂长度的 2 倍）；

　　　ω——梁的最大挠度，按荷载标准值（不考虑荷载分项系数和动力系数），按工程力学方法计算，常用的挠度计算式见表 4 - 2；

　　　ω/l——梁的相对挠度；

　　　$[\omega]$——梁的挠度容许值，见附录 2；

　　　$[\omega/l]$——梁的相对挠度容许值，见表 4 - 3。

表 4 - 2　　　　　　　　　　　　简支梁的挠度计算公式

荷载情况	q ↓↓↓↓ l	F ↓ $l/2$ ｜ $l/2$	$F/2$ ↓ $F/2$ ↓ $l/3$｜$l/3$｜$l/3$	$F/3$↓ $F/3$↓ $F/3$↓ $l/4$｜$l/4$｜$l/4$｜$l/4$
计算公式	$\dfrac{5}{384}\dfrac{ql^4}{EI}$	$\dfrac{1}{48}\dfrac{Fl^3}{EI}$	$\dfrac{23}{1296}\dfrac{Fl^3}{EI}$	$\dfrac{19}{1152}\dfrac{Fl^3}{EI}$

表 4-3   钢梁的相对挠度容许值 $[\omega/l]$

水工钢结构		建筑钢结构		
潜孔式工作闸门和事故闸门的主梁	1/750	吊车梁	手动吊车和单梁吊车（含悬挂吊车）	1/500
			轻级工作制桥式吊车	1/750
露顶式工作闸门和事故闸门的主梁	1/600		中级工作制桥式吊车	1/900
			重级工作制桥式吊车	1/1000
检修闸门和拦污栅的主梁	1/500	无重轨的楼盖梁或桁架、工作平台梁	主梁	1/400
次梁	1/250		其他梁	1/250
船闸工作闸门和输水阀门的主梁	1/750	屋盖檩条	支承压型金属板屋面者	1/150
浮码头钢引桥的主梁	1/400		支承其他屋面材料者	1/200
			有吊顶	1/240

第四节 梁的整体稳定

一、梁整体稳定的基本理论

资源 4-12
钢梁的
整体失稳
示意图

对两端简支（梁端截面不产生扭转，但可以自由翘曲）的双轴对称"工"字形截面梁，如图 4-11 所示，在刚度较大的 yz 平面内，梁两端受相等的弯矩 M 作用（纯弯曲）。假定梁为无初弯曲的均质弹性材料，不考虑残余应力的影响，按照材料力学中弯矩与曲率符号关系和内外扭矩间的平衡关系，可以写出如下的三个微分方程：

$$EI_x \frac{\mathrm{d}^2 v}{\mathrm{d}z^2} = -M_x \tag{4-14}$$

$$EI_y \frac{\mathrm{d}^2 u}{\mathrm{d}z^2} = -M_x \varphi \tag{4-15}$$

$$GI_t \frac{\mathrm{d}\varphi}{\mathrm{d}z} - EI_\omega \frac{\mathrm{d}^3 \varphi}{\mathrm{d}z^3} = M_x \frac{\mathrm{d}u}{\mathrm{d}z} \tag{4-16}$$

式中 u、v——剪力中心沿 x、y 方向的位移；

          φ——扭转角；

    I_x、I_y——对 x、y 轴的截面惯性矩；

    I_t、I_ω——扭转惯性矩和扇性惯性矩，对于"工"字形截面：$I_t = \dfrac{k}{3} \sum\limits_{i=1}^{n} b_i t_i$，

          $I_\omega = I_y \dfrac{(h_1 + h_2)^2}{4}$，其中 h_1、h_2 分别为受压翼缘和受拉翼缘形心至整个截面形心的距离（图 4-12），b_i、t_i 分别为受压翼缘和受拉翼缘形心至整个截面形心的距离；

          k——考虑连接处的有利影响系数，其值由试验确定，对于"工"字形截面 $k=1.25$，对 T 形截面 $k=1.15$，对槽形截面 $k=1.12$；

    E、G——钢材的弹性模量和剪切模量。

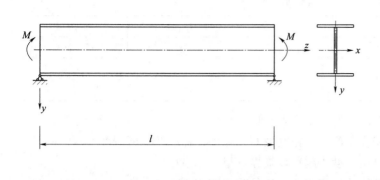
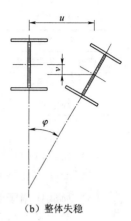

（a）两端弯曲作用下的简支梁　　　　　　　（b）整体失稳

图 4-11　简支梁单向弯曲时弯扭变形

根据梁的边界条件：当 $z=0$ 和 $z=l$ 时，$\varphi=0$，$\mathrm{d}^2\varphi/\mathrm{d}z^2=0$，解上述微分方程，可求得梁丧失整体稳定时的弯矩 M_x，此值即为梁的临界弯矩 M_{cr}：

$$M_{cr}=\frac{\pi}{l}\sqrt{EI_yGI_t}\sqrt{1+\frac{\pi^2EI_w}{l^2GI_t}} \qquad (4-17)$$

式（4-17）是根据双轴对称"工"字形截面简支梁受纯弯曲时所导出的临界弯矩。由此式可见，临界弯矩值 M_{cr} 与梁的侧向弯曲刚度 EI_y、扭转刚度 GI_t 以及翘曲刚度 EI_w 有关系，也和梁的跨长 l 有关。

加强梁的受压翼缘（增大受压上翼缘的宽度），有利于提高梁的整体稳定性。这种单轴对称截面简支梁（图4-12）在不同荷载作用下，依弹性稳定理论可导出其临界弯矩的通用计算公式：

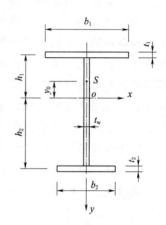

图 4-12　单轴对称截面简支梁

$$M_{cr}=\beta_1\frac{\pi^2EI_y}{l_1^2}\left[\beta_2a+\beta_3\beta_y+\sqrt{(\beta_2a+\beta_3\beta_y)^2+\frac{I_w}{I_y}\left(1+\frac{l_1^2GI_t}{\pi^2EI_w}\right)}\right] \qquad (4-18)$$

$$\beta_y=\frac{1}{2I_x}\int y(x^2+y^2)\mathrm{d}A-y_0,\ y_0=-(I_1h_1-I_2h_2)/I_y \qquad (4-19)$$

式中　　β_y——截面特征系数，当截面为双轴对称时 $\beta_y=0$，当截面为单轴对称时 β_y
　　　　　　按式（4-19）计算；

　　　　　l_1——梁侧向支承点之间的距离；

　　　　　y_0——剪力中心 S 至形心 O 的距离（剪力中心在形心之下取正值，反之取
　　　　　　负值）；

　　　I_1、I_2——受压翼缘和受拉翼缘对 y 轴的惯性矩；

　　　h_1、h_2——受压翼缘和受拉翼缘形心至整个截面形心的距离；

　　　　　　a——荷载在截面上的作用点与剪力中心之间的距离，当荷载作用点在剪力
　　　　　　中心以下时取正值，反之取为负值；

β_1、β_2、β_3——依荷载类型而定的系数，其值见表 4-4。

表 4-4 系数 β_1、β_2、β_3 值

荷载类型	β_1	β_2	β_3
跨度中点集中荷载	1.35	0.55	0.40
满跨均布荷载	1.13	0.46	0.53
纯弯曲	1.00	0.00	1.00

由临界弯矩 M_{cr} 的计算公式，可总结出如下规律：

（1）梁的侧向抗弯刚度 EI_y、抗扭刚度 GI_t 越大，临界弯矩 M_{cr} 越大。

（2）梁受压翼缘的自由长度 l_1 越小，临界弯矩 M_{cr} 越大。

（3）荷载作用于下翼缘比作用于上翼缘的临界弯矩 M_{cr} 大。

（4）梁支承对位移的约束程度越大，则临界弯矩 M_{cr} 越大。

二、梁整体稳定的保证

为保证梁的整体稳定或增强梁抗整体失稳的能力，任何钢梁在其端部支承处都应采取构造措施，以防止其端部截面的扭转。当梁上有密铺的刚性铺板（楼盖梁的楼面板或公路桥、人行天桥的面板等）时，并使之与梁的受压翼缘牢固相连；若无刚性铺板或铺板与梁受压翼缘连接不可靠，则应设置平面支撑。楼盖或工作平台梁格的平面支撑有横向平面支撑和纵向平面支撑两种，横向支撑使主梁受压翼缘的自由长度由其跨长 l 减小为 l_1（次梁间距）；纵向支撑是为了保证整个楼面的横向刚度。无论有无连接牢固的刚性铺板，支承工作平台梁格的支柱间均应设置柱间支撑，除非柱列设计为上端铰接、下端嵌固于基础的排架。

规范规定，当符合下列情况之一时，梁的整体稳定可以得到保证，不必进行计算。

（1）有刚性铺板密铺在梁的受压翼缘上并与其牢固连接，能阻止梁受压翼缘的侧向位移时，梁就不会丧失整体稳定，因此不必计算梁的整体稳定性。

（2）对于 H 型钢或等截面"工"字形简支梁，当梁受压翼缘的自由长度 l_1 与其宽度 b_1 之比满足表 4-5 所规定的数值时。

表 4-5 H 型钢或等截面"工"字形简支梁不需计算整体稳定性的最大 l_1/b_1 值

钢号	跨中无侧向支承点的梁		跨中受压翼缘有侧向支承点的梁，不论荷载作用于何处
	荷载作用在上翼缘	荷载作用在下翼缘	
Q235	13.0	20.0	16.0
Q345	10.5	16.5	13.0
Q390	10.0	15.5	12.5
Q420	9.5	15.0	12.0

（3）对于箱形截面简支梁，当其截面（图 4-13）尺寸满足 $h/b_0 \leqslant 6$，$l_1/b_0 \leqslant 95(235/f_y)$ 时，梁的整体稳定性能得到保证，此条件对于箱形截面的梁很容易满足。

必须指出的是，无论梁是否需要进行整体稳定计算，梁的支承处均应采取构造措

施，以阻止其端截面的扭转。

三、梁的整体稳定计算

当前述不必计算整体稳定条件不满足时，应对梁的整体稳定性进行计算。

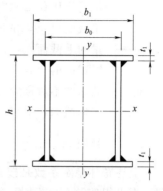

图 4-13　箱形截面简支梁

（一）在最大刚度主平面内受弯的整体稳定计算

$$\sigma = \frac{M_x}{W_x} \leqslant \frac{\sigma_{cr}}{r_R} = \frac{\sigma_{cr}}{f_y} \frac{f_y}{\gamma_R} = \varphi_b f$$

写成规范采用的形式：

$$\frac{M_x}{\varphi_b W_x} \leqslant f \qquad (4-20)$$

式中　M_x——绕强轴作用的最大弯矩；

　　　W_x——按受压翼缘确定的梁毛截面抵抗矩；

　　　φ_b——梁的整体稳定系数，见附录3。

（二）在两个主平面内受弯的整体稳定计算

$$\frac{M_x}{\varphi_b W_x} + \frac{M_y}{\gamma_y W_y} \leqslant f \qquad (4-21)$$

式中　W_x、W_y——按受压翼缘确定的梁毛截面抵抗矩；

　　　φ_b——绕强轴弯曲所确定的梁整体稳定系数，见附录3。

　　　γ_y——截面塑性发展系数。

现以受纯弯曲的双轴对称"工"字形截面简支梁为例，导出 φ_b 的计算公式。由式（4-17）中 M_{cr}，并简化扇性惯性矩 I_ω：

$$I_\omega = \frac{E(h_1 + h_2)^2}{4} \approx \frac{Eh^2}{4} \qquad (4-22)$$

可得临界应力：

$$\sigma_{cr} = \frac{M_{cr}}{W_x} = \frac{\pi \sqrt{EI_y GI_t}}{W_x l} \sqrt{1 + \left(\frac{\pi h}{2l}\right)^2 \frac{EI_y}{GI_t}} = \frac{\pi^2 EI_y h}{2l^2 W_x} \sqrt{1 + \left(\frac{2l}{\pi h}\right)^2 \frac{GI_t}{EI_y}} \qquad (4-23)$$

将数值 $E = 2.06 \times 10^5 \, \text{N/mm}^2$，$E/G = 2.6$ 代入上式，令 $I_y = Ai_y^2$，$l_1/i_y = \lambda_y$，并假定扭转惯性矩的近似值为 $I_t \approx \frac{1}{3} At_1^2$（$t_1$ 为翼缘厚度），可得

$$\varphi_b = \frac{\sigma_{cr}}{f_y} = \frac{4320}{\lambda_y^2} \cdot \frac{Ah}{W_x} \sqrt{1 + \left(\frac{\lambda_y t_1}{4.4h}\right)^2} \frac{235}{f_y} \qquad (4-24)$$

对于一般受横向荷载或端弯矩作用的焊接"工"字形等截面简支梁，包括单轴对称和双轴对称"工"字形截面梁，应按下式计算其整体稳定系数：

$$\varphi_b = \beta_b \frac{4320}{\lambda_y^2} \cdot \frac{Ah}{W_x} \left[\sqrt{1 + \left(\frac{\lambda_y t_1}{4.4h}\right)^2} + \eta_b \right] \frac{235}{f_y} \qquad (4-25)$$

其中　　　　　　　　　　　　　$\lambda_y = l_1/i_y$

式中　β_b——梁整体稳定的等效弯矩系数，按附录3中附表3-1采用；

　　　λ_y——梁在侧向支承点间对截面弱轴 $y-y$ 的长细比；

l_1——梁的受压翼缘侧向支承点间的距离；

i_y——梁截面对 y 轴的回转半径；

A——梁的毛截面面积；

h、t_1——梁截面的全高和受压翼缘厚度；

η_b——截面的不对称影响系数，双轴对称"工"字形截面 $\eta_b=0$，单轴对称"工"字形截面，加强受压翼缘 $\eta_b=0.8(2a_b-1)$，加强受拉翼缘 $\eta_b=2a_b-1$，其中 $a_b=\dfrac{I_1}{I_1+I_2}$，I_1 和 I_2 分别为受压翼缘和受拉翼缘对 y 轴的惯性矩。

上述整体稳定系数是按弹性稳定理论求得的，因此只适用于弹性阶段。研究证明，当求得的 $\varphi_b>0.6$ 时，梁已进入非弹性工作阶段，整体稳定临界应力有明显的降低，必须对 φ_b 进行修正。规范规定，当按上述公式或表格确定的 $\varphi_b>0.6$ 时，用式（4-26）求得的 φ_b' 代替 φ_b 进行梁的整体稳定计算

$$\varphi_b'=1.07-\frac{0.282}{\varphi_b} \tag{4-26}$$

整体稳定保证措施：由于梁的整体稳定性与梁截面大小和受压翼缘的侧向支承间距 l_1 有关，当梁的整体稳定承载力不足时，可采用加大梁的截面尺寸或增加侧向支承、减小侧向支承间距 l_1 的办法予以解决，其中增大梁截面时应增大受压翼缘的宽度。

【例 4-1】 一焊接"工"字形等截面简支梁，跨度 12m，在跨度中点有一个侧向支承点，如图 4-14 所示，在跨度三分点处作用有集中荷载设计值 $F=202$kN，钢材为 Q235 钢。试验算该梁的整体稳定性。

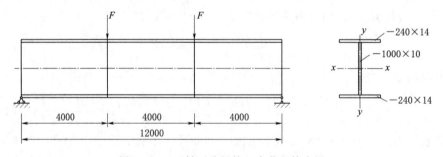

图 4-14　双轴对称焊接组合截面简支梁

解：梁受压翼缘的侧向自由长度 l_1 与其宽度 b_1 的比值为

$$\frac{l_1}{b_1}=\frac{6000}{240}=25>16$$

结果超过了表 4-5 规定的数值，所以需要计算梁的整体稳定性。

（1）求梁的自重：

钢材的容重　　　　　　$\gamma=7.85\times9.8=76.93$(kN/m)

梁的自重

$$q=\gamma_G g_b=\gamma_G A\gamma=1.3\times(2\times0.24\times0.014+1.0\times0.01)\times76.93=1.67\text{(kN/m)}$$

（2）求梁跨中的最大弯矩：

梁长 $l=12$m，跨中最大弯矩为

$$M_{\max} = \frac{1}{8}ql^2 + \frac{1}{3}Fl = \frac{1}{8} \times 1.67 \times 12^2 + \frac{1}{3} \times 202 \times 12 = 838.06(\text{kN} \cdot \text{m})$$

（3）截面几何特性计算：

$$A = 2 \times 24 \times 1.4 + 100 \times 1.0 = 167.20(\text{cm}^2)$$

$$I_x = \frac{1}{12} \times 24.0 \times (100.0 + 2 \times 1.4)^3 - \frac{1}{12} \times (24.0 - 1.0) \times 100.0^3 = 256081.24(\text{cm}^4)$$

$$I_y = 2 \times \frac{1}{12} \times 1.4 \times 24.0^3 = 3225.60(\text{cm}^4)$$

受压翼缘的截面抵抗矩为

$$W_x = \frac{I_x}{y_{\max}} = \frac{256081.24}{100.0/2 + 1.4} = 4982.13(\text{cm}^3)$$

$$i_y = \sqrt{\frac{I_y}{A}} = \sqrt{\frac{3225.60}{167.20}} = 4.39(\text{cm})$$

$$\lambda_y = \frac{l_1}{i_y} = \frac{600}{4.39} = 136.67$$

（4）计算梁的整体稳定性：

按附录 3 计算系数 β_b、η_b，根据附表 3-1 按均布荷载作用在上翼缘的情况考虑，取 $\beta_b = 1.15$，双轴对称"工"字形截面 $\eta_b = 0$。

将以上所求的各参数代入整体稳定系数计算式，即

$$\varphi_b = \beta_b \frac{4320}{\lambda_y^2} \times \frac{Ah}{W_x} \left[\sqrt{1 + \left(\frac{\lambda_y t_1}{4.4h}\right)^2} + \eta_b \right] \frac{235}{f_y}$$

$$= 1.15 \times \frac{4320}{136.67^2} \times \frac{167.20 \times (100.0 + 2 \times 1.4)}{4982.13} \left[1 + \left(\frac{136.67 \times 1.4}{4.4 \times (100.0 + 2 \times 1.4)}\right)^2 + 0 \right] \times \frac{235}{235}$$

$$= 0.996 > 0.6$$

因 $\varphi_b = 0.996$ 大于 0.6，故应修正为

$$\varphi_b' = 1.07 - \frac{0.282}{\varphi_b} = 1.07 - \frac{0.282}{0.996} = 0.787$$

计算梁的整体稳定性：

$$\frac{M_{\max}}{\varphi_b' W_x} = \frac{838.06 \times 10^6}{0.787 \times 4982.13 \times 10^3} = 213.74(\text{N/mm}^2) < f = 215(\text{N/mm}^2)$$

因此，梁的整体稳定性满足要求。

第五节　轧制型钢梁的设计

轧制型钢梁由轧制工字钢、H 型钢和槽钢等型钢制成，型钢梁的设计包括截面选择和截面验算两部分。

一、单向弯曲型钢梁

（一）确定设计条件

根据建筑使用或工艺条件确定荷载、跨度和支承情况，以及选择钢材品种和型钢

类型。

（二）荷载内力计算

根据梁的计算简图计算梁的内力（暂不计梁的自重），包括最大弯矩 M_{max} 和最大剪力 V_{max}。

（三）初选截面

根据选用钢材的抗弯强度设计值 f，按抗弯强度要求计算梁所需的净截面抵抗矩：

$$W_{nx} = \frac{M_{max}}{\gamma_x f}$$

γ_x 值根据不同截面查表 4-1 选用，然后再按计算得到的 W_{nx} 值查型钢表，选择截面抵抗矩比计算值 W_{nx} 稍大的型钢作为初选截面。

（四）截面验算

按所选择的型钢，考虑其自重影响后，应满足强度、刚度、整体稳定和局部稳定要求。

（1）强度验算。截面的强度应满足下列要求：

抗弯强度：
$$\sigma = \frac{M_x}{\gamma_x M_{nx}} \leqslant f$$

抗剪强度：
$$\tau = \frac{VS}{I t_w} \leqslant f_V$$

局压强度：
$$\sigma_c = \frac{\psi F}{t_w l_z}$$

折算应力：
$$\sqrt{\sigma^2 + \sigma_c^2 - \sigma \sigma_c + 3\tau^2} \leqslant \beta f$$

热轧型钢的腹板较厚，若截面无削弱和无较大固定集中荷载时，可不验算抗剪强度、局部承压强度、折算应力。

（2）刚度验算。按荷载标准值计算梁的挠度值或相对挠度值，并应满足梁的刚度要求：

$$\omega \leqslant [\omega] \text{ 或 } \frac{\omega}{l} \leqslant \left[\frac{\omega}{l}\right]$$

（3）整体稳定验算。当型钢梁无保证整体稳定性的可靠措施时，还应验算整体稳定性：

$$\frac{M_x}{\varphi_b W_x} \leqslant f$$

（4）局部稳定验算。除 H 型钢外的热轧型钢的腹板高厚比和翼缘宽厚比都不太大，能满足局部稳定要求，不需要进行局部稳定验算。但当采用 H 型钢梁时，还应进行局部稳定验算。

二、双向弯曲型钢梁

垂直于坡屋面的檩条，在自重和屋面荷载的作用下，截面沿两主轴方向受弯；墙梁承受墙体竖向重力和墙面传来的水平风荷载，因而墙梁截面也沿两主轴方向受弯，两者均为双向弯曲型钢梁。双向弯曲斜放檩条的受力分析如图 4-15 所示。

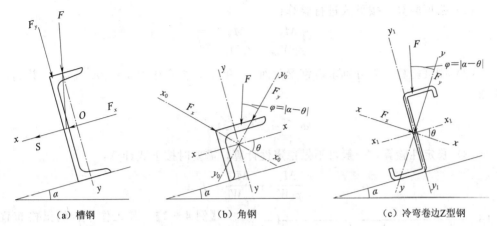

（a）槽钢　　　　　　　　（b）角钢　　　　　　　　（c）冷弯卷边 Z 型钢

图 4-15　双向弯曲斜放檩条的受力分析图

（一）确定双向弯曲型钢梁的截面形式

型钢檩条常用槽钢或角钢与短角钢制成的檩托用螺栓或焊缝连接而成，或用 Z 形冷弯薄壁型钢和角钢檩托连接而成。

（二）荷载内力计算

竖向荷载 q 可分解为沿两主轴方向的分力：

$$q_y = q\cos\varphi$$
$$q_x = q\sin\varphi$$

弯矩分别为

$$M_x = \frac{1}{8}q_y l_x^2$$
$$M_y = \frac{1}{8}q_x l_y^2$$

若沿轴 x—x 方向设置钢拉条时可减小 l_y 的计算长度，当跨中设一根钢拉条时，$l_y = l/2$，剪力分别为

$$F_{vx} = \frac{1}{2}q_y l_x$$
$$F_{vy} = \frac{1}{2}q_x l_y$$

（三）初选截面

根据 M_x、M_y、γ_x、γ_y，按下式初选截面：

$$\sigma = \frac{M_x}{\gamma_x W_{nx}} + \frac{M_y}{\gamma_y W_{ny}} = \frac{M_x}{\gamma_x W_{nx}}\left(1 + \frac{\gamma_x}{\gamma_y}\frac{W_{nx}}{W_{ny}}\frac{M_y}{M_x}\right) = \frac{M_x + \alpha M_y}{\gamma_x W_{nx}} < f$$

$$W_{nx} = \frac{M_x + \alpha M_y}{\gamma_x f}$$

式中，$\alpha = \dfrac{\gamma_x}{\gamma_y}\dfrac{W_{nx}}{W_{ny}}$，对"工"字形型钢常取 $\alpha = 6$；槽形型钢，常用 $\alpha = 5$。

由计算所得 W_{nx} 查型钢表，即可初选出型钢梁截面。

（四）截面验算

（1）强度验算，按下式进行验算：

$$\frac{M_x}{\gamma_x W_{nx}} + \frac{M_y}{\gamma_y M_{ny}} \leqslant f$$

（2）刚度验算，先分别求得钢梁截面 ω_x 和 ω_y，再合成为 $\omega = \sqrt{\omega_x + \omega_y}$，并满足要求：

$$\omega \leqslant [\omega] \text{ 或 } \frac{\omega}{l} \leqslant \left[\frac{\omega}{l}\right]$$

（3）稳定性验算，一般可不做稳定性计算，需要时按下式计算：

$$\frac{M_x}{\varphi_b W_x} + \frac{M_y}{\gamma_y W_y} \leqslant f$$

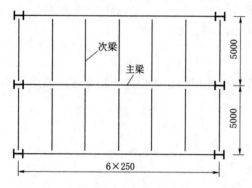

图 4-16 工作平台梁格布置（单位：mm）

【例 4-2】 某工作平台的梁格布置如图 4-16 所示，平台上作用有静荷载：永久荷载标准值 4.5kN/m²，活荷载标准值 6.2kN/m²，钢材用 Q235 钢，假定平台板为刚性铺板并与次梁焊接。试设计中间次梁（"工"字形）。

解： 由于次梁受压翼缘同刚性铺板焊接牢靠，其整体稳定性能得到保证，故该次梁的设计不需进行整体稳定验算。

（1）荷载内力计算：

作用在中间次梁上的荷载设计值：

$$q = (1.3 \times 4.5 + 1.5 \times 6.2) \times 2.5 = 37.875 \text{(kN/m)}$$

跨中最大弯矩设计值为

$$M_x = ql^2/8 = 37.875 \times 5.0^2/8 = 118.36 \text{(kN·m)}$$

支座处最大剪力为

$$V = ql/2 = 37.875 \times 5.0/2 = 94.69 \text{(kN)}$$

（2）所需净截面抵抗矩：

$$W_{nx} = \frac{M_x}{\gamma_x f} = \frac{118.36 \times 10^5}{1.05 \times 215 \times 10^2} = 524.3 \text{(cm}^3)$$

查附录型钢表，选用工字钢 I28b，$W_x = 534.4 \text{cm}^3$，$I_x = 7481 \text{cm}^4$，自重为 $g = 47.86 \times 9.8 = 469 \text{(N/m)} = 0.47 \text{(kN/m)}$，$S_x = 312.3 \text{cm}^3$，$t_w = 10.5 \text{mm}$。

（3）截面验算：

考虑梁自重后的最大弯矩设计值：

$$M_{max} = 118.36 + \frac{1}{8} \times 1.3 \times 0.47 \times 5^2 = 120.27 \text{(kN·m)}$$

弯曲正应力：

$$\sigma = \frac{M_{\max}}{\gamma_x W_{nx}} = \frac{120.27 \times 10^6}{1.05 \times 534.4 \times 10^3} = 214.34 (\text{N/mm}^2) < f = 215 (\text{N/mm}^2)$$

剪应力：

$$\tau = \frac{VS}{I_x t_w} = \frac{\left(94.69 + \frac{1}{2} \times 1.3 \times 0.47 \times 5\right) \times 312.3 \times 10^6}{7481 \times 10^4 \times 10.5} = 38.25 (\text{N/mm}^2) < f_v$$

$$= 125 (\text{N/mm}^2)$$

可见型钢梁的腹板较厚，剪应力较小，一般不起控制作用。

（4）挠度验算：

考虑自重后的线荷载标准值为

$$q_k = (4.5 + 6.2) \times 2.5 + 0.47 = 27.22 (\text{kN})$$

$$\frac{\omega}{l} = \frac{5}{384} \frac{q_k l^3}{EI_x} = \frac{5}{384} \times \frac{27.22 \times 5000^3}{2.06 \times 10^5 \times 7481 \times 10^4} = \frac{1}{348} < \left[\frac{\omega}{l}\right] = \frac{1}{250}$$

所以刚度满足要求。

（5）局部压应力验算：若次梁放在主梁顶面，且次梁在支座处不设支承加劲肋时，还要验算支座处次梁腹板下边缘的局部压应力。设次梁支承长度 $a = 100\text{cm}$，$h_y = 13.7 + 10.5 = 24.2 (\text{mm})$，$l_z = a + 2.5h_y = 100 + 2.5 \times 24.2 = 160.5 (\text{mm})$，则

$$\sigma_c = \frac{\psi F}{t_w l_z} = \frac{1.0 \times \left(94.69 + \frac{1}{2} \times 1.3 \times 0.47 \times 5.0\right) \times 10^3}{10.5 \times 160.5} = 57.09 (\text{N/mm}^2) < f$$

$$= 215 (\text{N/mm}^2)$$

折算应力可不验算（读者可试验算）。若次梁在支座处设有支承加劲肋，则可不验算局部压应力。

【例 4-3】 条件同例 4-2，平台与次梁不进行焊接，试重新选择次梁截面。

解： 由于次梁受压翼缘与刚性铺板没有焊接连接，与例 4-2 不同，该次梁的设计需进行整体稳定验算。

对于轧制普通工字钢简支梁，其整体稳定系数可由附表 3-2 直接查出。假定工字钢型号在 I22～I40，均布荷载作用在上翼缘，梁的自由长度 $l_1 = l = 5\text{m}$，查附表 3-2 查得 $\varphi_b = 0.73$，因 $\varphi_b = 0.73 > 0.6$，需根据式（4-26）中的 φ_b' 代替 φ_b：

$$\varphi_b' = 1.07 - \frac{0.282}{\varphi_b} = 1.07 - \frac{0.282}{0.73} = 0.684$$

则所需毛截面抵抗矩为

$$W_x = \frac{M_x}{\varphi_b' f} = \frac{118.36 \times 10^5}{0.684 \times 215 \times 10^2} = 804.84 (\text{cm}^3)$$

查附表型钢表，选用 I36a，$W_x = 877.6\text{cm}^3$，工字钢质量 60kg/m，自重为

$$g = 60 \times 9.8 = 588 (\text{N/m}) = 0.588 (\text{kN/m})$$

$$M_{\max} = 118.36 + \frac{1}{8} \times 1.3 \times 0.588 \times 5^2 = 120.75 (\text{kN} \cdot \text{m})$$

$$\frac{M_{max}}{\varphi_b W_x} = \frac{120.75 \times 10^6}{0.684 \times 804.84 \times 10^3} = 219.34(\text{N/mm}^2) > f = 215(\text{N/mm}^2)$$

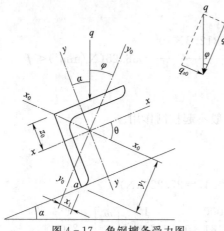

图 4-17　角钢檩条受力图

结果高出不多，可认为基本满足整体稳定性要求。若需严格控制稳定控制承载能力，可选用 I36b，读者可自行计算。

【例 4-4】　试设计双向弯曲构件——轻型屋盖的角钢檩条，如图 4-17 所示。已知屋面材料为波形石棉瓦，自重为 0.25kN/m^2，屋面坡度为 1：2.5，$\alpha = 21.8°$。屋面均布活荷载 0.3kN/m^2。檩条跨度 5m，水平间距 0.7m，钢材为 Q235。

解：（1）檩条荷载。檩条上的均布荷载设计值为：

荷载分项系数 $\gamma_G = 1.3$，$\gamma_Q = 1.5$

$$q = 1.3 \times 0.25 \times 0.7/\cos 21.8° + 1.5 \times 0.3 \times 0.7 = 0.560(\text{kN/m})$$

（2）初选截面。选择角钢∠80×6，则角钢边长为 80mm，$z_0 = 21.9\text{mm}$，$A = 9.4\text{cm}^2$，$g = 7.38\text{kg/m}$，$I_x = 57.4\text{cm}^4$，$i_{x0} = 3.11\text{cm}$，$i_{y0} = 1.59\text{cm}$。

主轴 x_0 与 x 轴的夹角 $\theta = 45°$，均布荷载 q 与主轴 y_0 的夹角 φ 为

$$\varphi = \theta - \alpha = 45° - 21.8° = 23.2°$$

$$y_1 = 80 \times \sin 45° \times 10^{-1} = 5.657(\text{cm})$$

$$x_1 = 80 \times \cos 45° \times 10^{-1} = 2.560(\text{cm})$$

$$W_{x0} = \frac{I_x}{y_1} = \frac{A i_{x0}^2}{y_1} = \frac{9.4 \times 3.11^2}{5.657} = 16.072(\text{cm}^3)$$

$$W_{y0} = \frac{I_y}{x_1} = \frac{A i_{y0}^2}{x_1} = \frac{9.4 \times 1.59^2}{2.560} = 9.283(\text{cm}^3)$$

（3）弯矩和弯应力强度验算。

角钢自重标准值：

$$q_k = 7.38 \times 9.8 \times 10^{-3} = 0.072(\text{kN/m})$$

角钢自重设计值：

$$q_1 = 1.3 \times q_k = 1.2 \times 0.072 = 0.0936(\text{kN/m})$$

角钢所受总荷载设计值为

$$q = 0.56 + 0.0936 = 0.6536(\text{kN/m})$$

沿二主轴方向的分荷载为

$$q_{x0} = q\sin 23.2° = 0.6536\sin 23.2° = 0.2575(\text{kN/m})$$

$$q_{y0} = q\cos 23.2° = 0.6536\cos 23.2° = 0.6003(\text{kN/m})$$

绕二主轴的分弯矩：

$$M_{x0} = \frac{1}{8}q_{y0}l^2 = \frac{1}{8} \times 0.6003 \times 5^2 = 1.876(\text{kN} \cdot \text{m})$$

$$M_{y0} = \frac{1}{8} q_{x0} l^2 = \frac{1}{8} \times 0.2575 \times 5^2 = 0.805 (\text{kN} \cdot \text{m})$$

验算 a 点（最不利点）的弯应力：

$$\frac{M_{x0}}{\gamma_x W_{x0}} + \frac{M_{y0}}{\gamma_y W_{y0}} = \frac{1.876 \times 10^2}{1.05 \times 16.072} + \frac{0.805 \times 10^2}{1.05 \times 9.283}$$

$$= 19.375 (\text{kN/cm}^2) = 193.8 (\text{N/mm}^2) < f = 215 (\text{N/mm}^2)$$

所以满足弯应力要求。

（4）刚度验算。为保证屋面在正常使用条件下保持平整，应按荷载标准值验算檩条在垂直于屋面方向的分挠度 ω_y。

檩条所受均布荷载标准值为

$$q = \frac{0.25 \times 0.7}{\cos 21.8°} + 0.3 \times 0.7 + 0.072 = 0.470 (\text{kN/m})$$

公式中 0.072 为角钢自重标准值 q_k。

$$\frac{\omega_y}{l} = \frac{5}{384} \frac{(q \cos \alpha) l^3}{EI_x} = \frac{5}{384} \times \frac{(0.470 \times \cos 21.8°) \times 5^3 \times 10^3}{2.06 \times 10^5 \times 57.4 \times 10^4} = \frac{1}{166} < \left[\frac{\omega}{l}\right] = \frac{1}{150}$$

因此满足刚度要求。

由于檩条的荷载与跨度都较小，角钢檩条可不必验算整体稳定。

第六节　焊接组合梁设计

组合梁的截面应满足强度、刚度、整体稳定和局部稳定的要求。组合梁的截面选择是整个设计的关键，其截面选择首先应根据梁的跨度与荷载情况，考虑抗弯强度和刚度的要求，初步估算梁的截面高度 h、腹板的厚度 t_w 和翼缘尺寸 b_1 和 t_1（图 4-18），然后再对组合梁进行强度、刚度和稳定性验算，满足适用、安全与经济三方面的要求。

一、截面选择

（一）截面高度 h 和腹板高度 h_0 的选择

确定梁的截面高度应考虑建筑高度、刚度条件和经济条件。

（1）建筑高度容许的最大梁高 h_{max}。建筑高度是指梁的底面到铺板顶面之间的高度，它往往由生产工艺和使用时要求的最大建筑物净空所决定，给定了建筑高度也就决定了梁的最大高度 h_{max}，有时还限制了梁与梁之间的梁格连接形式。对于钢闸门来说，一般不受净空限制，可不予考虑。

（2）满足刚度要求的最小梁高 h_{min}。最小梁高是指在正常使用条件下，梁的最大挠度值不超过容许挠度的最小梁高 h_{min}，使组合梁在充分利用钢材强度的前提下，同时又刚好满足梁的刚度要求。

现以承受均布荷载的双轴对称等截面简支梁为例来推求最小梁高 h_{min}。

梁的相对挠度应满足：

$$\frac{\omega}{l} = \frac{5}{384} \frac{q_k l^3}{EI_x} = \frac{5}{48} \frac{M_k l}{EI_x} \tag{4-27}$$

式中　q_k——均布荷载标准值；

　　　M_k——最大弯矩标准值。

若取分项系数平均值为 1.3，则最大弯矩设计值 $M=1.3M_k$，代入式（4-27）得

$$\frac{\omega}{l}=\frac{5}{48}\frac{(M/1.3)l}{E(Wh/2)}=\frac{5}{1.3\times24}\frac{M}{W}\frac{l}{Eh}=\frac{5}{1.3\times24}\frac{\sigma l}{Eh} \tag{4-28}$$

令式（4-28）中的 $\sigma=f$，$\omega/l=[\omega/l]$，即可求得双轴对称等截面简的最小梁高为

$$h_{min}\geqslant\frac{5}{1.3\times24}\frac{fl}{E[\omega/l]} \tag{4-29}$$

对采用容许应力设计法的水工钢结构，梁的弯应力 σ 和挠度 ω 都是按荷载标准值 q_k 计算的，因而在上式中不再除以 1.3，并取 $[\sigma]=f$，则得到相应的最小梁高计算公式：

$$h_{min}\geqslant\frac{5}{24}\frac{[\sigma]l}{E[\omega/l]} \tag{4-30}$$

资源 4-13 受均布荷载作用简支梁的最小梁高 h_{min}

由式（4-29）和式（4-30），代入 $E=2.06\times10^5\,N/mm^2$，得出对应于不同钢材时的最小梁高 h_{min}，见资源 4-13。

当梁的上、下翼缘不对称时（图 4-12），其截面惯性矩 $I=W_{min}\times y_2$（y_2 为短翼缘距中性轴的距离），因此在推导最小梁高时应以 y_2 代替 $h/2$。根据截面不对称程度，通常 $y_2=(0.52\sim0.6)h$；将其分别代入式（4-29）或式（4-30），可以得到不对称截面梁的最小梁高，其值约为对称截面最小梁高的 $0.96\sim0.83$ 倍，如当 $y_2=0.52h$ 时，此系数为 0.96，截面不对称程度越大则系数越小。

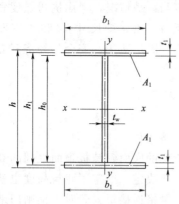

图 4-18　"工"字形截面

对于半跨内截面变化一次的变截面梁，h_{min} 应增加 5% 左右。对于承受非均布荷载和非简支梁，也可按上述类似方法求得最小梁高。

（3）经济梁高 h_{ec}。最经济的截面高度应使满足设计要求的梁翼缘和腹板的总用钢量为最小。根据抗弯强度的要求，当梁截面模量 W_x 已确定时，腹板高度 h_0 越大，则腹板用钢量较大而翼缘用钢量较小；反之，则结果相反。

梁单位长度用钢量为翼缘和腹板用钢量之和，下面以双轴对称"工"字形截面为例，计算在满足抗弯强度情况下梁的用钢量最少的经济梁高。

针对图 4-18 的截面有：

$$I_x=2A_1\left(\frac{h_1}{2}\right)^2+\frac{1}{12}t_wh_0^3 \tag{4-31}$$

$$W_x=\frac{2I_x}{h}=A_1\frac{h_1^2}{h}+\frac{1}{6}t_w\frac{h_0^3}{h} \tag{4-32}$$

式中　h_1——翼缘中心之间的距离；

　　　A_1——一个翼缘的面积。

考虑到 $h \approx h_1 \approx h_0$，即可得每个翼缘需要的截面积：

$$A_1 \approx \frac{W_x}{h} - \frac{1}{6} t_w h \tag{4-33}$$

在梁所需 W_x 一定的条件下，梁重 g 与梁高 h 的关系：

$$g = \gamma \psi_w t_w h + 2\gamma \psi_f \left(\frac{W_x}{h} - \frac{1}{6} t_w h \right) \tag{4-34}$$

式中　ψ_w——腹板重的构造系数，主要是考虑加劲肋重，通常取 $\omega_w = 1.1 \sim 1.2$；

　　　ψ_f——翼缘重的构造系数，等截面梁可取 $\psi_f = 1.0$；变翼缘梁可取 $\psi_f = 0.8$。

上式中的腹板厚度 t_w 与梁高 h 的关系可采用经验公式估算：

$$t_w = \sqrt{h} / 11 \tag{4-35}$$

式中腹板厚度 t_w 和梁高 h 的单位均为 cm。

根据式（4-35），并取 $\psi_w = 1.2$，$\psi_f = 1.0$，即得等截面梁的自重为

$$g = \gamma \left(\frac{2W_x}{h} + 0.0788 h^{3/2} \right) \tag{4-36}$$

令 $dg/dh = 0$，即可导出等截面梁的经济梁高为

$$h_{ec} = 3.1 W^{0.4} \tag{4-37}$$

对于变翼缘的梁，考虑到翼缘宽度减小使翼缘用钢量减少，取 $\psi_f = 0.8$，可得

$$h_{ec} = 2.8 W^{0.4} \tag{4-38}$$

式中　W——梁所需截面的抵抗矩，cm^3。

根据统计，梁高 h 与经济梁高 h_{ec} 即使相差达 20%，梁重 g 也只增大 4% 左右，而选择较小的梁高，不仅对梁的稳定有利，而且还能减小结构的建筑高度，并节省横向连接系的钢材。因此，在一般的设计中宜选梁高 h 比经济梁高 h_{ec} 小 10%～20%，但不得小于按刚度条件而定的最小梁高 h_{min}。

（4）腹板高度 h_0 的确定。腹板高度 h_0 与梁高 h 相差不大，故按上述要求，选用符合钢板宽度规格的整数作为腹板高度。钢板宽度的级差通常为 50mm。

（二）腹板厚度 t_w 的选择

腹板厚度应满足抗剪强度、局部稳定性、防锈等要求。对"工"字形截面而言腹板选薄一些比较经济。但高而薄的腹板在梁受荷载时易向两侧鼓曲丧失局部稳定性，所以按局部稳定的要求腹板也不易选得太薄。

考虑满足抗剪强度要求时可近似地假定最大剪应力为腹板平均剪应力的 1.2 倍，即腹板抗剪强度的近似计算公式为

$$\tau_{max} = 1.2 \frac{V_{max}}{h_0 t_w} \leqslant f_v \tag{4-39}$$

则腹板厚度

$$t_w \geqslant 1.2 \frac{V_{max}}{h_0 f_v} \tag{4-40}$$

考虑局部稳定和构造等因素，腹板厚度也可按式（4-35）经验公式估算。实际采用的腹板厚度还应考虑钢板规格，一般为 2mm 的倍数，通常腹板厚度不小

于 8mm。

（三）翼缘尺寸 b_1 和 t_1 的选择

组合梁的翼缘尺寸主要取决于弯应力强度条件，同时还应满足整体稳定、局部稳定和有关的构造要求。

根据所需的截面抵抗矩和腹板尺寸，可由式（4-33）计算，并考虑到 $h \approx h_0$，故可按下式计算：

$$A_1 = \frac{W_x}{h_0} - \frac{1}{6} t_w h_0 \qquad (4-41)$$

由式（4-41）求得 A_1 后即可根据其他条件来综合选择翼缘宽度 b_1 和厚度 t_1。

（1）翼缘板的宽度通常采用 $b_1 = (1/5 \sim 1/3)h$，且不超过 $h/2.5$，厚度 $t_1 = A_1/b_1$。

（2）考虑到翼板局部稳定的要求，使受压翼缘的外伸宽度 b 与其厚度 t_1 之比 $b/t_1 \leqslant 15\sqrt{235 f_y}$（弹性设计取发展系数 $\gamma_x = 1.0$）或 $b/t_1 \leqslant 13\sqrt{235 f_y}$（考虑塑性发展 $\gamma_x = 1.05$）。

（3）考虑制造和构造要求，翼缘板最小宽度一般不小于 180mm。

（4）翼缘板厚度应符合现有的钢板规格且不易太厚，对于 Q235 钢不宜大于 40mm，对于 Q345 钢不宜大于 25mm，以免翼缘焊缝产生过大的焊接应力，而且厚板的轧制质量较差，容许应力或设计强度也较低。

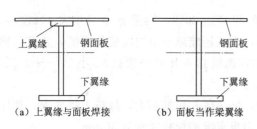

（a）上翼缘与面板焊接　（b）面板当作梁翼缘

图 4-19　上翼缘与面板相连的组合梁截面

当组合梁直接和钢面板用连续焊缝连接时，部分面板可兼作组合梁的上翼缘的一部分而参加整体弯曲。在满足强度要求的前提下，其下翼缘所需的截面积 A_1 仍可按式（4-41）计算，与钢面板相连的上翼缘板则可按构造要求选用较小的尺寸［图 4-19（a）］，也可以不设上翼缘直接由腹板连接钢面板［图 4-19（b）］。此时由于钢面板的刚性较大，能阻止受压翼缘的侧向位移，梁的整体稳定性有保证，可不进行整体稳定计算。

（四）截面验算

根据初选的截面尺寸，计算截面的各种几何特性数据，如惯性矩、截面模量等，然后进行梁的截面验算。截面验算包括强度、刚度、整体稳定和局部稳定等几个方面。为了保证设计钢梁的安全性和经济性，所选截面的最大弯应力应尽量接近设计强度或容许应力，最多不得超过设计强度的 5%，否则应修改截面尺寸直至满足要求为止。

二、组合梁沿跨度方向的改变

梁的弯矩是沿梁的跨度变化的，因此，梁的截面如能随弯矩变化而发生变化则可节约钢材。对跨度较小的梁，截面改变经济效果不大，或者改变截面节约的钢材不能抵消构造复杂带来的加工困难时，则不宜改变截面。当梁的跨度较大时，可根据使用要求和节约钢材等要求，沿着梁的跨度改变梁高（图4-20）或改变翼缘宽度（图4-21）。梁截面改变一次可节省钢材10%～20%，若改变多次则经济效益不显著，一般梁截面在半跨内只改变一次。

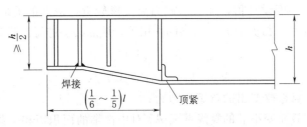

图4-20　改变梁高的梁

（一）梁高的改变

有时为了降低建筑高度，将简支梁靠近支座处的高度减小，而使翼缘截面保持不变（图4-20）。特别对于水工钢闸门，由于跨度较大且主梁较高，为了减小闸门的门槽宽度，常采用改变梁高的办法。梁高改变的位置一般在离支座处$l/6$～$l/5$处，但不宜小于跨中梁高度的一半。改变后的梁高应按式（4-6）验算支承端截面的剪应力强度，式中惯性矩I取支承端的截面惯性矩。如果支承端的剪力很大，腹板厚度不能满足抗剪强度的要求，可将支点附近的一段腹板改用较厚的钢板，并用对接焊缝与跨中腹板连接。

（二）翼缘的改变

单层翼缘板的焊接组合梁，宜改变翼缘板的宽度，而不改变翼缘板的厚度，以免在改变处造成较大的应力集中。翼缘板宽度可采用分段改变［图4-21（a）］和连续改变［图4-21（b）］。一般采用分段改变，且在半跨内只改变一次。为了减小拼接处的应力集中，应将较宽的翼缘板从改变点起按1：4的坡度逐渐切窄，再与较窄的翼缘板相连，对接焊缝一般采用直焊缝，当对接焊缝的设计强度比钢材的设计强度小时可采用斜焊缝。

资源4-14
变截面的梁

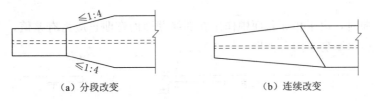

（a）分段改变　　　　　　　　　（b）连续改变

图4-21　焊接梁翼缘宽度改变

对于承受均布荷载或多个集中荷载作用的简支梁，翼缘宽度改变的位置一般在离支座为$l/6$处比较经济，改变后的翼缘宽度应由截面改变处的弯矩确定，同时应对该截面腹板与翼缘连接处的折算应力进行验算。

对多层翼缘板的梁，可用切断外层翼缘板的办法来改变梁的截面，理论切断点的位置可由计算确定，而实际切断点的位置应向弯矩较小侧延伸一定距离。

当采用连续改变时，靠近两端的翼缘板是由一块钢板斜向切割而成，中间的翼缘板须相应切去一点，以便布置对接焊缝。

（三）折算应力的验算

组合梁截面改变后，在翼缘改变处的截面上，其腹板与翼缘连接点的弯应力 σ_1 较大，常常接近抗弯强度设计值，并且该截面离支座较近，该点的剪应力 τ_1 也比较大。因此，在较大弯应力 σ_1 与剪应力 τ_1 的共同作用下，该点必须进行折算应力的验算：

$$\sigma_{eq} = \sqrt{\sigma_1^2 + 3\tau^2} \leqslant 1.1f \tag{4-42}$$

$$\sigma_1 = My_1/I_0 \quad , \quad \tau_1 = VS_1^0/(t_w I_0)$$

式中　M、V——翼缘改变出的弯矩和剪力；

$\quad\quad$ S_1^0、I_0——截面变小后的翼缘截面 A_1^0 对中性轴的面积矩和全截面的惯性矩；

$\quad\quad$ y_1——计算截面腹板与翼缘连接点至梁中性轴的距离。

对于梁高改变的简支梁，当腹板厚度也改变时，也应按式（4-42）验算腹板拼接焊缝边缘的折算应力，采用焊缝的强度设计值需乘以系数 1.1。

三、翼缘焊缝的计算

焊接组合梁是由三块钢板焊接而成的"工"字形截面梁，通过翼缘焊缝将翼缘板与腹板连接起来，保证梁截面的整体工作。关于翼缘焊缝的受力性能，以图 4-22（a）所示三块叠放的受弯板材为例进行说明。板材发生弯曲后，如三块板材之间的接触面上无摩擦力存在或克服摩擦力之后，在横向荷载作用下产生如图 4-22（b）所示的变形，板件之间相互错动；若要使三块板材整体工作，弯曲时板件间不产生相互错动 [图 4-22（c）]，则必须在板与板间加以焊接，用焊缝来承担板件之间所产生的剪力作用，阻止板件间的相对错动。

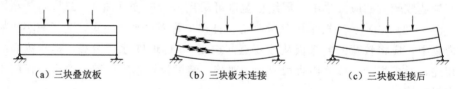

（a）三块叠放板　　　　（b）三块板未连接　　　　（c）三块板连接后

图 4-22　叠放板材的弯曲变形

当梁弯曲时，由于相邻截面中作用在翼缘截面的弯曲正应力有差值，在翼缘与腹板之间将产生水平剪应力，如图 4-23 所示。

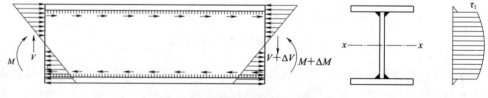

图 4-23　翼缘焊缝的水平剪应力

在焊接组合梁中，翼缘与腹板的连接常采用连续的角焊缝或 K 形焊缝。当翼缘与腹板采用角焊缝时，需对角焊缝进行计算；当采用 K 形焊缝时，可认为焊缝和腹板等强度而不必进行验算。

沿着翼缘与腹板接缝处单位长度上的剪力为

$$T = \tau_1 t_w = \frac{VS_1}{I_x t_w} t_w = \frac{VS_1}{I_x} \qquad (4-43)$$

式中　V——在计算位置处梁的剪力；

　　　I_x——在计算位置处梁截面惯性矩；

　　　S_1——一个翼缘截面面积 A_1 对梁中性轴的面积矩，当部分钢面板参与梁的受弯工作时，S_1 为一个翼缘和参与工作的部分钢面板截面对梁的中性轴的面积矩之和。

当翼缘与腹板采用两条角焊缝连接时，为了保证翼缘板和腹板的整体工作，应使两条角焊缝的剪应力 τ_f 不超过角焊缝的强度设计值 f_f^w，即

$$\tau_f = \frac{T}{2 \times 0.7 h_f} = \frac{VS_1}{1.4 h_f I_x} \leqslant f_f^w \qquad (4-44)$$

从而可得翼缘焊缝厚度 h_f 为

$$h_f \geqslant \frac{VS_1}{1.4 f_f^w I_x} \qquad (4-45)$$

当梁的翼缘上承受有移动集中荷载或承受有固定集中荷载而未设置支承加劲肋时，翼缘与腹板间的连接焊缝不仅承受沿焊缝长度方向的剪力 T 的作用，同时还承受竖向局部压应力引起的竖向剪应力的作用。

单位长度上的竖向剪力为

$$T_v = \sigma_c t_w = \frac{\psi F}{t_w l_z} t_w \times 1 = \frac{\psi F}{l_z} \qquad (4-46)$$

在 T_v 作用下，两条翼缘焊缝相当于正面角焊缝，其应力为

$$\sigma_f = \frac{T_v}{2 \times 0.7 h_f \times 1} = \frac{\psi F}{1.4 h_f l_z} \qquad (4-47)$$

因此，在 T 和 T_v 共同作用下，应满足：

$$\sqrt{\left(\frac{\sigma_f}{\beta_f}\right)^2 + \tau_f^2} \leqslant f_f^w$$

从而得到翼缘焊缝尺寸的计算公式：

$$h_f \geqslant \frac{1}{1.4 f_f^w} \sqrt{\left(\frac{VS_1}{I_x}\right)^2 + \left(\frac{\psi F}{\beta_f l_z}\right)^2} \qquad (4-48)$$

第七节　梁的局部稳定和腹板加劲肋设计

当梁的腹板和翼缘局部失稳后，截面中的应力将进行重新分配，使梁不会立即失去承载能力，但薄板的屈曲部分迅速退出构件工作，截面变为不对称，弯曲中心偏离荷载的作用平面，以致截面发生扭转而提早丧失整体稳定。因此，在规范中规定了对其宽厚比的限值，使其不至于产生局部失稳，否则应采取措施来防止局部失稳的发生。

资源 4-15
钢梁的局部
失稳

下面先分析矩形薄板的稳定问题，然后再介绍梁局部稳定的计算方法和加劲肋的设计。

一、矩形薄板的屈曲

板按照其厚度分为厚板、薄板和薄膜三种。对于厚板，由于板内的横向剪力产生的剪切变形与弯曲变形相比属于相同量级，计算时要加以考虑。对于薄板，剪切变形与弯曲变形相比很微小，可以忽略不计。对于薄膜，其抗弯刚度几乎为零，完全靠薄膜拉力来支承横向荷载的作用。薄板既具有抗弯能力，又可能存在薄膜拉力。平分板的厚度且与板的两个平面平行的平面称为中面，本节只介绍外力作用于中面内的等厚度薄板的屈曲问题。这些受力的薄板常常是受压和受弯构件的组成部分，如"工"字形截面构件的翼缘和腹板及冷弯薄壁型钢中的板件。板在屈曲时产生平面的凸曲现象，出现双向弯曲变形。

下面介绍薄板小挠度分析的平衡方程与不同受力条件下薄板的弹性屈曲问题。

（一）薄板屈曲的小挠度平衡方程

在板的中面内荷载的作用下，根据弹性力学的小挠度理论，板的屈曲平衡方程为

$$D\left(\frac{\partial^4\omega}{\partial x^4}+2\frac{\partial^4\omega}{\partial x^2\partial y^2}+\frac{\partial^4\omega}{\partial y^4}\right)+N_x\frac{\partial^2\omega}{\partial x^2}+2N_{xy}\frac{\partial^2\omega}{\partial x\partial y}+N_y\frac{\partial^2\omega}{\partial y^2}=0,D=\frac{Et^3}{12(1-\mu^2)}$$

$$(4-49)$$

式中　ω——板的挠度；

N_x、N_y——在 x、y 方向板中面内单位宽度上所承受的力；

　　N_{xy}——单位宽度的剪力；

　　D——板单位宽度的抗弯刚度，此抗弯刚度较宽度为 1、高度为 t 的矩形截面梁的抗弯刚度大，这是因为板条弯曲时，截面的侧向应变受到临近板条限制的缘故；

　　μ——材料的泊松比，钢材在弹性范围内时为 0.3。

（二）四边简支薄板的屈曲荷载

（1）单向均匀受压四边简支薄板。对于如图 4 - 24 所示在 x 方向承受均布压力的四边简支矩形薄板，有 $N_{xy}=0$、$N_y=0$，代入式（4 - 49）可得

$$D\left(\frac{\partial^4\omega}{\partial x^4}+2\frac{\partial^4\omega}{\partial x^2\partial y^2}+\frac{\partial^4\omega}{\partial y^4}\right)+N_x\frac{\partial^2\omega}{\partial x^2}=0 \qquad (4-50)$$

满足边界条件：$x=0$ 和 $x=a$ 时，$\omega=0$，$\frac{\partial^2\omega}{\partial x^2}=0$，$\frac{\partial^2\omega}{\partial y^2}=0$；$y=0$ 和 $y=b$ 时，$\omega=0$，$\frac{\partial^2\omega}{\partial x^2}=0$，$\frac{\partial^2\omega}{\partial y^2}=0$。

板挠度可用二重无穷三角级数表示为

$$\omega=\sum_{m=1}^{\infty}\sum_{n=1}^{\infty}A_{mn}\sin\frac{m\pi x}{a}\sin\frac{n\pi y}{b} \qquad (4-51)$$

式中　m、n——板屈曲时沿 x 轴和 y 轴方向的半波数。

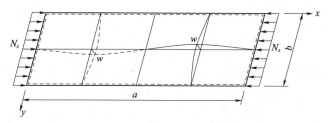

图 4-24 单向均匀受压四边简支矩形板屈曲

将式 (4-51) 代入式 (4-50)，可求得板单位宽度内的临界应力为

$$N_{cr} = \frac{\pi^2 D}{b^2}\left(\frac{mb}{a} + \frac{n^2 a}{mb}\right)^2 \qquad (4-52)$$

从式 (4-52) 可以看出，当 $n=1$ 时，N_{cr} 为最小，即板屈曲时沿 y 方向只有一个"半波"，则

$$N_{cr} = \frac{\pi^2 D}{b^2}\left(\frac{mb}{a} + \frac{a}{mb}\right)^2 = k\frac{\pi^2 D}{b^2}, k = (mb/a + a/mb)^2 \qquad (4-53)$$

式中 k——板的屈曲系数。

取 x 方向不同的半波数，可绘出 k 与 a/b 的关系曲线，如图 4-25 所示。

从图 4-25 中可看出，k 的最小值为 4，对于任一 m 值，除 $a/b=1$ 的一段外，图中实曲线的 k 值变化不大。

现将式 (4-53) 改用临界应力来表示：

$$\sigma_{cr} = k\frac{\pi^2 D}{b^2 t} = k\frac{\pi^2 E}{12(1-\mu^2)}\left(\frac{t}{b}\right)^2 \qquad (4-54)$$

对于薄板在中面内受弯或受不均匀压应力以及其他各种支承情况的板，用类似方法可得到相同的临界应力表达式，只是屈曲系数 k 值将随板的支承情况和应力分布情况的不同而异。

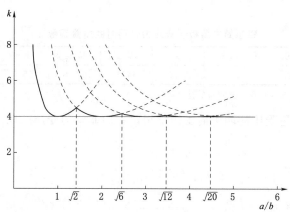

图 4-25 单向均匀受压四边简支矩形板屈曲系数

（2）四边简支的受剪矩形板。四边简支的受剪矩形板如图 4-26（a）所示。

当 $a/b \leqslant 1$ 时

$$k = 4.0 + \frac{5.34}{(a/b)^2} \qquad (4-55)$$

当 $a/b>1$ 时
$$k=5.34+\frac{4.0}{(a/b)^2} \tag{4-56}$$

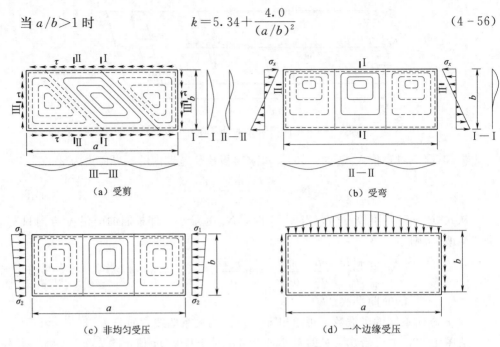

（a）受剪　　　　　　　　　　　　　　（b）受弯

（c）非均匀受压　　　　　　　　　　（d）一个边缘受压

图 4-26　各种应力单独作用下矩形板的屈曲形状

资源 4-17
不同应力作用
下的薄板局部
失稳

　　（3）三边简支、一边自由的板。三边简支、一边自由（与压应力方向平行的一边自由）板的屈曲系数 k 为

$$k=0.425+\left(\frac{b}{a}\right)^2 \tag{4-57}$$

　　（4）四边简支受弯应力作用的矩形板。四边简支受弯应力作用的矩形板，如图 4-26（b）所示，其屈曲系数 k 见表 4-6，可知四边简支板受弯应力作用时 k 的最小值 $k_{\min}$ 为 23.9。

表 4-6　　　　　　　　　　四边简支薄板受弯应力作用时的屈曲系数 k

a/b	0.4	0.5	0.6	0.667	0.75	0.8	1.0	1.33	1.5
k	29.1	25.6	24.1	23.9	24.1	24.4	25.6	23.9	24.1

注　b 为板的受荷载边宽度，等于梁腹板的计算高度。

　　（5）单向非均匀受压的四边简支矩形板。单向非均匀受压的四边简支矩形板，如图 4-26（c）所示。

当 $0\leqslant\alpha_0\leqslant\dfrac{2}{3}$ 时
$$k=\frac{4}{1-0.5\alpha_0} \tag{4-58}$$

当 $\dfrac{2}{3}<\alpha_0\leqslant1.4$ 时
$$k=\frac{4.1}{1-0.47\alpha_0} \tag{4-59}$$

当 $1.4<\alpha_0\leqslant2$ 时
$$k=6\alpha_0^2 \tag{4-60}$$

式中　α_0——应力梯度，$\alpha_0=\dfrac{\sigma_1-\sigma_2}{\sigma_1}$，$\sigma_1$、$\sigma_2$ 分别为最大应力和最小应力，压应力为正，拉应力为负。

（6）一个边缘受压的四边简支矩形板。在实际工程中，往往会遇到矩形板在一个的边缘受压的情况，例如吊车梁的腹板，受轨道上的轮压在腹板上边缘而产生的非均匀分布的压应力。一个边缘受压的四边简支矩形板 [图 4-26（d）]，此种单侧受压板屈曲系数为

当 $0.5 \leqslant \dfrac{a}{b} \leqslant 1.5$ 时 $\qquad k = \dfrac{7.4}{a/b} + \dfrac{4.5}{(a/b)^2}$ （4-61）

当 $1.5 < \dfrac{a}{b} \leqslant 2.0$ 时 $\qquad k = \dfrac{11.0}{a/b} - \dfrac{0.9}{(a/b)^2}$ （4-62）

考虑板件之间的连接并非理想铰接边界，而是相互之间有一定的转动约束，这种受转动约束的板边缘称为弹性嵌固边。弹性嵌固作用使板的临界应力提高，弹性嵌固约束程度取决于相互连接板件的相对刚度，因而引入一个不小于 1.0 的弹性约束系数 χ 对临界应力表达式进行修正：

$$\sigma_{cr} = \frac{k \chi \pi^2 E}{12(1 - \mu^2)} \left(\frac{t}{b} \right)^2 \qquad (4-63)$$

式中 χ——弹性约束系数。

将 $E = 2.06 \times 10^5 \text{N/mm}^2$，$\mu = 0.3$ 代入式（4-63）得

$$\sigma_{cr} = 18.6 k \chi \left(\frac{100t}{b} \right)^2 \qquad (4-64)$$

二、梁受压翼缘的局部稳定

对不需要验算疲劳的梁，按式（4-4）和式（4-5）计算其抗弯强度时，已考虑部分塑性发展，因而翼缘板已进入塑性，但材料在与压应力垂直的方向上仍然是弹性的。这种情况属正交异性，其临界应力的精确计算比较复杂。一般可在式（4-63）中用 $\sqrt{\eta} E$ 代替 E（$\eta \leqslant 1$，为切线模量 E_t 与弹性模量 E 之比）来考虑这种弹塑性的影响。所以有

$$\sigma_{cr} = 18.6 k \chi \sqrt{\eta} \left(\frac{100t}{b} \right)^2 \qquad (4-65)$$

对于受压翼缘的悬伸部分（自由外伸宽度 b，如图 4-7 所示）为三边简支板而边长 a 趋于无穷大的情况，由式（4-57）可得其屈曲系数 $k = 0.425$。支承翼缘板的腹板一般较薄，对翼缘板的约束作用很小，因此忽略腹板对翼缘板的约束作用，取弹性约束系数 $\chi = 1.0$，$\eta = 0.25$，由条件 $\sigma_{cr} \geqslant f_y$（即在强度得到保证的条件下，其稳定性也得到保证）得塑性设计下翼缘宽厚比需满足的局稳要求：

$$\sigma_{cr} = 18.6 \times 0.425 \times 1.0 \times \sqrt{0.25} \left(\frac{100t}{b} \right)^2 \geqslant f_y$$

则 $\qquad \dfrac{b}{t} \leqslant 13 \sqrt{\dfrac{235}{f_y}}$ （4-66）

按弹性设计时（即取塑性发展系数 $\gamma_x = 1.0$），翼缘板内的平均压应力约为 $0.95 f_y$，相应 $\eta = 0.4$，稳定条件为 $\sigma_{cr} \geqslant 0.95 f_y$，由此可得弹性设计下翼缘宽厚比需满足的局稳要求：

$$\frac{b}{t} \leqslant 15\sqrt{\frac{235}{f_y}} \qquad (4-67)$$

箱形梁两腹板之间的部分（腹板间板宽 b_0，图 4-13）相当于四边简支单向均匀受压板，其屈曲系数如图 4-25 所示，取 $k=4$，$\chi=1.0$，$\eta=0.25$，由稳定条件 $\sigma_{cr} \geqslant f_y$ 得

$$\frac{b_0}{t} \leqslant 40\sqrt{\frac{235}{f_y}} \qquad (4-68)$$

三、梁腹板的局部稳定

腹板的受力状态比较复杂，除受有弯应力 σ 外还有剪应力 τ 和局部压应力 σ_c，而且在各个区域的大小和分布不尽相同，当局部稳定性不满足要求时，可增加腹板厚度，也可设置加劲肋，加劲肋的布置如图 4-27～图 4-29 所示。图 4-27 仅布置横向加劲肋，图 4-28 同时布置横向加劲肋和纵向加劲肋，图 4-29 除布置横向、纵向加劲肋外还设置了短加劲肋。

资源 4-18
组合梁的加
劲肋 1

资源 4-19
组合梁的加
劲肋 2

资源 4-20
纵横加劲肋
与短加劲肋

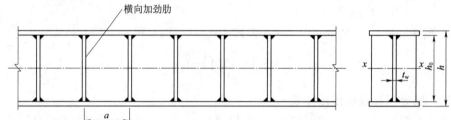

图 4-27　腹板布置横向加劲肋

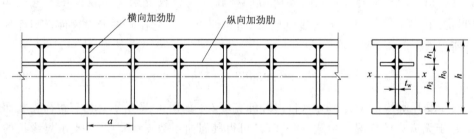

图 4-28　腹板同时布置横向加劲肋和纵向加劲肋

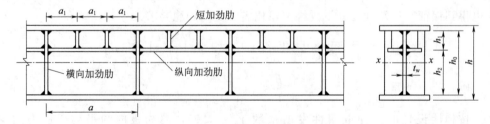

图 4-29　腹板布置横向、纵向加劲肋和短加劲肋

梁的加劲肋和翼缘将腹板分成若干个四边支承的矩形板区格，横向加劲肋主要防止由剪应力和局部压应力可能引起的腹板失稳，纵向加劲肋主要防止由弯曲压应力可能引起的腹板失稳，短加劲肋主要防止由局部压应力可能引起的腹板失稳。

（一）梁支承附近的腹板区段

在梁支承附近的腹板主要受剪应力作用，可以认为腹板有两边弹性固定于翼缘上，另外两边可视为简支，其屈曲系数 k 可按式（4-56）取值，弹性约束系数 $\chi = 1.24$。由式（4-64）可得抗剪临界应力表达式为

$$\tau_{cr} = 18.6 \times \left[5.34 + \frac{4}{(a/b)^2} \right] \times 1.24 \left(\frac{100 t_w}{h_0} \right)^2 \qquad (4-69)$$

当腹板不布置横向加劲肋时，因 a/b 值很大，式（4-69）括号中的第二项可略去不计，则弹性阶段的临界应力为

$$\tau_{cr} = 123 \left(\frac{100 t_w}{h_0} \right)^2 \qquad (4-70)$$

非弹性阶段的临界应力为

$$\tau'_{cr} = \sqrt{\tau_p \tau_{cr}} \qquad (4-71)$$

式中　$\tau_p = 0.8 \tau_y$。

为了保证未加劲的腹板在剪切强度破坏之前不致失稳，令 $\tau'_{cr} \geq \tau_y$，取 $\tau_y = 0.58 f_y$，$f_y = 235 \text{N/mm}^2$，则可得

$$\frac{h_0}{t_w} \leq 85 \sqrt{\frac{235}{f_y}} \qquad (4-72)$$

考虑到梁腹板在支承附近区段尚有少量弯应力同剪应力共同作用等因素，使实际临界应力略有降低，故规范规定：

$$\frac{h_0}{t_w} \leq 80 \sqrt{\frac{235}{f_y}} \qquad (4-73)$$

满足式（4-73）时，可不必验算组合梁腹板的局部稳定性。

（二）梁跨中部分的腹板区段

该区段的腹板主要承受弯应力的作用，支承情况也是两边弹性固定，另外两边简支。屈曲系数取值 $k = 23.9$，弹性约束系数 $\chi = 1.61$，由式（4-64）可得抗弯临界应力的最小值为

$$\sigma_{cr} = 715 \left(\frac{100 t_w}{h_0} \right)^2 \qquad (4-74)$$

为保证腹板在强度破坏之前不致因弯应力作用而失稳，应使临界弯应力 $\sigma_{cr} \geq f_y$，从而可得

$$\frac{h_0}{t_w} \leq 174 \sqrt{\frac{235}{f_y}} \qquad (4-75)$$

跨中部分的腹板尚受剪应力和弯应力共同作用，使实际临界弯应力略有降低，故规范规定：

$$\frac{h_0}{t_w} \leq 170 \sqrt{\frac{235}{f_y}} \qquad (4-76)$$

满足上式时，可不必验算组合梁腹板的局部稳定性。

（三）腹板在局部压应力作用下的屈曲

在实际工程中往往会遇到一个边缘受压的情况，例如吊车梁的腹板，受由轨道上的轮压在腹板上边缘产生的非均匀分布压应力［图 4-26（d）］。此种单侧受压板仍可采用式（4-64）的表达形式，k 值按式（4-61）和式（4-62）选取，取约束系数为 $\chi = 1.81 - 0.255 \times \dfrac{h_0}{a}$，则局部临界应力为

$$\sigma_{c,cr} = 18.6 k \chi \left(\frac{100 t_w}{h_0} \right)^2 \qquad (4-77)$$

（四）腹板在多种边缘应力的共同作用下的屈曲

梁腹板在两个横向加劲肋之间的板段同时有弯曲正应力 σ、剪应力 τ，还有一个边缘局部压应力 σ_c 的共同作用。当这些应力达到某种组合的一定值时，腹板将由平板稳定状态转变为微曲的平衡状态，此临界状态常采用近似的相关方程来表达。

（1）在弯曲应力 σ、剪应力 τ 和顶部局部压应力 σ_c 的共同作用下［图 4-30（a）］，其相关方程表达为

$$\left(\frac{\sigma}{\sigma_{cr}} + \frac{\sigma_c}{\sigma_{c,cr}} \right)^2 + \left(\frac{\tau}{\tau_{cr}} \right)^2 = 1 \qquad (4-78)$$

（2）在剪应力 τ、两侧均匀压应力 σ 和上下边缘均匀压应力 σ_c 的共同作用下［图 4-30（b）］，其相关方程表达为

$$\frac{\sigma}{\sigma_{cr}} + \frac{\sigma_c}{\sigma_{c,cr}} + \left(\frac{\tau}{\tau_{cr}} \right)^2 = 1 \qquad (4-79)$$

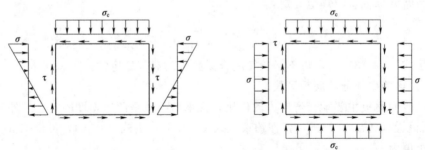

（a）弯曲应力、剪应力和局部压应力共同作用　　（b）剪应力、两侧及上下边缘均匀压应力共同作用

图 4-30　多种应力共同作用下的腹板

四、腹板加劲肋的配置

（1）无局部压应力（$\sigma_c = 0$）的梁，当 $h_0/t_w \leqslant 100\sqrt{235/f_y}$ 时，宜按构造要求配置横向加劲肋（间距 $a \leqslant 2.5 h_0$）；若 $h_0/t_w \leqslant 80\sqrt{235/f_y}$ 可不配置加劲肋。

（2）有局部压应力（$\sigma_c \neq 0$）的梁，当 $h_0/t_w \leqslant 80\sqrt{235/f_y}$ 时，宜按构造配置横向加劲肋（间距 $a \leqslant 2 h_0$）。

（3）无局部压应力（$\sigma_c = 0$）的梁，当 $100\sqrt{235/f_y} \leqslant h_0/t_w \leqslant 170\sqrt{235/f_y}$ 时或

有局部压应力（$\sigma_c \neq 0$）的梁，当 $80\sqrt{235/f_y} \leqslant h_0/t_w \leqslant 170\sqrt{235/f_y}$ 时，应计算配置横向加劲肋。

（4）当 $h_0/t_w \geqslant 170\sqrt{235/f_y}$ 时，应计算配置横向加劲肋和在受压区的纵向加劲肋，必要时（σ_c 很大时）尚应在受压区配置短加劲肋；但考虑腹板屈曲后强度时，应只配置横向加劲肋。

（5）任何情况下，h_0/t_w 均不宜超过 $250\sqrt{235/f_y}$。

（6）梁的支座处和上翼缘受有较大固定集中荷载处，宜设置支承加劲肋。

五、梁腹板各区段的局部稳定计算

（一）仅配置横向加劲肋加强的腹板

腹板在每两个横向肋之间的区格，同时承受弯曲应力、剪应力和一个边缘压应力共同作用稳定条件可用下式表示：

$$\left(\frac{\sigma}{\sigma_{cr}}\right)^2 + \left(\frac{\tau}{\tau_{cr}}\right)^2 + \frac{\sigma_c}{\sigma_{c,cr}} \leqslant 1 \tag{4-80}$$

式中　　σ——计算腹板区格内，由平均弯矩产生的腹板计算高度边缘的弯曲正应力；

τ——计算腹板区格内，由平均剪力产生的腹板平均剪应力，按 $\tau = V/(h_0 t_w)$ 计算；

σ_c——腹板边缘的局部压应力，应按式（4-9）计算，但取式中的 $\psi = 1.0$；

σ_{cr}、$\sigma_{c,cr}$、τ_{cr}——在 σ、σ_c、τ 单独作用下板的临界应力。

（1）σ_{cr} 的表达式。采用国际上通行的表达方法，以通用高厚比 $\lambda_b = \sqrt{f_y/\sigma_{cr}}$ 作为参数，即临界应力 $\sigma_{cr} = f_y/\lambda_b^2$，规范规定用 $1.1f$ 代替 f_y，弹性临界应力的计算公式是：$\sigma_{cr} = 1.1f/\lambda_b^2$。

1）当受压翼缘扭转受到全部约束时，$\sigma_{cr} = 747\left(\dfrac{100t_w}{h_0}\right)^2$，则

$$\lambda_b = \sqrt{\frac{f_y}{\sigma_{cr}}} = \frac{2h_0/t_w}{177}\sqrt{\frac{f_y}{235}} \tag{4-81}$$

2）其他情况时，$\sigma_{cr} = 550\left(\dfrac{100t_w}{h_0}\right)^2$，则

$$\lambda_b = \sqrt{\frac{f_y}{\sigma_{cr}}} = \frac{2h_0/t_w}{153}\sqrt{\frac{f_y}{235}} \tag{4-82}$$

规范规定 σ_{cr} 的计算方法如下：

对于理想弹塑性板，$\lambda_b = 1.0$ 时才是临界应力由塑性转入弹性的分界点，此时 $\sigma_{cr} = f_y$。考虑到存在有残余应力和几何缺陷，把塑性范围缩小到 $\lambda_b \leqslant 0.85$，弹性范围则推迟到 $\lambda_b = 1.25$ 开始，$0.85 < \lambda_b \leqslant 1.25$ 属于弹塑性过渡范围。

在梁整体稳定的计算中，弹性界限为 $0.6f_y$。如果以此为界，则弹性范围 λ_b 起始于 $\sqrt{f_y/0.6f_y} = \sqrt{1/0.6} = 1.29$。鉴于残余应力对腹板局部稳定的影响不如对整体失

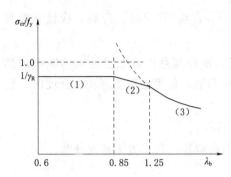

图 4-31　临界应力修正曲线

(1)—塑性区；(2)—弹塑性区；(3)—弹性区

稳大，规范取值 $\lambda_b=1.25$。如图 4-31 所示的实线表示塑性、弹塑性和弹性三个范围，虚线则属于理想弹塑性板。按照以上塑性和弹塑性分界点 $\lambda_b=0.85$、弹塑性和弹性分界点 $\lambda_b=1.25$，弹塑性区临界应力用直线来表示，则临界应力由下式表达：

a. 当 $\lambda_b\leqslant0.85$ 时，塑性区：

$$\sigma_{cr}=f \qquad (4-83)$$

b. 当 $0.85<\lambda_b\leqslant1.25$ 时，弹塑性区

$$\sigma_{cr}=[1-0.75(\lambda_b-0.85)]f \qquad (4-84)$$

c. 当 $\lambda_b>1.25$ 时，弹性区：

$$\sigma_{cr}=1.1f/\lambda_b^2 \qquad (4-85)$$

式中　λ_b——用于腹板受弯计算时的通用高厚比。

(2) τ_{cr} 表达式。以通用高厚比 $\lambda_s=\sqrt{f_{vy}/\tau_{cr}}$ 作为参数（f_{vy} 为剪切屈服强度，其值为 $f_y/\sqrt{3}$）。

1）当 $a/h_0\leqslant1.0$ 时，$\tau_{cr}=23.3[4+5.34(h_0/a)^2](100t_w/h_0)^2$，则

$$\lambda_s=\frac{h_0/t_w}{41\sqrt{4+5.34(h_0/a)^2}}\sqrt{\frac{f_y}{235}} \qquad (4-86)$$

2）当 $a/h_0>1.0$ 时，$\tau_{cr}=23.3[5.34+4.0(h_0/a)^2](100t_w/h_0)^2$，则

$$\lambda_s=\frac{h_0/t_w}{41\sqrt{5.34+4.0(h_0/a)^2}}\sqrt{\frac{f_y}{235}} \qquad (4-87)$$

塑性和弹塑性分界点 $\lambda_s=0.8$、弹塑性和弹性分界点 $\lambda_s=1.2$，弹塑性区临界应力仍用直线来表示，则临界应力由下式表达：

a. 当 $\lambda_s\leqslant0.8$ 时，塑性区：

$$\tau_{cr}=f_v \qquad (4-88)$$

b. 当 $0.8<\lambda_s\leqslant1.2$ 时，弹塑性区：

$$\tau_{cr}=[1-0.59(\lambda_s-0.8)]f_v \qquad (4-89)$$

c. 当 $\lambda_s>1.2$ 时，弹性区：

$$\tau_{cr}=1.1f_v/\lambda_s^2 \qquad (4-90)$$

式中　λ_s——用于腹板受剪计算时的通用高厚比。

(3) $\sigma_{c,cr}$ 表达式。以通用高厚比 $\lambda_c=\sqrt{f_y/\sigma_{c,cr}}$ 作为参数，由稳定公式 $\sigma_{c,cr}=18.6k\chi\left(\frac{100t_w}{h_0}\right)^2$，其 k 值可按式（4-61）或式（4-62）选取，并取 $\chi=1.81-0.255\frac{h_0}{a}$。

1）当 $0.5 \leqslant a/h_0 \leqslant 1.5$ 时

$$k\chi = [7.4h_0/a + 4.5(h_0/a)^2](1.81 - 0.255h_0/a)$$
$$\approx 10.9 + 13.4(1.83 - a/h_0)^3$$

则
$$\lambda_c = \frac{h_0/t_w}{28\sqrt{10.9 + 13.4(1.83 - a/h_0)^3}}\sqrt{\frac{f_y}{235}} \tag{4-91}$$

2）当 $1.5 < a/h_0 \leqslant 2.0$ 时

$$k\chi = [11.0h_0/a - 0.9(h_0/a)^2](1.81 - 0.255h_0/a)$$
$$\approx 1.89 - 5a/h_0$$

则
$$\lambda_c = \frac{h_0/t_w}{28\sqrt{1.89 - 5a/h_0}}\sqrt{\frac{f_y}{235}} \tag{4-92}$$

塑性和弹塑性分界点 $\lambda_c = 0.9$，弹塑性和弹性分界点 $\lambda_c = 1.2$，弹塑性区临界应力仍用直线来表示，则临界应力由下式表达：

a. 当 $\lambda_c \leqslant 0.9$ 时，塑性区：
$$\sigma_{c,cr} = f \tag{4-93}$$

b. 当 $0.9 < \lambda_c \leqslant 1.2$ 时，弹塑性区：
$$\sigma_{c,cr} = [1 - 0.79(\lambda_c - 0.9)]f \tag{4-94}$$

c. 当 $\lambda_c > 1.2$ 时，弹性区：
$$\sigma_{c,cr} = 1.1f/\lambda_c^2 \tag{4-95}$$

式中　λ_c——用于腹板受局部压力计算时的通用高厚比。

（二）同时用横向加劲肋和纵向加劲肋加强的腹板局部稳定计算

纵向加劲肋将腹板分隔成两个区格，应分别计算这两个区格的局部稳定性（图 4-28）。

（1）受压翼缘与纵向加劲肋之间的区格。此区格用下式计算其局部稳定性：
$$\frac{\sigma}{\sigma_{cr1}} + \left(\frac{\tau}{\tau_{cr1}}\right)^2 + \left(\frac{\sigma_c}{\sigma_{c,cr1}}\right)^2 \leqslant 1.0 \tag{4-96}$$

式中的 σ_{cr1}、τ_{cr1}、$\sigma_{c,cr1}$ 分别按下列方法计算。

1）σ_{cr1} 按式（4-83）～式（4-85）计算，但式中的 λ_b 改用下列 λ_{b1} 代替：

a. 当受压翼缘扭转受到完全约束时：
$$\lambda_{b1} = \frac{h_1/t_w}{75}\sqrt{\frac{f_y}{235}} \tag{4-97}$$

b. 其他情况：
$$\lambda_{b1} = \frac{h_1/t_w}{64}\sqrt{\frac{f_y}{235}} \tag{4-98}$$

2）τ_{cr1} 按式（4-86）～式（4-90）计算，但将式中 h_0 改为 h_1（h_1 为纵向加劲肋至腹板计算高度受压边缘的距离，图 4-28）。

3）$\sigma_{c,cr1}$ 按式（4-83）～式（4-85）计算，但式中的 λ_b 改用下列 λ_{c1} 代替：

a. 当受压翼缘扭转受到完全约束时：
$$\lambda_{c1} = \frac{h_1/t_w}{56}\sqrt{\frac{f_y}{235}} \tag{4-99}$$

b. 其他情况：
$$\lambda_{c1} = \frac{h_1/t_w}{40}\sqrt{\frac{f_y}{235}} \tag{4-100}$$

（2）受拉翼缘与纵向加劲肋之间的区格。此区格用下式计算其局部稳定性：

$$\left(\frac{\sigma_2}{\sigma_{cr2}}\right)^2+\left(\frac{\tau}{\tau_{cr2}}\right)^2+\frac{\sigma_{c2}}{\sigma_{c,cr2}}\leqslant 1.0 \qquad (4-101)$$

式中　σ_2——所计算区格内腹板在纵向加劲肋处压应力的平均值；

σ_{c2}——腹板在纵向加劲肋处的横向压应力，取为 $0.3\sigma_c$；

τ——所计算腹板区格内由剪力产生的腹板平均剪应力。

1）σ_{cr2} 按式（4-83）～式（4-85）计算，但式中的 λ_b 改用下列 λ_{b2} 代替：

$$\lambda_{b2}=\frac{h_2/t_w}{194}\sqrt{\frac{f_y}{235}} \qquad (4-102)$$

2）τ_{cr2} 按式（4-86）～式（4-90）计算，但将式中 h_0 改为 h_2（图 4-28）。

3）$\sigma_{c,cr2}$ 按式（4-91）～式（4-95）计算，但式中的 h_0 改用 h_2（图 4-28），当 $a/h_2>2$ 时取 $a/h_2=2$。

（三）同时用横向加劲肋、纵向加劲肋和短加劲肋加强的腹板局部稳定计算

在受压翼缘与纵向加劲肋之间设有短加劲肋的区格，腹板分隔为两个区格，如图 4-29 所示。

（1）受压翼缘与纵向加劲肋之间的区格。此区格的局部稳定性应按式（4-96）计算。该式中 σ_{cr1} 按无短加劲肋时取值；τ_{cr1} 应按式（4-86）～式（4-90）计算，但将 h_0 和 a 分别改为 h_1 和 a_1（a_1 为短加劲肋间距）；$\sigma_{c,cr1}$ 应按式（4-83）～式（4-85）计算，但式中的 λ_b 应改用下列 λ_{c1} 代替：

1）当受压翼缘扭转受到约束时：$\lambda_{c1}=\dfrac{a_1/t_w}{87}\sqrt{\dfrac{f_y}{235}}$ 　　　　（4-103）

2）当受压翼缘扭转未受到约束时：$\lambda_{c1}=\dfrac{a_1/t_w}{73}\sqrt{\dfrac{f_y}{235}}$ 　　　　（4-104）

对 $a_1/h_1>1.2$ 的区格，式（4-103）和式（4-104）右侧应乘以 $1/\sqrt{0.4/0.5a_1/h_1}$。

（2）受拉翼缘与纵向加劲肋之间的区格。受拉翼缘与纵向加劲肋之间区格的局部稳定性，仍按式（4-101）计算。

六、腹板加劲肋的构造要求的截面尺寸

加劲肋常在腹板两侧成对配置，如图 4-32（a）、图 4-32（b）、图 4-32（c）所示，对于仅受静荷载作用或受动荷载作用较小的梁腹板，为了生节省钢材和减轻制造工作量，其横向和纵向加劲肋亦可考虑单侧配置，如图 4-32（d）、图 4-32（e）所示。但对支承加劲肋和重级工作制吊车梁的加劲肋不应单侧设置。

加劲肋可以用钢板或型钢做成，焊接梁一般常用钢板。为了保证梁腹板的局部稳定，加劲肋应具有一定的刚度，要求如下。

（1）在腹板两侧成对配置的钢板横向加劲肋，如图 4-33（a）所示，其截面尺寸按下列经验公式确定：

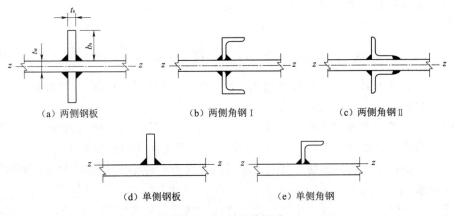

（a）两侧钢板　　　　　（b）两侧角钢Ⅰ　　　　　（c）两侧角钢Ⅱ

（d）单侧钢板　　　　　（e）单侧角钢

图 4-32　加劲肋形式

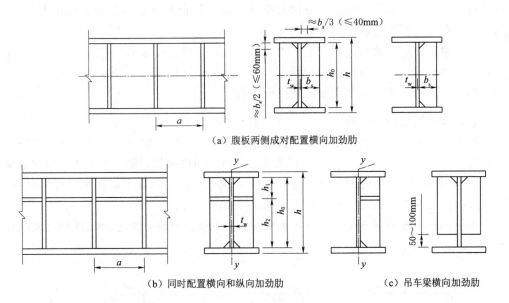

（a）腹板两侧成对配置横向加劲肋

（b）同时配置横向和纵向加劲肋　　　　　（c）吊车梁横向加劲肋

图 4-33　加劲肋构造

外伸宽度：
$$b_s \geqslant \frac{h_0}{30} + 40 \qquad (4-105)$$

厚度：
$$t_s \geqslant \frac{b_s}{15} \qquad (4-106)$$

（2）单侧布置的钢板横向加劲肋，其外伸宽度应大于按式（4-105）算得值的 1.2 倍，厚度应不小于其外伸宽度的 1/15。

（3）在同时用横向加劲肋和纵向加劲肋加强的腹板中，应在其相交处将纵向加劲肋断开，横向加劲肋保持连续，如图 4-33（b）所示。此时横向加劲肋的截面尺寸除应满足上述要求外，其绕 z 轴（图 4-32）的惯性矩还应满足下列公式的要求：
$$I_z \geqslant 3h_0 t_w^3 \qquad (4-107)$$

纵向加劲肋截面绕 y 轴的惯性矩应满足下列公式的要求：

当 $a/h_0 \leqslant 0.85$ 时 $\qquad\qquad I_y \geqslant 1.5 h_0 t_w^3$ （4-108）

当 $a/h_0 > 0.85$ 时 $\qquad I_y \geqslant \left(2.5 - 0.45 \dfrac{a}{h_0}\right)\left(\dfrac{a}{h_0}\right)^2 h_0 t_w^3$ （4-109）

式中 z 轴和 y 轴，当加劲肋双侧成对配置时，为腹板的轴线；当加劲肋单侧配置时，为与加劲肋相连的腹板边缘线。

（4）当配置有短加劲肋时，最小间距为 $0.75h_1$，其短加劲肋的外伸宽度应取为横向加劲肋外伸宽度的 $0.7\sim1.0$ 倍，厚度不应小于短加劲肋外伸宽度的 $1/15$。

（5）用型钢做成的加劲肋，其截面相应的惯性矩不得小于上述对于钢板加劲肋惯性矩的要求。

为了避免焊缝交叉，减少焊接应力，横向加劲肋的端部应切去宽约 $b_s/3$（但不大于 40mm），高约 $b_s/2$（但不大于 60mm）的斜角（图 4-33），以使梁的翼缘焊缝连续通过。在纵向加劲肋与横向加劲肋相交处，应将纵向加劲肋两端切去相应的斜角，使横向加劲肋与腹板连接的焊缝连续通过。

吊车梁横向加劲肋的下端应与上翼缘刨平顶紧，当为焊接吊车梁时尚宜焊接。中间横向加劲肋的下端一般在距受拉翼缘 $50\sim100$mm 处断开，如图 4-33（c）所示。不应与受拉翼缘焊接，以改善梁的抗疲劳性能。

七、支承加劲肋的计算

支承加劲肋系指承受固定集中荷载或者支座反力的横向加劲肋，这种加劲肋应在腹板两侧成对布置（图 4-34），其截面常比一般中间横向加劲肋的截面大，以保证使集中荷载或者支座反力能通过支承加劲肋传给腹板，其形式有平板式和突缘式两种，其中突缘式支座的伸出长度不应大于加劲肋厚度的 2 倍。

支承加劲肋连同部分腹板可当作承受轴心力的受压构件，应进行压杆稳定和端面承压计算。

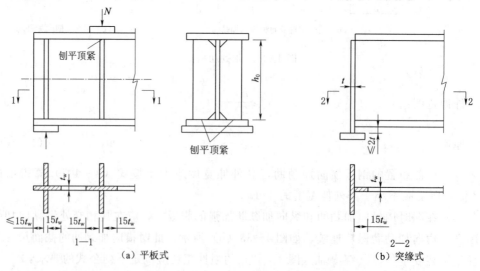

（a）平板式　　　　　　　　　　（b）突缘式

图 4-34　支承加劲肋的构造

资源 4-21
支承加劲肋

（一）支承加劲助的稳定性计算

支承加劲肋作为承受固定集中荷载或梁支座反力的轴心受压构件，须计算垂直于腹板平面的稳定性，具体计算方法参见第五章。此受压构件的截面面积 A 包括加劲肋和加劲肋每侧 $15t_w\sqrt{235/f_y}$ 范围内的腹板面积（图 4-34 的阴影部分），计算长度近似地取为 h_0。

（二）端面承压强度计算

支承加劲助的端部应按所承受的固定集中荷载或支座反力计算，当加劲肋的端部刨平顶紧时，应用下式计算其端面承压应力：

$$\sigma_{ce}=\frac{N}{A_{ce}}\leqslant f_{ce} \tag{4-110}$$

式中　　f_{ce}——钢材端面承压的强度设计值；

　　　　A_{ce}——端面承压面积。

第八节　考虑腹板屈曲后强度的设计

为防止钢梁发生局部失稳，通常限制板件的宽厚比或设置加劲肋，因而往往要耗用较多的钢材，设置加劲肋还要增加制作工作量。根据理论分析和实验研究，板件在屈曲后仍能继续承担更大的荷载，即具有屈曲后强度。

对于承受反复荷载作用的结构，因多次反复屈曲可能导致钢材出现疲劳裂纹，同时构件的工作性能也逐渐恶化，目前关于这方面的研究还不充分，因此在这类荷载的作用下，一般不考虑利用屈曲后的强度。

按照塑性方法设计时，考虑局部失稳将使构件塑性性能不能充分发展，因此规范规定不利用屈曲后的强度。

"工"字形截面的受压外伸翼缘，虽然屈曲后的强度也有所提高，但屈曲后继续承载的潜力不是很大，因此在工程设计中，一般不考虑利用翼缘的屈曲后强度，只考虑利用腹板的屈曲后强度。

对于承受静力荷载和间接承受动力荷载的组合梁，其腹板宜考虑屈曲后强度，则可仅在支座处和固定集中荷载处设置支承加劲肋，其高厚比可以达到 250 也不必设置纵向加劲肋。

一、腹板屈曲后的抗剪承载力

腹板在剪力的作用下发生屈曲后，继续增加荷载时将产生如图 4-35（a）所示的波浪形变形。板在沿波的方向几乎不能抵抗压力作用，但在波的棱线方向却可以承受很大的拉力，与翼缘和加劲肋共同形成一种类似桁架的作用［图 4-35（b）］。在上下翼缘和两个相邻加劲肋之间的腹板区段类似于桁架的一个节间，而腹板相当于桁架节间中的斜拉杆，加劲肋则相当于桁架的竖拉杆，这样的腹板仍可有较大的屈曲后强度，不过承受荷载的机制和屈曲前不同。

规范采用简化的计算方法：引用式（4-86）和式（4-87）中定义的通用高厚比

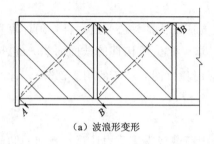 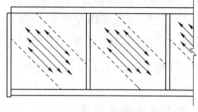

（a）波浪形变形　　　　　　　　　　（b）波的棱线方向可承受拉力

图 4-35　腹板的张力场作用

λ_s，梁腹板抗剪承载力设计值 V_u 由下列公式计算：

当 $\lambda_s \leqslant 0.8$ 时　　　　　　　$V_u = h_0 t_w f_v$　　　　　　　　　　（4-111）

当 $0.8 < \lambda_s \leqslant 1.2$ 时　　$V_u = h_0 t_w f_v [1 - 0.5(\lambda_s - 0.8)]$　　（4-112）

当 $\lambda_s > 1.2$ 时　　　　　　　$V_u = 0.95 h_0 t_w f_v / \lambda_s^{1.2}$　　　　（4-113）

式中　f_v——钢材的抗剪强度设计值。

当梁仅设置支座加劲肋时，由于 $a/h_0 \gg 1$，取式（4-87）中的 $h_0/a = 0$，故 λ_s 由下式计算：

$$\lambda_s = \frac{h_0/t_w}{41\sqrt{5.34}}\sqrt{\frac{f_y}{235}} = \frac{h_0 t_w}{95}\sqrt{\frac{f_y}{235}} \qquad (4-114)$$

二、腹板屈曲后的抗弯承载力

在弯矩的作用下腹板的受压区可能屈曲，梁腹板屈曲后的性能与剪切作用下的情况有所不同。例如，图 4-36（a）所示受纯弯曲作用下的腹板区段，腹板发生屈曲时的临界应力 σ_{cr} 小于钢材的屈服点 f_y。当弯矩继续增加时，由于腹板已经屈曲成波形，部分截面无力承受增大的压力。因此，截面的应力增加是非线性的。应考虑板屈曲后的强度，计算梁截面的极限弯矩时，一种实用的分析方法是取如图 4-36（b）所示的截面，认为受压区的部分腹板退出工作，不起受力作用，且将受压区以及受拉区的应力均视为直线分布，当梁受压翼缘的最外纤维应力到达 f_y 时，梁截面到达极限状态。这种方法本质上属于按梁腹板的有效高度进行计算，假定受压区有效高度为 ρh_c，平均分布在受压区的上、下两部分，受压区中部扣除一个 $(1-\rho)h_c$ 高度的腹板不工作，同时受拉区中部也扣除一个 $(1-\rho)h_c$，简化后的受压区和受拉区呈对称截面。梁所能承受的弯矩就是有效截面［图 4-36（b）所示阴影剖面］按线性应力分布计算所得，规范给出的梁腹板屈曲后的抗弯承载力设计值 M_{eu} 的计算公式，就是基于这种概念而进一步简化的近似计算公式：

$$M_{eu} = \gamma_x \alpha_e W_x f \qquad (4-115)$$

$$\alpha_e = 1 - \frac{(1-\rho)h_c^3 t_w}{2I_x} \qquad (4-116)$$

式中　γ_x——梁截面塑性发展系数；

α_e——梁截面模量考虑腹板有效高度的折减系数；

I_x、W_x——按梁截面全部有效算得的绕 x 轴的惯性矩和截面模量；

h_c——按梁截面全部有效算得的腹板受压区高度；

ρ——腹板受压区有效高度系数，按下列公式计算：

当 $\lambda_b \leqslant 0.85$ 时 $\qquad\qquad \rho = 1.0$ $\qquad\qquad\qquad\qquad$ (4-117)

当 $0.85 < \lambda_b \leqslant 1.25$ 时 $\qquad \rho = 1 - 0.82(\lambda_b - 0.85)$ $\qquad\qquad$ (4-118)

当 $\lambda_b > 1.25$ 时 $\qquad\qquad \rho = \dfrac{1}{\lambda_b}\left(1 - \dfrac{0.2}{\lambda_b}\right)$ $\qquad\qquad\qquad$ (4-119)

式中 λ_b——式 (4-81) 和式 (4-82) 中定义的通用高厚比。

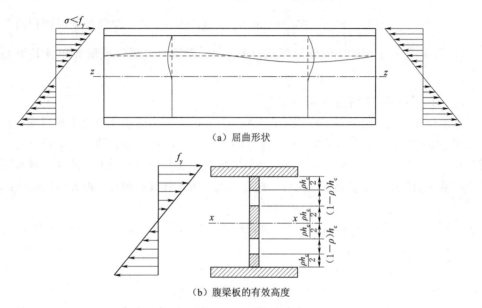

（a）屈曲形状

（b）腹梁板的有效高度

图 4-36 弯应力作用下屈曲后性能

三、腹板屈曲后的承载力

梁腹板常在大范围内同时承受弯矩和剪力。这种腹板屈曲后对梁承载力的影响分析起来比较复杂。弯矩 M 和剪力 V 的相关关系有多种不同的相关曲线可表达。

我国设计规范引用弯矩 M 和剪力 V 的无量纲化的相关关系，如图 4-37 所示。首先假定弯矩不超过翼缘所能承受的最大弯矩 M_f 时，腹板不参与承担弯矩作用。当截面全部有效而腹板边缘屈服时，腹板可以承受剪应力的平均值约为 $0.65 f_{vy}$（f_{vy} 为剪切屈服强度）左右。对于薄腹板梁，腹板也同样可以负担剪力，可偏安全地取为仅承受剪力时最大值 V_u 的 0.5 倍，即当 $V/V_u < 0.5$ 时，取 $M/M_{eu} = 1.0$。如图 4-35 所示的相关曲线的 A 点（M_f/M_{eu}，1.0）和 B 点（1.0，0.5）之间的曲线可用抛物线来表达，由此抛物线确定的验算式为

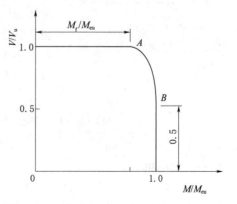

图 4-37 剪力与弯矩相关曲线

155

$$\left(\frac{V}{0.5V_u}-1\right)^2+\frac{M-M_f}{M_{eu}-M_f}\leqslant 1.0 \qquad (4-120)$$

式中　M，V——梁的同一截面上同时产生的弯矩和剪力设计值，计算时，当 $V<$
　　　　　　　$0.5V_u$ 时，取 $V=0.5V_u$，当 $M<M_f$ 时，取 $M=M_f$；

　　　M_{eu}，V_u——梁抗弯和抗剪承载力设计值；

　　　　　M_f——梁两翼缘所承担的弯矩设计值，对双轴对称截面梁 $M_f=A_fh_ff$（A_f
　　　　　　　为一个翼缘截面积，h_f 为上、下翼缘轴线间距离），对于单轴对称截

　　　　　　　面梁，$M_f=\left(A_{f1}\dfrac{h_1^2}{h_2}+A_fh_2\right)f$（$A_{f1}$、$h_1$ 为一个翼缘截面面积及其形

　　　　　　　心至梁中性轴的距离；A_{f2}、h_2 为另一个翼缘截面面积及其形心至

　　　　　　　梁中性轴的距离）。

四、腹板屈曲后梁的加劲肋设计

如果仅设置支承加劲肋不能满足式（4-120）时，应在腹板两侧成对设置横向加劲
肋以减小区格的长度，其间距 $a=(1.0\sim2.0)h_0$。这时，横向加劲肋的截面尺寸除了要
满足式（4-105）和式（4-106）外，还需考虑拉力场竖向分力对其的作用。规范要求
将中间横向加劲肋当作轴心受压构件，按以下轴心力计算其在腹板平面外的稳定性：

$$N_s=V_u-\tau_{cr}h_0t_w+F \qquad (4-121)$$

式中　V_u——梁腹板抗剪承载力设计值，按式（4-111）～式（4-113）计算；

　　　h_0——梁腹板高度；

　　　τ_{cr}——按式（4-88）～式（4-90）计算；

　　　F——作用于中间支承加劲肋上端的集中荷载。

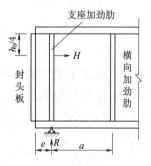

图 4-38　梁端支座加劲肋构造

当 $\lambda_s>0.8$ 时，支座加劲肋除承受梁支座反力 R
外，还承受张力斜拉力水平分力 H：

$$H=(V_u-\tau_{cr}h_0t_w)\sqrt{1+(a/h_0)^2} \qquad (4-122)$$

水平力 H 的作用点在距腹板计算高度上边缘 $h_0/$
4 处。此压弯构件的计算长度亦近似地取为 h_0。为了
增强抗弯能力，还应在梁外的端部加设封头板，当支
座加劲肋采用如图 4-38 所示的形式时，将支座加劲
肋按承受支座反力 R 的轴心压杆计算，封头板截面积
则不小于 $A_c=3h_0H/(16ef)$，其中 e 如图 4-38 所
示，f 为钢材强度设计值。

第九节　梁的拼接、连接和支座

一、梁的拼接

梁的拼接是板件在梁段之间的相互连接。梁的拼接可有工厂拼接和工地拼接两种
类型。由于钢材规格受到限制，必须将翼缘或腹板在工厂车间里拼宽或接长的工艺方

式称为工厂拼接。由于运输或安装条件的限制，将构件在工厂车间分段制作后运到工地现场拼接的工艺方式称为工地拼接。

型钢梁的拼接可采用对接焊缝连接［图4-39（a）］，但由于翼缘与腹板连接处不易焊透，故有时采用拼接板拼接［图4-39（b）］，其拼接位置均宜放在弯矩较小处。

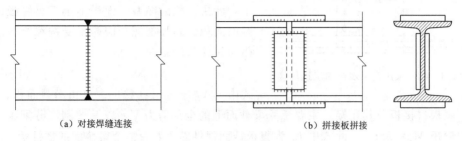

（a）对接焊缝连接　　　　　　　　　　（b）拼接板拼接

图4-39　型钢梁的拼接

焊接组合梁的工厂拼接，翼缘和腹板的拼接位置宜错开并用直对接焊缝相连，避免交叉焊缝，故应避开加劲肋和次梁的连接位置，腹板的拼接焊缝与横向加劲肋之间至少应相距$10t_w$（图4-40）。对接焊缝施焊时宜加引弧板，并采用一级或二级焊缝质量检验时，可认为焊缝与母材等强度。对于三级焊缝，由于焊缝抗拉强度低于母材强度，可采用斜焊缝或将拼接位置布置在弯矩较小的区域。

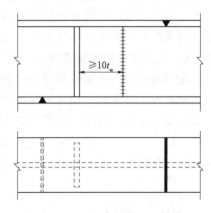

图4-40　组合梁的工厂拼接

梁的工地拼接位置宜放在弯矩较小处，梁的翼缘和腹板应尽量在同一截面处断开，以便于分段运输。但同一截面拼接会使薄弱部位集中，为保证焊缝质量，应将上、下翼缘的拼接边缘做成向上开口的V形坡口，以便俯焊（图4-41）。有时将翼缘和腹板的接头略为错开一些［图4-41（b）］，这样受力情况较好，但运输构件突出部分应特别保护，以免碰损。

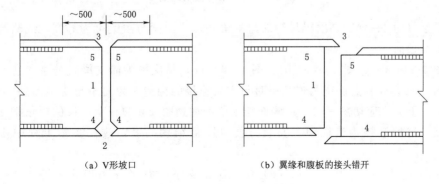

（a）V形坡口　　　　　　　　　　（b）翼缘和腹板的接头错开

图4-41　组合梁的工地拼接

（1、2、3、4、5为拼接焊缝顺序）

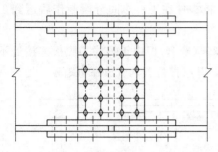

图 4-42　采用高强螺栓的工地拼接

在工地施焊条件较差，焊缝质量难以保证时，对较重要的或受动力荷载的大型组合梁，宜采用高强度螺栓连接（图 4-42）。翼缘拼接板和每侧的高强度螺栓通常均由等强度条件确定，即拼接板的净截面面积不小于翼缘板的净截面面积。高强度螺栓应能承受按翼缘板净截面面积计算的轴向力 N_1：

$$N_1 = A_{fn} f \qquad (4-123)$$

式中　A_{fn}——被拼接的翼缘板净截面面积。

腹板拼接板及其连接，主要承受梁截面上的全部剪力 V，以及按刚度分配到腹板上的弯矩 $M_w = M I_w / I$ 此式中 I_w 为腹板截面惯性矩，I 为整个梁截面的惯性矩。

二、主梁、次梁的连接

主梁、次梁的连接有铰接和刚接两种。铰接为柔性连接，能传递支点反力，而刚接则要求能同时传递支承反力和支座弯矩。

（一）主次梁的铰接连接

资源 4-22
次梁与主梁的叠接

主梁和次梁的连接可做成叠接或平接两种铰接方式。叠接（图 4-43）是将次梁直接搁置在主梁上面，用螺栓或焊缝相连，这种连接方式构造简单，便于施工，但所占结构高度较大，其使用常受到限制。图 4-43（a）是次梁为简支梁时与主梁连接的构造，图 4-43（b）是次梁为连续梁时与主梁连接的构造。如次梁截面较大时，应另采取构造措施防止支承处截面的扭转。

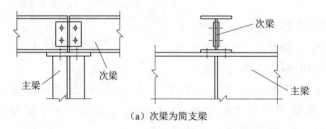

（a）次梁为简支梁　　　　　　　　　　（b）次梁为连续梁

图 4-43　主梁与次梁的叠接

资源 4-23
次梁与主梁的平接

平接（图 4-44）是次梁从侧面与主梁相连，次梁与主梁可为等高，或略高、略低于主梁顶面。

图 4-44（a）、图 4-44（b）、图 4-44（c）是次梁为简支梁时与主梁连接的构造，图 4-44（d）是次梁为连续梁时与主梁连接的构造。为便于与主梁加劲肋相连，次梁上、下翼缘应切割一段，从侧面与主梁的加劲肋或在腹板上专设的短角钢或支托相连接。这种连接构造简单、安装方便且降低结构高度，故在实际工程中应用较广泛。

在图 4-44（c）、图 4-44（d）中，次梁支座压力 V 先由焊缝①传给支托竖直板，然后由焊缝②传给主梁腹板。在其他的连接构造中，支座压力的传递途径与此相似，不一一分析。具体计算时，在形式上可不考虑偏心作用，而将次梁支座压力增大

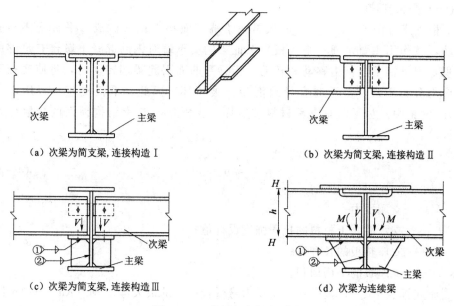

（a）次梁为简支梁,连接构造Ⅰ   （b）次梁为简支梁,连接构造Ⅱ

（c）次梁为简支梁,连接构造Ⅲ   （d）次梁为连续梁

图 4-44 次梁与主梁的平接

20%~30%，以考虑实际上存在的偏心的影响。

（二）主次梁的刚接连接

刚接连接也可做成叠接和平接。次梁为连续梁和主梁连接时，只需将连续次梁置于主梁顶面直接连续通过，做法同铰接叠接。次梁与主梁平接时，次梁应支承于主梁的承托上，梁顶面上应设置连接盖板。次梁支座反力靠承托传递给主梁，次梁的支座负弯矩所产生的上翼缘拉力由盖板传递，下翼缘压力由承托水平顶板传递。并按此水平力 H 计算连接盖板的截面及次梁的连接焊缝和承托顶板与主梁腹板的连接焊缝。水平力 $H=M/h$（M 为次梁支座弯矩，h 为次梁高度）。盖板和主梁上翼缘间连接焊缝，因不受力，按构造要求施焊。为了避免仰焊，上层板件应比下层板件稍窄。

三、梁的支座

梁的支座可有墩座、钢筋混凝土柱或钢柱。梁上荷载通过支座传递给下部支承结构。下面介绍梁与墩座或钢筋混凝土柱的连接形式。

常用支座有平板支座、弧形支座、铰轴支座及滚轴支座三种形式（图 4-45）。

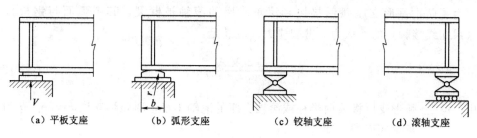

（a）平板支座   （b）弧形支座   （c）铰轴支座   （d）滚轴支座

图 4-45 梁的支座

（一）平板支座

平板支座 [图 4-45 （a）] 一般是在梁端下面垫上钢板做成，平板支座不能自由转动，其作用主要是通过平底板来保证梁的支承端对钢筋混凝土墩台有足够的承压面积，但梁端不能自由移动和转动。当梁弯曲而引起梁端转动时，将使底板下的承压应力分布不均，严重时会导致混凝土被压坏。因此，平板支座一般用于跨度 $l < 20m$ 的梁中。为了防止支承材料被压坏，支承板与支承结构顶面的接触面积按下式计算：

$$A = ab \geqslant \frac{V}{f_c} \tag{4-124}$$

式中　V——支座反力；

　　　f_c——支承混凝土材料的抗压强度设计值；

　　a、b——支座垫板的长和宽；

　　　A——支座板的平面面积。

支座底板的厚度 t，按受均布支反力悬臂板产生的最大弯矩 $M = Ra/8$ 进行计算：

$$t = \sqrt{\frac{6M}{bf}} \tag{4-125}$$

式中　f——底板钢材的抗弯强度设计值。

（二）弧形支座

弧形支座 [图 4-45 （b）] 与梁的支承面成弧形曲面，由厚约 $40 \sim 50mm$ 顶面切削成圆弧形的钢垫板制成，使梁能自由转动并可产生适量的移动（摩阻系数约为 0.2），并使下部结构在支承面上的受力较均匀，常用于跨度 $l = 20 \sim 40m$ 的梁中，支反力不超过 750kN（设计值）的梁中。

（三）铰轴支座及滚轴支座

铰轴支座 [图 4-45 （c）] 由上、下支承板、中间枢轴和滚轴组成。枢轴可自由转动形成理想铰，完全符合梁简支的力学模型，梁端可以自由转动。铰轴支座下设滚轴时称为滚轴支座 [图 4-45 （d）]，滚轴可自由移动。滚轴支座可以消除由于梁弯曲变形和温度变化引起的附加应力，适用于跨度 $l > 40m$ 的梁中。梁的一端使用该轴支座时，梁另一端需采用平板支座或弧形支座。

为了防止弧形支座弧形垫块和滚轴支座的滚轴被劈裂，其圆弧面与钢板接触面（系切线接触）的承压力（劈裂应力）应满足：

$$\sigma = \frac{25V}{2nra_1} \leqslant f \tag{4-126}$$

式中　r——弧形支座板表面半径或滚轴支座的滚轴半径，对弧形支座 $r \approx 3b$（b 为支承梁底面的宽度）；

　　　a_1——弧形表面或滚轴与平板的接触长度；

　　　n——滚轴个数，对于弧形支座 $n = 1$。

铰轴或滚轴式支座的圆柱形枢轴，当接触面中心角 $\theta>90°$ 时，其承压应力应满足下式要求：

$$\sigma=\frac{2V}{dl}\leqslant f \tag{4-127}$$

式中　d——枢轴直径；

　　　l——枢轴纵向接触长度。

本 章 小 结

钢梁是钢结构中重要的基本构件，本章主要内容包括三大部分：第一部分是梁的强度、刚度及截面选择；第二部分是梁的整体稳定和局部稳定；第三部分是梁的构造要求及支承等。重点掌握钢梁的强度及稳定设计计算方法。

（1）钢结构中最常用的钢梁有型钢梁和焊接组合梁两种。

（2）钢梁的计算包括强度、刚度、整体稳定和局部稳定等。

（3）梁的强度包括抗弯强度 σ、抗剪强度 τ、局部承压强度 σ_c 和折算应力 σ_{eq} 四项，其中 σ 必须计算，后三项则视情况而定。如型钢梁若截面无削弱可不计算 τ，且可不计算 σ_c 和折算应力 σ_{eq}。组合梁在固定集中荷载处设有支撑加劲肋时也无须计算 σ_c。

（4）在钢梁的抗弯强度设计中，在单向弯曲时按式（4-4）计算，双向弯曲时按式（4-5）计算，式中 γ_x 和 γ_y 只用在承受静力荷载或间接承受动力荷载的梁，以考虑部分截面发展塑性。对直接承受动力荷载或需要计算疲劳的梁及采用容许应力法设计的梁则不考虑截面发展塑性，即 $\gamma_x=\gamma_y=1.0$。

（5）梁的抗剪强度、局部承压强度和折算应力分别按式（4-6）、式（4-9）和式（4-10）计算。折算应力只在同时受有较大弯曲应力 σ 和剪应力 τ 或还有局部压应力 σ_c 的部位才作计算（如梁截面改变处的腹板计算高度边缘）。

（6）在进行梁的刚度时，荷载应采用标准值，即不乘荷载分项系数，对动力荷载不考虑动力系数。

（7）梁的整体稳定应特别重视，因失稳是在强度破坏前突然发生的，往往事先无明显征兆。应尽量采取构造措施以提高整体稳定性能，如将密铺的铺板与受压翼缘焊牢、增设受压翼缘的侧向支承等。掌握梁的整体稳定验算公式以及整体稳定系数 φ_b 的计算公式。当算出的 $\varphi_b>0.6$ 时，须换算成 φ_b'（弹塑性阶段整体稳定系数）计算。

（8）梁整体失稳的临界应力和梁截面的几何形状及尺寸（受压翼缘宽有利）、受压翼缘的侧向自由长度（长度短有利）、荷载类型（均布荷载比集中荷载不利）和作用位置（作用在上翼缘比作用在下翼缘不利）等因素有关。

（9）梁的局部稳定对除 H 型钢之外的型钢梁可不考虑。对"工"字形组合梁翼缘的局部稳定，应掌握其失稳现象以及限制其宽厚比，以满足局部稳定的要求；对"工"字形组合梁腹板的局部稳定，应掌握三种局部失稳现象及原因，限制腹板的高厚比或设置不同类型加劲肋以提高腹板局部稳定性。

（10）支承加劲肋受力端应刨平并顶紧，其截面除应符合横向加劲肋的刚度要求外，还应满足其稳定性和端面承压强度的要求等。

（11）了解主次梁的梁格形式，以及次梁与主梁的连接方法及有关的构造措施。

（12）了解梁支座的形式和应用。

思　考　题

（1）常用钢梁形式有哪几种？钢梁截面为什么常用工字钢截面？工字钢梁与槽钢梁的受力性能有何特点？

（2）在静荷载作用下钢梁的弯曲可分为几个阶段？各阶段的应力图形如何？

（3）对于简支钢梁，什么条件下可按部分截面发展塑性计算抗弯强度？

（4）钢梁丧失整体稳定的原因是什么？整体稳定临界应力受哪些因素影响？如何提高和保证整体稳定性？

资源 4-24
思考题

（5）焊接组合钢梁的整体稳定如何验算？公式中的 φ_b 代表什么意义？为什么当 $\varphi_b > 0.6$ 要将 φ_b 修正为 φ_b'？

（6）焊接组合梁的设计包括哪几项内容？应满足哪些基本要求？

（7）焊接组合梁的高度由哪些条件确定？最小梁高和经济梁高是根据什么条件和要求确定的？

（8）选择焊接组合梁腹板的高度和厚度应考虑哪些要求？腹板选择太厚或太薄会发生什么问题？

（9）选择焊接组合梁翼缘尺寸时应考虑哪些要求？哪些要求是主要的？翼缘选择太窄太厚或太宽太薄，会发生什么问题？

（10）焊接组合梁为何要沿跨度改变截面？改变方式和应用情况如何？梁高改变位置和端部梁高如何确定？

（11）什么是梁的局部失稳？梁的整体失稳和局部失稳在概念上有何不同？保证梁局部稳定的措施有哪些？

（12）焊接组合梁不满足局部稳定条件时应如何处理？

（13）焊接组合梁支承区段和跨中区段的局部稳定性有何异同？在何种情况下设置横向加劲肋和纵向加劲肋？

（14）试从薄板失稳时的屈曲形状和临界应力公式两方面来阐明横向加劲肋和纵向加劲肋的作用。

（15）设置焊接组合梁的横向、纵向加劲肋时，应注意哪些问题？布置纵向加劲肋时为何不设在中性轴附近？

（16）说明支承加劲肋的作用、传力途径和受力情况，在验算其稳定性和承压强度时所取的面积有何区别？

（17）梁的支座有哪几种形式？如何进行计算？

习　题

（1）试验算双轴对称"工"字形等截面简支梁的整体稳定性和弯应力强度。已知梁跨度 7.2m，跨中有一集中荷载作用在上翼缘，其设计值为 600kN，跨中无侧向支承，腹板选用－1200×10，翼缘选用－300×16，钢材选用 Q235。

资源 4－25
习题

（2）验算如图 4-46 所示焊接工字形等截面简支梁的整体稳定性。已知：材料选用 Q345 钢，梁跨度 $l=6$m，跨中无侧向支承，集中荷载作用在上翼缘，最大弯矩 $M_{\max}=5433$kN·m，$I_x=1564336$cm^4，$I_y=28395$cm^4。

（3）一平台梁格的布置如图 4-47 所示。铺板为预制钢筋混凝土板（板与次梁上翼焊牢）。设平台永久分布荷载设计值为 3.86kN/m^2，静力活荷载设计值为 39kN/m^2。次梁用型钢与主梁等高连接，钢材为 Q345 钢，试选择次梁截面。

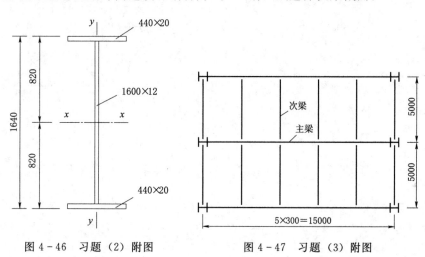

图 4-46　习题（2）附图　　　　　图 4-47　习题（3）附图

（4）验算图 4-48 所示单轴对称"工"字形截面简支梁的整体稳定性和弯应力强度。已知钢材牌号为 Q235，计算跨度 $l=6$m，跨中无侧向支承，跨中上翼缘作用有集中荷载，按荷载设计值计算的跨中最大弯矩 $M_x=500$kN·m。

（5）如图 4-49 所示为一"工"字形截面组合梁，已知其腹板的高厚比 $h_0/t_w \geqslant 170\sqrt{235/f_y}$，为保证腹板的局部稳定，试在支座处及梁段内布置加劲肋。

（6）按习题（3）中的资料设计该工作平台的主梁（焊接"工"字形截面），材料为 Q345 钢，E50 焊条。设计内容包括截面选择、截面改变、翼缘焊缝和腹板加劲肋。

（7）按简支梁设计电动葫芦轨道梁。已知计算跨度 $l=6$m，作用于工字钢梁下翼缘的轮压按一个集中荷载

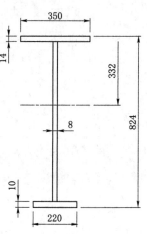

图 4-48　习题（4）附图

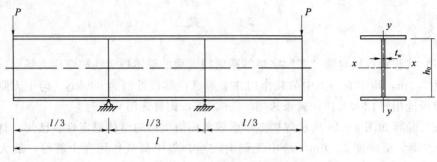

图 4-49 习题 (5) 附图

$P=22$kN（标准值）计算，荷载分项系数 $\gamma_Q=1.4$。钢材采用 Q235 钢。考虑梁的下翼缘受轮子磨损，截面惯性矩 I_x 应乘以 0.9。容许挠度 $[\omega]=l/400$。

第五章
钢柱与钢压杆

内容摘要

本章讲述钢结构轴心受压和压弯构件的强度、刚度、整体稳定和局部稳定计算方法及其连接节点（梁柱节点与柱脚）的设计。重点是钢柱的整体稳定和局部稳定计算方法以及它们的设计计算。

第一节　钢柱与钢压杆的形式和应用

柱是用来支撑梁、桁架等结构并将荷载传至基础的受压构件。它由柱头（或梁柱连接节点）、柱身和柱脚三部分组成，如图 5-1 所示。柱按受力性质可分为轴心受压柱和压弯柱两种。构件受到沿柱轴方向的压力（轴力）和绕截面形心主轴的弯矩作用称为压弯柱。如果只有绕截面一个形心主轴的弯矩，称为单向压弯柱；绕两个形心主轴都有弯矩时，称为双向压弯柱。弯矩由偏心轴力引起时又称为偏压柱。

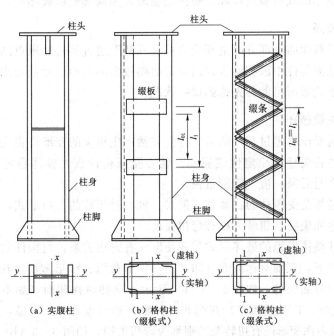

图 5-1　柱的组成及分类

柱按构造形式可分为实腹柱和格构柱两类，如图 5-1 所示。实腹式构件制作较为节省工时，与其他构件的连接构造也较简单。格构式构件制作费工，但可节约钢材。实腹式柱和格构式柱的常用截面形式如图 5-2 所示。

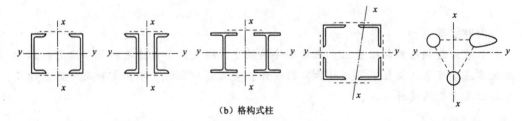

(a) 实腹式柱

(b) 格构式柱

图 5-2　柱的常用截面形式

　　柱与压杆在受力性质和计算方法等方面并无区别，只是在构造和截面形式上有所不同。因此本章关于柱的计算方法同样也适用于压杆。

第二节　钢柱与钢压杆的可能破坏形式

　　柱的可能破坏形式有强度破坏、整体失稳破坏和局部失稳破坏等。

一、强度破坏

　　强度破坏指截面的一部分或全部应力都达到甚至超过钢材屈服点的状况。内力最大的截面、等截面构件中因孔洞等原因局部削弱较多的截面、变截面构件中内力相对大而截面相对小的截面可能首先达到这一状况。

二、整体失稳破坏

　　受压构件所受压力超过某一值后，构件突然产生很大的变形而丧失承载能力，这种现象称为构件丧失整体稳定性或屈曲。轴心受压构件丧失整体稳定常常是突发性的，容易造成严重后果，应予特别重视。

　　整体失稳破坏是受压柱的主要破坏形式。轴心受压柱的失稳形式，根据其失稳时的变形可分为弯曲失稳、扭转失稳和弯扭失稳。

　　轴心受压柱整体失稳的破坏形式与截面形式有密切关系，与构件的细长程度也有关系。一般情况下，双轴对称截面（如"工"字形截面、H形截面）在失稳时只出现弯曲变形，称为弯曲失稳，如图 5-3（a）所示。单轴对称截面（如不对称"工"字形截面、[形截面、T形截面等）在绕非对称轴失稳时也是弯曲失稳，而绕对称轴失稳时，不仅出现弯曲变形还有扭转变形则称为弯扭失稳，如图 5-3（b）所示。无对称轴的截面（如不等肢L形截面）在失稳时均为弯扭失稳。对于十字形截面和Z形截面，除会出现弯曲失稳外，还有可能出现只有扭转变形的扭转失稳，如图 5-3（c）所示。

　　压弯构件的整体失稳破坏有多种形式。单向压弯构件的整体失稳分为弯矩作用平面内和弯矩作用平面外两种情况。

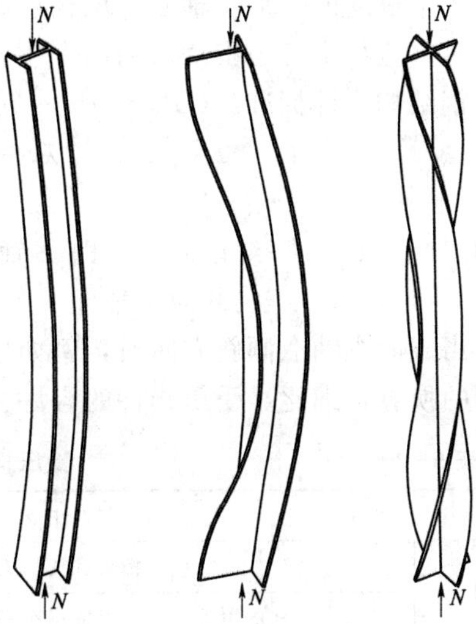

压弯构件在弯矩作用平面内失稳属于极值失稳。压弯构件在其承载力到达极值点之后，因变形过大不能负担更大的轴压力，这类失稳被称为极值失稳。

在一个主轴平面内弯曲的构件，在压力和弯矩作用下，发生弯曲平面外的侧移与扭转，称为压弯构件平面外的整体失稳，又称弯扭失稳。假如构件各截面的几何与物理中心是理想直线，弯矩也是作用在一个平面内，则这种失稳具有分枝失稳的特点。

双向压弯构件的整体失稳一定伴随着构件的扭转变形，这是与双向弯曲显著不同的变形特征。

(a) 弯曲失稳　　(b) 弯扭失稳　　(c) 扭转失稳

图 5-3　轴心压杆整体失稳的形态

三、局部失稳破坏

轴心受压构件中的板件如"工"字形、H 形截面的翼缘和腹板等均处于受压状态，如果板件的宽度与厚度之比较大，就会在压应力作用下局部失稳，出现波浪状的鼓曲变形。对于局部失稳，目前有两种处理观点：一种是不允许出现局部失稳，认为虽然局部失稳后，板件仍有屈曲后强度，构件仍能继续承担荷载，但局部失稳会使板件出现明显的凹凸变形，在使用中是不可取的；另一种允许出现局部失稳，并利用板件弯曲后的强度，进一步达到节约用钢的目的。在工程设计中，应根据具体对象具体分析，以确定采用哪一种方法。压弯构件的受压翼缘和腹板也会发生类似的局部失稳现象。

第三节　钢柱与钢压杆的截面强度和刚度

一、轴心受压构件的强度和刚度

截面有局部削弱的轴心受压构件才有可能出现强度破坏。当截面应力超过屈服点后，截面应变会迅速增加，并诱发受压板件局部失稳。因此，通常以截面的平均应力达到屈服点 f_y 为轴心受压构件强度破坏的准则。在设计时，则以截面的平均应力达到材料的强度设计值 f 时的轴心压力作为轴心受压构件的强度承载力设计值：

$$\sigma = N/A_n \leqslant f \qquad (5-1)$$

式中　N——轴心受压构件承受的轴心压力；

　　　A_n——净截面面积。

轴心受拉构件的强度计算除高强度螺栓摩擦型连接处外，也可按式（5-1）计算。

为满足结构的正常使用要求，避免杆件在制作、运输、安装和使用过程中出现刚度不足的现象，轴心受力构件不应做得过分柔细，而应具有一定的刚度，以保证构件不会产生过度的变形。轴心受压构件的刚度是通过限制长细比来保证。计算构件的长细比时，应分别考虑围绕截面两个主轴（即 x 轴和 y 轴）的长细比 λ_x 和 λ_y 应都不超过《钢结构设计标准》（GB 50017—2017）规定的容许长细比 $[\lambda]$：

$$\left.\begin{array}{l} \lambda_x = l_{0x}/i_x \leqslant [\lambda] \\ \lambda_y = l_{0y}/i_y \leqslant [\lambda] \end{array}\right\} \tag{5-2}$$

式中 l_{0x}、l_{0y}——绕截面主轴即 x 轴和 y 轴的构件计算长度；

       i_x、i_y——绕截面主轴即 x 轴和 y 轴的构件截面的回转半径。

当截面主轴在倾斜方向时，例如单角钢截面和双角钢十字形截面，应按规范计算它们的换算长细比。受压构件的容许长细比 $[\lambda]$ 见表 5-1。

表 5-1   受压构件的容许长细比

序号	构 件 名 称	容许长细比
1	柱、桁架和天窗架中的杆件	150
	柱的缀条、吊车梁或吊车桁架以下的柱间支撑	
2	支撑（吊车梁或吊车桁架以下的柱间支撑除外）	200
	用以减小受压构件长细比的杆件	

注   1. 当轴心受压构件内力设计值不大于承载能力的 50% 时，容许长细比可取 200。

       2. 计算单角钢受压构件的长细比时，应采用角钢的最小回转半径；但在计算交叉杆件平面外的长细比时，应采用与角钢肢边平行轴的回转半径。

       3. 跨度不小于 60m 的桁架，其受压弦杆、端压杆和直接承受动力荷载的受压腹杆的长细比不宜大于 120。

       4. 由容许长细比控制截面的杆件，在计算长细比时可不考虑扭转效应。

二、压弯构件的截面强度和刚度

压弯构件是以最不利受力截面出现塑性铰为强度极限状态。但由于形成塑性铰时，构件将产生不宜继续承受荷载的过大侧移变形。因此，在实际工程设计中，根据荷载作用性质、截面形式和受力特点等，以不同的截面应力状态作为强度计算准则。《钢结构设计标准》（GB 50017—2017）规定，对于需要计算疲劳的压弯构件，以弹性极限状态作为构件的强度设计依据，按弹性应力状态计算；对于承受静力荷载或不需要计算疲劳的承受动力荷载的压弯构件，按部分塑性发展进行强度计算；对于绕虚轴弯曲的格构式压弯构件，由于边缘纤维屈服后截面很快进入全部屈服状态，塑性发展对提高承载能力作用不大，故以截面边缘纤维屈服时（即弹性极限状态）作为构件的强度设计依据。

（一）单向压弯构件

$$\frac{N}{A_n} + \frac{M_x}{\gamma W_{nx}} \leqslant f \tag{5-3}$$

式中 A_n——净截面面积；

       M_x——作用在压弯构件截面的 x 轴方向的弯矩；

    W_{nx}——对 x 轴和 y 轴的净截面抵抗矩；

       γ——与截面模量的截面塑性发展系数，按表 5-2 采用。

（二）双向压弯构件

$$\frac{N}{A_n} + \frac{M_x}{\gamma_x W_{nx}} + \frac{M_y}{\gamma_y W_{ny}} \leqslant f \tag{5-4}$$

式中　M_x、M_y——作用在压弯构件截面的 x 轴和 y 轴方向的弯矩；

A_n——净截面面积；

W_{nx}、W_{ny}——对 x 轴和 y 轴的净截面抵抗矩；

γ_x、γ_y——与截面模量相应的截面塑性发展系数，按表 5-2 采用。

下列情况，以弹性极限状态作为构件的强度设计依据，按弹性应力状态计算：

（1）当压弯构件受压翼缘的自由外伸宽度与其厚度之比 $b/t > 13\sqrt{235/f_y}$（但不超过 $15\sqrt{235/f_y}$）时，取 $\gamma_x = 1.0$。

（2）对需要计算疲劳的拉弯、压弯构件，不考虑截面塑性发展，宜取 $\gamma_x = \gamma_y = 1.0$。

（3）弯矩绕虚轴作用的格构式压弯构件，相应截面塑性发展系数 $\gamma = 1.0$。

（三）压弯构件的刚度

类似于轴心受力构件，压弯构件的刚度是通过限制长细比来保证的。《钢结构设计标准》（GB 50017—2017）规定压弯构件的容许长细比取轴心受压构件的容许长细比值，即

$$\lambda \leqslant [\lambda] \qquad\qquad (5-5)$$

式中　λ——压弯构件围绕对应主轴的长细比；

$[\lambda]$——受压构件的容许长细比，见表 5-1。

表 5-2　　　　　　　　　截面塑性发展系数 γ_x、γ_y

截 面 形 式	γ_x	γ_y
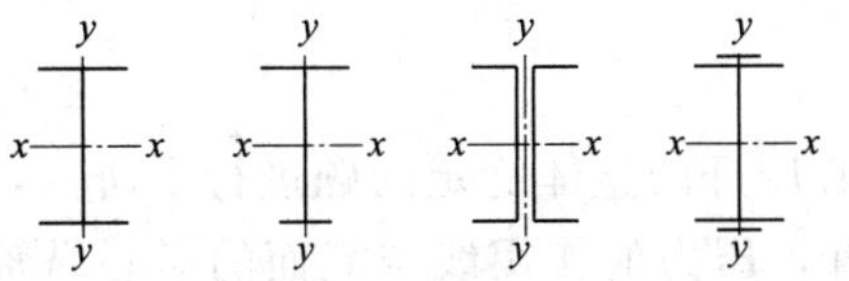		1.2
	1.05	1.05
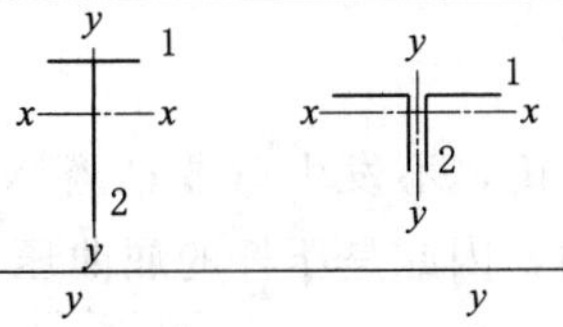	$\gamma_{x1}=1.05$ $\gamma_{x2}=1.2$	1.2
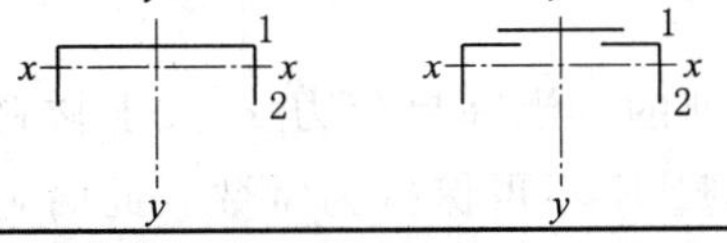		1.05

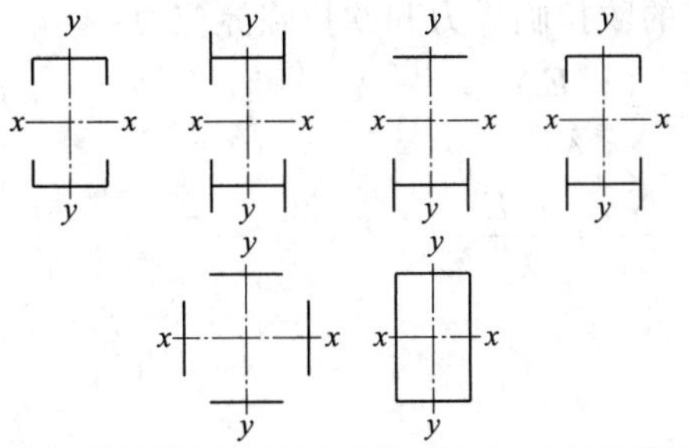

截 面 形 式	γ_x	γ_y
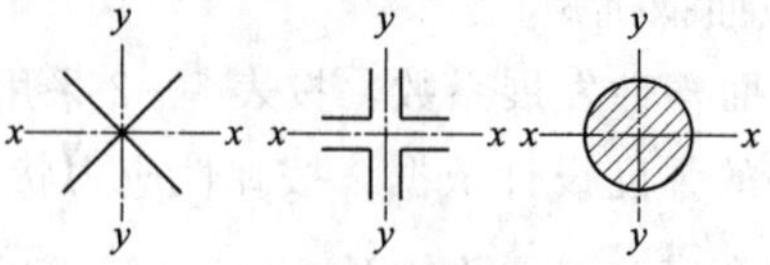	1.2	1.2
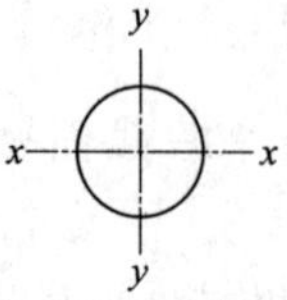	1.15	1.15
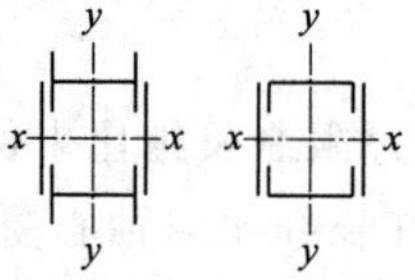	1.0	1.05
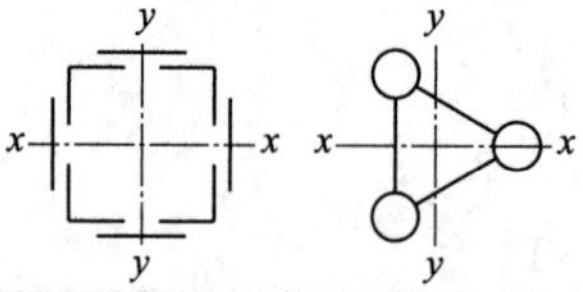		1.0

第四节 轴心受压实腹式构件的整体稳定

一、理想轴心压杆的整体稳定

欧拉（Euler）早在 18 世纪就对轴心压杆的整体稳定问题进行了研究，采用"理想压杆模型"，即假定杆件是等截面直杆，压力的作用线与截面的形心纵轴重合，材料是完全均匀和弹性的，并得到了著名的欧拉临界力和欧拉临界应力：

$$N_{cr}=\frac{\pi^2 EA}{\lambda^2} \tag{5-6}$$

$$\sigma_{cr}=\frac{N_{cr}}{A}=\frac{\pi^2 E}{\lambda^2} \tag{5-7}$$

式中　N_{cr}——欧拉临界力；

E——材料的弹性模量；

A——压杆的截面面积；

λ——压杆的最大长细比。

当轴心压力 $N \leqslant N_E$ 时，压杆维持直线平衡，不发生弯曲；当 $N=N_E$ 时，压杆发生弯曲并处于曲线平衡状态，压杆发生屈曲，因此是压杆的屈曲压力，欧拉临界力也因而得名。

欧拉公式是根据材料处于弹性范围得到的。当临界应力 σ_{cr} 大于材料的比例极限 f_p 时，压杆的工作进入塑性范围，弹性模量 E 不再保持为常数。此时，临界应力可

采用香莱（Shanley）提出的切线模
量 E_t 代替欧拉公式中的弹性模量 E
进行计算：

$$\sigma_{cr} = \frac{\pi^2 E_t}{\lambda^2} \qquad (5-8)$$

　　理想轴心压杆屈曲后，其弯曲变
形会迅速增加。因此，屈曲压力和屈
曲应力被作为压杆的稳定极限承载力
和临界应力，考虑安全因素后的设计
值就被作为轴心受压杆件的稳定承载
力设计值和临界应力设计值。临界应
力设计值 σ_{cr}/f_y 与长细比 λ 的关系如
图 5-4 所示。

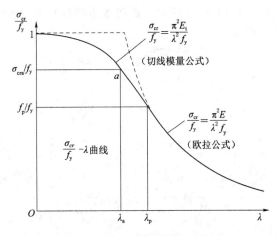

图 5-4　欧拉以及切线模量临界应力
与长细比的关系曲线

二、实际轴心压杆的整体稳定

　　实际轴心压杆与理想轴心受压杆件有很大区别。实际轴心压杆带有多种初始缺
陷，如杆件的初弯曲、初扭曲、荷载作用的初偏心、制作引起的残余应力、材料的不
均匀等。这些初始缺陷使轴心压杆在受力一开始就会出现弯曲变形，降低了轴心压杆
的承载能力，也使得实际轴心压杆的稳定极限承载力不再是长细比 λ 的唯一函数。这
个情况得到了大量试验结果的证实。

　　因此，目前世界各国在研究钢结构轴心压杆的整体稳定时，基本上摒弃了理想轴
心压杆的假定，而是以具有初始缺陷的实际轴心压杆作为研究的力学模型。

三、实际轴心压杆的稳定极限承载力

　　（1）轴心压杆失稳极限承载力的准则。目前常用的准则有两种，一种采用边缘纤
维屈服准则，即当截面边缘纤维的应力达到屈服点时就认为轴心受压构件达到了极限
承载力。另一种则采用稳定极限承载力理论，即当轴心受压构件的压力达到极值型失
稳的顶点时，才达到了弯曲失稳极限承载力。

　　我国《冷弯薄壁型钢结构技术规范》（GB 50018—2002）采用边缘纤维屈服准则，
《钢结构设计标准》（GB 50017—2017）采用稳定极限承载力理论。

　　（2）实际轴心压杆的稳定极限承载力。由于轴心受压构件考虑初始缺陷后的受力
属于压弯受力状态，因此其计算方法与压弯构件的完全一样，可参见第五章第八节的
内容。

　　采用稳定极限承载力方法可以考虑影响轴心压杆稳定极限承载力的许多因素，如
截面的形状和尺寸、材料的力学性能、残余应力的分布和大小、构件的初弯曲和初扭
曲、荷载作用点的初偏心、构件的失稳方向等，因此是比较精确的方法。

　　我国《钢结构设计标准》（GB 50017—2017）采用的方法如下：以初弯曲为
$l/1000$，选用不同的截面形式，不同的残余应力模式计算出近 200 条柱子曲线，这些曲
线呈相当宽的带状分布。然后根据数理统计原理，将这些柱子曲线分成 a、b、c、d

四组，如图 5-5 所示。这四条曲线具有如下形式：

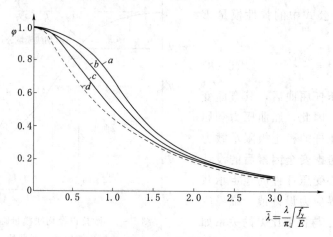

图 5-5 轴心受压构件的稳定系数

当 $\bar{\lambda} \leqslant 0.215$ 时

$$\varphi = \frac{\sigma_{cr}}{f_y} = 1 - \alpha_1 \overline{\lambda^2} \qquad (5-9a)$$

当 $\bar{\lambda} > 0.215$ 时 $\varphi = \frac{\sigma_{cr}}{f_y} = \frac{1}{2\overline{\lambda}^2}[(a_2 + a_3\bar{\lambda} + \overline{\lambda^2}) - \sqrt{(a_2 + a_3\bar{\lambda} + \overline{\lambda^2})^2 - 4\overline{\lambda^2}}] \quad (5-9b)$

$$\bar{\lambda} = \frac{\lambda}{\pi}\sqrt{\frac{f_y}{E}} \qquad (5-10)$$

式中　$\bar{\lambda}$——相对长细比；

a_1、a_2、a_3——系数，根据不同曲线类别按表 5-3 取用。

表 5-3　　　　　　　　　　系数 a_1、a_2、a_3

曲线类别		a_1	a_2	a_3
a		0.41	0.986	0.152
b		0.65	0.965	0.300
c	$\bar{\lambda} \leqslant 1.05$	0.73	0.906	0.595
	$\bar{\lambda} > 1.05$		1.216	0.302
d	$\bar{\lambda} \leqslant 1.05$	1.35	0.868	0.915
	$\bar{\lambda} > 1.05$		1.375	0.432

　　资源 5-1 给出了对应曲线 a、b、c、d 的截面形式。附录 4 给出了我国《钢结构设计标准》（GB 50017—2017）对 a、b、c、d 曲线计算得到的 φ 值表，可供查用。

　　应用附录 4 查轴心受压构件的稳定系数 φ，需计算构件受压时的长细比 λ，对于弯曲失稳和扭转失稳的长细比 λ 比较容易计算，单轴对称截面弯扭失稳的长细比应采用换算长细比，再由式（5-11）计算相对长细比 $\bar{\lambda}$，当采用稳定极限承载力理论时，可按式（5-9a）或式（5-9b）计算 φ，或查附录 4 的轴心受压构件稳定系数表。

　　单轴对称截面构件，发生弯扭失稳时，应取计扭转效应的换算长细比 λ_{yz} 代替 λ_y，即

$$\lambda_{yz} = \frac{1}{\sqrt{2}}\left[(\lambda_y^2 + \lambda_z^2) + \frac{1}{2}\sqrt{(\lambda_y^2 + \lambda_z^2) - 4\left(1 - \frac{y_s^2}{i_0^2}\right)\lambda_y^2\lambda_z^2}\right]^{\frac{1}{2}} \qquad (5-11)$$

式中　y_s——截面形心到剪心的距离，mm；

　　　i_0——截面形心到剪心的极回转半径，$i_0^2 = y_s^2 + i_x^2 + i_y^2$；

　　　λ_y——构件绕对称轴的长细比；

　　　λ_z——扭转屈曲换算长细比，按下式计算：

$$\lambda_z = \sqrt{\frac{I_0}{I_t/25.7 + I_\omega/l_\omega^2}} \qquad (5-12)$$

式中　I_0、I_t、I_ω——构件毛截面对剪心的极惯性矩，mm⁴；自由扭转常数，mm⁴；扇形惯性矩，mm⁶，对"十"字形截面可近似取 $I_\omega = 0$；

　　　l_ω——扭转屈曲计算长度，两端铰支且端截面可自由翘曲者，取几何长度 l，两端嵌固且端部截面的翘曲完全收到约束者，取 $0.5l$ mm。

确定稳定系数 φ 以后，即得到计算实腹式轴心受压构件整体稳定的设计公式：

$$\frac{N}{\varphi A f} \leqslant 1 \qquad (5-13)$$

式中　N——轴心压力；

　　　A——构件的毛截面面积；

　　　φ——轴心受压构件的稳定系数，应根据资源 5-1、资源 5-2 的截面分类，按钢号和长细比由附录 4 查得；

　　　f——钢材的抗压强度设计值。

第五节　轴心受压格构式构件的整体稳定

一、轴心受压格构式构件绕实轴的整体稳定

轴心受压格构式构件通常由两个、三个或四个肢件组成，如图 5-6 所示。肢件为槽钢或工字钢，用缀材把它们连成整体，用于较重型结构的截面形式。对于特别强大的柱，肢件有时用焊接组合"工"字形截面。格构柱调整肢件间的距离很方便，易于实现对两个主轴的等稳定性。

截面上横穿缀条或者缀板平面的轴称虚轴，如图 5-6（a）、图 5-6（b）、图 5-6（c）中的 x 轴；横穿两个肢的轴为实轴，如图 5-6（a）、图 5-6（b）、图 5-6（c）中的 y 轴。图 5-6（d）、图 5-6（e）中全为虚轴。

轴心受压格构式构件绕实轴失稳时，它的整体稳定与实腹式压杆相同。因此，其整体稳定的极限承载力计算公式与第五章第四节中的式（5-13）一样。

二、轴心受压格构式构件绕虚轴的整体稳定

格构式构件绕虚轴失稳时，其整体稳定性与实腹式不完全相同，需要考虑在剪力作用下柱肢和缀条或缀板变形的影响。

资源 5-1
轴心受压
构件的截
面分类
（板厚
$t < 40$mm）

资源 5-2
轴心受压
构件的截
面分类
（板厚
$t \geqslant 40$mm）

资源 5-3
格构式构
件的缀材
布置

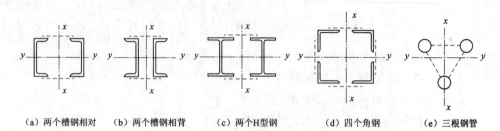

（a）两个槽钢相对　　（b）两个槽钢相背　　（c）两个H型钢　　（d）四个角钢　　（e）三根钢管

图 5-6　格构式构件的常用截面

　　根据轴心受压格构式构件弯曲失稳时力与变形关系的推导，轴心受压格构式构件绕虚轴失稳时的临界力为

$$N_{cr}=\frac{\pi^2 EA}{\lambda_x^2+\pi^2 EA\gamma_1} \tag{5-14}$$

令

$$\lambda_{0x}=\sqrt{\lambda_x^2+\pi^2 EA\gamma_1} \tag{5-15a}$$

则

$$N_{cr}=\frac{\pi^2 EA}{\lambda_{0x}^2} \tag{5-15b}$$

资源 5-4
格构式构件的换算长细比 λ_{0x} 的计算公式

　　式（5-15b）与轴心受压实腹式构件的弯曲失稳临界力公式（5-6）完全相同，因此，称 λ_{0x} 为换算长细比，可按资源 5-4 计算。轴心受压格构式构件绕虚轴失稳，采用换算长细比后即可与实腹构件一样计算。

　　式（5-14）中的 γ_1 为单位剪力作用下的剪切角度，考虑了缀条或者缀板剪切变形的影响，它与缀条的截面尺寸、缀条布置的方式和缀板的截面尺寸、缀板的间距等有关。下面以资源 5-5 所示缀条布置体系为例，说明 γ_1 的计算：

$$\Delta d=\frac{N_d l_d}{EA_{1x}}=\frac{1}{\sin\theta\cos\theta}\frac{a}{EA_{1x}} \tag{5-16}$$

资源 5-5
缀条式格构式轴心受压构件的剪切角变形示意图

式中　N_d——前后两个平面内斜缀条内力总和；

　　　l_d——斜缀条的长度；

　　　a——节距距离；

　　　A_{1x}——前后连个平面内斜缀条截面面积总和；

　　　θ——斜缀条与压杆分肢间的夹角。

$$\gamma_1=\frac{\Delta_1}{a}=\frac{\Delta d/\sin\theta}{a}=\frac{1}{\sin^2\theta\cos\theta}\frac{1}{EA_{1x}} \tag{5-17}$$

将式（5-17）代入式（5-15a）得

$$\lambda_{0x}=\sqrt{\lambda_x^2+\frac{\pi^2}{\sin^2\theta\cos\theta}\frac{A}{A_{1x}}}$$

　　在 $\theta=40°\sim70°$ 范围内，$\pi^2/\sin^2\theta\cos\theta=25.6\sim32.7$，为了简便，《钢结构设计标准》（GB 50017—2017）对双肢缀条格构轴心受压构件统一规定使用 27，由此得简化式：

$$\lambda_{0x}=\sqrt{\lambda_x^2+27\frac{A}{A_{1x}}} \tag{5-18}$$

第六节　轴心受压构件的局部稳定和单肢稳定

在轴心受压构件中翼缘、腹板、格构式构件的单肢、缀板或缀条等板件均受到压力作用，存在着因薄板失稳引起的构件局部屈曲的问题。

一、轴心受压实腹式构件局部失稳临界力的准则

目前采用的准则有两种：一种是不允许出现局部失稳，即板件受到的应力 σ 应小于局部失稳的临界应力 σ_{cr}，$\sigma \leqslant \sigma_{cr}$；另一种是允许出现局部失稳，并利用板件屈曲后的强度，要求板件受到的应力 N 应小于板件发挥屈曲后的强度的极限承载力 N_u，$N \leqslant N_u$。

《钢结构设计标准》（GB 50017—2017）中采用的是第一种准则，即根据板件的临界应力和构件的临界应力相等的原则，来确定板件的宽厚比。《冷弯薄壁型钢设计规范》（GB 50018—2002）采用的是第二种准则。

二、轴心受压实腹构件的局部稳定计算

（一）翼缘的宽厚比

如图 5-7 所示"工"字形截面的翼缘为三边简支、一边自由。受压翼缘的悬伸部分为三边简支板，边长 a 趋于无穷大情况，由式（4-65）可得其屈曲系数 $k=0.425$。支承翼缘板的腹板一般较薄，对翼缘板的约束作用很小，因此忽略腹板对翼缘板的约束作用，取弹性约束系数 $\chi=1.0$。代入式（4-65），并使其 $\geqslant \varphi f_y$，并将 f_y 表达为 $f_y/235$。在弹性工作范围内，如果都不考虑缺陷对板件和构件的影响，根据前述等稳定的原则，我们可以得到

$$\sigma_{cr} = 8 \times \left(\frac{100t}{b}\right)^2 \sqrt{\eta} \geqslant \frac{\pi^2 E}{\lambda^2} \qquad (5-19)$$

式中　b——翼缘板的外伸宽度；

　　　t——翼缘板的厚度；

　　　η——考虑弹塑性阶段时弹性模量的折减系数，由试验资料给出。

根据式（5-19）可以绘出 b/t 与 λ 的关系曲线，如图 5-7 所示，为便于在设计

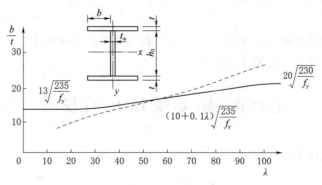

图 5-7　板件尺寸及翼缘板的宽厚比

中使用，《钢结构设计标准》（GB 50017—2017）中将式（5-19）简化为直线式：

$$b/t \leqslant (10+0.1\lambda) \tag{5-20}$$

为了用于不同钢号，此式右端乘以 $\sqrt{235/f_y}$，即得适用于各种钢号轴心受压构件翼缘板外伸宽度 b 与其厚度 t 之比的限值为

$$b/t \leqslant (10+0.1\lambda)\sqrt{\frac{235}{f_y}} \tag{5-21}$$

式中 λ 取构件两个方向长细比的较大者，而当 $\lambda<30$ 时，取 $\lambda=30$；当 $\lambda \geqslant 100$ 时，取 $\lambda=100$。

（二）腹板的高厚比

"工"字形截面的腹板为两边简支、两边弹性嵌固，$k=4$；翼缘对腹板的嵌固作用较大，取 $\chi=1.3$，代入式（3-53），并使其 $\geqslant \varphi f_y$，可得腹板计算高度 h_0 与厚度 t_w 之比为

$$\frac{1.3 \times 4\sqrt{\eta}\,\pi^2 E}{12(1-\mu)}\left(\frac{t_w}{h_0}\right)^2 \geqslant \varphi f_y \tag{5-22}$$

式中　h_0——腹板的计算高度；

$\quad\quad t_w$——腹板的厚度；

$\quad\quad \eta$——考虑弹塑性阶段时弹性模量的折减系数，由试验资料给出。

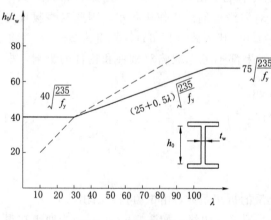

图 5-8　腹板的宽厚比

由上式所得 h_0/t_w 与 λ 的关系曲线如图 5-8 中的虚线所示，设计规范采用了下列直线式：

$$\frac{h_0}{t_w} \leqslant (25+0.5\lambda)\sqrt{\frac{235}{f_y}} \tag{5-23}$$

式中 λ 取构件中长细比的较大者，而当 $\lambda<30$ 时，取 $\lambda=30$；当 $\lambda \geqslant 100$ 时，取 $\lambda=100$。

双腹壁箱形截面的腹板高厚比取

$$h_0/t_w \leqslant 40\sqrt{235/f_y} \tag{5-24}$$

当箱形截面设有纵向加劲肋时，h_0 为壁板与加劲肋之间的净宽度。h_0/t_w 不与构件的长细比发生关系，是偏于安全的。

第七节　轴心受压柱的设计

一、轴心受压实腹柱设计

（一）截面形式

轴心受压实腹构件一般采用双轴对称截面，以避免弯扭失稳。常用的截面形式有

如图 5-2 所示的型钢和组合截面两种。

选择截面的形式时不仅要考虑用料经济,还要尽可能构造简便,制造省工和便于运输。为了用料经济一般也要选择壁薄而宽敞的截面,这样的截面有较大的回转半径,使构件具有较高的承载能力;不仅如此,还要使构件在两个方向的稳定系数接近相同,当构件在两个方向的长细比相同时,虽然有可能在资源 5-1 和资源 5-2 中属于不同类别,它们的稳定系数不一定相同,但其差别一般不大。所以,可用长细比 λ_x 和 λ_y 相等作为考虑等稳定的方法,这样选择截面形状时,还要和构件的计算长度 l_{0x} 和 l_{0y} 联系起来。

单角钢截面适用于塔架、桅杆结构和起重机臂杆,轻型桁架也可用单角钢做成。双角钢便于在不同情况下组成接近于等稳定的压杆截面,常用于由节点板连接杆件的平面桁架。

热轧普通工字钢虽制造省工,但因为两个主轴方向的回转半径差别较大,而且腹板又较厚,一般并不经济,因此很少用于单根压杆。轧制宽翼缘 H 型钢的宽度与高度相同时,对强轴的回转半径约为弱轴回转半径的 2 倍,对于中点有侧向支撑的独立支柱最为适宜。

焊接"工"字形截面最为简单,利用自动焊可以做成一系列定型尺寸的截面,腹板按局部稳定的要求可以做得很薄,以节省钢材,应用十分广泛。为使翼缘与腹板便于焊接,截面高度和宽度做的大致相同。"工"字形截面的回转半径与截面轮廓尺寸的近似关系是:$i_x = 0.43h$,$i_y = 0.24b$。所以,只有两个主轴方向的计算长度相差一倍时,才有可能达到等稳定的要求。

"十"字形截面在两个主轴方向的回转半径是相同的,对于重型中心受压柱,当两个方向的计算长度相同时,这种截面较为有利。

圆钢管截面轴心受压杆件的承载能力较高,但是轧制钢管取材不易,应用不多。焊接圆管压杆用于海洋平台结构,因其腐蚀面小又可做成封闭构件,比较经济合理。

方管或由钢板焊成的箱形截面,因其承载能力和刚度都较大,虽然连接构造困难,但可以用作高大的承重支柱。

在轻型钢结构中,可以灵活地应用各种冷弯薄壁型钢截面组成的压杆,从而获得经济效果。冷弯薄壁方管是轻型钢屋架中常用的一种截面形式。

(二)轴心压杆实腹构件设计的计算步骤

在确定了钢材的强度设计值、轴心压力的设计值、计算长度以及截面形式以后,可以按照下列步骤设计截面尺寸。

(1)先假定杆件的长细比 λ,求出需要的截面面积 A。

根据以往的设计经验,对于荷载小于 1500kN,计算长度为 5~6m 的受压杆件,可以假定 $\lambda = 80 \sim 100$;荷载为 3000~3500kN 的受压杆件,可以假定 $\lambda = 60 \sim 70$。再根据截面形式和加工条件由资源 5-1 和资源 5-2 查知截面分类,而后从附录 4 查出相应的稳定系数 φ,则所需要的截面面积为

$$A = \frac{N}{\varphi f} \tag{5-25}$$

（2）计算出对应于假定长细比两个主轴的回转半径 $i_x = l_{0x}/\lambda$，$i_y = l_{0y}/\lambda$。利用表 5-4 截面回转半径和其轮廓尺寸的近似关系 $i_x = \alpha_1 h$ 和 $i_y = \alpha_2 b$ 确定截面的高度和宽度：

$$h \approx \frac{i_x}{\alpha_1} ; \quad b \approx \frac{i_y}{\alpha_2} \tag{5-26}$$

并根据等稳定条件、便于加工和板件稳定的要求确定截面各部分的尺寸。

截面各部分的尺寸也可以参考已有的设计资料确定，不一定从假定杆件的长细比开始。

表 5-4　　　　　　　　　　　　　　组合截面回转半径近似值

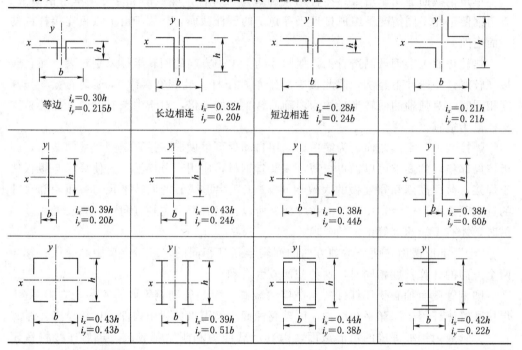

（3）计算出截面特性，按照式（5-13）验算杆件的整体稳定。如有不合适，对截面尺寸加以调整并重新计算截面特性；当截面有较大削弱时，还应验算净截面的强度。

（4）局部稳定性验算。如前所述，轴心受压实腹构件的局部稳定是以限制其组成板件的宽厚比来保证的。对于热轧型钢截面，由于板件的宽厚比较小，一般都能满足要求，可以不必验算；对于组合截面，则应根据式（5-20）～式（5-24）对板件的宽厚比进行验算。

（5）刚度验算。轴心受压实腹构件的长细比还应符合规范所规定的容许长细比和最小截面尺寸的要求。事实上，在进行整体稳定验算时，构件的长细比已经预先求出和假定，以确定整体稳定系数 φ，因而杆件的刚度验算和整体稳定验算应同时进行。

（6）当截面有削弱时还要按式（5-1）验算截面强度。

（三）轴心压杆实腹构件的构造要求

轴心受压构件中，一般只是由于构件初弯曲、初偏心或偶然横向力作用下才在截面中产生剪力。当轴心压力达到极限承载力时，剪力达到最大，但是数值也并不大。因此，焊接实腹式轴心受压构件中，翼缘与腹板之间的剪力很小，其连接焊缝一般按构造取 $h_f = 4 \sim 8\text{mm}$。

当实腹式构件的腹板高厚比 h_0/t_w 较大，规范规定：当 $h_0/t_w \geqslant 80$ 时，应采用横向加劲肋加强（图 5-9），其间距不得大于 $3h_0$，这样可以提高腹板的局部稳定性，增大构件的抗扭刚度，防止制造、运输和安装过程中截面变形。横向加劲肋通常在腹板两侧成对配置，其尺寸应满足：

外伸宽度
$$b_s \geqslant \frac{h_0}{30} + 40\text{mm}$$

厚度
$$t_s \geqslant \frac{b_s}{15}$$

此外，为了保证构件截面几何形状不变，提高构件抗扭刚度，传递必要的内力，对大型实腹式构件，在受有较大横向力处和每个运送单元的两端还应设置横隔。构件较长时，并设置中间横隔，横隔的间距不得大于构件截面较大宽度的 9 倍或 8m（图 5-10）。

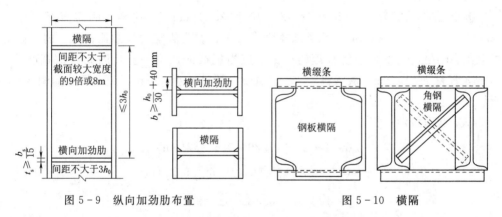

图 5-9　纵向加劲肋布置　　　　　　图 5-10　横隔

【例 5-1】　如图 5-11 所示为一根上端铰接、下端固定的轴心受压柱，所承受的轴心压力设计值 $N = 900\text{kN}$，柱的长度 $l = 5.25\text{m}$，钢材为 Q235，焊条为 E43 型，试设计选择柱的截面。如果柱的长度改为 $l = 7.0\text{m}$，试计算原截面能够承受多大设计力。

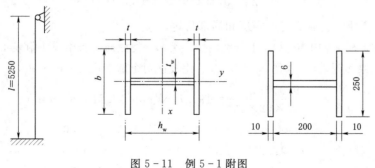

图 5-11　例 5-1 附图

解： 柱的计算长度系数 $\mu=0.707$，则 $l_x=l_y=0.707\times5.25\approx3.712(\text{m})$，$f=215\text{N/mm}^2$。采用三块板焊接而成的"工"字形截面，翼缘为轧制边，容许长细比取 $[\lambda]=150$。

（1）假定长细比取 $\lambda=80$，由附录 4 附表 4-2 查得 $\varphi_x=0.688$，和由附录 4 附表 4-3 查得 $\varphi_y=0.578$。

所需截面面积：$A=\dfrac{N}{\varphi f}=\dfrac{900\times10^3}{0.578\times215}\approx7242(\text{mm}^2)=72.42(\text{cm}^2)$

所需回转半径：$i=l_0/\lambda=371.2/80=4.64(\text{cm})$

（2）确定截面尺寸。利用附录 4 的近似关系可得 $\alpha_1=0.43$，$\alpha_2=0.24$，则
$$h=i/\alpha_1=4.64/0.43\approx10.7(\text{cm})$$
$$b=i/\alpha_2=4.64/0.24\approx19.3(\text{cm})$$

截面宽度取 $b=20\text{cm}$，截面高度按照构造要求选择和宽度大致相同，因此也取 $h=20\text{cm}$。

翼缘截面采用 10×200 的钢板，面积为 $20\times1\times2=40(\text{cm}^2)$，宽厚比 $b/t=20$，能够满足局部稳定要求。

腹板所需面积为 $A-40=72.42-40=32.42(\text{cm}^2)$。这样，所需腹板厚度为 $32.42/(20-2)\approx1.80(\text{cm})$，比翼缘厚度大得多。说明假定的长细比偏大，材料过分集中在弱轴附近，不是经济合理的截面，应当把截面放宽一些，因此翼缘宽度 $b=25\text{cm}$，厚度 $t=1.0\text{cm}$；腹板高度 $h_w=20\text{cm}$，厚度 $t_w=0.6\text{cm}$。截面尺寸如图 5-11 所示。

（3）截面特性计算。
$$A=2\times25\times1+20\times0.6=62(\text{cm}^2)$$
$$I_x=0.6\times20^3/12+50\times10.5^2=5913(\text{cm}^4)$$
$$i_x=\sqrt{I_x/A}=\sqrt{5913/62}=9.77(\text{cm})$$
$$I_y=2\times1\times25^3/12=2604(\text{cm}^4)$$
$$i_y=\sqrt{I_y/A}=\sqrt{2604/62}=6.48(\text{cm})$$
$$\lambda_x=371.2/9.77\approx40.0$$
$$\lambda_y=371.2/6.48\approx57.3$$

（4）验算柱的整体稳定、刚度和局部稳定。

截面绕 x 和 y 轴由资源 5-1 分别属于 b 类和 c 类截面，查附录 4 附表 4-2 得 $\varphi_x=0.899$，查附录 4 附表 4-3 得 $\varphi_y=0.727$。比较这两个值后取 $\varphi=\min\{\varphi_x,\varphi_y\}=0.727$。
$$\frac{N}{\varphi A}=\frac{900\times10^3}{0.727\times62\times10^2}\approx199.7(\text{N/mm}^2)<215(\text{N/mm}^2)$$
$$\lambda_x\approx40.0<[\lambda]=150,\lambda_y\approx57.3<[\lambda]=150$$

翼缘的宽厚比 $b_1/t=122/10=12.2<10+0.1\times64.8=16.48$

腹板的高厚比 $h_0/t_w=200/6=33.3<25+0.5\times64.8=57.4$

以上数据说明所选截面对整体稳定、刚度和局部稳定都满足要求。

（5）确定柱长度 $l=7.0$ m 的设计承载力。

$$l_{0x}=0.707\times700=494.9(\mathrm{cm})$$

$$\lambda_x=494.9/9.77\approx50.7$$

查附录 4 附表 4-2 得 $\varphi_x=0.852$，则

$$l_{0y}=0.707\times700=494.9(\mathrm{cm})$$

$$\lambda_y=494.9/6.48\approx76.4$$

查附录 4 附表 4-3 得 $\varphi_y=0.665$，则

$$\varphi=\min\{\varphi_x,\varphi_y\}=0.665$$

设计力　$N=\varphi Af=0.665\times62\times10^2\times215=886445\mathrm{N}\approx886.4(\mathrm{kN})$

柱的长度为原长度的 1.33 倍，承载能力降低了 $\dfrac{0.727-0.665}{0.727}\times100\%\approx8.53\%$。

由于存在残余应力和初弯曲的影响，柱在弹塑性阶段屈曲，柱的长度增加后，承载能力的降低不遵循弹性稳定规律，即不与柱的长度的平方成反比，不是降低 $\dfrac{494.9^2-371.2^2}{494.9^2}\times100\%\approx43.74\%$。

二、轴心受压格构柱设计

（一）构造形式

格构柱常用截面形式如图 5-12 所示。布置槽钢时，宜将其翼缘向内伸，如图 5-12（a）所示，这样可使缀条或缀板的长度与宽度较小，且外表平整。当承受荷载较大时，可采用两个工字钢，如图 5-12（c）所示，甚至两个组合"工"字形截面作为单肢，如图 5-2（b）中第 3 个所示。

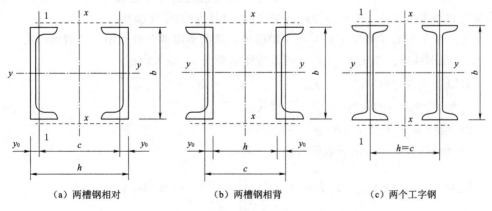

（a）两槽钢相对　　　　　（b）两槽钢相背　　　　　（c）两个工字钢

图 5-12　格构式构件截面设计

对荷载较小而长度很大的轴心受压构件，应具有扩展的截面，以保证必需的刚度。为此，可采用由四个角钢组成的截面，如图 5-2（b）中第 4 个所示，在其四周

用缀条或缀板相连。这种截面回转半径大，稳定性好，但制造较费工。

在工程中也有采用由 3 根或 4 根钢管组成的格构式构件，在各管之间用钢管或圆钢缀条相连，如图 5-2（b）中第 5 个所示。

缀板式格构柱构造简单，外形平整，因此受力不大的柱常采用缀板式格构柱。但缀条式格构柱刚度大，对受力较大的柱应采用缀条式格构柱。

与大型实腹式柱相似，格构式构件在受有较大水平力处和每个运输单元的两端应设置横隔，以保证几何形状不变，提高构件抗扭刚度，以及传递必要的内力；构件较长时，还应设置中间横隔；横隔的间距不得大于构件截面较大宽度的 9 倍或 8m。格构式构件的横隔可用钢板或交叉角钢做成（图 5-10）。

（二）截面选择

实腹轴心受压构件的截面设计应当考虑的原则在格构式柱截面设计中也是适用的；但是格构式构件是由分肢组成的，在具体设计步骤上有其特点。当格构式轴心受压构件的压力设计值 N、计算长度 l_{0x} 和 l_{0y}、钢材强度设计值 f 和截面类型都已知时，在截面选择中主要有两大步骤：首先按照实轴稳定要求选择截面分肢的尺寸，其次按照虚轴与实轴等稳定性确定分肢间距（图 5-12）。

（1）按照实轴（设为 y 轴）稳定条件选定截面尺寸。

1）假定绕实轴长细比 λ_y，一般可先在 60～100 范围选取，当 N 较大而 l_{0y} 较小时取较小值；反之 λ_y 取较大值。根据及钢号和截面类别查得整体稳定系数 φ 值，按照式（5-27）求所需截面面积：

$$A = N/(\varphi f) \tag{5-27}$$

2）求所需绕实轴回转半径 i_y，如分肢为组合截面时，则还应由 i_y 按照表 5-4 查得 α_2（α_1）的近似值求所需截面宽度 b：

$$i_y = l_{0y}/\lambda_y, \quad b = i_y/\alpha_2 \tag{5-28}$$

3）根据所需 A、i_y（或 A、b）初选分肢型钢规格（或界面尺寸），进行实轴整体稳定和刚度验算，必要时还应进行强度验算和板件宽厚比验算。

（2）按照实轴（设为 x 轴）与实轴等稳定原则确定两分肢间距 c 及截面高度 h。

1）根据换算长细比 $\lambda_{0x} = \lambda_y$，则可得所需要的 λ_x 最大值：

对缀条式格构构件，$\lambda_x = \sqrt{\lambda_{0x}^2 - 27A/A_{1x}} = \sqrt{\lambda_y^2 - 27A/A_{1x}} \tag{5-29}$

对缀板式格构构件，$\lambda_x = \sqrt{\lambda_{0x}^2 - \lambda_1^2} = \sqrt{\lambda_y^2 - \lambda_1^2} \tag{5-30}$

2）根据 λ_x 求所需 i_x：$i_x = l_{0x}/\lambda_x$ \tag{5-31}

3）根据 i_x 和 i_1 求两分肢轴线间距 c 和 h：

因为 $\qquad 2A_c i_x^2 = 2\left[I_1 + A_c\left(\dfrac{c}{2}\right)^2\right] = 2\left[A_c i_1^2 + A_c\left(\dfrac{c}{2}\right)^2\right]$

所以 $\qquad\qquad\qquad c = 2\sqrt{i_x^2 - i_1^2} \tag{5-32}$

$$h = c \pm 2y_0 \tag{5-33}$$

两分肢翼缘间的净距 c 应大于 100～150mm，以便于油漆防腐处理；h 的实际尺寸应放大到 10mm 的倍数。

（三）按第五节内容进行缀材设计

【例 5－2】 设计一轴心受压焊接缀条格构式柱的截面。已知荷载设计值（包括估算构件自重）为轴心压力 1600kN，柱高 6.0m，两端铰接，钢材为 Q235，截面无削弱。

解： 柱的计算长度在两主轴方向相等，即 $l_{0x}=l_{0y}=6.0$m。

（1）由对实轴（y—y 轴）的整体稳定选择分肢。

设 $\lambda_y=60$，按照 b 类截面，由附录 4 附表 4－2 查得 $\varphi_y=0.807$：

所需截面面积 $A=\dfrac{N}{\varphi_y f}=\dfrac{1600\times10^3}{0.807\times215}=9221(\text{mm}^2)=92.21(\text{cm}^2)$

所需回转半径 $i_y=l_{0y}/\lambda_y=600/60=10(\text{cm})$

选用 2 [28b，截面形式如图 5－13 所示。截面面积 $A=2\times45.62=91.24(\text{cm}^2)$，对实轴回转半径 $i_y=10.60$cm，单肢对弱轴的惯性矩 $I_1=242.1\text{cm}^4$，回转半径 $i_1=2.30$cm，型心距 $z_1=2.02$cm。

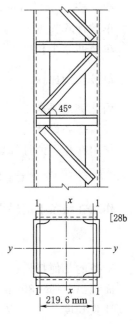

图 5－13　例 5－2 附图

（2）由两主轴方向的等稳定性确定两分肢轴的间距。

实轴方向长细比　$\lambda_y=l_{0y}/i_y=600/10.60=56.6$

假设缀条截面为∟45×4，$A_{1x}=2\times3.486=6.97(\text{cm}^2)$

则由式（5－29）得　$\lambda_x=\sqrt{\lambda_y^2-27\dfrac{A}{A_{1x}}}=\sqrt{56.6^2-27\times\dfrac{91.24}{6.97}}=53.4$

$$i_x=l_{0x}/\lambda_x=600/53.4=11.24(\text{cm})$$

由附录 4 查得 $\alpha_1\approx0.44$，得 $h=\dfrac{i_x}{\alpha_1}=\dfrac{11.24}{0.44}=25.55(\text{cm})$，取 26cm。

整个截面对虚轴的惯性矩

$$I_x=2[242.1+45.65(26/2-2.02)^2]=11484(\text{cm}^4)$$

$$i_x=\sqrt{11484/91.24}=11.22(\text{cm})$$

$$\lambda_x=l_{0x}/i_x=600/11.22=53.5$$

$$\lambda_{0x}=\sqrt{\lambda_x^2+27\dfrac{A}{A_{1x}}}=\sqrt{53.5^2+27\times\dfrac{91.24}{6.97}}=56.7$$

（3）截面验算。

取 $\lambda=\max\{\lambda_{0x},\lambda_y\}=56.7<[\lambda]=150$，刚度满足。

查附录 4 附表 4－2 得 $\varphi=0.825$，则

$$\frac{N}{\varphi A}=\frac{1600\times10^3}{0.825\times9124}\approx213(\text{N/mm}^2)<f=215(\text{N/mm}^2)$$

整体稳定满足，因截面无削弱，不必验算截面的强度。

（4）单肢验算。

缀条按 $\alpha = 45°$ 布置，如图 5-13 所示，得

单肢计算长度 $l_{01} = 21.96 \text{cm}$

单肢回转半径 $i_1 = 2.30 \text{cm}$

单肢长细比 $\lambda_1 = \dfrac{l_{01}}{i_1} = \dfrac{21.96}{2.30} = 9.55 < 0.7\lambda_{\max} = 39.7$

因此满足要求

（5）缀条设计。

作用在柱上的计算剪力：

$$V = \frac{Af}{85} = \frac{9124 \times 215}{85} = 23080(\text{N}) \approx 23.08(\text{kN})$$

作用在缀条上的轴力：

$$N_t = \frac{V_1}{n\cos\alpha} = \frac{23080}{2 \times 0.707} = 16332(\text{N})$$

缀条的几何特性：

面积 $A_1 = 3.486 \text{cm}^2$，最小回转半径 $i_{\min} = 0.89 \text{cm}$

计算长度 $l_t = l_{01}/\cos\alpha = 21.96/0.707 = 31.06(\text{cm})$

长细比 $\lambda = l_t/i_{\min} = 31.06/0.89 = 34.9$

缀条稳定验算：

由 $\lambda = 34.9$ 查附录 4 附表 4-2 得 $\varphi = 0.918$。

单边连接强度折减系数 $\gamma_0 = 0.6 + 0.0015\lambda = 0.6 + 0.0015 \times 34.9 = 0.652$

$$\sigma = \frac{N_t}{\varphi A_t} = \frac{16332}{0.918 \times 348.6} = 51(\text{N/mm}^2) < \gamma_0 f = 0.652 \times 215 = 140(\text{N/mm}^2)$$

所以 λ_y 满足要求。

单角钢与柱肢连接的角焊缝，取 $h_f = 4 \text{mm}$，需要焊缝长度：

$$\sum l_w = \frac{N_t}{0.7h_f \times 0.85f_f^w} = \frac{16332}{0.7 \times 4 \times 0.85 \times 160} = 42.9(\text{mm})$$

横缀条也取 $\llcorner 45 \times 4$ 角钢。由于三杆相交，需在节点处设一节点板，图 5-13 中未画出。

第八节 实腹式压弯构件的稳定

压弯构件是同时承受轴向压力和弯矩作用的构件。由于这种构件兼有梁和柱两方面的性质故又称为梁柱。压弯构件的弯矩可以由横向荷载、轴向力的偏心或端弯矩等三种因素引起，如图 5-14 所示。

压弯构件的承载能力决定于构件的整体稳定性与强度，通常由整体稳定性控制，其整体稳定性的丧失可能有下面两种情况：

（1）构件在弯矩作用两平面内的弯曲失稳。

（2）构件在弯矩作用平面外的弯曲扭转失稳。

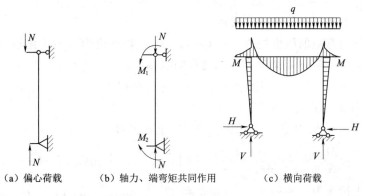

<table>
<tr><td>（a）偏心荷载</td><td>（b）轴力、端弯矩共同作用</td><td>（c）横向荷载</td></tr>
</table>

图 5 - 14　压弯构件

为了保证压弯构件的整体稳定性，必须分别进行弯矩作用平面内和弯矩作用平面外的稳定计算。

一、弯矩作用平面内的整体稳定性

压弯构件时介于轴心受压和梁之间的构件，其计算公式应尽量与两者相衔接，故目前多采用相关公式来确定构建的稳定承载能力。

压弯构件在弯矩作用平面内相关公式是由截面受压边缘纤维刚达到屈服强度所得的相关公式推广修正而来。

边缘屈服准则是以构件截面应力最大边缘纤维开始的荷载作为压弯构件的稳定承载能力［图 5 - 15（a）中的 a 点］。这时，构件截面仍处于弹性阶段。其准则表达式为

$$N/A + M_{max}/W_{1x} = f_y \tag{5-34}$$

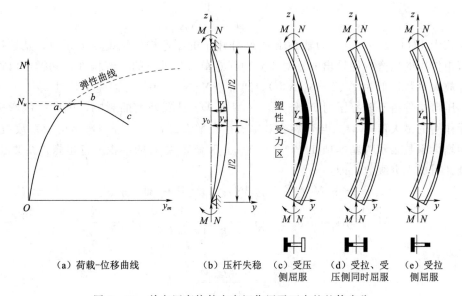

<table>
<tr><td>（a）荷载-位移曲线</td><td>（b）压杆失稳</td><td>（c）受压
侧屈服</td><td>（d）受拉、
压侧同时屈服</td><td>（e）受拉
侧屈服</td></tr>
</table>

图 5 - 15　单向压弯构件在弯矩作用平面内的整体失稳

轴心压力 N 作用下总挠度对初始挠度（挠度曲线为正弦半波）的放大系数 $1/(1-$

N/N_{Ex})，其中 $N_{Ex}=\pi^2 EA/\lambda_x^2$ 为欧拉临界力。N 对其他荷载作用下压弯构件的挠度放大系数，一般也可近似用此式表达。

现以受均匀弯矩的压弯构件［图 5-15（b）］为例说明（为简化不考虑初始挠度 y_0，这时 $Y=y$），其平衡微分方程和挠度曲线如下：

$$d^2 y/dz^2 + k^2 y = -M/EI \qquad (5-35)$$

式中 $k^2=N/EI$，$kl=\pi\sqrt{N/N_{Ex}}$。

利用边界条件 $z=0$ 和 $z=l$ 处为 $y=0$，求解可得

$$y=\frac{M}{N}\left(\frac{\sin kz + \sin k(l-z)}{\sin kl}-1\right)=\frac{M}{N}\left(\tan\frac{kl}{2}\sin kz + \cos kz - 1\right) \qquad (5-36)$$

构件中点最大挠度为

$$y_m=\frac{M}{N}\left(\sec\frac{kl}{2}-1\right)=\frac{Ml^2}{8EI}\frac{8EI}{Nl^2}\left(\sec\frac{kl}{2}-1\right)=\delta_0\left[\frac{2\left(\sec\dfrac{kl}{2}-1\right)}{(kl/2)^2}\right] \qquad (5-37)$$

式中 $\delta_0=Ml^2/8EI$ 为不考虑 N 时受均匀弯矩 M 简支梁的跨度中点挠度；方括号项为压弯构件（考虑 N）的跨中挠度放大系数。把式（5-37）中 $\sec(kl/2)$ 展开成无穷级数，则得

$$\frac{2\left(\sec\dfrac{kl}{2}-1\right)}{(kl/2)^2}=1+\frac{5}{12}\left(\frac{kl}{2}\right)^2+\frac{61}{360}\left(\frac{kl}{2}\right)^4+\cdots$$
$$=1+1.028 N/N_{Ex}+1.032\,(N/N_{Ex})^2+\cdots$$
$$\approx 1+N/N_{Ex}+(N/N_{Ex})^2+\cdots$$
$$=1/(1-N/N_{Ex}) \qquad (5-38)$$

故
$$y_m\approx\delta_0\frac{1}{1-N/N_{Ex}} \qquad (5-39)$$

式中 $1/(1-N/N_{Ex})$ 为轴心压力 N 作用下的压弯构件挠度放大系数，是根据均匀弯矩作用的压弯构件导出的。对于其他任意荷载条件下的压弯构件，同样可以得到挠度放大系数近似为 $1/(1-N/N_{Ex})$。通常，$N/N_{Ex}<0.6$，误差不超过 2%。

压弯构件由于轴心压力 N 作用，对弯矩 M_x 具有增大的影响，因此，压弯构件实际作用的最大弯矩 M_{max} 与弯矩 M_x 比较存在增大量，可以采用弯矩增大系数表示。弯矩增大系数表示为基本项 $1/(1-N/N_{Ex})$ 和修正项 β_m 的乘积。弯矩修正系数 β_m 可以展开写成无穷级数，即

$$\beta_{mx}=1+\eta_1 N/N_{Ex}+\eta_2\,(N/N_{Ex})^2+\cdots\approx 1+\eta_1 N/N_{Ex} \qquad (5-40)$$

$$M_{max}\approx M_x+N\delta_0\frac{1}{1-N/N_{Ex}}=\frac{M_x}{1-N/N_{Ex}}\left(1+\eta\frac{N}{N_{Ex}}\right) \qquad (5-41)$$

也就是：

$$M_{max}=\frac{\beta_{mx}M_x}{1-N/N_{Ex}} \qquad (5-42)$$

式中　β_{mx}——弯矩修正系数或等效弯矩系数，$\beta_{mx}/(1-N/N_{Ex})$ 即是弯矩增大系数。

对于有初始缺陷的压弯构件，通常可以采用一个等效初始挠度 v_0^* 表示综合缺

陷。式（5-74）可以写成：

$$M_{\max}=M_x+\frac{N(\delta_0+v_0^*)}{1-N/N_{Ex}}=\frac{\beta_{mx}M_x+Nv_0^*}{1-N/N_{Ex}} \tag{5-43}$$

根据边缘屈服准则得

$$\frac{N}{A}+\frac{\beta_{mx}M_x+Nv_0^*}{W_{1x}(1-N/N_{Ex})}=f_y \tag{5-44}$$

若令 $M_x=0$，则上式与轴心受压构件相似，而压弯构件与轴心受压构件的初始缺陷是相同的，因此，应符合轴心受压构件要求，即可取 $N=N_u=\varphi Af_y$，代入式（5-44）可得等效初始缺陷：

$$v_0^*=\frac{W_{1x}}{\varphi_x}(1-\varphi_x)\left(1-\frac{\varphi_x f_y A}{N_{Ex}}\right) \tag{5-45}$$

将 v_0^* 代回式（5-44），经整理得到由边缘纤维屈服准则所确定的极限状态方程：

$$\frac{N}{\varphi_x A}+\frac{\beta_{mx}M_x}{W_{1x}(1-\varphi_x N/N_{Ex})}=f_y \tag{5-46}$$

式中　φ_x——在弯矩作用平面内的轴心受压构件整体稳定系数。

式（5-46）即为压弯构件按边缘屈服准则得出的相关公式。

构件截面受压边缘纤维屈服后，再适当考虑截面的塑性发展系数，在式（5-46）中第二项分母中引入截面塑性发展系数 γ_x，并将 N_{Ex} 改为 N'_{Ex}。同时，通过对多种常用截面的计算表明，将式（5-46）中第二项分母中的 φ_x 取为 0.8，可提高计算精度与方便使用，这样式（5-46）经部分修改后写成设计公式为

$$\frac{N}{\varphi_x A}+\frac{\beta_{mx}M_x}{r_x W_{1x}\left(1-0.8\dfrac{N}{N'_{Ex}}\right)}\leqslant f \tag{5-47a}$$

对式中 N'_{Ex} 引入抗力分项系数后，《钢结构设计标准》（GB 50017—2017）规定实腹式压弯构件在弯矩作用（绕 x 轴）平面内的稳定性按下式计算：

$$\frac{N}{\varphi_x Af}+\frac{\beta_{mx}M_x}{r_x W_{1x}\left(1-0.8\dfrac{N}{N'_{Ex}}\right)f}\leqslant 1 \tag{5-47b}$$

式中　N——所计算构件段范围内的轴心压力；

　　　M_x——所计算构件段范围内的最大弯矩；

　　　φ_x——弯矩作用平面内的轴心受压构件的稳定系数；

　　　W_{1x}——弯矩作用平面内受压最大纤维的毛截面抵抗矩；

　　　N'_{Ex}——考虑抗力分项系数的欧拉临界力，$N_{Ex}=\pi^2EA/(1.1\lambda_x^2)$；其中 $\lambda_x=\dfrac{l_{0x}}{i_x}$，$i_x=\sqrt{\dfrac{I_x}{A}}$，$l_0$ 为压弯构件的计算长度，$l_0=\mu l$，l 为压弯构件的长度，μ 为计算长度系数；根据 GB 50017—2017，压弯构件或框架柱的计算长度系数 μ 计算如下。

（1）无支撑框架柱的计算长度系数可以参照 GB 50017—2017 中附录 E 的 E0.2 有侧移框架柱计算长度系数确定，也可按下式简化计算：

$$\mu=\sqrt{\frac{7.5K_1K_2+4(K_1+K_2)+1.52}{7.5K_1K_2+K_1+K_2}}$$

式中　　K_1，K_2——相交于柱上端、柱下端的横梁线刚度之和与柱线刚度之和的比值。

（2）有支撑框架柱的计算长度系数可以参照 GB 50017—2017 中附录 E 的 E0.1 无侧移框架柱计算长度系数确定，也可按下式简化计算：

$$\mu=\sqrt{\frac{(1+0.41K_1)(1+0.41K_2)}{(1+0.82K_1)(1+0.82K_2)}}$$

式中　　β_{mx}——等效弯矩系数，β_{mx} 应按下列规定取值：

1）框架柱和两端支承的构件。

a. 无横向荷载作用时，$\beta_{mx}=0.6+0.4M_2/M_1$，$M_1$ 和 M_2 为端弯矩，使构件产生同向曲率时（无反弯点）时取同号，使构件产生反向曲率（有反弯点）时取异号，$|M_1|\geqslant|M_2|$；

b. 有端弯矩和横向荷载同时作用时：使构件产生同向曲率时，$\beta_{mx}=1.0$；使构件产生反向曲率时，$\beta_{mx}=0.85$；

c. 无端弯矩但有横向荷载作用时：$\beta_{mx}=1.0$。

2）悬臂构件，$\beta_{mx}=1.0$。

对于 T 型钢、双角钢组成的 T 形等单轴对称截面压弯构件，当弯矩作用于对称轴平面而且使较大翼缘受压时，构件失稳出现的塑性区除存在前述受压区屈服和受压、受拉区同时屈服两种情况外，还可能在受拉区首先出现屈服而导致构件失去承载能力，如图 5-15（e）所示，故除了按式（5-47b）计算外，该类构件还应按下式计算：

$$\left|\frac{N}{Af}-\frac{\beta_{mx}M_x}{r_xW_{2x}\left(1-1.25\dfrac{N}{N_{Ex}}\right)f}\right|\leqslant1 \qquad (5-48)$$

式中　　W_{2x}——受拉侧最外纤维的毛截面抵抗矩；

　　　　r_x——与 W_{2x} 相应的截面塑性发展系数。式（5-48）第二项分母中的 1.25 也是经过与理论计算结果比较后引进的修正系数。

二、弯矩作用平面外的整体稳定性

当压弯构件两个方向的刚度相差较大，且弯矩作用在刚度较大的平面内时，对这样的构件当其侧向刚度较小又没有足够的支撑时，它就有可能首先产生侧向弯曲及扭转的屈曲而丧失承载能力，我们常称此为弯矩作用平面外的稳定问题。

（一）单向压弯构件的平面外整体稳定

假定双轴对称截面的压弯构件没有弯矩作用平面外的初始几何缺陷（初挠度与初扭转），从其平面外失稳的平衡微分方程可得到如下平面外弯扭屈曲的临界力相关方程：

$$\left(1-\frac{N}{N_{Ey}}\right)\left(1-\frac{N}{N_\theta}\right)-\frac{M_x^2}{M_{crx}^2}=0 \qquad (5-49)$$

式中　N_{Ey}——构件绕 y 轴弯曲屈曲的临界力；

　　　N_θ——构件绕 z 轴扭转屈曲的临界力；

　　　M_{crx}——临界弯矩。

实际结构构件的情况远非如上各种规定那样简单理想。如果截面只有一个对称轴，扭转中心与截面形心不重合，平衡方程及其解的形式都会发生改变。此外构件比较粗短时，可能发生弹塑性失稳；构件有初始几何缺陷时，平面外稳定承载力也将成为极值型的问题；当构件截面单轴对称而弯曲平面不在对称轴平面内，或者截面无对称轴时，构件在截面两主轴方向的弯曲失稳和纵轴的扭转失稳将耦联在一起。在这些情况下，通常采用数值解法或试验方法来确定构件的失稳临界力。

式（5-49）可绘成图 5-16 的形式，$\dfrac{N}{N_{Ey}}-\dfrac{M_x}{M_{crx}}$ 的曲线形式依赖于系数 $\dfrac{N_\theta}{N_{Ey}}$。根据钢结构构件常用的截面形式分析，绝大多数情况 N_θ/N_{Ey} 都大于 1.0，可以近似采用直线方程：

$$\frac{N}{N_{Ey}}+\frac{M_x}{M_{crx}}=1 \tag{5-50}$$

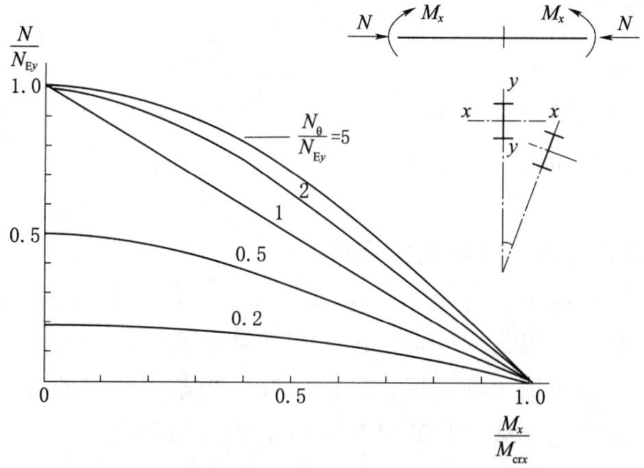

图 5-16　压弯构件弹性弯曲失稳相关曲线

将实际工程中计算表达式 $\varphi_y A f_y$ 和 $\varphi_b W_{1x} f_y$ 分别替换 N_{Ey} 和 M_{crx}，并引入考虑弯矩非均匀分布时的弯矩等效系数 β_{tx} 和截面影响系数 η 得

$$\frac{N}{\varphi_y A f_y}+\eta\frac{\beta_{tx}M_x}{\varphi_b W_{1x} f_y}=1 \tag{5-51}$$

在工程设计中，用强度设计值 f 代替 f_d 代替屈服点 f_y，则式（5-51）变为

$$\frac{N}{\varphi_y A}+\eta\frac{\beta_{tx}M_x}{\varphi_b W_{1x}}\leqslant f \tag{5-52}$$

　　M_x——所计算构件段范围内的最大弯矩；

　　β_{tx}——等效弯矩系数，应根据所计算构件段的荷载和内力情况确定，取值方法与弯矩作用于平面内的等效弯矩系数 β_{mx} 相同；

　　η——截面影响系数，箱形截面 $\eta=0.7$，其他截面 $\eta=1.0$；

φ_y——弯矩作用平面外的轴心受压构件稳定系数；

φ_b——均匀弯曲梁的整体稳定系数。

为了便于设计，规定对压弯构件的整体稳定系数 φ_b 采用近似计算公式。这些公式已考虑了构件的弹塑性失稳问题，因此当 $\varphi_b>0.6$ 时，不必再换算。

（1）"工"字形截面（含 H 型钢）。

双轴对称时：

$$\varphi_b=1.07-\frac{\lambda_y^2}{44000}\frac{f_y}{235} \tag{5-53a}$$

当 $\varphi_b>1.0$ 时，取 $\varphi_b=1.0$。

单轴对称时：

$$\varphi_b=1.07-\frac{W_{1x}}{(2a_b+0.1)Ah}\frac{\lambda_y^2}{14000}\frac{f_y}{235} \tag{5-53b}$$

当 $\varphi_b>1.0$ 时，取 $\varphi_b=1.0$。

式中 $a_b=I_1/(I_1+I_2)$，I_1 和 I_2 分别为受压翼缘和受拉翼缘对 y 轴的惯性矩。

（2）T 形截面。

1）弯矩使翼缘受压时。

双角钢 T 形截面：　　$\varphi_b=1-0.0017\lambda_y\sqrt{f_y/235}$ $\tag{5-54c}$

两板组合 T 形（含 T 型钢）截面：$\varphi_b=1-0.0022\lambda_y\sqrt{f_y/235}$ $\tag{5-54d}$

2）弯矩使翼缘受拉时：$\varphi_b=1.0$。

（3）箱形截面：$\varphi_b=1.0$。

（二）双向压弯构件的稳定承载力计算

双向压弯构件的稳定承载力与 N、M_x、M_y 三者的比例有关，无法给出解析解，只能采用数值解。对于实腹式构件可给出实用计算公式。因为双向压弯构件当两方向弯矩很小时，应接近非理想压杆受压力时的情况，当某一方向的弯矩很小时，应接近平面压弯问题，因此稳定承载力计算可采用以下的近似公式：

$$\frac{N}{\varphi_x Af_y}+\frac{\beta_{mx}M_x}{\gamma_x W_x f_y\left(1-0.8\dfrac{N}{N_{Ey}}\right)}+\frac{\beta_{ty}M_y}{\varphi_b W_y f_y}=1 \tag{5-55a}$$

$$\frac{N}{\varphi_y Af_y}+\frac{\beta_{my}M_y}{\gamma_y W_y f_y\left(1-0.8\dfrac{N}{N_{Ey}}\right)}+\frac{\beta_{tx}M_x}{\varphi_b W_x f_y}=1 \tag{5-55b}$$

在工程设计中，应为

$$\frac{N}{\varphi_x A}+\frac{\beta_{mx}M_x}{\gamma_x W_x\left(1-0.8\dfrac{N}{N'_{Ex}}\right)}+\eta\frac{\beta_{ty}M_y}{\varphi_{by}W_y}\leqslant f \tag{5-56a}$$

$$\frac{N}{\varphi_y A}+\frac{\beta_{my}M_y}{\gamma_y W_y\left(1-0.8\dfrac{N}{N'_{Ey}}\right)}+\eta\frac{\beta_{tx}M_x}{\varphi_{bx}W_x}\leqslant f \tag{5-56b}$$

式中　M_x、M_y——所计算构件段范围内对 x 轴（"工"字形截面和 H 型钢 x 轴为强
轴）和 y 轴的最大弯矩；

φ_x、φ_y——对 x 轴和 y 轴的轴心受压构件稳定系数；

φ_{bx}、φ_{by}——均匀弯曲的受弯构件的整体稳定系数，按式（5-53）计算。

三、压弯构件的局部稳定

除了圆管截面以外，实腹式构件板件局部稳定都表现为受压翼缘和受有压应力作用的腹板的稳定。实腹压弯构件要求不出现局部失稳者，其腹板高厚比、翼缘宽厚比满足《钢结构设计标准》（GB 50017—2017）规定的 S4 级截面要求，较 GB 50017—2003 规定有放松。

"工"字形和 T 形截面翼缘外伸宽度与厚度之比：

$$\frac{b}{t} \leqslant 15\sqrt{\frac{235}{f_y}} \tag{5-57}$$

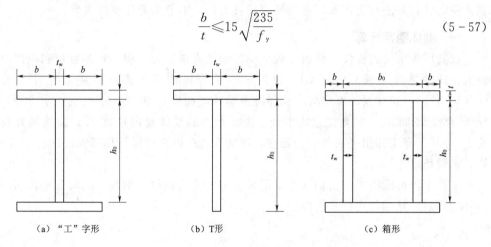

（a）"工"字形　　　　　（b）T 形　　　　　（c）箱形

图 5-17　实腹式压弯构件的截面

偏心受压构件"工"字形截面的腹板同时承受非均匀正应力和均布剪应力的作用，腹板的高厚比限值计算较为复杂，GB 50017—2017 推荐使用的简化公式为

$$\alpha_0 = \frac{\sigma_{\max} - \sigma_{\min}}{\sigma_{\max}} \tag{5-58a}$$

$$h_0/t_w \leqslant (45 + 25\alpha_0^{1.66})\sqrt{\frac{235}{f_y}} \tag{5.58b}$$

式中　$\sigma_{\max}$——腹板计算边缘最大压应力；

$\sigma_{\min}$——腹板计算高度另一边缘相应的应力，压应力取正值，拉应力取负。

箱形截面的压弯构件腹板受力情况与"工"字形截面得腹板相同，考虑两块腹板受力可能不一致，而且翼缘对腹板的约束也不如"工"字形截面，因而箱形截面的宽厚比限值应按 $h_0/t_0 \leqslant 45\sqrt{235/f_y}$ 计算。

如果压弯构件腹板高厚比 h_0/t_0 不满足要求时，可以调整腹板的厚度或高度。也可采用纵向加劲肋加强腹板，这时应验算纵向加劲肋与翼缘间腹板高厚比，特别在受压较大翼缘与纵向加劲肋之间的高厚比，应符合上述要求。加劲肋宜在板件两侧成对配置，其一侧外伸宽度不应小于板件厚度 t 的 10 倍，厚度不宜小于 $0.75t$。

第九节　格构式压弯构件的稳定

为了节约材料，对于截面宽度很大的偏心受压柱，常采用格构式构件。格构式构件有双肢、三肢或四肢等形式，如图 5-2 所示，但在以单向压弯为主的情况下，通常采用双肢的形式。由于格构式压弯构件有实轴和虚轴之分，因此，其设计计算与实腹式压弯构件有一定差异。进行强度计算时，格构式拉弯和压弯构件当弯矩绕着截面虚轴作用时，应以截面边缘纤维屈服（即弹性极限状态）作为构件的强度设计依据，相应于截面虚轴的塑性发展系数 1.0。在稳定计算和刚度计算中涉及绕虚轴的长细比，要采用换算长细比，换算长细比按轴心受压格构式构件中的方法计算。这类构件整体稳定计算方法与实腹式压弯构件差异较大，是本节主要介绍的内容。

一、整体稳定计算

双肢压弯格构式构件的截面一般是绕虚轴（通常记为 x 轴）的惯性矩和截面模量较大，该轴是弯曲轴。根据 GB 50017—2017 弯矩作用平面内的稳定性计算采用式（5-47b）。通常在计算格构式构件绕虚轴的截面模量 $W_x = I_x / y_0$ 时，y_0 按图 5-18 所示的规定取用。需要注意式中轴心受压构件的整体稳定系数 φ_x，应按换算长细比 λ_{x0} 计算。弯矩作用平面外的稳定性，将转变为单肢在弯矩作用平面外的稳定计算，详见单肢稳定计算。

工程上出可能出现以实轴（通常记为 y 轴）为弯曲轴的情况。此时弯矩作用平面内外的稳定计算均与实腹式构件相同。

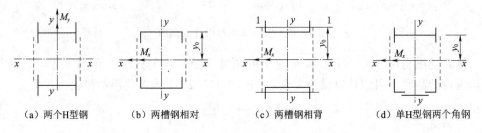

（a）两个H型钢　　（b）两槽钢相对　　（c）两槽钢相背　　（d）单H型钢两个角钢

图 5-18　格构式压弯构件截面

二、单肢稳定计算

弯矩绕虚轴作用的格构式压弯构件，可能因弯矩作用平面外的刚度较弱（即对实轴的刚度不足）而失稳，但其失稳形式与实腹式压弯构件不尽相同。实腹式压弯构件在弯矩作用平面外失稳通常呈现弯扭屈曲变形，而格构式压弯构件由于缀件比较柔弱，在较大的压力作用下，构件趋向弯矩作用平面外弯曲时，由于分肢之间整体性不强，以致呈现为单肢失稳。因此，弯矩绕虚轴作用的格构式压弯构件在弯矩作用平面外的整体稳定计算用各个分肢的稳定计算代替。

如图 5-19，可将构件视为一个平行弦桁架，将构件的两个分肢视为桁架的弦杆，将压力和弯矩分配到两个分肢，每个分肢按轴心受压构件计算。若各分肢的两个主轴方向稳定得到保证，则整个构件在弯矩作用平面外的整体稳定也就得到保证。

两分肢轴心力按下式计算（图 5-19）：

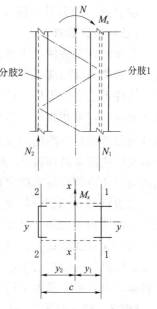

分肢 1：　　　　$N_1 = N \dfrac{y_2}{a} + \dfrac{M}{a}$　　　　(5-59)

分肢 2：　　　　$N_2 = N - N_1$　　　　(5-60)

缀条式压弯构件的分肢按轴心受压构件计算。分肢的计算长度，在缀材平面内（图 5-19 中的 1—1 轴）取缀条体系的节间长度；在缀条平面外，取整个构件两侧向支承点间的距离。

当缀材采用缀板式时，分肢除受轴心力 N_1（或 N_2）作用外，还应考虑剪力作用引起的局部弯矩，按实腹式压弯构件验算单肢的稳定性。

三、缀材的计算

格构式压弯构件的缀材计算方法与格构式轴心受压构件相同，这里不再赘述。

图 5-19　分肢的内力计算

第十节　偏心受压柱设计

一、偏心受压实腹柱设计

（一）设计原则

实腹式压弯构件的截面设计应满足强度、刚度、整体稳定、局部稳定的要求。通常根据压弯构件的受力大小和方向、使用要求、构造要求选择截面形式。在满足局部稳定和使用与构造要求时，截面应做得轮廓尺寸大而板件较薄，以获得较大的惯性矩和回转半径，充分发挥钢材的有效性，从而节约钢材。同时，为取得较好的经济效果，宜使弯矩作用平面内和平面外的整体稳定性相接近，即等稳定性。对于单向压弯构件，根据弯矩的大小，使截面的高度适当大于宽度，以减小弯曲应力。

（二）设计步骤

截面设计可按以下步骤进行：

（1）确定压弯构件的内力设计值，包括弯矩、轴心压力、剪力。

（2）选择截面的形式，实腹式压弯构件的截面可参考第一节给出的形式。

（3）确定钢材及其强度设计值。

（4）计算弯矩作用平面内和平面外的计算长度 l_{0x}、l_{0y}。

（5）结合经验或参照已有资料，初选截面尺寸。

（6）验算截面，包括强度验算、弯矩作用平面内整体稳定验算、弯矩作用平面外整体稳定验算、局部稳定验算、刚度验算等。

由于压弯构件的验算公式中所牵涉的未知量较多，根据估计所初选的截面尺寸不一定合适，当验算不满足要求时，往往需要进行多次调整，直到满足计算要求。

（三）构造要求

实腹式压弯构件的构造要求同轴心受压构件。其翼缘宽厚比必须满足局部稳定的要求，否则翼缘屈曲必然导致构件整体失稳。但当腹板屈曲时，由于存在屈曲后强度，构件不会立即失稳。H形、"工"字形和箱形截面当腹板的高厚比不满足局部稳定性要求时，可在腹板中部设置纵向加劲肋，或在计算构件的强度和稳定时，将腹板的截面仅考虑计算高度边缘范围内两侧宽度各 $10t_w\sqrt{235/f_y}$ 的部分（计算构件的稳定系数时仍用全截面），设置纵向加劲肋的腹板，其在受压较大翼缘与纵向加劲肋之间的高厚比应符合局部稳定性要求。

当腹板的 $h_0/t_w>80$ 时，为防止腹板在施工和运输中发生变形，应设置间距不大于 $3h_0$ 的横向加劲肋。另外，设有纵向加劲肋的同时也应设置横向加劲肋。

大型腹板式柱在受有较大水平力处和运送单元的端部应设置横隔，保证截面形状不变，提高构件的抗扭刚度，防止施工和运输过程中变形。若构件较长，则应设置中间横隔，其间距不得大于构件截面较大宽度的 9 倍或 8m。

【例 5-3】　如图 5-20 所示双轴对称焊接"工"字形截面压弯构件的截面，已知翼缘板为剪切边，截面无削弱。承受的荷载设计值为：轴心压力 $N=850\text{kN}$，构件跨度中点横向集中荷载 $F=180\text{kN}$。构件长 $l=10\text{m}$，两端铰接并在两端和跨中各设有一侧向支承点。材料用 Q235 B·F 钢。试设计该双轴对称焊接"工"字形截面压弯构件的截面。

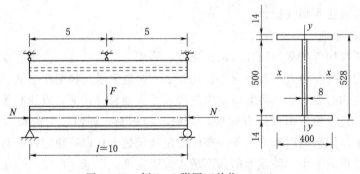

图 5-20　例 5-3 附图（单位：mm）

解：（1）截面的几何特征。

截面积：

$$A=2bt+h_wt_w=2\times40\times1.4+50\times0.8=152(\text{cm}^2)$$

惯性矩：

$$I_x=\frac{1}{12}bh^3-\frac{1}{12}(b-t_w)h_w^3=\frac{1}{12}\times40\times52.8^2-\frac{1}{12}\times39.2\times50^3=82327(\text{cm}^4)$$

$$I_y\approx2\times\frac{1}{12}tb^3=\frac{1}{6}\times1.4\times40^3=14933(\text{cm}^4)$$

回转半径：

$$i_x = \sqrt{\frac{I_x}{A}} = \sqrt{\frac{83237}{152}} = 23.27 \text{(cm)}$$

$$i_y = \sqrt{\frac{I_y}{A}} = \sqrt{\frac{14933}{152}} = 9.91 \text{(cm)}$$

弯矩作用平面内受压纤维的毛截面抵抗矩：

$$W_{1x} = W_x = \frac{2I_x}{h} = \frac{2 \times 82327}{52.8} = 3118 \text{(cm}^3\text{)}$$

（2）验算强度。

最大弯矩设计值为

$$M_x = \frac{1}{4} Fl = \frac{1}{4} \times 180 \times 10 = 450 \text{(kN} \cdot \text{m)}$$

$$\frac{N}{A_n} + \frac{M_x}{\gamma_x W_{nx}} = \frac{850 \times 10^3}{152 \times 10^2} + \frac{450 \times 10^6}{1.05 \times 3118 \times 10^3} = 190.4 \text{(N/mm}^2\text{)} < f = 215 \text{(N/mm}^2\text{)}$$

（3）弯矩作用平面内的稳定。

弯矩作用平面内计算长度 $l_{0x} = 10\text{m}$

长细比

$$\lambda_x = \frac{l_{0x}}{i_x} = \frac{10 \times 10^2}{23.27} = 43.0$$

由资源 5-2 知翼缘板为剪切边的焊接"工"字形截面构件对 x 轴屈曲时属 b 类截面，对弱轴 y 轴屈曲时属 c 类截面。

稳定系数 $\varphi_x = 0.887$（b 类截面，附录 4 附表 4-2）

欧拉临界力 $N_{Ex} = \dfrac{\pi^2 EA}{(\gamma_R \lambda)_x^2} = \dfrac{\pi^2 \times 206 \times 10^3 \times 152 \times 10^2}{(1.1 \times 43)^2} \times 10^{-3} = 13813 \text{(kN)}$

$$\frac{N}{N_{Ex}} = \frac{850}{13813} = 0.0615$$

弯矩作用平面内的等效弯矩系数：

无端弯矩但有横向荷载作用时 $\beta_{mx} = 1.0$

受压翼缘板的自由外伸宽度比：

$$\frac{b}{t} = \frac{(400-8)/2}{14} = 14 > 15\sqrt{\frac{235}{f_y}} = 15\sqrt{\frac{235}{235}} = 15$$

故取截面塑性发展系数 $\gamma_x = 1.0$

$$\frac{N}{\varphi_x A} + \frac{\beta_{mx} M_x}{\gamma_x W_{1x}\left(1 - 0.8\dfrac{N}{N_{Ex}}\right)} = \frac{850 \times 10^3}{0.887 \times 152 \times 10^2} + \frac{1.0 \times 450 \times 10^6}{1.0 \times 3118 \times 10^3 \times (1 - 0.8 \times 0.0615)}$$

$$= 63.0 + 151.8 = 214.8 \text{(N/mm}^2\text{)} < f = 215 \text{(N/mm}^2\text{)}$$

因此满足要求。

（4）弯矩作用平面外的稳定。

弯矩作用平面外计算长度 $l_{0y} = 5\text{m}$

长细比
$$\lambda_y = \frac{l_{0y}}{i_y} = \frac{5 \times 10^2}{9.91} = 50.5$$

稳定系数 $\varphi_y = 0.772$（c 类截面，附录 4 附表 4-3）

受弯构件整体稳定系数近似值：

$$\varphi_b = 1.07 - \frac{\lambda_y^2}{44000} \times \frac{f_y}{235} = 1.07 - \frac{50.5^2}{44000} \times \frac{235}{235} = 1.012 > 1.0，取 \varphi_b = 1.0$$

构件在两相邻侧向支承点间无横向荷载作用，弯矩作用平面外的等效弯矩系数为

$$\beta_{tx} = 0.65 + 0.35\frac{M_2}{M_1} = 0.65 + 0.35 \times \frac{0}{M_x} = 0.65$$

$$\frac{N}{\varphi_y A} + \frac{\beta_{tx} M_x}{\varphi_b W_{1x}} = \frac{850 \times 10^3}{0.772 \times 152 \times 10^2} + \frac{0.65 \times 450 \times 10^6}{1.0 \times 3118 \times 10^3}$$
$$= 72.4 + 93.8 = 166.2 (\text{N/mm}^2) < f = 215 (\text{N/mm}^2)$$

因此满足要求。

（5）局部稳定性。

1）受压翼缘板 $\frac{b}{t} = 14 < 15\sqrt{\frac{235}{f_y}} = 15$，所以满足要求。

2）腹板。腹板计算高度边缘的最大压应力：

$$\sigma_{max} = \frac{N}{A} + \frac{M_x h_0}{I_x} = \frac{850 \times 10^3}{152 \times 10^2} + \frac{450 \times 10^6}{82327 \times 10^4} \times \frac{500}{2} = 55.9 + 136.7 = 192.6 (\text{N/mm}^2)$$

腹板计算高度另一边缘相应的应力：

$$\sigma_{min} = \frac{N}{A} - \frac{M_x h_0}{I_x} = 55.9 - 136.7 = -80.8 (\text{N/mm}^2)（拉应力）$$

应力梯度
$$\alpha_0 = \frac{\sigma_{max} - \sigma_{min}}{\sigma_{max}} = \frac{192.6 - (-80.8)}{192.6} = 1.42$$

腹板计算高度 h_0 与其厚度 t_w 之比的容许值：

$$\left[\frac{h_0}{t_w}\right] = (25\alpha_0^{1.66} + 45)\sqrt{\frac{235}{f}} = (25 \times 1.42^{1.66} + 45)\sqrt{\frac{235}{235}} = 72.88$$

实际
$$\frac{h_0}{t_w} = \frac{500}{8} = 62.5 < \left[\frac{h_0}{t_w}\right] = 72.88$$

因此满足要求。

（6）刚度。构件的最大长细比：
$$\lambda_{max} = \max\{\lambda_x, \lambda_y\} = \lambda_y = 50.5 < [\lambda] = 150$$

结论：通过上述验算，构件截面满足要求。

二、偏心受压格构柱设计

为了节约材料，对于截面宽度很大的偏心受压柱，常采用格构式构件。根据受力情况和使用要求，偏心受压格构式柱可以是双轴对称或单轴对称截面。由于弯矩作用平面内的截面宽度一般较大，所以柱肢间常采用缀条连接。

截面设计可按以下步骤进行：

（1）确定压弯构件的内力设计值，包括弯矩、轴心压力、剪力。

（2）选择截面的形式。

（3）确定钢材及其强度设计值。

（4）计算弯矩作用平面内和平面外的计算长度 l_{0x}、l_{0y}。

（5）计算换算长细比。

（6）结合经验或参照已有资料，初选截面尺寸。

（7）验算截面，包括强度验算、弯矩作用平面内整体稳定验算、弯矩作用平面外整体稳定验算、局部稳定验算、刚度验算等。

【例5-4】 有一单向压弯格构式双肢缀条柱，其缀条和截面的规格尺寸如图5-21所示，截面无削弱，材料采用 Q235 钢。承受的荷载设计值为：轴心压力 $N=400kN$，弯矩 $M_x=\pm120kN\cdot m$，剪力 $V=30kN$。柱高 $H=6.0m$，在弯矩作用平面内，上端为有侧移的弱支撑，下端固定，其计算长度 $l_{0x}=8.0m$；在弯矩作用平面外，柱两端铰接，计算长度 $l_{0y}=H=6.0m$。焊条 E43 型，手工焊。试验算该柱。

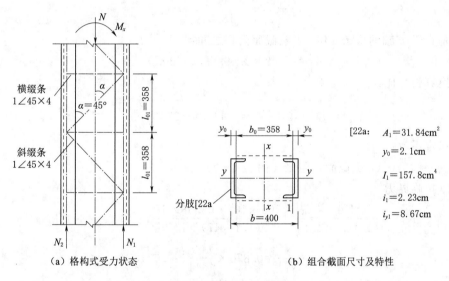

（a）格构式受力状态　　（b）组合截面尺寸及特性

图5-21　例5-4附图

解：（1）柱截面几何特性参数。

2[22a 的截面积：

$$A=2A_1=2\times31.84=63.68(cm^2)$$

惯性矩：

$$I_x=2\times\left[I_1+A_1\left(\frac{b_0}{2}\right)^2\right]=2\times\left[157.8+31.84\times\left(\frac{40-2\times2.1}{2}\right)^2\right]=20719(cm^4)$$

回转半径：

$$i_x=\sqrt{\frac{I_x}{A}}=\sqrt{\frac{20719}{63.68}}=18.04(cm)$$

抵抗矩：

$$W_x = \frac{2I_x}{b} = \frac{2 \times 20719}{40} = 1035.95 (\text{cm}^3) (验算强度时用)$$

$$W_{1x} = \frac{I_x}{y_0} = \frac{I_x}{b/2} = W_x = 1035.95 (\text{cm}^3) (验算稳定时用)$$

式中 y_0——由 x 轴到压力较大的轴线距离或到压力较大分肢腹板边缘的距离，取其较大者。

（2）弯矩作用平面内的整体稳定性验算。

对弯矩绕虚轴 x 轴作用的格构式压弯构件，其弯矩作用平面内的整体性应按下式计算：

$$\frac{N}{\varphi_x A} + \frac{\beta_{mx} M_x}{W_{1x}\left(1 - \varphi_x \dfrac{N}{N_{Ex}}\right)} \leqslant f = 215 (\text{N/mm}^2)$$

长细比：

$$\lambda_x = \frac{l_{0x}}{i_x} = \frac{8.0 \times 10^2}{18.04} = 44.3$$

垂直于 x 轴的缀条∟45×4 毛截面面积之和：

$$A_{1x} = 2 \times 3.49 = 6.98 (\text{cm}^2)$$

换算长细比：

$$\lambda_{0x} = \sqrt{\lambda_x^2 + 27 \frac{A}{A_{1x}}} = \sqrt{44.3^2 + 27 \times \frac{63.68}{6.98}} = 47$$

稳定系数：

$\varphi_x = 0.870$ （b 类截面，附录 4 附表 4-2）

欧拉临界力

$$N_{Ex} = \frac{\pi^2 EA}{(1.1\lambda_{0x})^2} = \frac{\pi^2 \times 206 \times 10^3 \times 63.68 \times 10^2}{(1.1 \times 47)^2} \times 10^{-3} = 4844 (\text{kN})$$

$$\varphi_x \frac{N}{N_{Ex}} = 0.870 \times \frac{400}{4844} = 0.0718$$

在弯矩作用平面内柱上端有侧移，属于弱支撑，取相应的等效弯矩系数 $\beta_{mx} = 1.0$，则

$$\frac{N}{\varphi_x A} + \frac{\beta_{mx} M_x}{W_{1x}\left(1 - \varphi_x \dfrac{N}{N_{Ex}}\right)} = \frac{400 \times 10^3}{0.870 \times 63.68 \times 10^2} + \frac{1.0 \times 130 \times 10^6}{1035.95 \times 10^3 \times (1 - 0.0718)}$$

$$= 72.2 + 135.2 = 207.4 (\text{N/mm}^2) < f = 215 (\text{N/mm}^2)$$

弯矩作用平面外的整体稳定计算用分肢的稳定计算代替。

（3）分肢稳定计算。

轴心压力：

$$N_1 = \frac{N}{2} + \frac{M_x}{b_0} = \frac{400}{2} + \frac{120 \times 10^2}{40 - 2 \times 2.1} = 535.2 (\text{kN})$$

分肢对 1—1 轴的计算长度 l_{01} 和长细比 λ_1 分别为

$$l_{01} = 35.8 \text{cm}, \lambda_1 = \frac{l_{01}}{i_1} = \frac{35.8}{2.23} = 16.1$$

分肢对 y 轴的长细比为

$$\lambda_{y1} = \frac{l_{0y}}{i_{y1}} = \frac{6.0 \times 10^2}{8.67} = 69.2 > \lambda_1 = 16.1$$

按 $\lambda_{y1} = 69.2$ 查附录 4，得分肢稳定系数 $\varphi_1 = 0.756$。

$$\frac{N_1}{\varphi_1 A_1} = \frac{535.2 \times 10^3}{0.756 \times 31.84 \times 10^2} = 222.3 (\text{N/mm}^2) > f = 215 (\text{N/mm}^2)，但结果不超过$$

5%，故是安全的，钢材 Q235 的热轧普通槽钢，其局部稳定性有保证，不必验算分肢的局部稳定性。

（4）刚度验算。

最大长细比：

$$\lambda_{\max} = \max\{\lambda_{0x}, \lambda_1, \lambda_{y1}\} = \lambda_{y1} = 69.2 < [\lambda] = 150$$

因此满足要求。

柱截面无削弱且 $\beta_{mx} = 1.0$ 和 $W_{1x} = W_x$，强度不必计算。

（5）缀条验算。

柱的计算剪力

$$V = \frac{Af}{85} \sqrt{\frac{f_y}{235}} = \frac{2 \times 31.84 \times 10^2 \times 215}{85} \sqrt{\frac{235}{235}} \times 10^{-3} = 16.1 (\text{kN})$$

小于柱的实际剪力：

$V = 30 \text{kN}$，计算缀条内力时取 $V = 30 \text{kN}$

每个缀条截面承担的剪力：

$$V_1 = \frac{1}{2} V = \frac{1}{2} \times 30 = 15 (\text{kN})$$

1）缀条的内力。按平行弦桁架的腹杆计算：

$$N_1 = \frac{V_1}{\sin\alpha} = \frac{15}{\sin 45°} = 21.2 (\text{kN})$$

2）缀条截面验算。缀条按心受压构件计算。

缀条计算长度：

$$l_d \approx \frac{b_0}{\sin\alpha} = \frac{40 - 2 \times 2.1}{\sin 45°} = 50.6 (\text{cm})$$

单根缀条∟45×4：

$$A_d = 3.49 \text{cm}^2，i_{\min} = i_{y0} = 0.89 \text{cm}$$

$$\lambda_d = \frac{l_d}{i_{\min}} = \frac{50.6}{0.89} = 56.85, \varphi_d = 0.822$$

$$\frac{N_1}{\varphi_d A_d} = \frac{21.2 \times 10^3}{0.822 \times 349} = 73.9 < \eta f = 0.685 \times 215 = 147.3 (\text{N/mm}^2)$$

式中 η 为单面连接等边角钢强度折减系数，其值为 $\eta = 0.6 + 0.0015\lambda = 0.6 + 0.0015 \times 56.85 = 0.685$，因此满足要求。

从上述计算结果可以看出，该柱的截面和缀件选择合适。

第十一节 梁 柱 连 接

一、柱顶柱梁连接

柱的顶部与梁（或桁架）连接的部分称为柱头，其作用是将梁等上部结构的荷载传递到柱身。轴心受压柱是一根独立的构件，与梁的连接应为铰接，否则产生弯矩作用，使柱成为压弯构件。按照与梁连接的位置不同，有两种连接方式：一是将梁直接放在柱顶上，谓之顶面连接；二是将梁连接于侧面，谓之侧面连接。连接构造设计的原则为：传力明确、可靠、简捷，便于制造安装，经济合理。

（一）顶面连接

顶面连接通常是将梁安放在焊于柱顶面的柱顶板上［资源5-6 (a)～(d)］。按照梁的支承方式不同，又有两种做法。

(1) 梁端支承加劲肋采用突缘板形式，底部刨平（或铣平），与柱顶板顶紧。

资源 5-6
轴心受压
柱柱头

这种连接即使两相邻梁的支座反力不相等时，对柱引起的偏心也很小，柱仍接近轴心受压状态，是一种较好的轴心受压柱-梁连接形式。顶板厚度一般采用16～25mm。

当梁的支座反力较大时，我们可以对着梁端支座加劲肋位置，在柱腹板上、顶板下面焊一对加劲肋以加强腹板；加劲肋与顶板可以焊接，也可以刨平顶紧，以便更好地将梁支座反力传至柱身，这种做法利用承压可以传递更大的压力。当梁的支座反力更大时，为了加强刚度，常在柱顶板中心部位加焊一块垫板［资源5-6 (b)］。有时为了增加柱腹板的稳定性，在加劲肋再设水平加劲肋。

柱顶板平面尺寸一般向柱四周外伸20～30mm，以便与柱焊接。为了便于制造和安装，两相邻梁相接处预留10～20mm间隙，等安装就位后，在靠近梁下翼缘处的梁支座加劲肋间填以钢板，并用螺栓相连。这样既可以使梁相互连接，又可避免梁弯曲时由于弹性约束而产生支座弯矩。

(2) 梁端支承加劲肋对准柱的翼缘放置，使梁的支座反力通过承压直接传给柱翼缘。

这种采用与中间加劲肋相似的形式构造简单，施工方便，适用于相邻梁的支座反力相等或差值较小的情况。当支座反力不等且相差较大时，柱将产生较大的偏心矩，设计时应予考虑。两相邻梁可在安装就位后，用连接板和螺栓在靠近下翼缘处连接起来。

当轴心受压柱为格构式时，可在柱的两分肢腹板内侧中央焊一块加劲肋（或称竖隔板），使格构式柱在柱头一段变为实腹式。这样，格构式柱与梁的顶面连接构造可与实腹式柱作同样处理［资源5-6 (d)］。

无论采用哪种形式，每个梁端都应采用两个螺栓将梁下翼缘与柱顶板加以连接，使其位置固定在柱顶板上。

（二）侧面连接

侧面连接通常是在柱的侧面焊以承托，以支承梁的支座反力。资源 5-6 (e)、(f) 分别表示梁与实腹式柱和格构式柱的连接构造。具体方法是将相邻梁端支座加劲肋的突缘部分刨平（或铣平），安放在焊于柱侧面的承托上，并与之顶紧。承托可用厚钢板［资源 5-6 (e)］或厚角钢［资源 5-6 (f)］做成。承托板厚度应比梁端支座加劲肋厚度大 5~10mm，一般为 25~40mm。梁端支承加劲肋可用 C 级螺栓与柱翼缘相连，螺栓的数量按照构造要求布置，必要时两端加劲肋与柱翼缘间可放填板。

为了加强柱头的刚度，实腹式柱和柱头一段变成实腹式的格构式柱应设置柱顶板（起横隔作用），必要时还应该设加劲肋和缀板。

承托通常采用三面围焊的角焊缝焊于柱翼缘。考虑到梁支座加劲肋和承托的端面由于加工精度差，平行度不好，压力分配可能不均匀，计算时宜将支座反力增加 25%~30%。

侧面连接形式受力明确，但对梁的长度误差要求较严。当两相邻梁的支座反力不相等时，对柱产生偏心弯矩，设计时应按压弯构件连接或框架梁柱连接进行计算设计。

二、框架梁柱连接

梁柱连接按转动刚度的不同可分为刚性连接、柔性连接（铰接）、半刚性连接三类。框架结构梁柱连接多为刚性连接，如资源 5-7 所示。

（一）刚性连接

(1) 节点构造。梁柱刚性连接可以做成完全焊接［资源 5-7 (a)］、栓接［资源 5-7 (b)］及栓焊混合连接［资源 5-7 (c) (d)］。全焊连接构造简单，但安装精度及焊缝质量要求很高。同时这种构造使柱翼缘在其厚度方向受拉，容易造成层间撕裂。刚性连接的计算，除梁翼缘和腹板都直接焊于柱者外，经常让梁翼缘的连接传递全部弯矩，腹板的连接件只传递剪力。也可由支托传递剪力［资源 5-7 (c)］。资源 5-7 (b) 所示的栓接刚性连接采用了两块 T 形短段传递梁端弯矩，腹板上的角钢传递剪力。

资源 5-7
梁与柱的
刚性连接

(2) 不设加劲肋柱节点。不设加劲肋的柱在达到极限状态时，可能出现的破坏形式是腹板在梁翼缘传来的压力作用下屈服或屈曲，以及翼缘在梁翼缘传来的拉力作用下弯曲而出现塑性铰或连接焊缝被拉开。梁受压翼缘传来的力是否足以使柱腹板屈服，要在柱腹板与翼缘连接焊接（或轧制 H 型钢圆角）的边缘处计算。按照等强条件，可以得出柱腹板的厚度 t_w 为

$$t_w \geqslant \frac{A_{fe} f_b}{b_e f_c} \qquad (5-61)$$

$$t_w \geqslant \frac{h_c}{30} \frac{1}{\varepsilon_k} \qquad (5-62)$$

式中　A_{fe}——梁受压翼缘的截面积；

$\quad\quad f_b$——梁钢材抗拉、抗压强度设计值；

$\quad\quad f_c$——柱钢材抗压强度设计值；

$\quad\quad t_w$——柱腹板厚度；

h_c——柱腹板高度；

b_e——柱腹板承压有效宽度，$b_e=t_f+5h_y$，其中 t_f 为梁受压翼缘厚度，h_y 为自柱顶面至腹板计算高度边缘的距离，对轧制型钢取柱翼缘边缘至内弧起点间的距离，对焊接截面取柱翼缘厚度；

ε_k——柱的钢号修正系数。

在梁的受拉翼缘处，柱翼缘板的厚度 t_c 应满足下式要求：

$$t_c\geqslant 0.4\sqrt{A_{ft}f_b/f_c} \tag{5-63}$$

式中　A_{ft}——梁受拉翼缘的截面积；

f_b、f_c——梁和柱钢材抗拉、抗压强度设计值。

（3）有加劲肋柱节点。当梁柱采用刚性连接，对应于梁翼缘的柱腹板部位设置横向加劲肋时，节点域应符合下列规定。

1）当横向加劲肋厚度不小于梁的翼缘板厚度时，节点域的受剪正则化宽厚比 $\lambda_{n,s}$ 不应大于 0.8；对于单层和低层轻型建筑，$\lambda_{n,s}$ 不应大于 1.2。节点域的受剪正则化宽厚比 $\lambda_{n,s}$ 应按下式计算：

当 $h_c/h_b\geqslant 1.0$ 时　$\lambda_{n,s}=\dfrac{h_b/t_w}{37\sqrt{5.34+4(h_b/h_c)^2}}\dfrac{1}{\varepsilon_k}$ $\tag{5-64}$

当 $h_c/h_b<1.0$ 时　$\lambda_{n,s}=\dfrac{h_b/t_w}{37\sqrt{4+5.34(h_b/h_c)^2}}\dfrac{1}{\varepsilon_k}$ $\tag{5-65}$

式中　h_c、h_b——节点域腹板的宽度和高度。

2）节点域的承载力应满足下式要求：

$$\frac{M_{b1}+M_{b2}}{V_p}\leqslant f_{ps} \tag{5-66}$$

式中　M_{b1}、M_{b2}——节点域两侧梁端弯矩设计值；

V_p——节点域的体积，其中 H 形截面柱 $V_p=h_{b1}h_{c1}t_w$，箱形截面柱 $V_p=1.8h_{b1}h_{c1}t_w$，t_w 为节点域的厚度，h_{b1} 为梁翼缘中心线之间高度，h_{c1} 为柱翼缘中心线之间高度；

f_{ps}——节点域的抗剪强度，应据节点域受剪正则化宽厚比 $\lambda_{n,s}$ 按下列规定取值：

当 $\lambda_{n,s}\leqslant 0.6$ 时，$f_{ps}=4f_v/3$；当 $0.6<\lambda_{n,s}\leqslant 0.8$ 时，$f_{ps}=4(7-5\lambda_{n,s})f_v/3$；当 $0.8<\lambda_{n,s}\leqslant 1.2$ 时，$f_{ps}=[1-0.75(\lambda_{n,s}-0.8)]f_v$；当轴压比 $N/(Af)>0.4$ 时，受剪承载力 f_{ps} 应乘以修正系数，当 $\lambda_{n,s}\leqslant 0.8$ 时，修正系数可取 $\sqrt{1-\left(\dfrac{N}{Af}\right)^2}$。

（二）柔性连接

柔性连接只能承受很小的弯矩，这种连接是为了实现简支梁的支撑条件。梁柱柔性连接都是只以梁腹板和柱相连。这些连接的构造，和次梁与主梁的简支连接很类似，验算腹板的抗剪连接强度，这里不再详细讨论。

（三）半刚性连接

半刚性连接介于刚接与铰接之间，连接能承受一定的弯矩，又能发生一定的转动。《钢结构设计标准》(GB 50017—2017) 规定，梁柱采用半刚性连接时，应计入梁柱交角变化的影响，在内力分析时，应假定连接的弯矩-转角曲线，并在节点设计时，保证节点的构造与假定的弯矩-转角曲线符合。

第十二节　柱脚的设计

柱下端与基础相连的部分称为柱脚。柱脚的作用是将柱身所受的力传递和分布到基础，并将柱固定于基础。基础一般由钢筋混凝土或混凝土做成，强度远远低于钢材。因此，必须将柱身的底端扩大以增加与基础接触的面积，使接触面上承压力小于或等于基础的抗压强度设计值。这就要求柱脚应有一定的宽度和长度，也应有一定的刚度和强度，使柱身压力比较均匀地传递到基础。所以柱脚构造比较复杂，用钢量较大，制造比较费工。柱脚设计时应当做到传力明确、可靠、简捷、构造简单、节约材料、施工方便，并符合计算模型和简图。

一、轴心受压柱的柱脚形式和构造

轴心受压柱的柱脚一般设计成铰接，通常由底板、靴梁、肋板和锚栓等组成。图 5-22 是常用的铰接柱脚的几种形式，用于轴心受压柱。当柱轴力较大时，需要在底板上采取加劲措施，以防在基础反力作用下底板抗弯刚度不够。

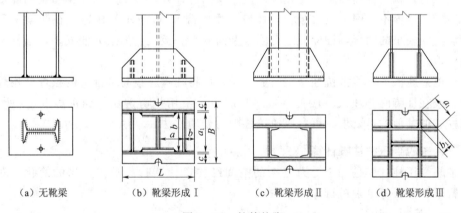

|(a) 无靴梁|(b) 靴梁形成Ⅰ|(c) 靴梁形成Ⅱ|(d) 靴梁形成Ⅲ|

图 5-22　铰接柱脚

(一) 铰接柱脚

当柱轴力较小时，可采用图 5-22 (a) 的形式，柱通过焊缝将压力传给底板，底板将此压力扩散至混凝土基础。底板是柱脚不可缺少的部分，在轴心受压柱柱脚中，底板接近正方形。

一般情形下，我们还应当保证柱端与底板间有足够长的传力焊缝。这时，常用的柱脚形式如图 5-22 (b)、(c)、(d) 所示。柱端通过竖焊缝将力传给靴梁，靴梁通过底部焊缝将压力传给底板。靴梁成为放大的柱端，不仅增加了传力焊缝的长度，也将底板分成较小的区格，减小了底板在反力作用下的最大弯矩值。采用靴梁后，如底板区格仍较大因而弯矩值较大时，可再采用隔板与肋板，这些加劲板又起到了提高靴梁稳定性的作用。图 5-22（c）是单采用靴梁的形式，图 5-22（b）和（d）是分别采用了隔板与肋板的形式。靴梁、隔板、肋板等都应有一定的刚度。此外，在设计柱脚焊缝时，要注意施工的可能性，如柱端、靴梁、隔板等围成的封闭框内，有些地方不能布置受力焊缝。

　　柱脚通过锚栓固定在基础上。为了符合计算图式，铰接柱脚只沿着一条轴线设置两个连接于底板上的锚栓，以使柱端能绕此轴线转动；当柱端绕另一轴线转动时，由于锚栓固定在底板上，底板抗弯刚度很小，在受拉锚栓下的底板会产生弯曲变形，对柱端转动的阻力不大，接近于铰接。底板上的锚栓孔的直径应比锚栓直径大 1～1.5mm，待柱就位并调整到设计位置后，再用垫板套住锚栓并与底板焊牢。垫板上的孔径只比锚栓直径大 1～2mm。在铰接柱脚中，锚栓不需计算，按构造设置。

资源 5-8
刚接柱脚

　　（二）刚接柱脚

　　资源 5-8 是常见的刚接柱脚，一般用于偏心受压柱。资源 5-8（a）是整体式柱脚，用于实腹柱和肢距小于 1.5m 的格构柱。当格构柱肢距较大时，采用整块底板是不经济的，这时多采用分离式柱脚，如资源 5-8（b）所示。每个肢件下的柱脚相当于一个轴心受力铰接柱脚，两柱脚用连接件联系起来。在资源 5-8（b）的形式中，柱下端用剖口焊缝拼接放大的翼缘，起到靴梁的作用，又便于缀条连接的处理。

　　刚接柱脚不但要传递轴力，也要传递弯矩和剪力。在弯矩作用下，倘若底板范围内产生拉力，就需由锚栓来承受，所以锚栓须经过计算。为了保证柱脚与基础能形成刚性连接，锚栓不宜固定在底板上，而应采用资源 5-8 所示的构造，在靴梁两侧焊接两块间距较小的肋板，锚栓固定在肋板上面的水平板上。为了方便安装，锚栓不宜穿过底板。

资源 5-9
柱脚的抗剪

　　当单靠摩擦力不能抵抗柱受到的剪力时，可将柱脚底板与基础上的预埋件用焊缝连接，或在柱脚两侧埋入一段型钢，或在底板一下用抗剪键块，如资源 5-9 所示。刚接柱脚的其他构造要求，可参照铰接柱脚的处理方法。

　　二、轴心受压柱柱脚计算

　　轴心受压柱柱脚是一个受力复杂的空间结构，计算时通常作适当的简化，对底板、靴梁和隔板等分别进行计算。

　　（一）底板的计算

　　底板的计算包括底板平面尺寸和厚度。

　　（1）底板的平面尺寸。底板与基础之间接触面上的压应力可假定是均匀分布的，底板长度 L 和宽度 B 按下式确定：

$$L \times B \geqslant \frac{N}{f_{ce}^h} + A_0 \qquad (5-67)$$

式中　N——柱的轴心压力；

　　　　f_{ce}^h——基础所用钢筋混凝土的局部承压强度设计值；

　　　　A_0——锚栓孔的面积。

　　（2）底板厚度。底板的厚度由底板在基础的反力作用下产生的弯矩计算决定。靴梁、肋板、隔板和柱的端面等均可作为底板的支承边，将底板分成几块各种支承形式的区格，其中有四边支承、三边支承、两相邻边支承和一边支承 [图 5-22 (b)、(d)]。在均匀分布的基础反力作用下，各区格单位宽度上最大弯矩为

四边支承板 $\qquad M = \alpha q a^2$ $\qquad$ (5-68)

三边支承板及两相邻边支承板 $\qquad M = \beta q a_1^2$ $\qquad$ (5-69)

一边支承（悬臂）板 $\qquad M = \dfrac{1}{2} q c^2$ $\qquad$ (5-70)

式中 q——作用在底板单位面积上的压力，$q = \dfrac{N}{LB - A_0}$；

$\qquad a$——四边支承板中短边的长度；

$\qquad \alpha$——系数，由边长比 b/a 查表 5-5，b 为四边支承板长边长度；

$\qquad a_1$——三边支承板中自由边长度或两相邻边支承中对角线长度；

$\qquad \beta$——系数，由边长比 b_1/a_1 查表 5-6，b_1 为三边支承板中垂直于自由边方向的长度或两相邻边支承板中内角顶点至对角线的垂直距离，当三边支承板的 $b_1/a_1 \leqslant 0.3$ 时，按照悬臂长为 b_1 的悬臂板计算；

$\qquad c$——悬臂长度。

表 5-5 　　　　　　　四边支承板弯矩系数 α

b/a	1.0	1.1	1.2	1.3	1.4	1.5	1.6
α	0.0479	0.0553	0.0626	0.0693	0.0753	0.0812	0.0862
b/a	1.7	1.8	1.9	2.0	2.5	3.0	$\geqslant 4.0$
α	0.0908	0.0948	0.0985	0.1017	0.1132	0.1189	0.125

表 5-6 　　　　　三边支承板及两相邻边支承板弯矩系数 β

b_1/a_1	0.3	0.35	0.4	0.45	0.5	0.55	0.6	0.65	0.7	0.75
β	0.0273	0.0355	0.0439	0.0522	0.0602	0.0677	0.0747	0.0812	0.0871	0.0924
b_1/a_1	0.8	0.85	0.9	0.95	1.0	1.1	1.2	1.3	$\geqslant 1.4$	
β	0.0972	0.1015	0.1053	0.1087	0.1117	0.1167	0.1205	0.1235	0.1250	

取各区格弯矩中的最大值 M_{max} 来计算板的厚度：

$$t = \sqrt{\dfrac{6M_{max}}{f}}$$ (5-71)

（二）焊缝计算

柱的压力一部分由柱身通过焊缝传给靴梁、肋板或隔板，再传给柱底板；另一部分则直接通过柱端与底板之间的焊缝传给底板。但制作柱脚时，柱端不一定平齐，有时为控制标高，柱端与底板之间可能出现较大的且不均匀的缝隙，因此柱端与底板之间的焊缝质量不一定可靠；而靴梁、隔板和肋板的底边可预先刨平，拼装时可任意调整位置，使之与底板密合，它们与底板间的焊缝质量是可靠的。所以，计算时可偏安全地假定柱端与底板间的焊缝不受力，靴梁、隔板、肋板与底板的角焊缝则可按柱的轴心压力 N 计算；柱与靴梁间的角焊缝也按受力 N 计算。角焊缝厚度由下式计算：

$$h_f = \frac{N}{0.7\sum l_w \times 1.22 f_f^w} \qquad (5-72)$$

式中 $\sum l_w$——焊缝的总长度，可根据靴梁、隔板、肋板与柱脚底板之间可能焊到的地方决定，但柱身与柱脚底板之间的联系焊缝不计入 $\sum l_w$ 之内。

（三）靴梁、隔板、肋板计算

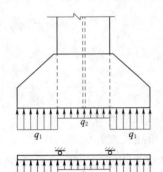

图 5-23 靴梁计算简图

靴梁可作为双悬臂简支梁来计算（图 5-23），柱边为其支撑边，承受的荷载为底面焊缝传来的均布力。可先根据靴梁与柱身之间的焊缝长度要求来确定靴梁的高度，其厚度取略小于柱翼缘，然后再验算其抗弯和抗剪强度。靴梁与柱身间的竖直焊缝应能传递全部柱压力 N，则靴梁的高度为

$$h \geqslant \frac{N}{n \times 0.7 h_f f_f^w} + 2 h_f \qquad (5-73)$$

隔板作为底板的支承边，应具有一定的刚度，其厚度可以比靴梁略薄些，高度略小些。在较大的柱脚中，隔板需要计算。计算时在它两侧的底板区格中划出适当部分作为它的受载面积，按两端支承于靴梁上的简支梁计算。

肋板则可按悬臂梁计算强度和与靴梁间的焊缝。

【例 5-5】 试设计如图 5-24 所示轴心受压格构式柱的柱脚。轴心压力设计值 $N = 1420\text{kN}$（静力荷载），钢材 Q235，焊条 E43 型，基础混凝土强度等级 C15。

解： 选用带靴梁的柱脚如图 5-24 所示。

（1）确定底板平面尺寸 $B \times L$。

基础混凝土强度等级 C15，$f_{cc} = 7.5\text{N/mm}^2$

采用 $d = 24\text{mm}$ 锚栓，锚栓孔面积为

$$A_0 = 2(50 \times 30 + \pi \times 25^2/2) \approx 5000 (\text{mm}^2)$$

靴梁厚度取 $t_b = 10\text{mm}$，悬臂 c 取 $c = 3d \approx 75\text{mm}$，则

$$A = BL = N/f_{cc} + A_0 = 1420 \times 10^3/7.5 + 5000 = 194330 (\text{mm}^2)$$
$$B = b + 2t_b + 2c = 280 + 2 \times 10 + 2 \times 75 = 450 (\text{mm})$$
$$L = 194330/450 = 432 (\text{mm})$$

采用 $B \times L = 450 \times 500$，则

$$q = 1420 \times 10^3/(450 \times 500 - 5000) = 6.45 (\text{N/mm}^2)$$

（2）确定底板厚度，如图 5-24 所示。

区格①为四边支承板：

$$b/a = 290/280 = 1.036，查表 5-5，\alpha = 0.0506$$
$$M = \alpha q a^2 = 0.0506 \times 6.45 \times 280^2 = 25590 (\text{N} \cdot \text{mm/mm})$$

区格②为三边支承板：

$$b_1/a_1 = 105/280 = 0.375，查表 5-6，\beta = 0.0397$$
$$M = \beta q a_1^2 = 0.0397 \times 6.45 \times 280^2 = 20080 (\text{N} \cdot \text{mm/mm})$$

区格③为悬臂板：

$$M = qc^2/2 = 6.45 \times 75^2 = 18140 (\text{N} \cdot \text{mm/mm})$$

最大弯矩　　　　　　$$M_{\max} = 25590 (\text{N} \cdot \text{mm/mm})$$

$$f = 200\text{N/mm}^2 \quad (16\text{mm} < t \leqslant 40\text{mm} \text{ 钢板})$$

柱承受静力荷载，钢板受弯时 $\gamma = 1.2$。

$$t = \sqrt{6M_{\max}/\gamma_x f} = \sqrt{6 \times 25590/(1.2 \times 200)} = 25.3 (\text{mm})，取 28\text{mm}$$

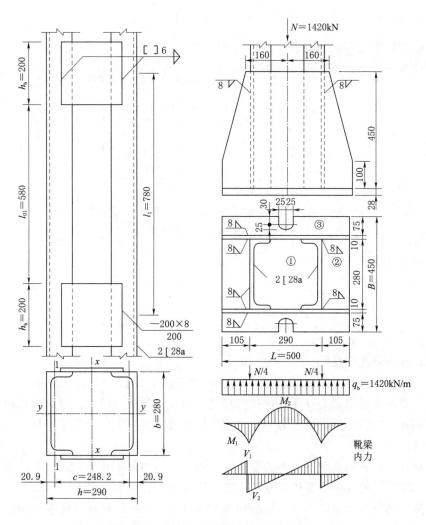

图 5-24　例 5-5 计算简图（单位：mm）

（3）靴梁与柱身的竖向焊缝计算。

焊缝共有 4 条，每条：

$$h_f l_w = N/(4 \times 0.7 f_f^w) = 1420 \times 10^3/(4 \times 0.7 \times 160) = 3170 (\text{mm}^2)$$

取　　　　　　$$h_f \times l_w = 8 \times 440 = 3520 (\text{mm}^2) > 3170 (\text{mm}^2)$$

靴梁高度取 450mm。

（4）靴梁与底板连接焊缝计算。

焊缝总长度　$\sum l_w = 2 \times (500-10) + 4 \times (105-8) = 1368 \text{(mm)}$

所需焊缝尺寸 $h_f = \dfrac{N}{0.7\beta_f f_f^w \sum l_w} = \dfrac{1420 \times 10^3}{0.7 \times 1.22 \times 160 \times 1368} = 7.60 \text{(mm)}$，取 8mm

$h_f = 8\text{mm} > 1.5\sqrt{t} = 1.5\sqrt{28} = 7.94 \text{(mm)}$，满足要求

（5）靴梁验算。截面采用 $t_b h_b = 10\text{mm} \times 450\text{mm}$：

线均布荷载　$q_b = \dfrac{N}{2L} = \dfrac{1420 \times 10^3}{2 \times 500} = 1420 \text{(N/mm)}$

支座和跨中的弯矩和剪力分布分别为

$$M_1 = \frac{q_b l_1^2}{2} = \frac{1420 \times 105^2}{2} = 7.83 \times 10^6 \text{(N} \cdot \text{mm)}$$

$$M_2 = \frac{q_b l_2^2}{8} - M_1 = \frac{1420 \times 290^2}{8} - 7.83 \times 10^6$$

$$= 14.93 \times 10^6 - 7.83 \times 10^6 = 7.10 \times 10^6 \text{(N} \cdot \text{mm)}$$

$$M_{max} = 7.83 \times 10^6 \text{N} \cdot \text{mm}$$

$$V_1 = q_b l_1 = 1420 \times 105 = 149.1 \times 10^3 \text{(N)}$$

$$V_2 = q_b l_2 / 2 = 1420 \times 290/2 = 205.9 \times 10^3 \text{(N)}$$

$$V_{max} = 205.9 \times 10^3 \text{N}$$

$$\sigma_{max} = \frac{6M_{max}}{\gamma_x t_b h_b^2} = \frac{6 \times 7.83 \times 10^6}{1.2 \times 10 \times 450^2} = 19.3 \text{(N/mm}^2) < f = 215 \text{(N/mm}^2)$$

$$\tau_{max} = \frac{1.5 V_{max}}{t_b h_b} = \frac{1.5 \times 205.9 \times 10^3}{10 \times 450} = 68.6 \text{(N/mm}^2) < f_v = 125 \text{(N/mm}^2)$$

因此满足要求。

三、偏心受压柱柱脚

偏心受压柱柱脚可以做成铰接和刚接两种形式。铰接柱脚仅传递轴心压力和剪力，其计算和构造与轴心受压柱的柱脚相同，但所受的剪力较大，需采取抗剪的构造措施。刚接柱脚除传递轴心压力和剪力外还要传递弯矩。工程中多采用与基础刚性连接的柱脚。

根据柱的形式和其宽度，偏心受压柱柱脚可分为整体式和分离式两类。图 5-25、资源 5-10 所示的柱脚为整体式刚接柱脚，资源 5-11 则为分离式柱脚。

实腹柱和分肢距离较小（一般分肢间距不大于 1.5m）的格构柱常采用整体式刚接柱脚，分肢间距较大的格构式柱采用整体式柱脚，所耗费的钢材较多，故多采用分离式柱脚，这时每个分肢下的柱脚相当于一个轴心受力的铰接柱脚。

刚接柱脚在轴心压力和弯矩作用下，传给基础的压力分布是不均匀的，可能会在底板某一侧产生的拉力，因而需要由锚栓承受拉力，应对锚栓进行计算。一般情况下，柱脚每边各设置 2~4 个直径为 30~75mm 的锚栓。

如图 5-25 所示，为保证柱脚与基础刚性连接，锚栓不应直接固定在底板上，宜固定在靴梁侧面焊接的两块肋板上面的顶板上。同时，为便于安装，调整柱脚的位

资源 5-10
格构柱的
整体式刚
接柱脚

资源 5-11
格构柱的
分离式柱脚

置，锚栓位置宜在底板之外，顶板上锚栓孔的直径应是锚栓直径的 1.5～2.0 倍，待柱子就位并调整到设计要求后，再用垫板套住锚栓并与顶板焊牢，垫板上的孔径比锚栓直径大 1～2mm。

为了加强分离式柱脚在运输和安装时的刚度，增强其整体性，宜设置缀材把两个柱脚连接起来，如图 5-25 所示。

当柱截面刚度较大时，如箱形截面或加强腹板的"工"字形截面，也可以不设置靴梁而将锚栓固定在柱翼缘外侧的支承托座上。

偏心受压柱整体式柱脚有实用近似计算方法以及考虑锚栓和混凝土基础弹性性质计算方法两种。下面介绍比较简单实用的计算方法。

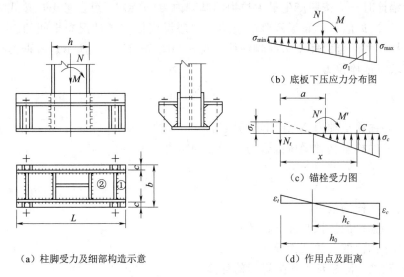

（a）柱脚受力及细部构造示意　　（b）底板下压应力分布图

（c）锚栓受力图

（d）作用点及距离

图 5-25　整体式的刚接柱脚

（一）底板的面积尺寸

通常需根据柱截面、柱脚内力的大小和构造要求初步选取底板的宽度 b 和长度 L，宽度方向的外伸长度 c 一般取 20～30mm。然后，按底板下的压应力为直线分布，计算底板对基础混凝土的最大应力

$$\sigma_{\max}=\frac{N}{bL}+\frac{6M}{bL^2}\leqslant f_c \tag{5-74}$$

式中　N、M——柱脚所承受的最不利弯矩和轴心压力，取使基础一侧产生最大压应力的内力组合；

　　　　f_c——混凝土的承压强度设计值。

根据混凝土的强度等级选择承压强度设计值 f_c，当为 C15、C20、C25 时，f_c 分别为 7.5N/mm^2、10N/mm^2、12.5N/mm^2。

如果不满足上式条件，初选宽度 b 和长度 L 不合适，应修改并重新计算。

而另一侧的应力为

$$\sigma_{\min}=\frac{N}{bL}-\frac{6M}{bL^2} \tag{5-75}$$

于是可以绘出底板下的压应力分布图形，如图 5-25（b）所示。

按照此压应力产生的弯矩计算底板的厚度，计算方法同轴心受压柱脚。对于偏心受压柱脚，因底板压应力分布不均，分布压应力 q 可偏安全地取为底板各区格的最大压应力。但这种方法只适用于底板全部受压的情况。如果底板出现拉应力，即 $\sigma_{\min}$ <0（以压为正，拉为负），则应计算锚栓，并按锚栓计算中所算得的基础压应力进行底板的厚度计算。

（二）锚栓设计

当弯矩较大时，$\sigma_{\min}$ <0，表明底板与基础混凝土之间仅部分受压，这时，锚栓不仅起到固定柱脚于基础之上的作用，而且将承受拉力。

设计锚栓时，应按照产生最大拉力的基础内力 N' 和 M' 组合考虑，按式（5-74）和式（5-75）近似求得底板两侧的应力，并假设底板与基础混凝土间的应力是直线分布的，拉应力的合力完全由柱脚锚栓承受，如图 5-25（c）所示。根据 $\sum M_c = 0$ 条件，即可求得锚栓拉力

$$N_t = \frac{M' - N'(x-a)}{x} \tag{5-76}$$

式中　a——锚栓至轴力 N' 作用点的距离；

　　　x——锚栓至基础受压区合力作用点的距离。

$$A_e \geqslant \frac{N_t}{nf_t^a} \tag{5-77}$$

式中　n——锚栓的数量；

　　　f_t^a——锚栓的抗拉强度设计值；

　　　A_e——锚栓的有效截面面积。

（三）靴梁、隔板及其连接焊缝的计算

设计靴梁、隔板、肋板及其连接焊缝时，将底板产生最大压应力的内力作为最不利组合，并应按不均匀底板压应力所产生的实际荷载情况计算。

靴梁与柱身的连接焊缝应按可能产生的最大内力 N_1 计算，并以此焊缝所需要的长度来确定靴梁的高度。这里：

$$N_1 = \frac{N}{2} + \frac{M}{h} \tag{5-78}$$

靴梁按支承于柱边缘的悬伸梁来验算其截面强度。靴梁的悬伸部分与底板间的连接焊缝共有 4 条，应按整个底板宽度下的最大基础反力计算。

隔板的计算同轴心受力柱脚，它所承受的基础反力应取该计算段内的最大值计算。

肋板顶部的水平焊缝以及肋板与靴梁的连接焊缝应根据每个锚栓的拉力来计算。锚栓支承垫板的厚度根据其抗弯强度计算。

本　章　小　结

（1）钢柱与钢压杆按构造由柱顶、柱身与柱脚组成，按截面形式分为实腹式截面

与格构式截面；钢杆与钢压杆的破坏形式包括强度破坏、失稳破坏及局部失稳破坏等。

(2) 钢柱与钢压杆的截面强度与刚度包括轴心受压构件的截面强度与刚度和压弯构件的截面强度与刚度。截面强度以截面正应力不超过截面材料强度设计值进行验算，钢柱与钢压杆的刚度验算以杆件长细比不超过其允许长细比来衡量。

(3) 轴心受压构件稳定包括实腹式轴心受压构件稳定、格构式轴心受压构件稳定及轴心受压构件设计。实腹式轴心受压构件稳定包括欧拉压杆稳定与实际压杆稳定及其承载力，格构式轴心受压柱稳定包括绕实轴及绕虚轴的整体稳定与局部稳定及单肢稳定计算，轴心受压柱设计包括截面选择、强度验算、整体稳定验算、局部稳定及单肢稳定计算、刚度验算及构造要求。

(4) 压弯构件稳定主要包括实腹式压弯构件稳定、格构式压弯构件稳定与偏心受压柱设计等内容。实腹式压弯构件稳定包括整体稳定与局部稳定，格构式压弯构件稳定包括整体稳定及单肢稳定计算，而偏心受压柱设计包括实腹式压弯构件与格构式压弯构件的截面选择、强度验算、整体稳定验算、单肢及局部稳定验算等。

(5) 梁柱节点与柱脚是钢柱与钢压杆的连接设计。梁柱节点设计主要包括柱顶梁柱连接设计与框架梁柱节点设计，框架梁柱刚性节点连接设计主要包括构造要求及承载力验算；柱脚设计主要包括轴心受压柱柱脚设计与压弯柱柱脚设计，轴心受压柱柱脚设计主要包括构造要求与柱脚底板厚度、连接焊缝及相关板件高度的计算。

思 考 题

(1) 影响轴心受压稳定极限承载的初始缺陷有哪些？在钢结构设计中如何考虑？

(2) 如何判断轴心受压构件将产生哪一种形式的屈曲？

(3) 轴心受压构件采用什么样的截面形式合理？

(4) "工"字形截面轴心受压构件翼缘和腹板的局部稳定性计算公式中，λ 为什么应取构件两个方向长细比的较大值？

(5) 轴心受压构件的设计步骤和必须注意的问题有哪些？

(6) 压弯构件采用什么样的截面形式合理？

(7) 为什么要采用等效弯矩系数？其值是怎样确定的？

(8) 压弯构件的设计步骤及必须注意的问题有哪些？

资源 5-12
思考题

习 题

(1) 有一工作平台柱高 6m，两端铰接，截面为焊接"工"字形，翼缘为轧制边，柱的轴心压力设计值为 5000kN，钢材为 Q235B，焊条为 E43 型，采用自动焊。试设计该柱的截面。

(2) 如图 5-26 所示，两种截面（焰切边缘）的截面面积相等，钢材均为 Q235 钢。当作用长度为 10m 的两端铰接轴心受压柱时，是否能安全承受设计荷

资源 5-13
习题

载 3200kN?

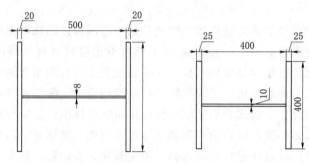

图 5-26　习题（2）配图（单位：mm）

（3）某轴心受压柱的长度为 6.5m，截面组成如图 5-27 所示，缀板式柱，两端铰接，单肢长细比 $\lambda_1 = 35$，材料为 Q235 钢。要求确定柱的设计轴心压力。

（4）设计如图 5-28 所示焊接"工"字形截面轴心受压柱的铰接柱脚。柱的设计压力 $N = 1000kN$，钢材为 Q235 钢，焊条为 E43 型，采用手工焊，基础混凝土强度等级为 C15，并请按照比例绘制柱脚构造图。

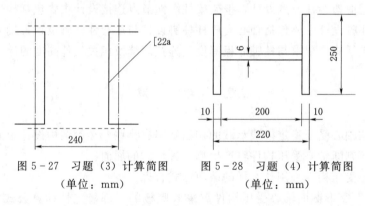

图 5-27　习题（3）计算简图　　图 5-28　习题（4）计算简图
　　　　（单位：mm）　　　　　　　　（单位：mm）

（5）试设计某支承工作平台的轴心受压柱，柱身为由两个热轧工字钢组成的缀条柱。单缀条体系，缀条用单角钢∟45×5，倾角为 45°，钢材为 Q235 钢，柱高 10.0m，上端铰接，下端固定，由平台传递给柱身的轴心压力设计值为 1550kN。请选择柱肢工字钢型号，并验算缀条的稳定性。

（6）有一高度为 4.0m 的压弯构件，两端铰接，材料采用 Q235，截面选择 HN400×200×8×13，承受的荷载：轴心压力的设计值 $N = 500kN$，弯矩设计值 $M_x = 80kN \cdot m$。试验算其该构件的截面。

第六章

钢 桁 架

内容摘要

本章主要介绍桁架的概念、类型、受力特点及应用范围，桁架选型、尺寸拟定和腹杆布置，桁架支撑设计，桁架的荷载和杆件内力计算，桁架杆件与节点的设计，施工图的绘制。通过本章的学习，了解桁架的类型、构造和应用范围；掌握桁架间支撑的作用与布置方式、桁架的荷载和杆件内力计算方法、桁架杆件截面选择及节点的设计方法、掌握桁架结构的设计步骤及方法。

学习重点

掌握桁架内力计算方法、杆件截面选择及节点设计、桁架设计步骤及方法。

第一节 概 述

桁架是由许多直杆在杆端通过节点连接而成的以抗弯为主的格构式结构。通常，桁架中的杆件以承受轴力为主，杆件截面上应力分布基本均匀，材料的使用效率高，从而能节省钢材，减轻结构自重，特别适用于跨度或高度较大的结构。

根据组成桁架杆件的轴线和所受外力的分布情况，桁架可分为平面桁架和空间桁架。平面桁架最为常见，在横向荷载作用下，从其结构整体受力来看，实质为格构式的梁。同钢梁一样，平面桁架是钢结构中应用非常广泛的一类基本受弯构件。钢桁架和实腹式钢梁相比，主要特点是以弦杆代替梁的翼缘来承受弯矩，以腹杆代替梁的腹板来承受剪力，而在节点处通过节点板（或其他零件）用焊缝或其他连接形式将腹杆和弦杆相互连接，有时也可不用节点板而直接将各杆件相互焊接（或其他连接）。这样，平面桁架整体受弯时的弯矩表现为上、下弦杆的轴心受拉和受压，剪力则表现为各腹杆的轴心受压或受拉，且应力沿截面分布均匀，能充分利用材料，故结构自重较轻，型钢又较钢板价廉，特别是当结构的跨度很大而荷载较小时，采用桁架更为经济合理。此外，桁架还便于按照不同要求制成各种外形。因此，钢桁架是一种刚度较大、用材经济、外形美观的格构式结构。但是桁架的杆件与节点较多，制造安装较为费工。

桁架在工程结构中应用很广，例如工业与民用建筑中的大跨度屋架、水工建筑中各种类型的大跨度钢闸门、浮码头的钢引桥、水利施工和海上原油码头钢栈桥、海洋采油平台，以及各种类型塔架（如输电、钻井、通信及起重机用塔架）等常用桁架作为承重结构的主要受力构件。海洋采油平台的桩基导管架也是一种典型的空间桁架结构。此外，桁架也常作为承重结构之间的支撑系统。

在水工钢结构中，梁式简支静定桁架最为常用。这种桁架受力明确，杆件内力不

资源 6-1
桁架厂房

资源 6-2
桁架重型
厂房

资源 6-3
工业厂房

资源 6-4
桁架屋盖

资源 6-5
下承式桁
架桥1

资源 6-6
下承式桁
架桥2

受支座沉陷和温度变化的影响，构造简单、安装方便，但用钢量稍大。钢架式及多跨连续桁架等虽能节约钢材，但对支座沉陷和温度变化较敏感，制造安装精度要求较高，因此采用较少。

按照杆件受力大小、截面形式及节点构造，桁架可分为重型桁架、普通桁架、轻型桁架和薄壁型桁架四种。重型桁架杆件受力很大，需采用截面刚度较大的 H 形截面或箱形截面，在节点处用两块平行的节点板与杆件连接，构造较为复杂，一般用于大跨度桥梁、闸门、海洋平台以及升船机等重型结构当中。普通桁架一般采用单腹式杆件，如常用两个角钢组成的 T 形截面等，在节点处通过一块节点板连接而成，构造简单，应用最为普遍。轻型桁架由圆钢和小角钢（小于∟45×4 或∟56×36×4）组成，仅适用于跨度不超过 18m 的轻屋盖结构中。薄壁型钢桁架的杆件分为开口和闭口截面，壁厚一般为 1.5～5mm，主要用于荷载较小的屋架中。

本章将着重讲述钢桁架选型、腹杆布置、支撑设计、桁架荷载计算及杆件内力计算、杆件截面设计、节点设计等内容。

第二节　桁架的选型及结构特点

一、桁架外形

桁架外形设计需考虑结构用途、荷载特点、与其他构件的连接要求等。

常用的平面桁架形式如图 6-1 所示。在梁式桁架中，平行弦、梯形、折弦形、三角形桁架较为典型，工程实践中都有应用。

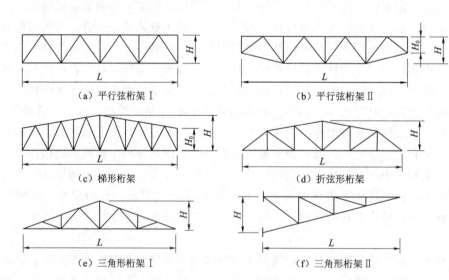

（a）平行弦桁架 Ⅰ　　（b）平行弦桁架 Ⅱ

（c）梯形桁架　　（d）折弦形桁架

（e）三角形桁架 Ⅰ　　（f）三角形桁架 Ⅱ

图 6-1　平行桁架的形式

平行弦桁架 [图 6-1（a）、（b）] 的特点是上下弦平行，腹杆长度一致，杆件类型少，易满足标准化、工业化制造的要求。这种形式多用于桥桁、厂房中的托架、抗风桁架、平面闸门、钢引桥、栈桥及海洋采油台导管架等。平行弦桁架端部上下弦均与柱相连时，可负担端弯矩，形成承重刚架，这样可提高整体结构的刚度，如弧形闸门主框架。

梯形桁架［图 6-1（c）］的外形可调整到与弯矩分布的图形相近似，无论简支桁架还是连续桁架，都可使得大部分弦杆内力比较均匀，故效率较高。梯形桁架端部有一定高度，上下弦杆都与柱子或其他支承结构相连的话，上下弦杆的拉压轴力形成一对力偶，可抵抗端弯矩，类似两端刚接的抗弯构件，对结构整体提供较大刚度。梯形桁架广泛应用于较大跨度的屋架、桥桁等。这种桁架用于屋架时，因上弦坡度较小，故须注意屋面对于防水的要求。

折弦形桁架［图 6-1（d）］因外形接近于对应同荷载、同跨度简支梁的弯矩图，不但腹杆内力较小，而且各节间弦杆内力相差也不大，这样杆件可采用同一截面尺寸。这种桁架由于上弦杆需要做成折线形，比较费工，但是用于大跨度桁架中能节约钢材，如油码头钢栈桥等。

资源 6-11
空间桁架
厂房

三角形桁架［图 6-1（e）］通常用于坡度较大的屋架。降雪量大、雨水量大而集中的地区建造房屋的屋盖较多采用这种形式；有单侧均匀充足采光要求的工业厂房屋盖和有较大悬挑的雨篷等也采用这种形式。除悬挑式桁架外［图 6-1（f）］，三角形桁架端部不能承受弯矩，整体上杆件截面利用不尽合理，因而一般用于跨度不大的情况。

资源 6-12
广州国际
会展中心

二、桁架的基本尺寸

桁架的基本尺寸是指桁架的跨度 L 和高度 H（包括梯形桁架的端部高度 H_0）（图 6-1）。桁架的总跨度取决于结构的用途，工业厂房的总跨度和分跨度一般由工艺要求确定，桥梁的总跨度由所需跨越的江河、峡谷的距离决定。从力学的角度考虑，选择合理的分跨点对结构的安全性和经济性有很重要的作用，结构技术人员应当对此予以注意。

资源 6-13
空间桁架
输电塔

桁架高度较大时，弦杆受力较小，但带来腹杆增大。设计初选桁架高度，需兼顾荷载特点、经济指标、刚度要求以及规划、选型和其他方面的要求。桁架的经济高度应由桁架的弦杆和腹杆总重量最轻的条件决定。有刚度条件要求的桁架高度，是根据相对挠度的限值 $[w/L]$ 来决定的。在水工钢闸门中主桁架的 $[w/L]=1/600\sim1/700$，钢屋架的 $[w/L]=1/250$，立体桁架的 $[w/L]=1/250$，钢引桥的 $[w/L]\approx 1/700$，简支或连续桁架公路钢桥的 $[w/L]=1/500$。

资源 6-14
空间桁架
塔吊

根据上述要求，梯形和平行弦桁架的高度常采用 $H\approx(1/6\sim1/10)L$，其中 L 为桁架的跨度。当 $[w/L]$ 限值越小，则桁架高度 H 应越大；三角形屋架 $H\approx(1/4\sim1/6)L$，三角形悬臂桁架 $H\approx(1/1.5\sim1/2.5)L$。桁架的最大高度还应考虑运输条件的限制（如铁路运输限高为 3.85m）。

当桁架与柱刚接时（如梯形桁架端部上下弦均匀柱连接），桁架端部高度 H_0 应有足够的大小，以便形成力臂来传递支座弯矩而不使端部弦杆产生过大的内力，则通常要求 $H_0\approx(1/10\sim1/16)L$。

桁架杆件截面选出后，可按式（6-1）验算桁架的挠度：

$$\frac{w}{L} = \frac{1}{L}\sum_{i=1}^{n}\frac{N_i \overline{N_i} l_i}{E_i A_i} \leqslant \left[\frac{w}{L}\right] \tag{6-1}$$

式中　N_i——外载标准值作用下引起的第 i 根杆的轴力；

　　　$\overline{N_i}$——在挠度验算节点处沿挠度方向施加单位力所引起的杆件轴力；

　l_i、A_i——第 i 根杆的几何长度和横截面面积；

　　　E_i——第 i 根杆的弹性模量；

　$[w/L]$——容许挠跨比，详见相关规范中的规定。

三、腹杆布置和节间长度

　　屋架的腹杆形式常用的有"人"字式、芬克式、豪式（单向斜杆式）、再分式及交叉式五种。桁架腹杆的体系应力求简单。腹杆的布置应使桁架受力合理，构造简单。一般来说，腹杆和节点的数目要少，杆件和节点的形状与尺寸尽量划一，使长杆受拉、短杆受压，并且尽量使节点荷载能以较短的路径传至支座。斜杆的倾角对其本身内力的影响很大，一般应在 $30°\sim60°$ 的范围内，最好是 $45°$ 左右，这样可以使节点的构造合理，节点板尺寸不至于过长或过宽。这样，均可以减少钢材用量和制造的劳动量。

　　腹杆布置和桁架节间长度的划分应同时进行。节间数宜为偶数，这样能使腹杆布置对称，以适应桁架之间支撑的布置。当钢闸门和钢引桥中桁架与次梁相连接时，宜使次梁布置在桁架弦杆的节点上，以避免弦杆因受节间荷载而产生的弯矩，故节间的长度划分一般应与次梁的间距配合一致。桁架节间一般不宜大于 $1.5\mathrm{m}\sim2.5\mathrm{m}$。

　　在平行弦或梯形桁架中，腹杆体系通常用"人"字式［图 6-2（a）］或单斜杆式［图 6-2（d）］，以"人"字式最为常用。"人"字式腹杆数及节点数最少，适用于跨度较小或节点荷载数较少的桁架。从受力情况分析，腹杆承受剪力，"人"字式腹杆体系中荷载从所作用的节点至支座的内力传递途径最短。对于中等以上跨度的桁架，由于斜杆中合理倾角的要求，节间长度将随桁架高度而增大，常需附加竖杆，借以减小上弦的节间长度，适应次梁或屋架檩条间距的要求，并减少上弦压杆的计算长度［图 6-2（b）］，故较经济、常用，如水工闸门和上承式钢引桥中的主桁架等。下承式钢引桥主桁架下弦节点与次梁连接，为传递次梁的节点荷载尚需附加受拉竖杆（吊杆）［图 6-2（c）］。附加受压或受拉竖杆因只承受局部节点荷载，故所需截面较小。有时也采用单斜式腹杆体系［图 6-2（d）］，其优点是较长的斜杆受拉，用钢较省，节点形状相同，加工方便，但杆数和节点数较多，比"人"字式腹杆费工。单斜式腹杆中从荷载作用的节点向支座传递内力的途径最长。在大跨度、大高度桁架中，为了缩小受压弦杆长度和竖杆长度，并使斜杆保持合理倾角，可采用较复杂的杆体系，如再分式［图 6-3（a）、（c）］、K 型［图 6-3（b）、（d）］及菱形桁架［图 6-3（e）］等。这些桁架常用于大跨度结构中。

　　此外，当桁架作为支撑桁架时，常采用交叉式的腹杆体系［图 6-2（e）］。它的特点是腹杆可以承受变向荷载（如风荷载、水压力等），并能提高结构的稳定性和刚度。这种多次超静定桁架一般可以简化为静定桁架来计算，即认为只有一组受拉斜杆起作用，而另一组受压斜杆将因长细比较大，稍一受力就会发生纵向弯曲而退出工作。当荷载的方向改变时，则两组斜杆的工作状态随之互换。

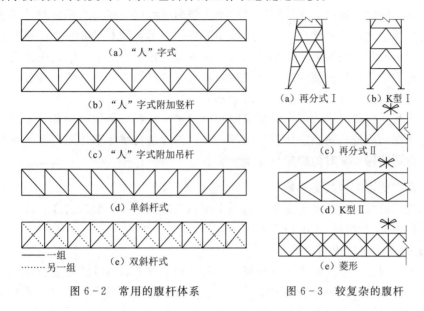

（a）"人"字式

（b）"人"字式附加竖杆

（c）"人"字式附加吊杆

（d）单斜杆式

——一组
······另一组　（e）双斜杆式

图 6-2　常用的腹杆体系

（a）再分式 I　（b）K型 I

（c）再分式 II

（d）K型 II

（e）菱形

图 6-3　较复杂的腹杆

第三节　桁架支撑的作用、布置与设计

一、桁架支撑的作用

平面桁架在其本身平面内具有较大的刚度，能承受桁架平面内的各种荷载。但在和垂直于桁架平面方向（称为桁架平面外）不能保持几何不变，即使桁架上弦与檩条或屋面等铰接相连，桁架仍会侧向倾倒，如图 6-4（a）中虚线所示。为了防止桁架侧向倾倒和改善桁架工作性能，对于平面桁架体系，必须设置支撑系统，在水工结构中称之为连接系。桁架支撑的作用主要如下。

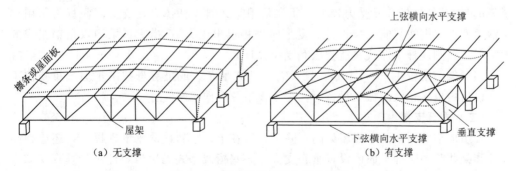

檩条或屋面板

屋架

（a）无支撑

上弦横向水平支撑

下弦横向水平支撑　垂直支撑

（b）有支撑

图 6-4　屋面桁架支撑作用示意图

（1）保证桁架结构的空间几何稳定性即形状不变。平面桁架能保证桁架自身在平面内的几何稳定性，支撑系统则保证桁架平面外的几何稳定性。

（2）保证桁架结构的空间刚度和空间整体性。桁架上弦和下弦的水平支撑与桁架弦杆组成水平桁架，桁架端部和中部的垂直支撑则与桁架竖杆组成垂直桁架，都有一定的侧向抗弯刚度。因而，无论桁架结构承受竖向或纵向、横向水平荷载，都能通过一定的桁架体系把力传向支座，只发生较小的弹性变形，即有足够的刚度和稳定性。

（3）为桁架弦杆提供侧向支撑点。水平和垂直支撑桁架的节点以及由此延伸的支撑系杆都成为桁架弦杆的侧向支承点，从而减小弦杆在桁架平面外的计算长度，减小其长细比，并提高其受压时的整体稳定承载力。

（4）承受并传递水平荷载。包括纵向和横向水平荷载，例如风荷载、悬挂或桥式吊车的水平制动或振动荷载、地震作用等，最后都通过支撑体系传到桁架支座。

（5）保证结构安装时的稳定且便于安装。

二、桁架支撑的种类和布置

桁架支撑通常可分为水平支撑、垂直支撑和系杆等几种类型。结合资源6-15阐述屋架结构各类型支撑构件的布置要求。

（一）上弦和下弦横向水平支撑

在组成空间桁架结构的相邻两榀屋架的上弦和下弦平面内沿跨度全长设置。为了提高屋盖结构刚度和缩短系杆传力途径，一般在房屋或每个温度区段的两端各设置一道，区段较长时还应在中间增设一道或几道，使其净距不超过6m（资源6-15）。

从受力考虑，端部横向支撑最好设在端部第一开间（资源6-15），这样房屋端部抗风柱顶风荷载传给横向水平支撑更为直接；但当区段较长中间也设横向支撑且端部第一开间比其他开间缩进0.5m时，横向支撑（上、下弦水平支撑和垂直支撑）将有正常开间和缩小开间两种规格尺寸（资源6-15中6m和5.5m）。这种情况下，为了把横向支撑规格统一为正常开间，常将端部横向支撑移到端部第二开间。当屋盖有天窗时，由于天窗常从区段第二开间开始（第二开间不设天窗以更消防灭火时屋面通行），横向支撑也常设在端部第二开间，以便屋盖和天窗横向支撑都集中在同一开间内得到重点加强。

资源6-15
屋盖支撑
布置图

横向水平支撑桁架的节间划分应与屋架节间相配合，一般为4.5～6m，个别可小至3m，因其杆件较长而受力较小，通常采用交叉斜腹杆体系，交叉斜腹杆常采用单角钢柔性杆（即按只能受拉设计，受压时失稳退出受力），横腹杆采用双角钢组成的十字形截面刚性杆（即按兼能受压和受拉设计）。

当屋架跨度较小（$L \leqslant 18m$）且没有悬挂式吊车，或虽有悬挂吊车但起重吨位不大，厂房内也无较大的振动设备时，可不设下弦横向水平支撑。

（二）垂直支撑

在组成空间桁架的两榀屋架间，除了设置在上、下弦横向水平支撑外，还应在端竖杆和某些跨中竖杆平面内设置垂直支撑。某些桁架型式无适当竖杆时，垂直支撑也可设于斜杆平面内。垂直支撑与屋架的连接节点应该也是横向水平支撑的连接节点。

通常情况下，梯形屋架在跨度$L \leqslant 30m$，三角形屋架在跨度$L \leqslant 24m$时，在端部和跨中共设置3道垂直支撑；当跨度大于上述数值时，宜在两端和跨度约1/3处或天窗架侧柱处共设置4道。三角形屋架没有端部竖杆，故只设跨中垂直支撑；通常$L \leqslant$

18m 情况时在跨中设 1 道；L＞18m 时在跨中约 1/3 处或天窗架侧柱处共设 2 道。

　　垂直支撑本身是一个平行弦桁架，根据高宽尺寸比例可采用资源 6 - 16 所示腹杆体系，使斜杆与弦杆夹角大致为 35°～55°。垂直支撑的弦杆一般采用双角钢组成的 T 形截面。腹杆较短时采用单角钢（按受压设计），腹杆较长时采用单角钢柔性（受拉）交叉斜腹杆和双角钢受压竖杆（详见资源 6 - 16）。

资源 6 - 16
垂直支撑
的形式

（三）天窗架支撑

　　当屋盖有天窗架时，对天窗架也应与屋架一样设置天窗架上弦横向水平支撑和垂直支撑（一般配合屋架横向支撑设于同一开间内）以及相应系杆。天窗架垂直支撑通常设于天窗架两个侧柱平面，天窗架跨度不小于 12m 时还设于跨度中央。

（四）下弦纵向水平支撑

　　一般房屋的屋盖结构不设纵向水平支撑。当房屋内设有托架，有较大吨位的重级、中级工作制的桥式吊车，或有壁行吊车、有锻锤等大型振动设备，以及房屋较高、跨度较大，空间刚度要求较高时，均应布置下弦纵向水平支撑（如资源 6 - 15 虚线所示）。当房屋排架柱间距较大而中间设有墙架柱，且墙架柱顶需以下弦纵向水平支撑为水平支承点，以便把侧向风荷载等传给排架柱时，也应设置下弦纵向水平支撑。

　　单跨房屋的下弦纵向水平支撑一般设于房屋两侧（资源 6 - 15 虚线）。对多跨的等高房屋或不等高房屋的等高部分，可仅沿两侧边柱列处设置，并根据各跨吊车和振动情况在中间柱列处适当增设，一般可每隔一列柱设置于一侧屋架。这样，下弦纵向水平支撑与横向水平支撑组成封闭水平框，可大大提高屋盖的纵、横向水平刚度。

　　当屋盖有托架时，为了保证托架的侧向刚度和稳定性，以及传递侧向水平力，应在托架范围及其两端至少各延伸一个柱间的下弦端部设置下弦纵向水平支撑。

　　对三角形屋架、主要支座节点在上弦的梯形屋架以及某些情况，纵向水平支撑也可设于上弦平面。

（五）系杆

　　不设横向支撑的其他屋架，其上下弦的侧向稳定性由与横向支撑点相连的系杆来保证。能承受拉力也能承受压力的系杆叫刚性系杆，只能承受拉力的叫柔性系杆。它们的长细比分别按压杆和拉杆控制。

　　上弦平面内大型屋面板的肋可起到系杆的作用，但为了安装屋架时的方便与安全，在屋脊及两端设刚性系杆。当用檩条时，檩条可兼作系杆。有天窗时，屋脊节点的系杆对于保证屋架的稳定有重要作用，因屋架在天窗范围内没有屋面板或檩条，屋脊处仍需设置刚性系杆。

　　下弦杆受拉，为保证下弦杆在桁架平面外的长细比满足要求也应设置系杆。

　　系杆的布置原则：在垂直支撑的平面内一般设置上下弦杆；屋脊节点及主要支承节点处需设置刚性系杆；天窗侧柱处及下弦跨中附近设置柔性系杆；当屋架横向支撑设在端部第二柱间时，则第一柱间所有系杆均为刚性系杆。

三、桁架支撑的计算和截面选择

　　除系杆外各种桁架支撑是垂直于桁架平面的平面桁架，由设置的支撑与桁架的弦杆或竖杆组成。支撑杆件一般受力较小，可不作内力计算，杆件截面按容许长细比来选择。交叉斜杆或柔性系杆按拉杆设计，可用单角钢；非交叉斜杆、弦杆、竖杆以及刚性系杆按压杆设计，可用双角钢。刚性系杆通常采用双角钢组合十字形截面，以便两个方向的刚度相近。

当支撑桁架受力较大，如横向水平支撑传递较大的山墙风荷载时，或结构按空间工作计算，因纵向水平支撑体系需作为柱的弹性支座，支撑杆件除需满足允许长细比的要求外，尚应按桁架体系计算内力，进行截面设计。

有交叉斜腹杆的支撑桁架是超静定体系，但因受力比较小，一般常用简化方法进行分析。可采用柔性方案设计，腹杆只考虑拉杆参与工作。如资源 6 - 15 中用虚线表示的一组斜杆因受压而退出工作，此时桁架按单斜杆体系分析。当荷载反向作用时，则认为另一组斜杆退出工作。当按斜杆可以承受压力设计时（刚性方案设计），可按结构力学的方法进行内力分析。

第四节　桁架的荷载和杆件内力计算

一、荷载的计算

（一）荷载

作用于桁架上的荷载有永久荷载和可变荷载两大类。以屋架为例进行说明：永久荷载包括屋面构造层的重量、屋架和支撑的重量及天窗架等结构自重。屋架和支撑自重可按经验公式估算 $q = (0.117 + 0.0111l) \text{kN/m}^2$ 估算（l 为屋架的跨度，单位为 m）。

可变荷载包括屋面活荷载、屋面积灰荷载、雪荷载、风荷载及悬挂吊车荷载等。

（二）荷载组合

计算屋架杆件内力时，应注意到屋架在半跨荷载作用下，跨中部分腹杆的内力可能由全跨满载时的拉力变为压力或使拉力增大，因此，应根据施工和使用过程中可能出现的最不利荷载组合进行计算，一般考虑以下三种荷载组合。

（1）永久荷载＋全跨可变荷载。

（2）永久荷载＋半跨可变荷载。

（3）屋架和支撑自重＋半跨屋面板重＋半跨屋面活荷载。

梯形屋架中，屋架上、下弦杆和靠近支座的腹杆常按第一种组合计算；跨中附近的腹杆在第二、第三种荷载组合下可能内力为最大而且可能变号。

二、桁架内力计算

计算桁架内力时，一般采用如下基本假定。

（1）节点均为铰接点。

（2）杆件轴线平直且都在同一平面内，相交于节点中心。

（3）荷载作用线均在桁架平面内，且通过桁架的节点。

完全符合上述假定的桁架，其杆件只受轴力作用。但实际上，桁架节点处相交的杆件无论采用直接连接方式还是节点板连接方式，都难以实现纯粹的"铰"。实际桁架节点多为焊接，也有采用高强度螺栓连接，杆件端部或多或少有一定的转动约束。当杆件比较柔细时，这种约束作用较弱，杆件内力以轴力为主，一般情况都按铰接桁架进行计算；当杆件较粗时，则产生一定程度的弯矩，但这种弯矩引起的应力相对轴力引起的应力在数值上较小，分别称之为次弯矩与次应力。所谓较柔细、较短粗，与杆件长度和截面高度之比、截面形式、杆件在节点的连接构造都有关系。此外，节点处杆件轴线不一定交汇于一点，节点处由于力的偏心而产生杆端弯矩，也是次弯矩的一种。重要的结构应对次弯矩的数值和影响作专项分析。《铁路桥涵设计规范》（TB 10002—2017）9.0.3条规定：桁架杆件的轴向力可按节点为铰接的假定计算。当主桁杆件截面高度与节长之比在连续桁架中大于1/15，简支桁架中大于1/10时，应计算由于节点刚性引起的次应力。

　　当桁架只承受节点荷载时，其杆件内力一般按节点荷载作用下的铰接桁架计算。这样，所有杆件都是轴心受压或轴心受拉杆件，不承受弯矩。具体计算可采用图解法或解析法进行分析。为便于计算及组合内力，一般先求出单位节点荷载作用下的内力（称作内力系数），然后根据不同的荷载及组合，列表进行计算。有节间荷载作用的屋架，可先把节间荷载分配在相邻的节点上，按只有节点荷载作用的屋架计算各杆内力。直接承受节间荷载的弦

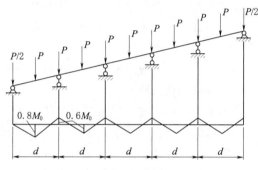

图6-5　局部弯矩计算简图

杆则要用这样算得的轴向力，与节间荷载产生的局部弯矩相组合，然后按压弯构件设计。这一局部弯矩，理论上应按弹性支座上的连续梁计算，算起来比较复杂。考虑到屋架杆件的轴力是主要的，为了简化，实际设计中一般取中间节间正弯矩及节点负弯矩为 $M=0.6M_0$，而端节间正弯矩为 $M=0.8M_0$，其中 M_0 为将上弦节间视为简支梁所得跨中弯矩，当作用集中荷载时其值为 $Pd/4$，如图6-5所示。

　　当桁架与柱刚接时，除上述计算的桁架内力外，还应考虑框架分析时所得的桁架弯矩对桁架杆件内力的影响，如图6-6所示。按图6-6的计算简图算出的桁架杆件内力与按铰接桁架计算的内力进行组合，取最不利情况的内力设计桁架的杆件。

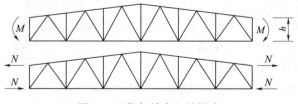

图6-6　桁架端弯矩的影响

三、桁架杆件的内力组合

桁架不同荷载情况，即永久荷载和各种活荷载的不同组合情况，将对各杆件引起

不同的内力。设计时应考虑各种可能的荷载组合，并对每根杆件分别比较考虑哪一种荷载组合引起的内力最为不利，取其一组或几组作为该杆的设计内力。

对于桁架的轴心受力杆件，最不利内力是指以下几种。

（1）拉杆的最大轴心拉力。

（2）压杆的最大轴心压力。

（3）受压为主可能受拉杆件的最大轴心压力。

（4）受拉为主可能受压杆件：最大轴心拉力和最大轴心压力两组内力并列；受压杆件的长细比限制较严，且整体稳定计算时要考虑 φ，故最大压力虽小于最大拉力也应并列为最不利内力。对于兼受弯矩的杆件，还应考虑最大正或负弯矩的不利情况。

（一）梯形屋架杆件的内力组合

对梯形屋架的设计内力，通常应考虑下列三种组合。

（1）组合一：全跨永久荷载＋活荷载（选用活荷载和雪荷载的较大值）。

（2）组合二：全跨永久荷载＋左或右半跨活荷载（选用活荷载和雪荷载的较大值）。

（3）组合三：全跨屋架重＋左或右半跨檩条、屋面板重和施工时活荷载（施工活荷载和雪荷载的较大值）。

当为不上人屋面时，使用活荷载即取施工活荷载值，屋面有积灰荷载时，在组合一、组合二的使用活荷载中应予加入。组合三是针对通常的屋盖安装方法和步骤而规定的，即屋架（包括支撑和可能有的天窗架）安装完毕后从其一侧顺次吊装檩条和屋面板，并在其上暂时堆放待装的屋面板或其他建筑材料。

对多数杆件只需考虑组合一。只对靠近跨中的个别腹杆，左半跨荷载使其受拉（压）而右半跨荷载使其受压（拉），则需考虑组合二、组合三，这时少加某一个半跨的活荷载将使杆件拉（压）力增加，少加另一个半跨的活荷载则有可能使杆件受拉变为受压。

（二）三角形屋架杆件的内力组合

（1）对三角形屋架的杆件内力，通常只需考虑组合一，即全跨永久荷载和活荷载（施工活荷载和雪荷载的较大值）。

三角形屋架中，左或右半跨荷载均使上弦杆受压和下弦杆受拉，对腹杆则是左或右半跨荷载只使本半跨腹杆受力，因而组合二、组合三的杆件内力不会变号也不会超过组合一，故不必考虑。

（2）对轻屋面并承受较大风荷载的屋架，还应考虑下列组合：全跨永久荷载＋向左或向右风荷载。本组合可能使某些腹杆（甚或某些弦杆）发生较大反号内力或由受拉变为受压、支座反力由受压变为受拉需要锚固等。

（3）风荷载使屋面某些部分引起风压力时（屋面坡度大于 30°或有天窗时），还应考虑下列两种组合：全跨永久荷载＋0.85 全跨活荷载＋0.85 向左或向右 0.85 风荷载；全跨永久荷载＋向左或向右风荷载。

这两种组合可能使受风压力处某些腹杆（甚或某些弦杆）的内力更大。0.85 是考虑最大活荷载和最大风荷载同时发生的概率较小而引入的荷载组合系数。

第五节 桁 架 杆 件 设 计

桁架经选定形式和确定钢号，并求出各杆件的设计内力 N（或 N 和 M）后，需再确定杆件在各个方向的计算长度、截面的组成形式、节点板厚度等，便可进行截面选择。

一、桁架杆件的计算长度

（一）杆件的计算长度

桁架中压杆和拉杆都必须先求得其计算长度 l_0，因为确定了计算长度才能按稳定性选择压杆的截面以及进行压杆和拉杆刚度验算。

（1）桁架平面内（对 x 轴）的计算长度 l_{0x} ［图 6 - 7 （a）］。在理想铰接的桁架中，杆件在桁架平面内的计算长度应是节点中心的距离；实际上汇交于节点处的各杆件是通过节点板焊接在一起的，并非真正的铰接，节点具有一定的刚度，杆件两端均属弹性嵌固，如图 6 - 8 所示。此外，节点的转动还受到汇交于节点的拉杆的约束。这些拉杆的线刚度越大，约束作用也越大。压杆在节点的嵌固程度越大，其计算长度就越小。据此，可根据节点的嵌固程度来确定各杆的计算长度。弦杆、支座斜杆和支座竖杆因本身截面较大，其他杆件在节点处对它的约束作用较小，同时考虑到这些杆件在桁架中比较重要，故其在桁架平面内的计算长度取节点间的距离，即 $l_{0x}=l$；其他腹杆，与上弦相连的一端拉杆少，嵌固程度弱，与下弦相连的另一端拉杆多，嵌固程度较大，其计算长度取 $l_{0x}=0.8l$。

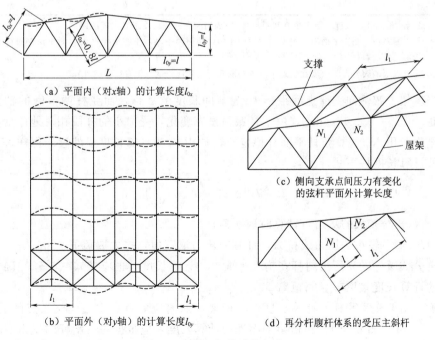

（a）平面内（对 x 轴）的计算长度 l_{0x}

（b）平面外（对 y 轴）的计算长度 l_{0y}

（c）侧向支承点间压力有变化的弦杆平面外计算长度

（d）再分杆腹杆体系的受压主斜杆

图 6 - 7 桁架杆件计算长度

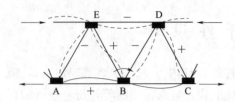

图 6-8 桁架杆件在节点上的嵌固

（2）桁架平面外（对 y 轴）的计算长度 l_{0y} ［图 6-7（b）］。桁架弦杆在平面外的计算长度等于侧向支撑节点之间的距离，即 $l_{0y} = l_1$。对于上弦，在有檩屋盖中，若檩条与横向水平支撑的交点用节点板连牢时，则 l_1 取檩条之间的距离，若檩条与支撑的交点不连接时，则 l_1 取横向水平支撑交点的距离；在无檩屋盖中，侧向支撑点应取一块大型屋面板两纵肋的间距，但考虑到大型屋面板与屋架上弦的焊点质量不易得到保证，故取 l_1 等于两块板宽。屋架下弦平面外的计算长度等于纵向支撑点与系杆或系杆与系杆之间的距离。腹杆在屋架平面外的计算长度等于杆端节点间距，$l_{0y} = l$，因为节点板在平面外的刚度很小，只能看作铰。

单面连接的单角钢杆件或双角钢组成的十字形截面杆件，因截面的主轴不在桁架平面内，如图 6-7（c）、（d）所示，杆件可能向着最小刚度的斜向失稳，考虑杆件两端节点对它有一定的约束作用，这种截面腹杆的计算长度 $l_0 = 0.9l$。

现将各种桁架的计算长度综合列于表 6-1。

表 6-1 桁架弦杆和单系腹杆的计算长度

项次	弯曲方向	弦杆	腹杆	
			支座斜杆和支座竖杆	其他腹杆
1	在桁架平面内	l	l	$0.8l$
2	在桁架平面外	l_1	l	l
3	斜平面	—	l	$0.9l$

注 1. l 为构件的几何长度（节点中心间距离），l_1 为桁架弦杆侧向支承点之间的距离。

2. 斜平面系指与桁架平面斜交的平面，适用于构件截面两主轴均不在桁架平面内的单角钢腹杆和双角钢十字形截面腹杆。

3. 无节点板的腹杆计算长度在任意平面内均取其等于几何长度（钢管结构除外）。

当屋架上弦侧向支撑点间距离 l_1 为节间长度的 2 倍，而弦杆两节间的轴向力不相等时 ［图 6-7（c）、（d）］，由于杆截面没有变化，受力小的杆段相对地比受力大的杆件刚强，用 N_1 验算弦杆平面外稳定时，如用 l_1 为计算长度显然过于保守，故弦杆平面外计算长度按下式计算：

$$l_0 = l_1 \left(0.75 + 0.25 \frac{N_2}{N_1} \right) \tag{6-2}$$

式中 N_1——较大的压力，计算时取正值；

N_2——较小的压力或拉力，计算时压力取正值，拉力取负值。

再分式腹杆的受压主斜杆在桁架平面外的计算长度，也应按式（6-2）确定。平面内的计算长度则取节点间距离。

确定桁架交叉腹杆的计算长度，在桁架平面内应取节点中心到交叉点间的距离，即 $l_{0x} = 0.5l$（图 6-9）；在桁架平面外的计算长度，应根据另一斜杆的受力情况和在交叉点的构造形式而定（图 6-9），其具体规定如下。

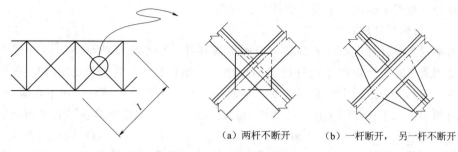

（a）两杆不断开　　（b）一杆断开，另一杆不断开

图 6-9　桁架交叉腹杆的计算长度及节点构造

1）压杆。

a）相交另一杆受压，两杆截面相同并在交叉点均不中断，则

$$l_{0y} = l\sqrt{\frac{1}{2}\left(1 + \frac{N_0}{N}\right)} \tag{6-3}$$

b）相交另一杆受压，此另一杆在交叉点中断但以节点板搭接，则

$$l_{0y} = l\sqrt{1 + \frac{\pi^2}{12}\frac{N_0}{N}} \tag{6-4}$$

c）相交另一杆受拉，两杆截面相同并在交叉点均不中断，则

$$l_{0y} = l\sqrt{\frac{1}{2}\left(1 - \frac{3}{4}\frac{N_0}{N}\right)} \geqslant 0.5l \tag{6-5}$$

d）相交另一杆受拉，此拉杆在交叉点中断但以节点板搭接，则

$$l_{0y} = l\sqrt{\left(1 - \frac{3}{4}\frac{N_0}{N}\right)} \geqslant 0.5l \tag{6-6}$$

当此拉杆连续而压杆在交叉点中断但以节点板搭接，若 $N_0 \geqslant N$ 或拉杆在桁架平面外的抗弯刚度 $EI_y \geqslant \dfrac{3N_0 l^2}{4\pi^2}\left(\dfrac{N}{N_0} - 1\right)$ 时，取 $l_{0y} = 0.5l$。

式中　　l——桁架节点中心间距离（交叉点不作为节点考虑）；

　　N——所计算杆的内力；

　　N_0——相交另一杆的内力，均为绝对值。

两杆均受压时，取 $N_0 \leqslant N$。

2）拉杆时应取 $l_{0y} = l$。当确定交叉腹杆中单角钢杆件斜平面内的长细比时，计算长度应取节点中心至交叉点的距离。当交叉腹杆为单边连接的单角钢时，应按《钢结构设计标准》第 7.6.2 条的规定确定杆件等效长细比。

3）斜平面的计算长度 l_a。斜平面系指与桁架平面斜交的平面，其构件截面的两个主轴均不在桁架平面内且与桁架平面成角 α（α 一般为 45°），如单角钢做成的腹杆或双角钢十字形截面腹杆［图 6-10（d）］，它们在斜平面的计算长度一般取上述 l_{0x} 及 l_{0y} 的平均值，即支座腹杆等 $l_a = l$，一般腹杆 $l_a = 0.9l$。

钢管桁架和轻型钢桁架的节点连接不采用节点板时，节点对腹杆的嵌固作用很小，腹杆在桁架平面内及平面外的计算长度取 $l_{0x}=l_{0y}=l$。

（二）桁架杆件的容许长细比

桁架或支撑杆件应设计成具有一定刚度的杆件，长细比（$\lambda=l_0/i$）对于受压杆具有特别重要意义。钢屋架的杆件截面较小，长细比较大，在自重作用下会产生挠度，在运输和安装过程中容易因刚度不足而产生弯曲，在动力荷载作用下振幅较大，这些问题都不利于杆件的工作。静载作用时的拉杆，一般只需验算在竖直平面内的长细比，以防过大的垂度。《钢结构设计标准》（GB 50017—2017）对不同用途的压、拉杆规定了不同的容许长细比 $[\lambda]$，分别见资源 6-17 受压杆件的容许长细比、资源 6-18 受拉构件的容许长细比。

二、桁架杆件的截面形式

在选择桁架截面形式时，应该保证杆件具有较大的承载能力、较大的抗弯刚度，同时应该便于相互连接且用料经济。这就要求杆件的截面比较扩展，壁厚较薄同时外表平整。根据这一要求，普通桁架的杆件一般采用两个等肢或不等肢角钢组成的 T 形截面或十字形截面（图 6-10）。这些截面能使两个主轴的回转半径与杆件在屋架平面内和平面外的计算长度相配合，使两个方向的长细比接近，即 $\lambda_x \approx \lambda_y$，以达到用料经济、连接方便，且具有较大的承载力和抗弯刚度。需要注意的是，双角钢属于单轴对称截面，绕对称轴 y 屈曲时伴随有扭转，λ_y 应取考虑扭转效应的换算长细比 λ_{yz}。

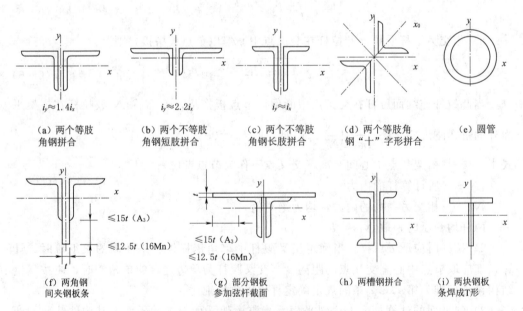

（a）两个等肢　　（b）两个不等肢　　（c）两个不等肢　　（d）两个等肢角　　（e）圆管
角钢拼合　　　　角钢短肢拼合　　　角钢长肢拼合　　　钢"十"字形拼合

$i_y \approx 1.4i_x$　　　$i_y \approx 2.2i_x$　　　$i_y \approx i_x$

（f）两角钢　　　　（g）部分钢板　　　（h）两槽钢拼合　　（i）两块钢板
间夹钢板条　　　　参加弦杆截面　　　　　　　　　　　　条焊成T形

图 6-10　普通桁架杆件截面形式

（一）弦杆截面

当弦杆为轴心受压杆时，根据等稳定性要求，截面形式应按两方向的计算长度而定。当 $l_y=2l_x$ 时，应采用两个不等肢角钢以短肢拼合的截面 [图 6-10（b）]，因其

回转半径 $i_y = 2.2i_x$，则两方向的稳定性大致相等。当 $l_y = l_x$ 时，如仅考虑等稳定性要求，可采用两个不等肢角钢以长肢拼合的截面［图 6-10（c）］。但实际上还应考虑运输和安装对弦杆侧向刚度要求，故常采用两个等肢角钢拼合的截面［图 6-10（a）］。

当弦杆为压弯杆件时，为了增大桁架平面内的抗弯能力，如弯矩很小时，仍可采用等肢角钢拼合或不等肢角钢长肢拼合截面。如弯矩较大时，可采用两角钢间夹一钢板条来加强［图 6-10（f）］。钢板条外伸部分不得超过板厚的 15 倍（对 3 号钢），并且弦杆高度不宜超过 1/10 节间长度。当弦杆直接与钢面板相连时（如钢闸门主桁架），则可利用部分钢板参加弦杆截面［图 6-10（g）］。如弯矩很大时，也可采用一对槽钢组成的截面［图 6-10（h）］，但这种截面形式与横向连接系的连接构造较复杂。如具备自动焊条件时，可采用由两块钢板条焊成的 T 形截面［图 6-10（i）］。当节点强度有保证时，可不用节点板而将腹杆直接焊于弦杆，因而用钢量较经济，但这种截面制造费工，焊接变形不易控制。在实际工程中有采用将工字钢沿腹板纵向切开的方法做成 T 形截面，由轧钢厂直接供应。

轴心受拉弦杆不必考虑等稳定性以及桁架平面内抗弯刚度问题，在选择截面形式时主要考虑和腹杆的连接方便。运输及安装时对弦杆侧向刚度的要求，一般采用等肢角钢或不等肢角钢以短肢拼合截面。

（二）腹杆截面

受压腹杆一般采用等肢角钢拼合截面，因 $l_x = 0.8l = 0.8l_y$，即 $l_y = 1.25l_x$，而截面的回转半径 $i_y \approx 1.4i_x$，两方向稳定性比较接近，但对于支承端压杆，因 $l_x = l_y$，故宜采用两长肢拼合的截面。受拉腹杆一般也采用等肢角钢拼合截面。

当桁架竖杆须与纵向垂直支撑连接时，宜采用两个等肢角钢拼合的"十"字形截面［图 6-10（d）］，其回转半径较大对压杆稳定有利，而且纵向垂直支撑的杆件轴线能通过"十"字形截面中心，受力较好。

对于受力很小或不受力的腹杆也可采用单角钢截面。但由于单面连接偏心的影响，若按轴心受力杆件验算其强度和连接时，规范规定其设计强度应乘以相应的折减系数 0.85，按轴心受压计算稳定性时，设计强度折减系数的选取见《钢结构设计标准》（GB 50017—2017）。

由双角钢组成的 T 形或"十"字形截面的杆件，为了保证两个角钢共同工作，应每隔一定的距离在两角钢相并肢之间焊上垫板，如资源 6-19 所示，垫板的厚度与节点板厚度相同，垫板的宽度一般取 50~80mm，垫板的长度比角钢肢宽大 20~30mm，以便与角钢连接。在"十"字形双角钢杆件中垫板应横竖交错放置。垫板间距，对压杆取 $l_d \leqslant 40i$，拉杆取 $l_d \leqslant 80i$，在 T 形截面中 i 为一个角钢对平行于垫板自身重心轴的回转半径（a—a），在"十"字形截面中为一个角钢的最小回转半径（b—b）。在杆件的两个侧向固定点之间至少设置 2 块垫板，如果只在杆件中央设置 1 块垫板，则由于垫板处剪力为零而不起作用。

资源 6-19
屋架杆件
垫板布置

（三）钢管截面

钢管截面也是一种钢桁架截面的一种好形式。钢管壁厚较薄，而截面材料分布离几何中心较远，且各方向的回转半径均等，如图 6-10（e）示，与其他型钢截面相比回转半径较大，相应的长细比较小，因而管形截面作为受压或受弯构件比其他型钢截面的承载能力要大得多。钢管的抗扭能力也较其他截面强。圆管绕流条件好，如承受风载或波浪压力时其阻力可降低约 2/3。一般轧制无缝钢管及焊接钢管规格均可满足管壁的局部稳定性。设计大直径的焊接薄壁钢管构件，为了保证局部稳定性要求，应按有关规范确定直径和壁厚的比值。露天结构采用封闭圆管的壁厚不应小于4mm。钢管结构的节点一般不用另加节点板，而将腹管端部切成马鞍形与弦管壁直接焊接，构造简单，连接平滑，作为大跨度的钢管平面桁架或空间桁架结构较方便。因此，钢管结构比型钢结构可节约钢材达 20%～30%。此外，钢管端部可以密封，有利于耐大气及海水腐蚀，管截面周长最小，所需油漆等维护费用也小。缺点是无缝钢管价格较普通型钢贵，目前国内生产的管径规格少，大直径焊接钢管制造较费工，对管节点的切割和焊接质量要求较高。对于海洋工程的桁架结构来说，管形截面是主要形式，如固定式采油平台桩基导管架、自升式钻井船的桁架桩腿结构，平台间大跨度联络桥以及平台上直升飞机场支承桁架等杆件也多采用钢管截面。

三、杆件截面设计

桁架杆件一般为轴心受力构件，当桁架弦杆节间有荷载时，则弦杆为压弯或拉弯构件。

（一）桁架杆件截面设计的一般原则

（1）为了便于订货和下料，在同一榀桁架中角钢规格不宜过多，一般不宜超过5～6 种。

（2）应优先选用肢宽壁薄的角钢，使在相同用钢量的情况下截面具有较大的惯性矩和回转半径，减小螺栓等孔洞的可能削弱，节省钢材。

（3）对于杆力很小或不受力的杆件，其截面尺寸须按容许长细比［λ］或构造要求确定。水工闸门钢结构中桁架最小角钢一般为∟50×6 或∟63×40×6；建筑钢结构中最小角钢为∟45×4 或∟56×36×4（对焊接结构），∟50×5（对螺栓连接结构）。

（4）桁架的弦杆一般采用等截面，若采用变截面宜在节点处改变宽度而保持厚度不变，一般只改变一次；同一屋架的角钢规格应尽量统一，不宜超过 6～9 种，边宽相同的角钢厚度相差至少 2mm，以便识别。

桁架中的杆件，按前述原则先确定截面形式，然后根据轴线受拉、轴线受压和压弯的不同受力情况，按轴心受力构件或压弯构件计算确定截面尺寸。为了不使型钢规格过多，在选出截面后可作一次调整。

（二）截面计算

轴心受拉杆件应按强度条件计算杆件需要的净截面面积：$A_n = F/f$；轴心受压杆件应按整体稳定性条件计算杆件需要的毛截面面积：$A = F/(\varphi f)$；压弯或拉弯杆件，当上弦或下弦杆件受有节间荷载时，杆件同时承受轴心力和局部弯矩作用，应按压弯或拉弯构件计算，通常采用试算法初估截面，然后再验算其强度和刚度，对压弯构件尚应验算弯矩作用平面内和平面外的稳定性。

内力很小或按构造设置的杆件，可按容许长细比选择构件的截面。首先计算截面所需的回转半径，$i_x = l_{0x}/[\lambda]$，$i_y = l_{0y}/[\lambda]$ 或 $i_{min} = l_0/[\lambda]$，再根据所需的 i_x、i_y、i_{min} 查角钢规格表选择角钢，确定截面。

第六节　桁架节点设计

桁架各杆件截面形式和尺寸确定后，即可进行各节点构造设计。桁架一般在节点处设置节点板，把交汇于节点的各杆件都与节点板相连接，形成桁架的节点，各杆件把力传给节点板并互相平衡。节点设计是桁架设计中的重要环节，在设计中首先要确定各杆件相互位置，再根据杆件内力和焊缝构造要求确定杆件与节点板之间的焊缝尺寸、定出节点板形状及尺寸。节点构造要符合受力要求又便于制造、保证焊接质量。

一、节点构造的一般要求

（一）杆件的轴线

各杆件的形心线应尽量与桁架的几何轴线重合，并汇交于节点中心，以避免由于偏心而产生节点附加弯矩。理论上各杆轴线应是其形心轴线，但采用双角钢时，因角钢截面的形心到肢背的距离不是整数，为方便制造，角钢肢背到屋架轴线的距离调整为 5mm 的倍数。当屋架弦杆截面有改变时，为了减少偏心和使肢背齐平，应使两个角钢形心线之间的中线与屋架的轴线重合，如资源 6-20 所示。如轴线变动不超过较大弦杆截面高度的 5%，在计算时可不考虑由此而引起的偏心弯矩。

资源 6-20
弦杆截面
改变时的
轴线位置

（二）节点板的形状及其厚度

节点板的作用主要是通过它将交汇于节点上的腹杆连接到弦杆上，并传递和平衡节点上各杆件内力。因此，节点板的形状和尺寸取决于被连接杆件的受力和构造要求。节点板的形状应尽量简单，一般采用矩形、梯形或平行四边形等，使切割节点板时省工且杆件传力好。腹杆内力是通过焊缝逐渐传给节点板的，故节点板宽度应随其受力的逐渐增大而放宽，一般规定节点板边缘与杆件轴线夹角不应小于 15°～20°（图 6-11）。此外，节点板的形状还应避免有凹角，以防止形成严重的应力集中和切割困难。

节点板厚度决定于腹杆最大内力的大小，因为弦杆一般是连续的，腹杆内力是通过节点板相平衡的，但节点板上的应力状态比较复杂，既有压应力，也有拉应力，还有剪应力，应力分布极不均匀，且有较大的应力集中，因而难于计算。在一般桁架设计中，中间节点板的厚度可根据桁架最大内力（对三角形桁架可根据端部弦杆内力）参照表 6-2 中的经验数据来决定（此表用于 3 号钢的节点板，如用 16Mn 钢或 15MnV 钢可将其厚度减薄 1～2mm），并在整个桁架中采用相同的厚度。桁架支座节点板厚度应较中间节点板加厚 2mm。

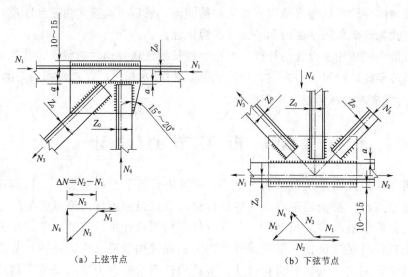

（a）上弦节点　　　　　　　　（b）下弦节点

图 6-11　桁架节点的构造

表 6-2　　　　　　　　　　　节点板厚度选用表

梯形桁架腹杆最大内力或三角形桁架弦杆最大内力/kN	节点板的钢号	Q235 钢	≤190	200~310	320~500	510~690	700~940	950~1190	1200~1560	1570~1950
		Q345 钢	≤250	260~380	390~560	570~750	760~1000	1010~1250	1260~1630	1640~2000
节点板的厚度/mm			6	8	10	12	14	16	18	20

节点板的拉剪破坏（图 6-12）可按下式计算：

$$\frac{N}{\sum(\eta_i A_i)} \leqslant f \tag{6-7}$$

其中

$$A_i = t l_i$$

$$\eta_i = \frac{1}{\sqrt{1 + 2\cos^2\alpha_i}} \tag{6-8}$$

式中　N——作用于板件的拉力；

　　　A_i——第 i 段破坏面截面积，当为螺栓（铆钉）连接时应取净截面面积；

　　　t——板件的厚度；

　　　l_i——第 i 破坏段的长度，取板件中最危险的破坏线的长度；

　　　η_i——第 i 段的拉剪折算系数；

　　　α_i——第 i 段破坏线与拉力轴线的夹角。

单根腹杆的节点板则按下式计算：

$$\sigma = \frac{N}{b_e t} \leqslant f \tag{6-9}$$

式中　b_e——板件的有效宽度（图 6-13），当用螺栓连接时应取净宽度，图中 θ 为应力扩散角，可取为 30°；

　　　t——板件厚度。

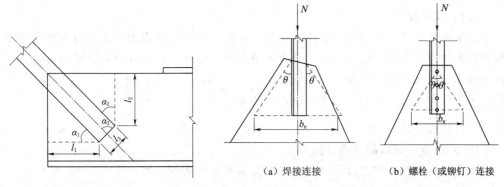

图 6-12 板件的拉剪撕裂　　　　图 6-13 板件的有效宽度

根据试验研究，屋架节点板在斜腹杆压力作用下的稳定应符合下列要求：

（1）对有竖腹杆的节点板（图 6-13），当 $c/t \leqslant 15\varepsilon_k$ 时（ε_k 为钢号修正系数），可不计算稳定，否则应进行稳定计算。但在任何情况下 c/t 不得大于 $22\varepsilon_k$。其中 c 为受压腹杆连接肢端面中点沿腹杆轴线方向至弦杆的净距离，t 为节点板厚度。

（2）对无竖腹杆的节点板，当 $c/t \leqslant 10\varepsilon_k$ 时，节点板的稳定承载力可取为 $0.8b_e tf$；当 $c/t > 10\varepsilon_k$ 时，应进行稳定计算。但在任何情况下，c/t 不得大于 $17.5\varepsilon_k$。

用上述方法计算屋架节点板强度及稳定时，应满足下列要求。

（1）节点板边缘与腹杆轴线之间的夹角应不小于 15°。

（2）斜腹杆与弦杆夹角应在 30°～60°。

（3）节点板自由边长度 l_f 与厚度 t 之比不得大于 $60\varepsilon_k$，否则应沿自由边设置加劲肋加强。

（三）腹杆角钢的切割

角钢切割通常垂直于轴线，当角钢肢较宽时，为了减小节点板尺寸，可将角钢与节点板相连的一肢切去一个角，桁架杆件端部切割面宜与轴线垂直，如图 6-14（a）所示，为了减小节点板的尺寸，也可采用图 6-14（b）的斜切。由于布置焊缝时不合理，图 6-14（c）、（d）的切割形式不宜采用。

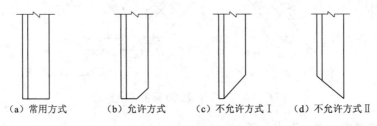

（a）常用方式　　（b）允许方式　　（c）不允许方式Ⅰ　　（d）不允许方式Ⅱ

图 6-14 杆件端部切割形式

为了减小节点板尺寸，应尽量将腹杆端部靠近弦杆，使布置紧凑，但其间须保持一定的间隙 a（图 6-11），以免焊缝过分密集，使节点板经多次焊接而变脆，或产生过高的应力集中。在不直接承受动载的桁架中，间隙 a 不宜小于 10～20mm；直接承受动载的桁架中，间隙不宜小于40mm，在绘制节点图时即可确定腹杆的实际长度。

（四）腹杆焊缝

桁架腹杆与节点板的连接焊缝，一般采用两边侧焊，当内力较大以及在直接承受动载的桁架中可采用三面围焊，这样可使节点板尺寸减小，改善节点抗疲劳性能。当内力较小时也可采用仅有角钢肢背和杆端的L形围焊。围焊转角处必须连续施焊。此外，为了简化制造，在同一桁架中角焊缝的厚度不宜多于三种。

二、节点设计

（一）无集中荷载的节点（图6-11）

首先按各腹杆的内力计算出腹板与节点板相连的角焊缝尺寸为

$$\sum l_w = \frac{N_3(N_4 \text{ 或 } N_5)}{2 \times 0.7 h_f f_f^w} \qquad (6-10)$$

式中 N_3、N_4、N_5——双角钢腹杆内力。

计算出的 l_w 为一个角钢与节点板之间需要的焊缝总长度（不包括两端焊口缺限值 $2h_f$），然后将 $\sum l_w$ 按比例分配于肢尖和肢背。再考虑到上述构造要求，就可以确定节点板的外形和尺寸。

弦杆采用通长的角钢与节点板连接时，其连接角焊缝只承受与该节点相邻的两个节间弦杆内力差值：

$$\Delta N = N_1 - N_2 (\text{设 } N_1 > N_2) \qquad (6-11)$$

求得 ΔN 后，仍按式（6-10）进行计算。但一般 ΔN 很小，所需焊缝一般按构造要求用连续焊缝沿节点板全长布置，焊缝厚度可采用6mm。节点板伸出弦杆角钢肢背10～15mm，以便施焊。

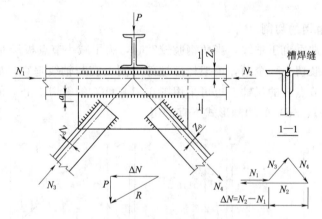

图6-15 上弦杆设置次梁的节点构造

（二）有集中荷载的节点（图6-15）

有集中荷载作用下，根据荷载情况和构造要求，节点板有伸出弦杆表面和缩进弦杆表面的两种作法。做法不同，计算方法也不同。

（1）当节点板伸出弦杆表面时。弦杆与节点板之间的焊缝将承受集中荷载 P 和弦杆内力差 ΔN。在 ΔN 作用下，弦杆肢背与节点板之间角焊缝所引起的剪应力为

$$\tau_{\Delta N} = \frac{k_1 \Delta N}{2 \times 0.7 h_f l_w} \tag{6-12}$$

式中 k_1——角钢和节点板搭接时两侧焊缝内力分配系数。

在 P 力作用下，倘若忽略 P 与焊缝形心 C 的影响（一般偏心小且焊缝长）。弦杆与节点板之间的四条角焊缝引起的剪应力为

$$\tau_p = \frac{P}{0.7 l_w \sum\limits_{i=1}^{4} h_{fi}} \tag{6-13}$$

当弦杆为水平或倾斜不大时，可认为 $\tau_{\Delta N}$ 与 τ_p 相互垂直，其合成剪力 τ_f 应满足：

$$\tau_f = \sqrt{\tau_{\Delta N}{}^2 + \left(\frac{\tau_p}{1.22}\right)^2} \leqslant f_f^w \tag{6-14}$$

当 P 为直接动力荷载时，式（6-14）τ_p 项的分母值取为 1，设计时取 h_f 及 l_w（l_w 为实际长度减 1cm），然后按上述公式验算。

（2）当节点板缩进弦杆表面时（图 6-15）。

桁架上弦为便于搁置其他构件，常将节点板缩进弦杆角钢肢背约 $0.6t$（t 为节点板厚度），用塞焊缝"K"施焊，而弦杆角钢肢尖处仍用角焊缝"A"施焊。

对于塞焊缝因质量不易保证，常假设它只承受荷载 P 的作用，并将焊缝设计强度适当降低，近似地按两条焊脚尺寸为 $h_f' = t/2$ 的角焊缝进行强度验算：

$$\tau = \frac{P}{2 \times 0.7 h_f' l_w} \leqslant 0.7 f_f^w \tag{6-15}$$

肢尖焊缝"A"除承受弦杆内力差 $\Delta N = N_1 - N_2$（当 $N_1 > N_2$）以外，还承受 ΔN 沿角钢轴线到肢尖所形成的偏心弯矩 $M = \Delta N e$（e 为角钢轴线到肢尖的距离）。ΔN 在焊缝"A"中引起的平均剪应力为

$$\tau_{\Delta N} = \frac{\Delta N}{2 \times 0.7 h_f l_w} \tag{6-16}$$

由 M 在焊缝"A"中引起的剪应力为

$$\sigma_M = \frac{6M}{2 \times 0.7 h_f l_w^2} \tag{6-17}$$

焊缝"A"两端的最大合成应力应满足：

$$\tau_f = \sqrt{\tau_{\Delta N}^2 + \left(\frac{\sigma_M}{1.22}\right)^2} \leqslant f_f^w \tag{6-18}$$

（三）弦杆拼接节点

由于运输条件和材料订货尺寸的限制，以及构造的要求（如弦杆有弯折时），弦杆需要拼接，其位置通常布置在节点上，如图 6-16 所示。在设计弦杆的拼接时，应保证拼接的强度和在两个方向的刚度不低于弦杆的强度和刚度，并应尽量使拼接处传力平顺。由于节点板的厚度只是根据传递腹杆的最大杆力的需要而定，因此，断开的弦杆不能依靠节点板来传递弦杆内力，而依靠另加拼接角钢或拼接板。拼接角钢一般

采用与弦杆相同规格的角钢。

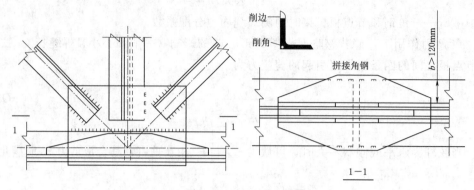

图 6-16　桁架下弦的拼接节点构造

拼接角钢与弦杆相连的焊缝可按相邻节间的最大杆力来计算（偏于安全）。为了便于拼接角钢与弦杆角钢贴合紧密，须将拼接角钢肢背的棱角铲去，同时为了便于焊接，它的竖直肢应切去 $\Delta = t + h_f + 5\text{mm}$（$t$ 为拼接角钢的厚度；h_f 为焊缝的焊脚尺寸；5mm 为避开弦杆角钢肢尖圆角的余量）。当拼接角钢肢宽较大时（大于 120mm）时，应将角钢斜切（图 6-16），使它沿全部截面上均匀传递内力而减缓应力集中。

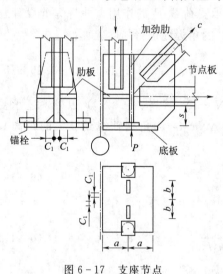

图 6-17　支座节点

（四）支座节点

桁架与柱的连接分铰接和刚接两种形式。图 6-17 为梯形桁架的铰接支座支点，采用由节点板、支座底板、加劲肋和锚栓组成的构造形式。加劲肋的作用是分布支座反力，减小底板弯矩和提高节点板的侧向刚度；加劲肋应设在节点的中心，其轴线与支座反力的作用线重合。支座底板的作用是增加支座节点与混凝土柱顶的接触面积，把节点板和加劲肋传来的支座反力均匀地传递到柱顶上。为便于施焊，下弦杆和底板间应保持一定的距离（图 6-17 中 s），一般应不小于下弦角钢水平肢的宽度。锚栓常用 M20～M24。为便于桁架安装和调整，底板上的锚栓孔径取锚栓直径的 2.0～2.5 倍或做成 U 形缺口。待桁架调整定位后，用孔径比锚栓直径大 1～2mm 的垫板套进锚栓，并将垫板与底板焊牢。

节点板和与其垂直焊接的加劲肋均焊于底板上，并将底板分隔为四个相同的两邻边支承的区格。

支座节点的传力路线是：桁架端部各杆件的内力通过杆端焊缝传给节点板，再经节点板和加劲肋间的竖直焊缝将一部分力传给加劲肋，然后通过节点板、加劲肋和底板间的水平焊缝将全部支座反力传给底板，最终传至柱。

（1）底板面积。底板面积按式（6-19）计算：

$$A = BL = N/f_c + A_0 \qquad (6-19)$$

式中　　N——柱的轴心压力设计值；

f_c——基础混凝土的抗压强度设计值，当基础上表面面积 A_c 大于底板面积 A 时，混凝土的抗压强度设计值应考虑局部承压引起的提高；

A_0——锚栓孔面积，锚栓孔的直径一般取锚栓的 $1.5 \sim 2.0$ 倍。

一般当支座反力不大时，可按设置锚栓孔等构造要求决定，通常以短边尺寸不小于 200mm 为宜。

（2）底板厚度。按式（6-20）计算，为使柱顶压力分布均匀，底板不宜太薄，一般当屋架跨度 $l \leqslant 18$mm 时，$t \geqslant 16$mm；$l > 18$mm 时，$t \geqslant 20$mm。

$$t \geqslant \sqrt{6M_{\max}/(\gamma_x f)} \qquad (6-20)$$

式中　　$M_{\max}$——两边为直角支承板时单位板宽的最大弯矩值，$M_{\max} = \beta q a_1^2$，其中 q 为底板单位板宽承受的计算线荷载，a_1 为自由板边长度，β 为系数；

γ_x——受弯构件的截面塑性发展系数，当构件承受静力或间接动力荷载时，对钢板受弯取 $\gamma_x = 1.2$，当构件承受直接动力荷载时取 $\gamma_x = 1.0$。

（3）加劲肋。加劲肋的厚度可取与节点板相同，高度对梯形屋架由节点板尺寸决定，对三角形屋架支座节点加劲肋，应紧靠上弦杆角钢水平肢并焊接。

加劲肋可视为支承于节点板的悬臂梁，每个加劲肋近似按承受 1/4 支座反力考虑，偏心距可近似取支承加劲肋下端 $b/2$ 宽度，则每条加劲肋与节点板的连接焊缝承受的剪力为 $F_V = F_R/4$，弯矩为 $M = \dfrac{F_R}{4} \times \dfrac{b}{2} = \dfrac{F_R b}{8}$，按角焊缝强度条件验算：

$$\sqrt{\left(\frac{6M}{\beta_f \times 2 \times 0.7 h_f l_w^2}\right)^2 + \left(\frac{F_V}{2 \times 0.7 h_f l_w}\right)^2} \leqslant f_f^w \qquad (6-21)$$

加劲肋的强度验算按悬臂梁计算，内力为 M、F_V。

节点板、加劲肋和底板连接的水平焊缝按全部支承反力 F_R 计算，总焊缝长度应满足下列强度条件：

$$\sigma_f = \frac{F_R}{\beta_f \times 0.7 h_f \sum l_w} \leqslant f_t^w \qquad (6-22)$$

式中　　$\sum l_w$——水平焊缝总长度，应考虑加劲肋切角及每条焊缝从实际长度中减去 10mm。

第七节　桁架施工图的绘制

钢结构施工图是制造厂加工制造构件和工地结构安装的主要依据，一般包括构件布置图和构件详图两部分，它们是钢结构制造和安装的主要依据，须绘制正确，表达详尽。

一、结构布置图

布置图是表达各类构件（如柱、吊车梁、屋架、墙架、平台等系统）位置的整体图，主要用于钢结构安装。其内容一般包括平面图、侧面图和必要的剖面图，图中应标明有关轴线、尺寸和标高；表示出全部需要安装构件（柱、屋架、天窗架、檩条、屋面板和各种支撑等）的编号、安装位置（轴线、标高、相邻构件位置关系）和控制尺寸等，并用剖面符号、引出线和圆圈等标明有关安装节点和大样的索引编号。

布置图中每一构件用与其他构件断开的单根粗线条或简单外形图表示。同类构件只要略有差异就应给以不同编号，或相同编号附不同尾标。每张图应列出本张图的构件统计表。

安装节点大样图可包括正面、侧面、剖面图等，每个图的编号应与结构布置图的索引编号相一致。图中应表示不同构件间的位置、尺寸和安装关系，以及螺栓或焊缝连接的尺寸和要求等。每个图应尽量简化通用于同类型但细节尺寸或规格上略有差别的安装连接。必要时可在图旁做一些简要文字说明或注明几种尺寸关系。

二、构件详图

构件详图是表达所有单体构件（按构件编号）的详细图，主要用于钢结构制造。其内容包括众多方面，现将钢桁架详图的主要内容和绘制要点叙述如下。

（1）桁架详图一般应按运输单元绘制，但当桁架对称时，可仅绘制半榀桁架。

（2）构件详图应包括桁架的正面图，上弦、下弦的平面图，必要的侧面图和剖面图，以及某些安装节点或特殊零件的大样图。桁架施工详图通常采用两种比例绘制，杆件的轴线一般用 1∶20～1∶30；节点和杆件截面图尺寸用 1∶10～1∶15。重要节点大样比例还可较大，以能够清楚地表达节点的细部尺寸为准。

资源 6-21
钢桁架起拱

（3）通常在图纸上部绘一屋架简图作为索引图。对于对称桁架，图中一半注明杆件几何长度（mm），另一半注明杆件内力（N 或 kN）。跨度较大的桁架，在自重和外荷载的作用下将产生较大的挠度，特别当桁架下弦有悬挂吊车荷载时则挠度更大，这将影响结构的使用与外观，因此对两端铰支且跨度大于等于 24m 的梯形桁架和矩形桁架，以及跨度大于等于 15m 的三角形桁架，在制作时需要起拱，起拱值为跨度的 1/500，如资源 6-21 所示，起拱值注在施工图左上角的屋架索引图上，在屋架详图上不必表示。

（4）要全部注明各零件的型号和尺寸，包括其加工尺寸、零件（杆件和板件）的定位尺寸、孔洞的位置，以及对工厂加工和工地施工的所有要求。定位尺寸主要有轴线至角钢肢背的距离，节点中心至腹杆等杆件近端的距离，节点中心至节点板上、下和左、右边缘的距离等。螺孔位置要符合型钢线距表和螺栓排列规定距离的要求。对加工及工地施工的其他要求包括零件切斜角，孔洞直径和焊缝尺寸都应注明。拼接焊缝要注意区分工厂焊缝和安装焊缝，以适应运输单元的划分和拼装。

（5）各零件要进行详细编号，零件编号要按主次、上下、左右一定顺序逐一进行。完全相同的杆件和零件用同一编号。正、反面对称的杆件亦可用同一编号，但在材料表中注明正反二字以示区别。材料表应列出所有构件和零件的编号、规格尺寸、长度、数量（正、反）和重量，从而算得整榀屋架的用钢量。

（6）文字说明应包括不易用图表达以及为了简化图面而易于用文字说明的内容，如钢材标号、焊条型号、焊缝形式和质量等级、图中未注明的焊缝和螺栓孔的尺寸以及油漆、运输和加工要求等。如有特殊要求亦可在说明中注出。

本 章 小 结

本章的主要内容如下：

（1）桁架的构造，桁架的受力特点；按照杆件受力大小、截面形式及节点构造，桁架可分为重型桁架、普通桁架、轻型桁架和薄壁型钢架四种。

（2）常用的平面桁架形式有平行弦、梯形、多边形、三角形等，掌握其特点及适用范围，桁架的基本尺寸拟定及腹杆布置。

（3）普通桁架杆件通常采用由两个等肢角钢或不等肢角钢组成 T 形截面、"十"字形截面或管形截面，在设计时适当选取杆件的截面形式，并掌握截面设计的一般原则。

（4）桁架施工图一般包括构件布置图和构件详图两部分，要求掌握每一部分内容及要点。

（5）本章重点包括桁架的受力特点、桁架支撑的作用及种类、桁架的内力计算及其组合、杆件计算长度的确定、节点设计的要求与方法、施工图绘制的内容及要点。

（6）掌握桁架的设计思路、设计步骤及设计原理，钢桁架的设计是难点。

思 考 题

（1）常用的桁架外形有哪几种？各自有何特点？

（2）桁架支撑包括哪些类型？有什么作用？布置在哪些位置？

（3）桁架杆件的计算长度在平面内和平面外及斜平面有何区别？应如何取值？

（4）屋架节点设计有哪些基本要求？如何确定节点板厚度及外形尺寸？

（5）桁架的支撑有哪几种类型？桁架支撑的作用是什么？

（6）双角钢组合 T 形截面中的等肢角钢相并、不等肢角钢短肢相并和不等肢角钢长肢相并截面各适用于何种情况？

资源 6-22
思考题

（7）桁架的节点设计有哪些基本要求？

（8）桁架节点板的厚度应如何确定？

（9）桁架内力计算时应考虑哪几种荷载组合，分别代表什么荷载工况？

（10）桁架施工图上应标示哪些主要内容？

习 题

资源 6-23
习题

（1）某梯形桁架上弦杆的轴向压力设计值及侧向支承点位置如图 6-18 所示，上弦杆截面无削弱，材料为 Q235-AF 钢，节点板厚度 10mm。上弦杆采用两角钢组合

"T"形截面，试选择上弦杆的截面。

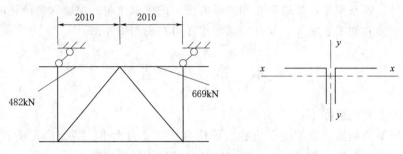

图 6-18　习题（1）计算简图（单位：mm）

（2）桁架承受的荷载及内力如图 6-19 所示，节点荷载设计值 $P=29.4$ kN，试选择上弦杆截面。

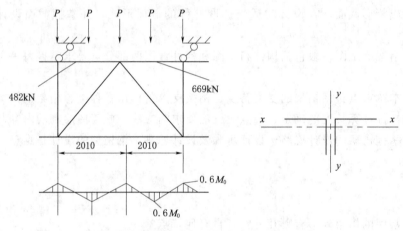

图 6-19　习题（2）计算简图（单位：mm）

（3）某 24m 钢屋架，支座斜杆 ABC 的尺寸和内力设计值（全部永久荷载、活荷载）如图 6-20 所示，请设计其截面。已知钢材为 Q235，杆件截面为双角钢，节点板厚度 12mm（支座节点板 14mm）。

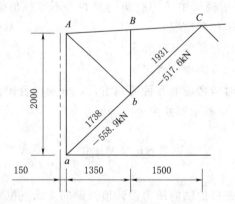

图 6-20　习题（3）计算简图（单位：mm）

第七章

平面钢闸门

内容摘要

平面钢闸门是水工钢结构中最为典型的一种结构。本章着重阐述平面钢闸门的分类、组成、结构布置及结构设计，包括面板、梁格及各部件之间连接的计算与设计，零部件的构造与设计等。

学习重点

闸门各部件的作用及其计算简图，面板、梁格及各部件之间连接的计算与设计。

第一节　概　　述

一、闸门的类型

闸门的类型较多，一般可按闸门的工作性质、设置部位及结构形式等分类。

（一）按闸门的工作性质分类

（1）工作闸门：系指承担主要工作并能在动水中启闭的闸门。但船闸主要航道上的工作闸门大多例外，只在静水中启闭。

（2）事故闸门：系指当闸门的下游（或上游）发生事故时，能在动水中关闭的闸门。当需要快速关闭时，也称为快速闸门。这类闸门，宜在静水中开启。

（3）检修闸门：系指水工建筑物和机械设备等需要检修时，用以关闭孔口的闸门。这种闸门，宜在静水中启闭。

（4）施工导流闸门：系指在水工建筑物施工期间，用以在动水中关闭导流洞孔口的闸门。这类闸门的操作条件，与所采用的施工组织措施有关。

（二）按闸门设置的部位（高程相对位置）分类

（1）露顶式闸门：系指当闸门关闭孔口挡水时，闸门门叶的顶部高程高于上游最高挡水位，这类闸门称为露顶式闸门。

（2）潜孔式闸门：系指当闸门关闭孔口挡水时，闸门门叶的顶部高程低于上游最高挡水位，这类闸门称为潜孔式闸门。

（三）按闸门的结构形式和构造特征分类

（1）平面钢闸门：系指挡水面板形状为平面的一类钢闸门（图7-1）。根据门叶结构的运移方式又可分为：直升式平面闸门、升卧式平面闸门、横拉式平面闸门（船闸中采用）、绕竖轴转动的平面形闸门及绕横轴转动的平面形闸门等。

（2）弧形闸门：系指挡水面板形状为圆弧形的一类钢闸门（图7-2）。又可分为绕横轴转动的弧形闸门和绕竖轴转动的立轴式弧形闸门等。

资源7-1
表孔弧门

资源7-2
潜孔弧门

图7-1 平面钢闸门的工程实例

图7-2 弧形钢闸门的工程实例

二、闸门的形式和孔口尺寸

闸门的形式及尺寸主要取决于建筑物布置及运行要求、水力条件、制造运输安装等安全技术经济综合考虑，单扇门总水压力及其绝对尺寸是闸门规模的主要表征尺度，如巴拉圭伊泰普水电站导流底孔平面闸门总水压力达190000kN，孔口宽6.7m，高22m，水头140m。

三、闸门结构设计的基本要求

闸门结构是一复杂空间结构，结构计算与设计应充分利用计算机技术及优化设计理论与方法，但工程上因平面简化法简单误差较小，应用则更为广泛。

（一）闸门结构的计算方法

《水利水电工程钢闸门设计规范》（SL 74—2019）规定钢闸门结构采用容许应力法进行结构强度验算。

（二）结构分析方法

（1）按平面体系设计法：可采用解析法，简单易行，但不够精确。

（2）按空间体系设计法：可采用有限元法（FEM）进行结构分析，合理，但较复杂。

第二节　平面钢闸门的组成和结构布置

一、平面钢闸门的组成

平面钢闸门是由活动的门叶结构、埋固构件和启闭机械三部分组成。

（一）门叶结构的组成

门叶结构是用来封闭和开启孔口的活动挡水结构。由门叶承重结构、行走支承以及止水和吊具等组成，如图7-3和图7-4所示。

（1）平面钢闸门的承重结构。

平面钢闸门的承重结构一般由面板、梁格，以及纵、横向连接系组成。

1）面板：用来挡水，直接承受水压并传给梁格。面板通常设在闸门的迎水面，这样可以避免梁格和行走支承浸没于水中而积聚污物，也可以减小因门底过水而产生的振动。

2）梁格：由互相正交的梁系（水平次梁、竖立次梁、主梁和边梁等）组成，用

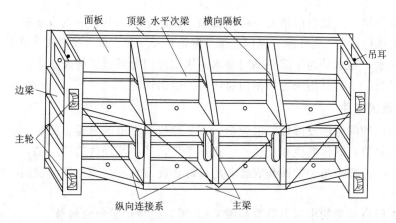

图 7-3 表孔平面钢闸门门叶结构立体示意图

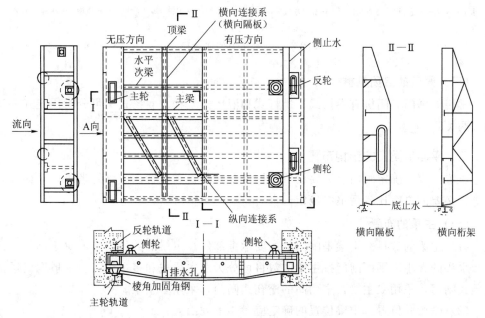

图 7-4 平面钢闸门门叶结构总图

来支承面板并将面板传来的全部水压力传给支承边梁,然后通过设置在边梁上的行走支承把闸门上的水压力传给闸墩。

3)纵向连接系:布置在闸门下游面主梁(或主桁架)的下翼缘(或下弦杆)之间的纵向竖直平面内,承受闸门部分自重和其他竖向荷载,并可增强闸门纵向竖平面的刚度;当闸门受双向水头时还能保证主梁的整体稳定性(当闸门承受反向水头时,主梁下翼缘受压)。

4)横向连接系:布置在垂直于闸门跨度方向的竖直平面内,以保证闸门横截面的刚度,使门顶和门底不致产生过大的变形。其主要承受由顶梁、底梁和水平次梁传来的水压力并传给主梁。其形式主要有实腹隔板式和桁架式。

(2)行走支承。平面钢闸门的行走支承应保证既能将闸门所受的全部水平荷载安

资源 7-3
定轮闸门

资源 7-4
滑动闸门

全地传递给闸墩，又能沿门槽上下顺利移动，并减小闸门移动时的摩擦阻力。

行走支承包括主行走支承、侧向支承（侧轮）及反向支承（反滑块）装置三部分。

（3）止水。止水是为了防止闸门漏水而固定在门叶周边的橡胶止水。

（4）吊具。吊具是用来连接闸门启闭机的牵引构件。

（二）埋固构件

平面闸门的固定埋设部件一般包括：①主轮或主滑道的轨道，简称主轨；②侧轮和反滑块的轨道，简称侧轨和反轨；③止水埋件，顶止水埋件简称门楣，底止水埋件简称底坎；④门槽护角、护面和底槛，用以保护混凝土不受漂浮物的撞击、泥沙磨损和气蚀剥落。

挡水闸门所承受的水压力沿着如图 7-5 所示途径传递到给闸墩。

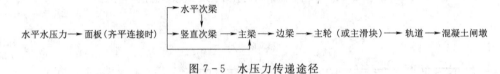

图 7-5　水压力传递途径

（三）闸门的启闭机械

常用的闸门启闭机有卷扬式、螺杆式和液压式三种。卷扬式又可分为固定式和移动式两类。

二、平面钢闸门的结构布置

布置内容：确定闸门上需要设置的构件及其数目和位置。应统筹考虑、全面安排并进行必要的方案比较后最终确定。

（一）主梁的布置

（1）主梁的数目。主梁是闸门的主要承重部件。主梁的数目主要取决于闸门的尺寸和水头的大小。平面闸门按主梁的数目可分为双主梁式和多主梁式。一般宽而矮的露顶式闸门，采用双主梁，窄而高的潜孔式闸门，采用多主梁。

（2）主梁的位置。主梁位置的确定应考虑下列因素：

1）主梁宜按等荷载要求布置，可使每根主梁所需的截面尺寸相同，便于制造；

2）主梁间距应适应制造、运输和安装的条件；

3）主梁间距应满足行走支承布置的要求；

4）底主梁到底止水距离应符合底缘布置的要求。

对于实腹式主梁的工作闸门和事故闸门，一般应使底主梁的下翼缘到底止水边缘连线的倾角不应小于 30°（图 7-6、图 7-7），以免启门时水流冲击底主梁和在底主梁下方产生负压而导致闸门振动。当闸门支承在非水平底槛上时，该角度可适当增减，当不能满足 30°要求时，应对门底部采取补气措施。部分利用水柱闭门的平面闸门，其上游倾角不应小于 45°，宜采用 60°（图 7-6）。

如图 7-7 所示，双主梁式闸门的主梁位置应对称于静水压力合力 P 的作用线，在满足上述底缘布置要求的前提下，两主梁的间距 b 宜尽量大些，并注意上主梁到门

顶的距离 c 不宜太大，一般不超过 $0.45H$。

多主梁式闸门的主梁位置，可根据各主梁等荷载的原则确定。具体做法有图解法和数解法两种，下面按数解法进行介绍。

假定水面至门底的距离为 H，主梁的数目为 n，第 $k(k=1,2,\cdots,n)$ 根主梁至水面的距离为 y_k。

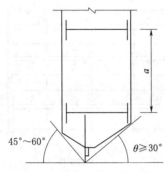

图 7-6 闸门底缘的布置要求

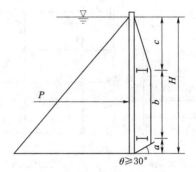

图 7-7 双主梁闸门的主梁布置图

对于露顶闸门 [图 7-8（a）] 有：

$$y_k=\frac{2H}{3\sqrt{n}}\big[k^{1.5}-(k-1)^{1.5}\big] \qquad (7-1)$$

对于潜孔闸门 [图 7-8（b）] 有：

$$y_k=\frac{2H}{3\sqrt{n+m}}\big[(k+m)^{1.5}-(k+m-1)^{1.5}\big] \qquad (7-2)$$

$$m=\frac{na^2}{H^2-a^2}$$

式中 a——水面至门顶止水的距离。

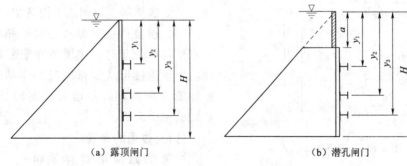

（a）露顶闸门 　　　　　　　　　　　　　（b）潜孔闸门

图 7-8 主梁位置示意图

（二）梁格的布置形式

梁格布置应考虑钢面板厚度的经济合理性和梁格制造省工等要求，尽量使面板各区格的计算厚度接近相等，并使面板和梁格的总用钢量最少。闸门的梁格布置可分为以下三种形式。

（1）简式梁格 [图 7-9（a）]。在主梁之间不设次梁，面板直接支承在主梁上，面板上的水压力直接通过主梁传给两侧的边梁。

（2）普通式梁格［图7-9（b）］。由水平主梁、竖立次梁和边梁组成。

（3）复式梁格［图7-9（c）］。由水平主梁、竖立次梁、主梁和边梁组成。

普通式梁格和复式梁格的面板均为四边支承板。

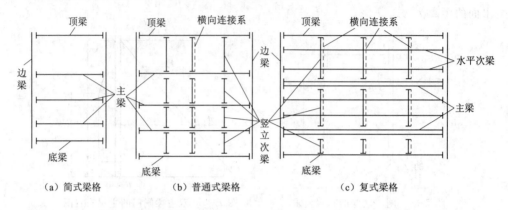

（a）简式梁格　　　　　（b）普通式梁格　　　　　　（c）复式梁格

图7-9 梁格布置图

（三）梁格连接形式

如图7-10所示，梁格的连接形式有如下三种。

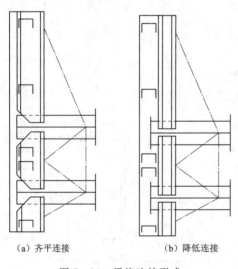

（a）齐平连接　　　（b）降低连接

图7-10 梁格连接形式

（1）齐平连接，即水平次梁、竖立次梁和主梁的前翼缘表面齐平，都直接与面板相连，又称为等高连接。

（2）降低连接，即主梁和水平次梁直接与面板相连，竖立次梁则离开面板降低到水平次梁下游，这样水平次梁可以在面板与竖立次梁间穿过而成为连续梁。

（3）层叠连接，即水平次梁和竖立次梁直接与面板相连，主梁放在竖立次梁后面。因该连接形式使得闸门整体刚度和抗振性能有所削弱，且增大了闸门总厚度，故现已很少采用。

（四）边梁的布置

边梁的截面形式有单腹式［图7-11（a）］和双腹式［图7-11（b）］两种。

单腹式边梁构造简单，便于与主梁相连接，但抗扭刚度差，对闸门因弯曲变形、温度胀缩及其他力作用而在边梁中产生扭转的情况不利。单腹式边梁主要用于滑道式支承的闸门。

双腹式边梁的抗扭刚度大，也便于设置滚轮和吊轴，但构造复杂且用钢量较多，截面内部的焊接也较困难。双腹式边梁广泛用于定轮闸门中。

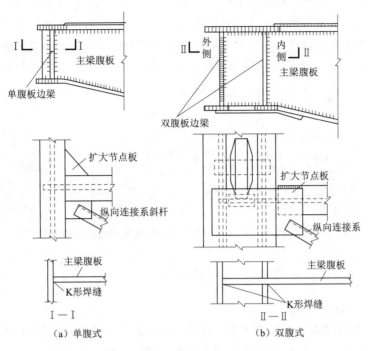

I—I
（a）单腹式

II—II
（b）双腹式

图 7-11　边梁的截面形式及连接构造

第三节　平面钢闸门的结构设计

一、钢面板的设计

对于四边固定支承的面板（图 7-12），根据理论分析和试验研究，在均布荷载作用下最大弯矩出现在面板支承长边的中点 A 处。但是当该点的应力达到所用钢材的屈服点 f_y 时，面板的承载能力还远远没有耗尽，随着荷载的增加，支承边上其他各点的弯矩都随之增加，而使面板上、下游面局部逐步达到屈服点，此时，面板仍然能够承受继续增大的荷载。试验及理论分析表明，当荷载增加到设计荷载（点 A 屈服时）的 $3.5\sim4.5$ 倍时，面板跨中部分才进入弹塑性阶段。这说明此时面板有很大的强度储备。

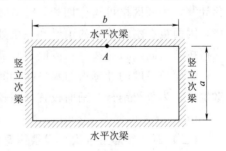

图 7-12　四边固定支承面板

因此，在强度计算中，容许面板在高峰应力（点 A）附近的局部小范围进入弹塑性阶段工作，故可将面板的容许应力 $[\sigma]$ 乘以大于 1 的弹塑性调整系数 α 予以提高。

（一）初选面板厚度 δ

钢面板是支撑在梁格上的弹性薄板，在静水压力作用下，面板的应力由两部分组成：一是局部弯曲应力，即矩形薄板本身的弯曲应力；二是整体弯曲应力，即面板兼作主（次）梁翼缘参与梁系弯曲的整体弯曲应力。初选面板厚度时，由于主（次）梁的截面尚未确定，面板参与主（次）梁的整体弯应力尚未求得，故面板的厚度可先按面板支承长边中点 A 的最大局部弯曲应力强度条件初步计算（图 7-13）。

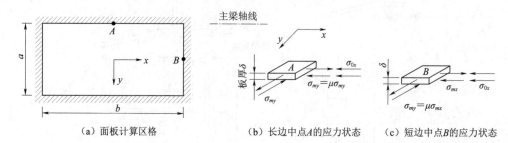

（a）面板计算区格　　　　　（b）长边中点A的应力状态　　　（c）短边中点B的应力状态

图 7-13　$b/a>1.5$ 且面板长边沿主梁轴线方向时的面板应力状态

$$\sigma_{\max}=\frac{M_{\max}}{1\times\delta^2/6}=k_y pa^2/\delta^2\leqslant\alpha[\sigma]\left(\delta\geqslant a\sqrt{\frac{K_y p}{\alpha[\sigma]}}\right) \qquad (7-3)$$

式中　　δ——初选面板厚度，mm；

　　　　k_y——弹性薄板支承长边中点（A 点）的弯曲应力系数（见附录6）；

　　　　p——面板计算区格中心的水压力强度，MPa，$p=\rho gh=\gamma h$；

　　　　h——区格中心的水头，m；

　　a、b——面板计算区格的短边、长边长度，mm［从面板与主（次）梁的连接焊缝算起］；

　　　　α——弹塑性调整系数，当 $b/a\leqslant3$ 时，$\alpha=1.5$，当 $b/a>3$ 时，取 $\alpha=1.4$；

　　$[\sigma]$——钢材的抗弯容许应力，MPa。

对于普通式和复式梁格布置的面板，其支承情况实际上为双向连续板，根据试验研究，面板的中间区格在水压力作用下，其在各支承边上的倾角均接近于零，故为简化计算，中间区格可当作四边固定板计算。对于顶、底梁截面比较小的顶、底部区格，因面板在刚度较小的顶梁和底梁处会产生较大的倾角，接近于简支边，故顶、底区格按三边固定另一边（顶或底边）简支的矩形板计算。

钢面板厚度的计算需与水平次梁间距的布置同时进行，因钢面板的重量占闸门比重量大，为节约钢材，钢面板宜选用较薄的钢板，但考虑锈蚀余量要求，一般不应小于 6mm，通常可取 8～16mm。

（二）面板参加主（次）梁整体弯曲时的强度计算

在初步选定面板厚度，并在主（次）梁截面选定后，考虑到面板本身在局部弯曲的同时还随主（次）梁受整体弯曲的作用，则面板为双向受力状态，故应按第四强度理论验算面板的折算应力强度。

（1）当面板的边长比 $b/a>1.5$，且长边 b 沿主梁轴线方向［图 7-13（b）］，只需按式（7-4）验算面板 A 点在上游面的折算应力，即

$$\sigma_{eq}=\sqrt{\sigma_{my}^2+(\sigma_{mx}-\sigma_{0x})^2-\sigma_{my}(\sigma_{mx}-\sigma_{0x})}\leqslant1.1\alpha[\sigma] \qquad (7-4)$$

式中　σ_{my}——垂直于主（次）梁轴线方向面板支撑长边中点的局部弯曲应力，$\sigma_{my} = k_y p a^2 / \delta^2$；

　　k_y——支撑长边中点的水压强度，N/mm^2；

　　σ_{mx}——面板沿主（次）梁轴线方向的局部弯曲应力，$\sigma_{mx} = \mu \sigma_{my}$，$\mu = 0.3$；

　　$[\sigma]$——抗弯容许应力；

σ_{my}、σ_{mx}、σ_{0x}均取绝对值。

（2）当面板的边长比 $b/a \leqslant 1.5$ 或面板长边方向与主（次）梁垂直时（图 7-14），面板在 B 点下游面的应力值（$\sigma_{mx} + \sigma_{0x}$）较大，这时虽然 B 点下游面的双向应力为同号（均受压），但还是可能比 A 点上游面更早地进入塑性状态，故应按下式验算 B 点下游面在同号平面（压）应力状态下的折算应力强度：

$$\sigma_{eq} = \sqrt{\sigma_{my}^2 + (\sigma_{mx} + \sigma_{0x})^2 - \sigma_{my}(\sigma_{mx} + \sigma_{0x})} \leqslant 1.1\alpha[\sigma] \qquad (7-5)$$

式中　σ_{0x}——对应于面板验算点（B 点）主梁前翼缘的整体弯曲应力，考虑整体弯应力沿面板宽度分布不均影响后，可按式（7-6）计算：

$$\sigma_{0x} = (1.5\xi_1 - 0.5)M/W \qquad (7-6)$$

式中　ξ_1——面板兼作主（次）梁前翼缘工作的有效宽度系数（表 7-1），式（7-6）的适用条件为 $\xi_1 \geqslant 1/3$。

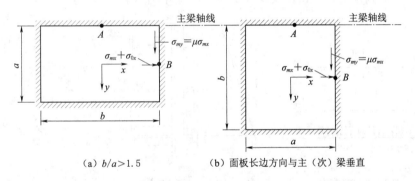

(a) $b/a > 1.5$　　　　　(b) 面板长边方向与主（次）梁垂直

图 7-14　当面板的 $b/a > 1.5$ 或面板长边方向与主梁轴线垂直时的面板应力状态

表 7-1　　　　　　　　　　　面板的有效宽度系数 ξ_1 和 ξ_2

l_0/b	0.5	1.0	1.5	2.0	2.5	3	4	5	6	8	10	12
ξ_1	0.20	0.40	0.58	0.70	0.78	0.84	0.90	0.94	0.95	0.97	0.98	1.00
ξ_2	0.16	0.30	0.42	0.51	0.58	0.64	0.71	0.77	0.79	0.83	0.86	0.92

注　l_0 为主（次）梁弯矩零点之间的距离。对于简支梁取 $l_0 = l$；对于连续的边跨和中间跨的正弯矩段，课近似地取 $l_0 = 0.8l$ 和 $l_0 = 0.6l$；对于连续梁的负弯矩段，可近似地取 $l_0 = 0.4l$。

（三）面板与梁格的连接计算

当水压力作用下面板弯曲时，由于梁格之间相互移近受到约束，在面板与梁格之间的连接角焊缝将产生垂直于焊缝方向的侧拉力。经分析计算，每毫米焊缝长度上的侧拉力 N_t（N/mm^2）可按下面的近似公式计算：

$$N_t = 0.07t\sigma_{max} \qquad (7-7)$$

式中　σ_{max}——厚度为 t 的面板中的最大弯应力，σ_{max} 可取 $[\sigma]$。

此外，由于面板作为主梁的翼缘，当主梁弯曲时，面板与主梁之间的连接角焊缝还承受沿焊缝长度方向的水平剪力，主梁轴线一侧的角焊缝每单位长度内的剪力为 T，则

$$T = VS/(2I)$$

因此，面板应与梁格连接角焊缝的焊脚尺寸 h_f 可近似按式（7-8）计算：

$$h_f = \sqrt{N_t^2 + T^2}/(0.7[\tau_f^w]) \tag{7-8}$$

式中 $[\tau_f^w]$——角焊缝的容许剪应力。

面板与梁格的连接焊缝应采用连续焊缝，通常 h_f 不宜小于 6mm。

二、次梁设计

（一）次梁的荷载与计算简图

（1）降低连接。对于降低连接梁格（图 7-15），竖立次梁为简支在主梁上的简支梁，而水平次梁为支承在竖立次梁上的连续梁。

水平次梁承受均布水压力荷载，水压力荷载作用范围按面板区格的中线来划分，则水平次梁所受的均布荷载 q（N/mm）为

$$q = p(a_上 + a_下)/2 \tag{7-9}$$

竖立次梁则承受水平次梁支座反力传来的集中力 R。

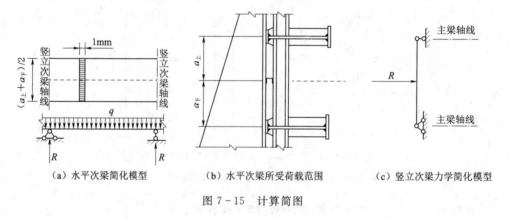

（a）水平次梁简化模型　　　　（b）水平次梁所受荷载范围　　　　（c）竖立次梁力学简化模型

图 7-15　计算简图

（2）齐平连接。如图 7-16 所示为梁格齐平连接，水平次梁和竖立次梁同时支承着面板。面板传给梁格的水压力，按梁格夹角的平分线来划分各梁所负担的水压力作用范围，如图 7-16（a）所示。

水平次梁的计算简图：①当水平次梁为在竖向次梁处断开后再连接于竖立次梁时，水平次梁为简支梁，如图 7-16（b）所示；②当采用实腹隔板兼作竖向次梁时，水平次梁为连续穿过实腹隔板预留的切孔并支承在隔板上的连续梁。水平次梁的荷载集度 q 同式（7-9），计算简图分别如图 7-16（c）、（d）所示。

竖立次梁为支承在主梁上的简支梁。作用荷载有三角形分布水压力荷载 $q_上$ 和 $q_下$ 及水平次梁的支座反力传来的集中力 R，如图 7-16（c）所示。

（二）次梁的截面设计

当计算简图确定后，计算步骤如下：

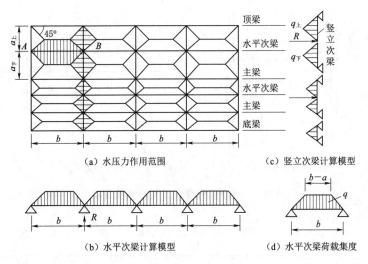

（a）水压力作用范围　（c）竖立次梁计算模型

（b）水平次梁计算模型　（d）水平次梁荷载集度

图 7-16 齐平连接计算简图

（1）按上述次梁的计算简图计算次梁的最大内力 M_{max}、V。

（2）按梁的弯曲应力强度条件求所需的截面模量，即

$$W_{req} = M_{max}/[\sigma] \tag{7-10}$$

根据此截面模量和满足刚度要求的最小梁高 h_{min}，次梁一般受荷不大，常按轧成梁设计，选合适型钢。

$$\sigma = \frac{M_{max}}{W_{min}} \leqslant [\sigma]$$

$$\tau = \frac{VS}{It_w} \leqslant [\tau]$$

$$\omega_{max} = \beta \frac{ql^4}{100EI} \leqslant [\omega]$$

符号含义同材料力学。

（3）当次梁直接焊接于面板时，焊缝两侧的面板在一定的宽度（有效宽度）内可以兼作次梁的翼缘参加次梁的抗弯工作。

面板参加次梁工作的有效宽度 B 可按式（7-11）和式（7-12）计算的较小值取用。

1）考虑面板兼作梁受压翼缘而不致失稳而限制的有效宽度（图 7-17）为

$$B = b_l + 2 \times 30t \sqrt{\frac{235}{f_y}} \tag{7-11}$$

2）考虑面板沿宽度上应力分布不均而折算的有效宽度（图 7-18）为

$$B = \xi_1 b \quad \text{或} \quad B = \xi_2 b \tag{7-12}$$

$$b = (b_1 + b_2)/2$$

式中　b_1、b_2——次梁与两侧相邻梁的间距；

ξ_1、ξ_2——有效宽度系数，ξ_1 用于正弯矩区，ξ_2 用于负弯矩区，可由表 7-1 查得。

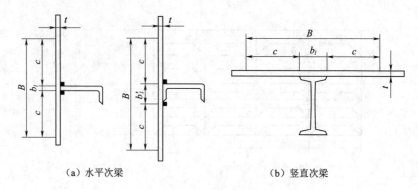

（a）水平次梁　　　　　　　　（b）竖直次梁

图 7-17　面板兼作梁翼的有效宽度

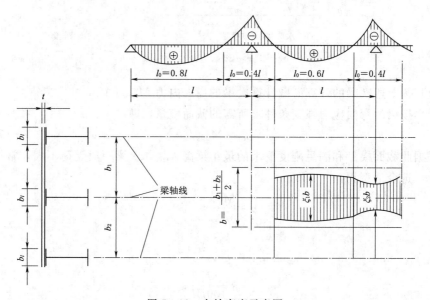

图 7-18　有效宽度示意图

三、主梁设计

（一）主梁的形式

主梁是平面钢闸门中的主要受力构件。根据闸门的跨度和水头大小，主梁可采用实腹式或桁架式。跨度小水头低的闸门，可采用制造方便的型钢梁；对于中等跨度的闸门（5～10m）常采用实腹式组合梁，为缩小门槽宽度和节约钢材，也常采用变高度的主梁（图 7-19）；对于大跨度的闸门，则宜采用桁架式主梁，以节约钢材。

（二）主梁的荷载和计算简图

主梁为支承在闸门边梁上的单跨简支梁。当主梁按等荷载原则布置时，每根主梁所受的均布荷载集度 $q(\text{kN/m})$ 为

$$q = P/n \tag{7-13}$$

式中　P——闸门单位跨度上作用的总水压力，kN/m；

　　　n——主梁的数目。

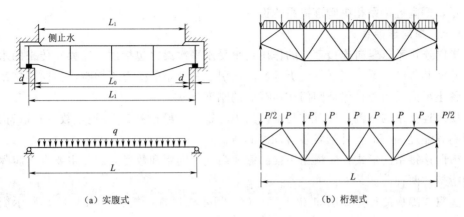

（a）实腹式　　　　　　　　　　　（b）桁架式

图 7-19　主梁计算简图

如图 7-19（a）所示，主梁的计算跨度 L 为闸门行走支承中心线之间的距离，即

$$L = L_0 + 2d \qquad\qquad (7-14)$$

式中　L_0——闸门的孔口宽度；

　　　d——行走支承中心线到闸墩侧壁的距离，根据跨度和水头的大小，一般 $d = 0.15 \sim 0.4\mathrm{m}$。

如图 7-20 所示，主梁的荷载跨度 L_1 等于两侧止水间的距离。当侧止水布置在闸门的下游面而面板设在上游面时，闸门侧向水压力将对主梁产生轴向压力 N。

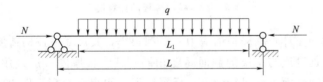

图 7-20　止水在下游面时主梁的计算简图

当主梁采用桁架式时，可将水压力化为节点荷载 $P = qb$（b 为桁架的节间长度），然后求解主桁架在节点荷载作用下的杆件内力并选择截面。但对于直接与面板相连的上弦杆，应考虑面板传来的水压力对上弦杆引起的局部弯曲而按压弯构件选择截面。

（三）主梁设计特点

（1）对于钢闸门的主梁，考虑到其除承受闸门水平水压力而产生水平弯曲外，其下翼缘兼作纵向连接系的弦杆，还需承受一部分闸门自重产生的应力，故按主梁的水平水压力荷载产生的内力选择截面时，可按 $0.9[\sigma]$ 计算。计算公式见第四章第六节。

（2）当主梁直接与面板相连时，部分面板可兼作主梁上（前）翼缘的一部分参加其抗弯工作。面板的有效宽度按式（7-12）计算。

（3）主梁的刚度、整体稳定和局部稳定的验算见第四章。

四、横向连接系和纵向连接系的设计

（一）横向连接系

横向连接系（竖向连接系）的作用：承受水平次梁（包括顶、底梁）传来的水压力，并将其传给主梁。当水位变更等原因而引起各主梁的受力不均时，横向连接系可均衡各主梁的受力并且保证闸门在横截面的刚度。

横向连接系的布置：应对称与闸门的中心线，一般布置1～3道，数目宜取奇数，间距不宜超过4～5m，并通常按等间距布置。

横向连接系的形式：应根据主梁的截面高度、间距和数目而定。主要有实腹隔板式和桁架式两种。

实腹式隔板的计算简图如图7-21（a）所示，通常可按图7-21（b）所示简化计算。

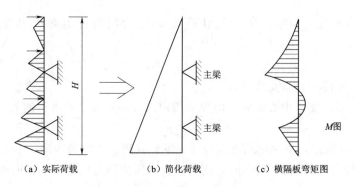

（a）实际荷载　　　　（b）简化荷载　　　　（c）横隔板弯矩图

图7-21　横向隔板的计算简图

横隔板的截面设计：横隔板的应力一般都很小，其尺寸可按构造要求及稳定条件确定，隔板的截面高度与主梁的截面高度相同，其腹板厚度一般采用8～12mm，前翼缘可利用面板兼作而不必另行设置；后翼缘可采用扁钢，宽度取100～200mm，厚度取10～12mm。为减轻门重，可在隔板中间弯应力较小区域开孔，但孔边需用扁钢镶固［图7-22（b）］。

横向桁架是支撑在主梁上的双悬臂桁架，其计算简图如图7-23所示。上弦杆为闸门的竖立次梁，一般为压弯构件，腹杆及下弦杆为轴心受力构件。

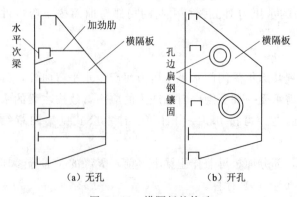

（a）无孔　　　　（b）开孔

图7-22　横隔板的构造

（二）纵向连接系

纵向连接系位于闸门各主梁后翼缘之间的竖平面内。其主要作用是承受闸门上的竖向力（闸门的自重、门顶的水柱重以及门底的下吸力等），保证闸门在竖向平面内的刚度，并与主梁和面

板构成封闭的空间体系以承受偶然的作用力对闸门引起扭矩。

纵向连接系多为桁架式（图 7-24）。可按支承在闸门两侧边梁上的简支平面（当主梁高度改变时为折面）桁架计算。闸门的自重 G 可根据闸门的重心位置按杠杆原理分配给上下游面的面板和纵向连接系。然后再将分配来的竖向荷载（$G_1 = Gc_1/h$，c_1 为闸门重心至面板的距离，h 为闸门厚度）均匀地分到桁架节点上 $P_1 = G_1/n$（n 为桁架的节间数），从而计算各个杆件内力并选择杆件截面。

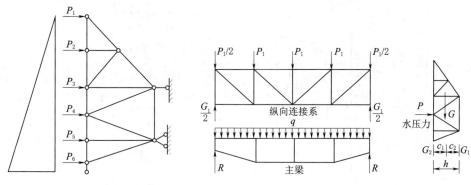

图 7-23　竖向桁架计算简图　　　　　　图 7-24　纵向连接系的计算简图

五、边梁设计

支承边梁是位于闸门两边并支承在滑块或滚轮等行走支承上的竖向梁。其主要承受由主梁等水平梁传来的水压力产生的弯矩，以及由纵向连接系和吊耳传来的门重及启闭力等竖向力产生的拉力或压力。

边梁的工作条件：当闸门关闭挡水时为压弯构件；当布置吊耳启门时为拉弯构件。边梁的截面尺寸通常按构造要求确定，然后进行强度计算。如图 7-25 所示，边梁的截面高度与主梁的端部截面高度相同，腹板厚度一般为 8～14mm，翼缘厚度应比腹板加厚 2～6mm；单腹式边梁的下翼缘一般由布置滑块或滚轮的要求决定，不宜小于 200～300mm；双腹式边梁常用两条下翼缘，其宽度通常采用 100～200mm 的扁钢做成。两块腹板之间的距离不宜太小，以便于腹板施焊和安装滚轮，不应小于 300～400mm。

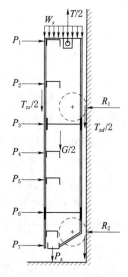

图 7-25　边梁荷载简图

第四节　平面钢闸门零部件的设计

一、行走支承

闸门的行走支承有滑道式和滚轮式两种类型（图 7-26）。这两种类型应根据闸门的工作条件、荷载和跨度选定。工作闸门和事故闸门宜采用滚轮支承。检修闸门或利用水柱闭门的事故闸门宜采用滑道支承。行走支承承受闸门全部的水压力并传给轨道。为使闸门在闸槽中移动顺利，还需在门叶上设置导向的反滑块和侧轮或侧导向。

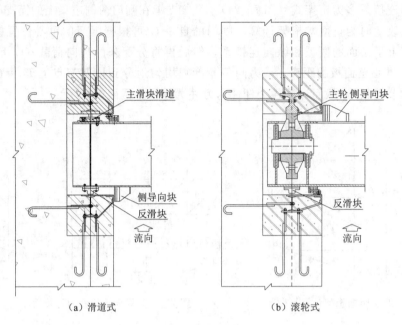

（a）滑道式　　　　　　　　（b）滚轮式

图 7-26　行走支承类型

（一）滑道支承

滑道支承制造简单、安全可靠。在铸铁闸门上还可以兼作止水。但当闸门移动时，滑道支承比滚轮支承产生的摩阻力大，从而使启闭力和启闭设备的重量都要增加。为了减少摩阻力，目前广泛采用自润滑复合材料滑道。它具有较高的机械性能，较低的摩擦系数和良好的加工性能。自润滑复合材料滑道包括增强聚四氟乙烯材料、高强度钢基复合材料、酮基镶嵌自润滑、改性尼龙自润滑、工程塑料合金等，其中高强度高钢基复合材料滑道的承压线荷载达到 80kN/m。它们与光滑的不锈钢轨道之间的最大摩擦系数为 0.04~0.12（清水河）。滑道形式及构造图如图 7-27 所示。

平面滑块对应的钢轨表面通常做成圆弧形（图 7-27）、弧面滑块对应的钢轨表面做成平面。为了减少摩阻力，在钢轨表面焊接 8~10mm 厚的不锈钢板，然后加工表面应达到 $R_a=3.2\mu m$，加工后的不锈钢厚度应不小于 6~8mm。轨头设计宽度 b 和轨顶圆弧半径 R 应参照厂家样本及与其单位长度上的线压强对应。

平面滑块作用下轨道底面宽度应根据混凝土的承压强度确定，轨道底板的厚度应满足其弯曲强度，详见《水利水电工程钢闸门设计规范》（SL 74—2019）。

（二）滚轮支承

滚轮支承的形式如图 7-28 所示。轮子的位置宜按等荷载布置。若在闸门的每个边梁上只布置两个支承点，可使轮子受力明确。然而，每个边梁上采用多滚轮支承，目前无论在国内或国外都相当普遍，其优点为可降低轮压便于布置；而存在问题是轮压不易均匀（由于轨道与滚轮安装的各种误差使滚轮踏面不易在同一平面），目前已采用偏心轴加以解决。当采用滚柱轴承滚轮或采用弧形轨道的升卧式闸门时，应将轮

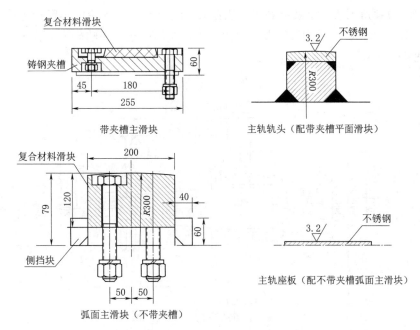

图 7 - 27　滑道形式及构造图

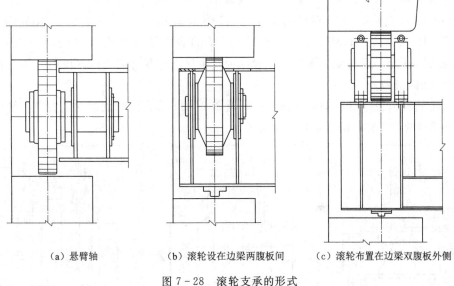

（a）悬臂轴　　　　　（b）滚轮设在边梁两腹板间　　　（c）滚轮布置在边梁双腹板外侧

图 7 - 28　滚轮支承的形式

子装设在双腹式边梁的外侧［图 7 - 28 （a）］。当然，对于滑动轴承的滚轮也可以采用悬臂轴［图 7 - 28 （a）、图 6 - 28］。悬臂轴滚轮的优点是轮子安装和检修比较方便，所需门槽深度较小。但悬臂轴增大了边梁外侧腹板的支承压力并使边梁受扭，悬臂轴的弯矩也较大，因此一般情况只用于水头和孔口都较小的闸门。当闸门的水头和孔口都较大时，宜将轮子装设在边梁的两块腹板之间［图 7 - 28 （b）和图 7 - 30］。这种简支轴避免了上述悬臂轴的缺点，在工程上用得较多。对于高水头和孔口宽度大，事故闸门的底缘倾角无法满足及有利于轮压荷载均匀分布时，主轮可布置在边梁双腹板的外侧［图 7-28 （c）］，该布置方式门槽较大，对闸门重心影响较大。我国目前最大轮压已达 4100kN。

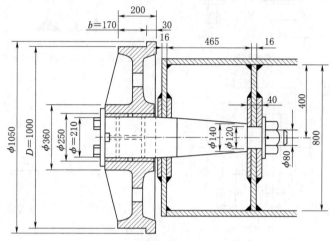

图 7-29　悬臂式滚轮（单位：mm）

滚轮的材料，对小型闸门常采用铸钢。当轮压较大（超过 200kN）时，铸钢轮子的尺寸就显得太大，必须采用合金铸钢或锻钢。轮压在 1200kN 以下时，可选用普通碳素铸钢；超过 1200kN 则可选用合金铸钢或锻钢，如 ZG50Mn2、ZG35CrMo、ZG35CrMnSi、34CrNi3Mo、42CrMo 等。轮子的表面还可根据需要进行硬化处理，以提高表面硬度。表面硬化深度，一般取为发生最大接触剪应力处深度的 2 倍（约等于接触面的半径）。

滚轮的轴承包括滑动轴承［图 7-29 及图 7-30 （a）］、球面滑动（关节）轴承及滚动轴承［图 7-30 （b）、（c）］。

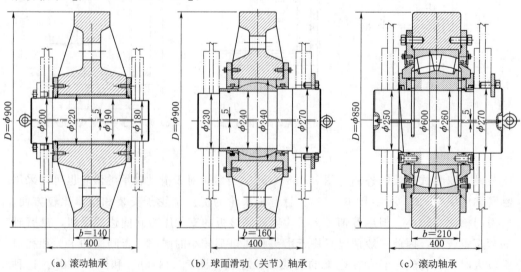

（a）滚动轴承　　　（b）球面滑动（关节）轴承　　　（c）滚动轴承

图 7-30　简支轴滚轮（单位：mm）

轮子的主要尺寸是轮径 D 和轮缘宽度 b（图 7 - 31）。这些尺寸是根据轮缘与轨道之间接触应力的强度条件来确定的。对于圆柱形滚轮与平面轨道的接触情况是线接触，其接触应力可按式（7 - 15）计算。

$$\sigma_{\max} = 0.418\sqrt{\frac{P_l E}{bR}} \leqslant 3.0\sigma_s \qquad (7-15)$$

式中　P_l——一个轮子的计算压力，等于设计轮压乘以不均匀系数 1.1，N；

　　　b、R——轮缘宽度、轮半径（$R = D/2$），mm；

　　　E——材料的弹性模量，N/mm²，当互相接触的两种材料的弹性模量不同时，应采用合成弹性模量 $\left(E' = \dfrac{2E_1 E_2}{E_1 + E_2}\right)$ 来计算；

　　　σ_s——互相接触两种材料的屈服强度中的较小者，N/mm²。

式（7 - 15）可以简化成下列形式，即计算滚轮直径 D 平面上的挤压应力 σ_φ（N/mm²）：

$$\sigma_\varphi = \frac{P_l}{Db} \leqslant 25\frac{\sigma_s^2}{E} = [\sigma_\varphi] \qquad (7-16)$$

式中　$[\sigma_\varphi]$——折算径向压力的容许值，N/mm²，该值并无实际物理意义，当 $E = 206 \times 10^3$ N/mm² 时，$[\sigma_\varphi]$ 值可由表 7 - 2 查得。

表 7 - 2　　　　　　　　铸钢折算径向容许压应力 $[\sigma_\varphi]$　　　　　　　单位：N/mm²

项目	ZG230 - 450	ZG270 - 500	ZG310 - 570	ZG340 - 640	ZG50Mn2	ZG35CrMo
σ_s	230	270	310	340	430	530
$[\sigma_\varphi]$	6	8	11	14	22	34

注　对于 Q235 钢，$[\sigma_\varphi] = 6$N/mm²，对于 HT20 - 40 的灰铸铁，$[\sigma_\varphi] = 3$N/mm²。

轮子直径 D 通常为 300～1000mm，轮缘宽度 b 通常为 80～150nm，$D/b \approx 4$～6。

为了减少滚动转动时的摩擦阻力，在滚轮的轴孔内还要装设滑动轴承或滚动轴承。滑动轴承也叫轴衬或轴套，轴套要有足够的耐压耐磨性能，并能保持润滑，其材料有铜合金、钢基铜塑复合板等。

轴和轴套间压力的传递也是接触应力的形式，可按式（7 - 17）验算：

$$\sigma_{cg} = \frac{P_l}{db_1} \leqslant [\sigma_{cg}] \qquad (7-17)$$

式中　P_l——滚轮的计算压力（包括不均匀系数），N；

　　　d——轴的直径，mm；

　　　b_1——轴套的工作长度，mm；

　　　$[\sigma_{cg}]$——滑动轴套的容许应力，N/mm²。

轮轴常用 45 号优质碳素钢或硬质 Q275 钢做成。轮轴的直径 d 与轮径 D 之比一般为 0.15～0.30。在决定轴径 d 时，应根据轮轴的布置（悬臂式或简支式）来验算弯曲应力和剪应力。轴在轴承板（也称浮动板[①]）连接处（图7-31），还应按下式验算轮轴与轴承板之间的紧密接触局部承压应力，即

$$\sigma_{cj} = \frac{N}{d \sum t} \leqslant [\sigma_{cj}] \tag{7-18}$$

式中　N——轴承板所受的压力，$N = P_l/2$；

　　　$\sum t$——轴承板叠总厚度，mm；

　　　$[\sigma_{cj}]$——紧密接触局部承压容许应力，N/mm²。

为了使滚轮安装位置正确，轮轴可采用偏心轴的办法（图7-31），它是一根两端支承中心在同一轴线上而与滚轮接触的中段轴线偏离5mm（可得调整幅度10mm）的偏心轴，安装时利用偏心轴的转动，可以调整轮子到正确的位置，然后再将轮轴固定在边梁腹板上。

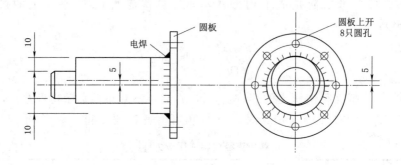

图7-31　偏心轴（单位：mm）

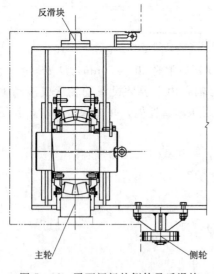

图7-32　平面闸门的侧轮及反滑块

（三）平面钢闸门的导向装置——侧轮与反滑块（或反轮）

闸门启闭时，为了防止闸门在闸槽中因左右倾斜而被卡住或前后碰撞，并减少门下过水时的振动，需设置导向装置——侧轮和反滑块（或反轮）（图7-32）。

如图7-32所示，侧轮设在闸门的两侧，每侧上下各一个，侧轮的间距应尽量大些，以承受因闸门左右倾斜时引起的反力。在深孔闸门中，由于孔口上部有胸墙的影响，侧轮应设在闸门两侧的闸槽内，在露顶闸门中侧轮可以设在孔口之间闸门边部的构件上。侧轮与其轨道间的空隙为10～20mm。

---

❶　为便于滚轮定位，通常使边梁腹板上的轴孔直径大于轴径，在安装定位以后，再将轴承板焊在边梁腹板上，故轮轴仅与轴承板接触。

反滑块（反轮）设在与主轮相反的一面，主要起导向作用，及承受由偏心拉力作用下闸门发生前后倾斜时的反力。反滑块（或反轮）与其轨道间的空隙为 10～20mm。对于高压闸门，为了减少振动，常把反滑块（或反轮）安装在板式弹簧上或把反滑块（反轮）安装在具有橡皮垫块的缓冲车架上，使反滑块（反轮）紧贴在轨道上。在中小型闸门中，常利用悬臂式主轮兼作反轮，可不另设反滑块。

一般反向不设反轮，而设反滑块，如图7-32所示；闸门安装时须做静平衡试验，正常情况该反力很小，现实设计中按构造设置反向滑块，可以采用复合材料的主滑块材料。

二、轨道与其他埋件

（一）轨道

根据轮压大小轨道可采用如图 7-33 所示的不同形式。轮压在 200kN 以下时，可采用轧成工字钢 ［图 7-33 （a）］；轮压在 200～500kN 时，轨道可由三块钢板焊成 ［图 7-33 （b）］；轮压在 500kN 以上时，需要采用铸钢轨 ［图 7-33 （c）］。为了提高轨道的侧向刚度，常把主轮轨道与门槽的护角角钢连接起来（图 7-33）。

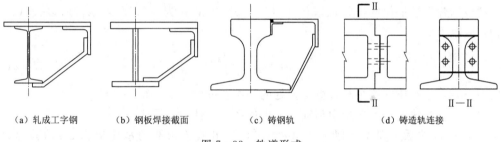

（a）轧成工字钢　　（b）钢板焊接截面　　（c）铸钢轨　　（d）铸造轨连接

图 7-33 轨道形式

铸造轨道的表面一般应按四级或五级精度加工。铸造轨道的长度一般在 2～3m，各段之间的连接如图 7-33 （d）所示。

轨道的计算主要是核算轨顶与腹板之间的承压应力以及轨道与混凝土之间的承应力。

在轮压力 P_l 的作用下，轨道底部沿轨长方向的压应力分布可当作三角形（图 7-34）。其三角形底边长度的 1/2 的 a 值可按式（7-19）求得。

$$a = 3.3 \sqrt[3]{\frac{EI_x}{E_h b}} \qquad (7-19)$$

式中　EI_x——轨道的抗弯刚度，其中 E 为钢材的弹性模量，I_x 为钢轨对自身中中和轴 x 的截面惯性矩；

　　　　b——轨道底部宽度，mm；

　　　　E_h——轨底混凝土的弹性模量，一般取 $(2.5～3) \times 10^4 kN/mm^2$，$kN/mm^2$。

从图 7-34 知，根据力的平衡条件有 $ab\sigma_h = P_l$，因此轨底与混凝土之间的最大承压应力可按式（7-20）验算。

$$\sigma_h = \frac{P_l}{ab} \leqslant [\sigma_h] \qquad (7-20)$$

式中 $[\sigma_h]$——混凝土的容许承压应力，N/mm^2。

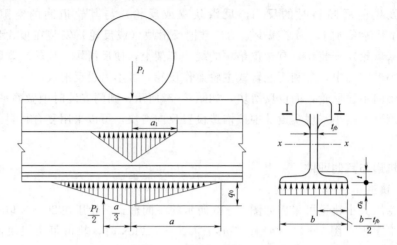

图 7-34 滚轮的轨道受力图

轨道颈部的局部承压应力分布情况和计算方法与上法相同。由于轨道的上翼缘与其腹板的弹性模量相同，并且取代式（7-19）中的 b 为腹板厚度 t_{fb}，所以式（7-19）应改为

$$a_1 = 3.3\sqrt[3]{\frac{I_1}{t_{fb}}} \qquad (7-21)$$

式中 a_1——轮压在轨头与腹板交接处的分布长度的 1/2（图 7-34）；

I_1——轨头对其自身中和轴 I—I 的截面惯性矩（图 7-34）。

求出 a_1 之后，即可类似于式（7-20）写出轨道颈部的承压应力 σ_{cd} 的验算公式为

$$\sigma_{cd} = \frac{P_l}{a_1 t_{fb}} \leqslant [\sigma_{cd}] \qquad (7-22)$$

式中 $[\sigma_{cd}]$——钢材的局部承压容许应力，N/mm^2，见附录 1 的附表 1-5。

轨道的抗弯强度可按倒置的悬臂梁验算，由图 7-34 知，抗弯条件为

$$M = \frac{P_l a}{6} \leqslant [\sigma] W \qquad (7-23)$$

式中 $[\sigma]$——钢轨的容许弯应力，N/mm^2；

W——钢轨的截面抵抗矩。

同样，轨道的底板厚度 t 也可按倒置的悬臂梁验算，即沿轨道长度方向取单位长度的板条当作脱离体来验算其固定端（腹板处）的抗弯强度，即

$$M = \frac{\sigma_h (b - t_{fb})^2}{8} \leqslant [\sigma]\frac{t^2}{6} \qquad (7-24)$$

为了便于把闸门引入闸槽，常将轨道的上端做成斜坡形（图 7-35），即把轨道上端的腹板切割去一块三角形部分，再将轨道的翼缘弯到剩下的部分上焊接起来。

（二）止水座

在门体止水橡皮紧贴于混凝土的部位，应埋设表面光滑平整的钢质止水座。以满

足止水橡皮与之贴紧后不漏水，并减少
当橡皮滑动时的磨损，在钢质止水座的
表面再焊一条不锈钢条，并进行精加工
及打磨，保证其直线度及其表面光洁
度（图 7 - 36）。

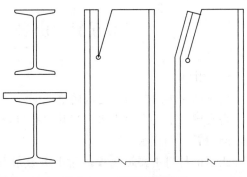

在潜孔闸门中，与顶止水相接触的
胸墙护面板如图 7 - 37 所示。当闸门需
要借助门顶水柱压力才能关闭时，护面
板的竖直段需适当加高。如图 7 - 38 所
示，因为只有当闸门的顶止水与护面板

图 7 - 35　轨道上端构造

的竖直段紧贴不漏水时才能产生完全的门顶水柱压力。为了避免护面板耗费钢材过
多，根据试验成果，只要闸门的上游边留有足够的供水净空 S_0（图 7 - 38），闸门下
游边的净空（$S_1 + \Delta$）适当的小（图 7 - 38 中的 $S_0 \geqslant 5S_1$，$S_1 = 100\text{mm}$ 或 $\Delta \approx S_1$），
则关闭闸门时，闸门顶部的水位就可以得到及时的补充，这时护面板的竖直段高度仅
需为孔口高度 H 的 5%～10%，但不得少于 300mm。这样就可以利用水柱压力迅速
关闭闸门。

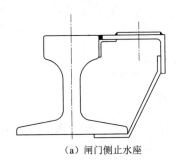

（a）闸门侧止水座

（b）闸门顶止水座

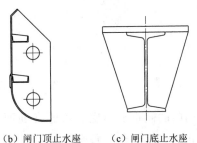

（c）闸门底止水座

图 7 - 36　止水座形式

图 7 - 37　潜孔闸门胸墙护面板形式
（单位：mm）

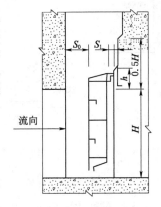

图 7 - 38　形成门顶水柱压力时的
门槽布置

第五节　止水、启闭力和吊耳

一、止水

为了防止闸门与门槽之间的缝隙漏水，需设置止水。露顶闸门上有侧止水和底止水；潜孔闸门上还有顶止水；当闸门孔口较高，需要采用分节闸门时，尚需在各节闸门之间设置节间止水。

止水的材料主要是橡胶。底止水为条形橡皮，侧止水和顶止水为 P 形橡皮（图 7-39）。它们用垫板与压板夹紧再用螺栓固定到门叶上。螺栓直径一般为 14～20mm，间距为 150～200mm。

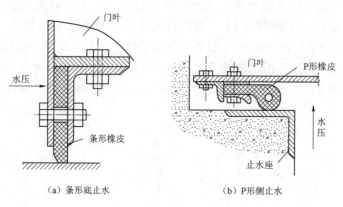

（a）条形底止水　　　　（b）P形侧止水

图 7-39　橡皮止水构造

露顶闸门的侧止水与底止水通常随面板的位置来设置，例如当面板设在上游面时，这些止水也都设在上游面（图 7-40）。

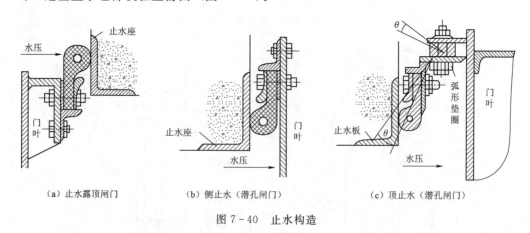

（a）止水露顶闸门　　　（b）侧止水（潜孔闸门）　　　（c）顶止水（潜孔闸门）

图 7-40　止水构造

潜孔闸门止水的布置主要根据胸墙的位置和操作的要求确定。当胸墙在闸门的上游面时，侧止水应布置在闸槽内，顶止水布置在上游面［图 7-40（b）、（c）］。考虑到门叶受力的挠曲变形会使顶止水脱离止水座，故设计时应使顶止水与止水座之间有一定的预压值，压缩量可取 3～5mm。当闸门的跨度较大时，还可选用图 7-40（c）所示的形式，使顶止水转动产生较大的变形以适应门叶挠曲变形的要求。

在深孔闸门中，若因摩阻力较大而不能靠闸门自重关闭，为使闸门顶部形成水柱压力促使闸门关闭，这时，侧止水和顶止水均需布置在下游面，而底止水布置在靠近上游面。

二、启闭力

闸门启闭力的计算，对于确定启闭机械的容量、牵引构件的尺寸以及对闸门吊耳的设计等都是必要的。

（一）动水中启闭的闸门

此类闸门特别是深孔闸门，在水压力作用下，由于摩阻力大，有时仅靠自重不能关闭，因此必须分别计算闭门力和启门力。在确定闸门启闭力时，除考虑闸门自重 G 外，还要考虑由于水压力作用而在滚轮或滑道支承处产生的摩擦阻力 T_{zd}、止水摩擦阻力 T_{zs}、闭门时门底的上托力 P_t、启门时由于门底水流形成部分真空而产生的下吸力 P_x，有时还有门顶水柱压力 W_s 等（图 7-25）。现将平面闸门的闭门力和启门力的计算分述如下。

（1）闭门力按式（7-25）计算：

$$T_{闭} = 1.2(T_{zd} + T_{zs}) - n_G G + P_t \qquad (7-25)$$

支承摩阻力 T_{zd} 按支承形式如下计算：

对于滑动轴承的滚轮　　　$T_{zd} = \dfrac{P}{R}(f_1 r + f_k)$

对于滚动轴承的滚轮　　　$T_{zd} = \dfrac{P f_k}{R}\left(\dfrac{R_1}{d} + 1\right)$

对于滑动支承　　　　　　$T_{zd} = f_2 P$

止水摩阻力　　　　　　　$T_{zd} = f_3 P_{zs}$

上托力　　　　　　　　　$P_t = \gamma \beta_t HDB$

式中　　1.2——摩阻力超载系数；

　　　　n_G——门重修正系数，闭门时选用 0.9～1.0；

　　　　G——闸门自重，kN，见附录 7；

　　　　P——作用在闸门上的总水压力，kN；

　　　　r——轮轴半径，mm；

　　　　R——滚轮半径，mm；

　　　　d——滚动轴承的滚柱直径，mm；

　　　R_1——滚动轴承的平均半径，mm，$R_1 = r + d$；

　　　　f_k——滚动摩擦力臂，钢对钢为 0.1cm；

f_1、f_2、f_3——滑动摩擦系数（见附录 8），计算闭门力和启门力时取大值，计算持住力时取小值；

　　　P_{zs}——作用在止水上的总水压力，kN；

　　　　γ——水的容重，kN/m³；

　　　　H——门底水头，m；

D——底止水到上游面的间距，m；

B——两侧止水间距，m；

β_t——上托力系数，当验算闭门力时，按闸门接近完全关闭时的条件考虑，取 $\beta_t=1.0$。当计算持住力［式（7-25）］时，按闸门的不同开度考虑，β_t 可参照表7-3取用，表7-3中 β_t 值适用于闸后明流流态，且在应用时，闸门的开启高度 a 应满足 $0<a<0.5H_0$。（H_0 为引水道的孔高）。

表7-3　　　　　　　　　上托力系数 β_t

α	a/D				
	2	4	8	12	16
60°	0.8	0.7	0.5	0.4	0.25
52.4°	0.7	0.5	0.3	0.15	—
45°	0.6	0.4	0.1	0.05	—

注　a 为闸门开启高度，m；D 为底止水至上游面板的距离；α 为闸门底缘上游倾角。

当计算结果 $T_{闭}$ 为正值时，需要加重闸门才能下落，加重方式有加重块、利用水柱压力或机械下压力等。当 $T_{闭}$ 为负值时，说明闸门依靠自重可以关闭孔口。

（2）持住力按式（7-26）计算：

$$T_{持}=n_G'G+G_j+W_s+P_x-P_t-(T_{zd}+T_{zs}) \qquad (7-26)$$

（3）启门力按式（7-27）计算：

$$T_{启}=1.2(T_{zd}+T_{zs})+n_G'G+P_x+G_j+W_s \qquad (7-27)$$

式中　n_G'——门重修正系数，启门时采用 $1.0\sim1.1$；

G_j——加重块重量，kN；

W_s——作用在闸门上的水柱压力，kN；

P_x——下吸力，$P_x=pD_2B$，kN；

D_2——闸门底止水至主梁下翼缘的距离，m；

p——闸门底缘 D_2 部分的平均下吸强度，一般按 20kN/m^2 计算，对溢流坝顶闸门、水闸闸门和坝内明流底孔闸门，当下游流态良好，通气充分时，可以不计下吸力。

（二）静水中启闭的闸门

启门力的计算除计入闸门的自重外，尚应考虑一定的水位差引起闸门的摩阻力及水头差引起的水柱压力（门叶面板与止水布置不在同侧时）。露顶闸门和电站尾水闸门可采用不大于1m的水位差；潜孔闸门可根据水头的大小采用 $1\sim5$m 的水头差。

（三）吊耳

吊耳是连接闸门与启闭机的部件。至于吊具有柔性钢索具与设在门叶上的吊耳（图7-41）相连接。吊耳应设在闸门重心与行走支承之间的闸门顶部。根据闸门的高宽比和启闭机的要求等因素，闸门可采用单吊点和双吊点。一般当闸门高宽比小于1时宜采用双吊点。吊耳多数是用一块或两块钢板做成，设轴孔与吊耳相连接（图7-41）。

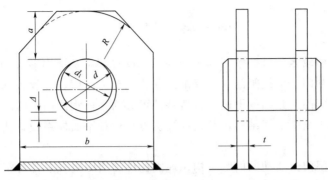

图 7-41　吊耳的构造

　　吊轴的强度验算与前述的轮轴相同，也需要按机械零件的容许应力验算其弯曲应力和剪应力。当吊轴直径为 d 时，吊耳板的尺寸可按下列各式初选：

$$b=(2.4\sim2.6)d$$

$$t\geqslant\frac{b}{20}$$

$$a=(0.9\sim1.05)d$$

$$\Delta=d-d_1\leqslant0.02d$$

　　吊耳板孔壁的强度应按下列两式验算：

　　孔壁的局部紧接承压应力为

$$\sigma_{cj}=\frac{N}{dt}\leqslant[\sigma_{cj}] \qquad (7-28)$$

式中　　N——一块吊耳板上所受的荷载，该荷载按启门力计算时应乘以因受力不均而引起的超载系数 1.1～1.2，kN；

　　　　d——吊轴直径，mm；

　　　　t——吊耳板的厚度（当有轴承板时，应考虑轴承板厚度），mm；

　　　　$[\sigma_{cj}]$——局部紧接承压容许应力，N/mm²。

　　孔壁拉应力可近似地按下列弹性力学中的拉梅（G. Lame）公式验算：

$$\sigma_k=\sigma_{cj}\frac{R^2+r^2}{R^2-r^2}\leqslant[\sigma_k] \qquad (7-29)$$

式中　　R、r——吊耳板孔心到板边的最近距离、轴孔半径（$r=d/2$）（图 7-41），mm；

　　　　$[\sigma_k]$——孔壁容许拉应力，N/mm²，对于 Q235 钢，$[\sigma_k]=115$N/mm²，对于可以自由转动或能抽出的轴，应将 $[\sigma_k]$ 再乘以 0.8 的系数。

第六节　设计例题：潜孔式平面钢闸门设计

　　本节内容详见数字资源 7-5。

资源 7-5
设计例题：
潜孔式平
面钢闸门
设计

本　章　小　结

（1）闸门类型较多，可按闸门的工作性质、设置部位及结构形式等分类。按工作性质可分为工作闸门、事故闸门、检修闸门和施工导流闸门；按设置部位可分为露顶式闸门和潜孔式闸门；按结构形式和构造特征可分为平面钢闸门和弧形闸门。

（2）闸门属于复杂空间结构，其结构分析方法包括平面体系设计法和空间体系设计法。

（3）平面钢闸门由活动的门叶结构、埋固构件和启闭机械三部分组成。

（4）平面钢闸门的承重结构一般由钢面板、梁格及纵、横向连接系组成。

（5）行走支承包括主行走支承、侧向支承（侧轮）及反向支承（反滑块）装置三部分。

（6）主梁是闸门的主要承重部件。主梁的数目主要取决于闸门的尺寸和水头的大小。平面闸门按主梁的数目可分为双主梁式和多主梁式。

（7）闸门的梁格布置可分为简式梁格、普通式梁格和复式梁格。

（8）主梁是平面钢闸门中的主要受力构件。根据闸门的跨度和水头大小，主梁可采用实腹式或桁架式。

思　考　题

（1）平面钢闸门根据功能可分为几种类型？它们的启闭方式有何不同？因启闭方式不同，设计上有何区别？

（2）门叶结构有哪些部件和构件组成？它们的作用是什么？水压力通过什么途径传至闸墩？

（3）主梁一般按什么原则布置？这种布置的优点是什么？试推证式（7-1）和式（7-2）。

（4）梁格齐平连接和降低连接各有何优缺点？

（5）为什么梁的跨度越大梁的数目宜越少？大跨度平面闸门的主梁数为何又不宜少于2个？

（6）怎样确定面板的厚度？怎样验算它的强度？

（7）面板参与梁截面的宽度是根据什么条件确定的？

（8）试画出梁格降低连接和齐平连接时次梁的计算简图。

（9）平面闸门的主梁设计特点是什么？

（10）单腹式边梁和双腹式边梁各适用于什么情况？

（11）行走支承有哪两大类？它们的计算特点是什么？

（12）平面闸门的主轨如何计算？

（13）为什么要分别计算闸门的启门力和闭门力？若闭门力大于闸门自重，可采取哪些措施使闸门关闭？

（14）试画出几种止水的构造图。

资源7-6
思考题

第八章

BIM 技术在水工钢闸门设计中的应用

内容摘要

BIM 的概念和主要组成内容，水工钢闸门的数字化设计中的设计思路、参数化、标准模板库建设、结构数值仿真、三维工程图表达等，实际工程案例，水工钢闸门 BIM 应用亟待解决的问题。

学习重点

水工钢闸门数字化设计中的设计思路、参数化、标准模板库建设与结构数值仿真等。

第一节 BIM 概 述

一、BIM 的概念及特点

BIM（Building Information Modeling，即"建筑信息模型"）的出现及发展与建筑业发展息息相关。建筑业是国民经济中从事建筑安装工程的勘察、设计、施工以及对原有建筑物进行维修活动的物质生产行业，担负着创造固定物质财富的任务，为国家的经济发展作出了很大的贡献，但是在取得成就的同时也存在高消耗和高浪费的现象。究其造成该现象的原因主要在于不同阶段、各参与方信息的不通畅，信息流失严重，前期预估能力不足，不能及早发现潜在问题，项目工期、质量和成本等目标失去控制等。要改变这种困境就必须要采用先进的理念指导建设生产。通过借鉴制造业、航空航天业先进的管理理念与技术——产品生命周期管理，早期出现了建筑业生命周期管理概念，而 BIM 正是实现建筑生命周期管理的核心。

BIM 的相关研究是一个不断发展的过程，20 世纪 70 年代由 Chuck Eastman 首次提出，但直到 2002 年，BIM 才作为一个专门术语被工程建设行业开始广泛使用，作为一种全新的理念和技术，正受到业内人士的普遍关注。随着应用及研究的深入，对 BIM 也有了新的理解与认识。当下对 BIM 的概念的定义有多种版本，美国国家 BIM 标准对其有较为定整的定义：BIM 是一个设施（建设项目）物理和功能特性的数字表达；BIM 是一个共享的知识资源，是一个分享有关这个设施的信息，为该设施从概念到拆除的全生命周期中的所有决策提供可靠依据的过程；在项目不同阶段，不同利益相关方通过在 BIM 中插入、提取、更新和修改修息，以支持和反映其各自职责的协同作业。

BIM 经过 40 多年的发展，在建筑业中被视为是提升项目生产效率、提高建筑质量、缩短建设工期、降低建造成本和实现风险管控的非常重要的信息化工具。总结起来，现阶段 BIM 具有以下几个基本特点。

（1）可视化。BIM 的可视化是将以往二维线条勾勒构件的形式转变为以空间模型的形式直观展现，进而使项目设计、建造、运维整个过程可视，所见即所得。

（2）一体化。BIM 的核心是基于同一个模型数据库，能包含各项目阶段、各个专业、各项目参与方的全部信息，由此基于 BIM 技术可进行从设计—施工—运营贯穿项目全生命周期的一体化管理。

（3）参数化。BIM 最为重要的特点就是贯穿整个建模过程面向对象的参数化建模。这种方式是通过与模型关联的特征参数来实现对模型的控制，使得模型不再仅仅具有固定的形状和属性对象，并且当特征参数变化时能够自动反映到三维模型中。

（4）仿真性。BIM 的仿真性体现在项目的全过程中，仿真的内容包括建筑物性能仿真分析、设计计算数值仿真、施工仿真、运维仿真等。

（5）协调性。BIM 的协调性体现在可以将项目的各参与方、各专业的信息整合起来，采用非冲突、协作的方式，来提高工作效率，改善项目质量。

（6）优化性。BIM 模型包含建筑物的众多信息（几何信息、物理信息及规则信息等），同时能够对优化前后的结果模拟显示，因而项目设计方案优化、施工方案优化等可以带来显著的工期、造价以及质量改进。

（7）可出图性。BIM 出图是指依托已建好的 BIM 模型，再结合过程修改信息，通过控制图层管理和显示管理达到帮助用户出图的目的。由于所有图纸都是基于同一 BIM 模型数据，因此可以从根本上保证模型与表达的一致性。

（8）信息完备性。信息完备性体现在各阶段完整的工程信息描述，包括设计阶段信息、施工阶段信息以及运维阶段维护维修信息等。

二、BIM 标准及相关软件

BIM 的前提是项目建设过程中项目参与方之间、不同应用软件之间对项目信息能够交换和共享，为了完成这种信息互用，需要建立信息分类体系和数据交换标准，目前国际上已经发布的 BIM 行业推荐性标准主要包括：数据模型 IFC 标准、数据字典 IFD 标准、过程信息分发手册 IDM 等。IFC 数据模型是一个不受某一个或某一组供应商控制的中性和公开标准，包含了所有建设项目整个生命周期内一切项目成员及应用软件需要用到的信息，而 IDM 是用来定义某个指定项目以及项目阶段、指定项目成员或业务流程所需要交换信息以及由该流程产生的信息。为了保证不同语言背景或文化背景的信息使用者和提供者对同一概念理解一致，IFD（即国际字典框架）给每一个概念都赋予全球唯一标识码。IFC/IDM/IFD 构成了建设项目信息交换的三个基本支柱。

从根本上来说，BIM 就是一群特定的、具有存储和操纵图形，并把附件信息关联到这些图形上的计算机软件组成的技术，因此 BIM 决不能脱离软件支持。目前国内外 BIM 软件众多，在水利水电行业主流的 BIM 核心建模软件主要有欧特克（Autodesk）、奔特力（Bentley）和达索（Dassault）公司的 Catia 三个平台体系，行业内简称为"ABC"三大平台，详见图 8-1（a），其余功能性软件按照"何式分类法"划分如图 8-1 (b) 所示。

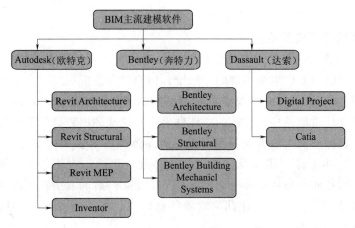

（a）现阶段主流BIM软件体系

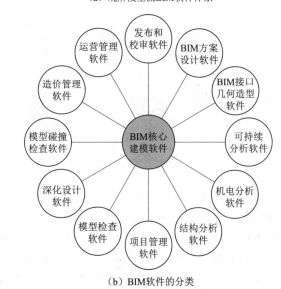

（b）BIM软件的分类

图 8-1 现阶段主流 BIM 软件体系

主流核心建模软件中，欧特克（Autodesk）公司借助 AutoCAD 画图软件的市场优势以及自身强大的协同功能，使其 Revit 在房建领域建筑、结构及机电系列中占据较大市场；奔特力（Bentley）系列软件产品是基于 Microstation 开发的工具组，在市政、道路及桥梁等基础设施领域，以及医药、石油及化工工厂建筑、结构及设备系列应用中占有独特优势；达索（Dassault）旗下的 Catia 软件，是一款造型功能十分强大的软件，尤其对复杂形体和超大规模建筑的表现能力、建模能力和信息管理能力都较传统类软件有明显优势，且参数化建模及出图能力优异，适用于机械结构、航空航天及汽车造船工业等领域。

对于一个项目，因涉及不同项目阶段、不同专业和应用方，由于 BIM 软件发展时间短、种类多、涉及的专业和任务广、处理信息量大，很难只通过一款软件去完成

BIM 的所有内容，因此，企业可根据项目和从事业务特点，选择合适的 BIM 软件技术路线。

三、BIM 建模和模型精度

BIM 建模的首要内容是三维几何模型的创建，在计算机中主要借助上述 BIM 核心建模软件和三维图形引擎来实现的。三维几何模型有线框模型、表面模型和实体模型三种，如图 8-2 所示。线框模型是利用基本的线素，包括点、直线、曲线及自由曲线，来定义设计对象的棱线构成的立体框架，只能描述出对象的外形轮廓。表面模型利用面素，包括平面、曲面及其组合面，对实体的各个表面构造进行完整地描述，可生成逼真的立体图像。实体模型是以实体体素，包括长方体、圆柱体、球体、椎体、楔形体、圆环体及布尔运算（交集、并集、差集）后的复杂几何体来描述客观事物。BIM 参数化建模就是在上述几何对象的基础上，利用专业知识和规则来确定几何参数和约束的一套建模方法。

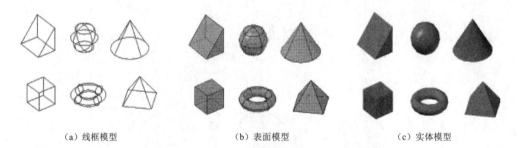

(a) 线框模型　　　　　　　(b) 表面模型　　　　　　　(c) 实体模型

图 8-2　三维模型的三种表达方式

建模精度的高低不仅会影响建模的效率还会影响到模型的应用深度。若模型精度太低会影响应用的效果，精度太高就意味着要投入大量的时间、精力与财力，产生的模型不仅庞大不利流畅体验而且过剩功能也没有用处。建模精度要做到合理控制，就要根据项目的特点、项目实施阶段、项目中 BIM 的应用深度需求以及当前的 BIM 技术水平，科学地确定。在 2008 年，美国 AIA 建筑师协会为了规范 BIM 技术在项目各参与方及项目应用各阶段的使用，对 BIM 模型几何信息与非几何信息的细致程度 LOD（Level of Details）做了规定。从概念设计阶段到竣工设计阶段，LOD 被定义为 5 个等级，即 LOD100～LOD500，具体详见表 8-1。应用表明，LOD 模型精度能有效地把控模型要求和内容，确保了各阶段工作责任方能按质完成任务。我国新制定的《建筑信息模型设计交付标准》（GB/T 51301—2018）也参考上述划分原则，将模型精细度划分为四个基本等级。

表 8-1　　　　　　　　　　　　**BIM 建模精度划分表**

等级划分	几 何 信 息	非 几 何 信 息
LOD100	概念设计深度：体现建筑轮廓	无
LOD200	方案设计深度：构件大致数量、大小、形状、位置	建筑布局、功能分区、主体构件材质信息

续表

等级划分	几 何 信 息	非 几 何 信 息
LOD300	施工图设计深度：能够指导现场施工，包括构件精确的几何属性、构件搭接等内容	详细功能分区、设备功率、材质信息、工程量等内容
LOD400	达到施工深化深度：构件模型能够指导现场施工、安装的深度	加工工艺、安装信息、试验说明、价格等
LOD500	竣工运维管理：包括所有构件、设备的真实外观及位置	构件包含品牌、供应商、维保周期、功能说明等

第二节　钢 闸 门 数 字 化 设 计

一、钢闸门数字化设计思路

钢闸门是水利水电工程项目中广泛应用的控制设备，保障其安全经济可靠运行对于提升综合效益至关重要。随着计算机辅助设计水平的不断提高，传统钢闸门设计手段与数字化工程建设需求脱节，已经难以满足生产高效、功能多样化的需求。传统钢闸门设计基本经历了从资料收集与分析、闸门的选型与布置、闸门门体及零部件设计计算到图纸绘制等过程，而钢闸门数字化设计分析方法也是在继承以上传统设计过程的基础上，将 BIM 建模技术与仿真分析功能融入，从而实现了计算方式与出图方式的实质性转变。

根据钢闸门的构造特征及设计基本要求，将钢闸门看作由主体结构与零部件组成的一个完整结构。主体结构包括挡水面板、横向纵向梁系、加强连接系等主要承载构件。零部件包括水封、支承、锁定装置及轨道埋件等，作为主体结构的附属物，配合主体结构完成预定的功能。主体结构参数化模型是数字化设计分析的核心，它既是工程分析及优化的对象，又需要与零部件参数化模型装配形成钢闸门整体模型。零部件参数化模型大多是标准件、系列件及常用件，故可直接调用资源数据库中对应的构件配合使用。

在主体结构模型建立的基础上，利用模型转换技术将其实体模型转换为有限元模型，可避免有限元分析二次重复建模工作。通过仿真结果与规范允许值比较，既可实现结构校核的目的，也可为进一步优化提供准则。结构优化即通过调整主体结构模型的布置、尺寸、属性配置等参数，实现各构件空间布置位置、尺寸关系、材料属性甚至形式的改变，达到提高设计产品性能及降低投资成本的目的。

在主体结构定型之后，要使设计的钢闸门发挥灵活调度及控制水量的作用，还需装配必要的零部件，以组成完整的钢闸门结构。在闸门三维整体模型基础上，添加工程信息、材质信息、工程量统计信息等内容，完成现阶段闸门整体 BIM 模型的创建。利用闸门 BIM 模型可以按需投影创建关联的工程施工图纸，完成设计出图任务，也可进一步深化应用，如进行协同设计、人机工程仿真、虚拟等。

简而言之，钢闸门数字化设计分析方法是闸门在初步设计的基础上进行有限元分析，并以分析结果反馈指导修改设计，最终完成产品定型的过程。这个过程的实现关键在于 BIM 建模方法、模型转换方法及结构有限元分析方法的合理运用。

二、参数化设计理念

参数化设计是三维数字化设计分析的灵魂，也是设计思想的集成体现，其实质是一种解决设计约束问题的数学方法，通过参数把设计图元过程中需要的数字信息相关联，修改参数即可实现模型驱动等功能，极大提高了模型生成及修改速度，因而在产品系列设计、相似设计及优化设计中具有很高的应用价值。

一般的参数化设计中自定义变量只能驱动几何尺寸，而形状几乎不能改变；同时自定义变量之间不能建立任何函数关系。这一缺陷极大地限制了参数化应用的深度。因此可以在参数化设计中引入知识工程，来弥补当前参数化设计的不足。知识工程是人工智能在知识信息处理方面的发展成果。知识以公式、规则、检查及设计表等形式表达并形成知识库，一方面便于规范的设计信息，并将设计方法和流程等隐含的知识、经验等转化为正规的显式的知识加以保存；另一方面提供了捕捉与重用知识的能力。实践表明，基于知识的参数化设计能极大地方便模型的修正和改良，使设计工作变得更加高效、灵活、智能。

总之，将模型合理地参数化使得设计者能够摆脱二维草图设计等底层劳动，把更多的精力放在参数的优化和计算分析上，参数化也构成了运用知识工程的前提条件。设计者将积累的设计经验和专家知识通过知识工程赋予参数化模型当中，为保证数字化设计的效率提供了有利条件。

三、三维协同设计方法

三维协同设计是指在项目的实施过程中，项目参与者利用三维信息模型准确表达设计意图，交流设计信息，所有设计专业及人员在一个统一的数据库进行设计协作，从而减少现行各专业之间（以及专业内部）由于沟通不畅或沟通不及时导致的错、漏、碰、缺，真正实现所有图纸信息元的单一性，实现一处修改则其他自动修改，提升设计效率和设计质量。同时，协同设计也对设计项目的规范化管理起到重要作用，包括进度管理、设计文件统一管理、人员负荷管理、审批流程管理等。

在进行水利水电工程三维协同设计中，由于工程规模大、设计建造周期长、工程设计复杂、参与专业众多，需进行大量的沟通配合工作。协同设计是一个庞大的系统工程，除具备单独的设计功能外，还应具有信息共享管理功能。水利水电工程钢闸门设计一般属于金属结构专业的内容，金属结构设备分布较为分散，需协调配合的专业包括厂房、坝工、泄水、电气和施工等。

三维协同设计通过网络数据库技术可使各专业三维设计共享同一关键控制图元或参数，并实时查看相关专业的设计情况，设计人员可以方便地引用或参考相关设计数据。一般采用自顶向下的纵向关联设计模式，即上游专业对控制元素进行发布，下游专业引用已发布元素为基础进行设计，因而可以保证修改主要特征数据文件对专业间的模型数据实现单向式的驱动。

从单独的设计来看，钢闸门多数为拼装焊接件，为方便制造加工，其构件布置有一定的规律，故比较适合以空间轴网作为模型骨架，如图 8-3（a）所示。利用轴网通过发布定位点、线及面的方式实现模型搭建，这种方式优势在于可通过轴网参数来统一快速实现修改钢闸门的结构布置，控制钢闸门的总体尺寸及梁系布局，亦非常符合设计者的设计思路，使设计工作者可以更加专注于结构形式的布置及优化。图 8-3（b）是基于轴网骨架建立的钢闸门门叶结构模型，轴网间距代表了各构件的几何布置关系。

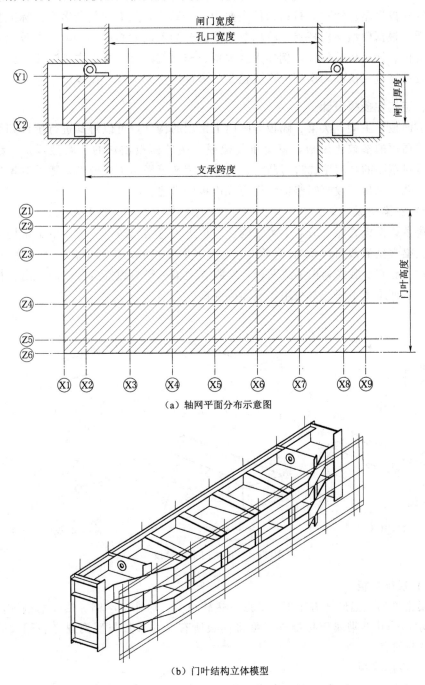

（a）轴网平面分布示意图

（b）门叶结构立体模型

图 8-3 基于骨架建立的钢闸门门叶结构模型

第三节　钢 闸 门 三 维 建 模

钢闸门由焊接结构件和机械零部件两部分内容组成，两部分内容应针对各自特点分别制定建模思路。针对焊接结构件主要为门叶结构，其形式复杂多变，标准化程度相对较低。根据模型结构特点，将单节门叶拆分为不同梁系构件，建立参数化和知识化构件模板。针对机械部件，例如水封装置、充水阀装置、行走支承装置、弧门支铰等，一般可经过一次或多次拆分形成独立的零件，主要为零件模板。

一、结构件模板设计

对于面板、主梁、次梁、隔板等闸门上常用的构件，可以对其进行统计归纳，将其制作成通用的参数化模板，避免重复建模。构件模板创建的一般过程是先绘制草图，随后对草图的几何轮廓进行凸台、拉伸、旋转等操作生成模型，随后对模型添加凹槽、开孔、倒角、拔模等修饰特征完成模板的搭建。

（一）主梁模板

创建主梁模板之前，应对主梁结构和造型进行总结归纳，对常用主梁结构形式分类，如主梁常见的截面形式有 T 形、"工"字形、门形、Ⅱ 形、箱形等（图 8-4）；主梁形式一般有实腹式和桁架式两种，实腹式主梁一般为焊接组合截面，由腹板及翼缘构成。根据跨度不同，常采用等截面或变截面主梁。

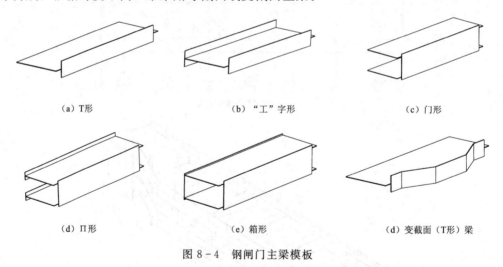

（a）T形　　　　　　　　　（b）"工"字形　　　　　　　　　（c）门形

（d）Ⅱ形　　　　　　　　　（e）箱形　　　　　　　　　（d）变截面（T形）梁

图 8-4　钢闸门主梁模板

（二）次梁模板

次梁常见的截面形式有矩形、T 形、热轧角钢、热轧工字钢、热轧槽钢等，如图 8-5 所示。热轧型钢属于标准件，可将模板所有尺寸参数与型钢规格表相关联，形成系列化标准件。

（三）纵隔模板

纵隔又称竖向连接系，在实腹式梁格中充当竖直次梁，其结构形式跟闸门的结构布置密切相关。纵隔将面板与横向主、次梁连接成一个整体，并对面板形成四边支

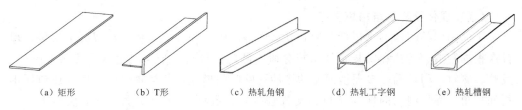

（a）矩形　　　　（b）T形　　　　（c）热轧角钢　　　（d）热轧工字钢　　　（e）热轧槽钢

图 8-5　钢闸门次梁模板

承，受力条件好，保证闸门竖向刚度。由于纵隔板需要避开水平主次梁，造成纵隔板结构复杂，变化多样。以两种常用的纵隔板为例，主要的控制尺寸参数如图 8-6 所示。

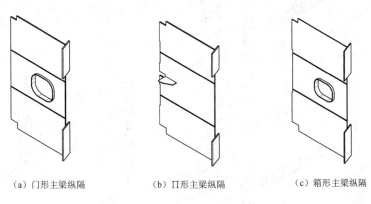

（a）门形主梁纵隔　　　　（b）Π形主梁纵隔　　　　（c）箱形主梁纵隔

图 8-6　钢闸门纵隔模板

（四）吊耳模板

吊耳是连接闸门与启闭机的部件，启闭机吊轴或拉杆等吊具与设在门叶上的吊耳连接，实现闸门的启闭。直升式平面闸门的吊耳应设置在闸门隔板或边梁的顶部，并应设在闸门重心线上，一般闸门左右对称，只需要确定顺水流方向的位置。根据闸门的宽高比和启闭机的要求等因素，闸门可采用单吊点和双吊点。吊耳根据结构形式分为单腹板和双腹板。吊耳孔分为圆形或长圆形孔、方梨形孔或圆梨形孔。根据吊耳设置位置，边梁顶部吊耳与边梁模板结合，纵隔板顶部吊耳单独设置，主要结构模板形式如图 8-7 所示。

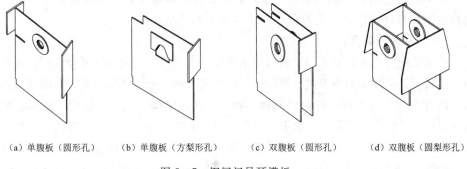

（a）单腹板（圆形孔）　　（b）单腹板（方梨形孔）　　（c）双腹板（圆形孔）　　（d）双腹板（圆梨形孔）

图 8-7　钢闸门吊耳模板

（五）埋件及其他结构模板库

平面闸门的门槽形式包括Ⅰ型和Ⅱ型门槽。闸门埋件应采用二期混凝土安装，埋件应根据制造、运输和安装条件选择分段。闸门的埋件主要包括底槛、主轨、副轨、反轨、侧轨、门楣等，多泥沙河流的排沙孔闸门门槽应进行衬护，因此埋件还包括钢衬和护角。弧形闸门的埋件还包括支铰埋件，表孔弧门支铰支承在钢筋混凝土牛腿上，潜孔弧形闸门可设横向支铰支承钢梁。

门槽埋件相比于门叶结构要简单，形式也较为固定，亦可按照上述思路完成模板创建，模型的效果如图 8-8 所示。

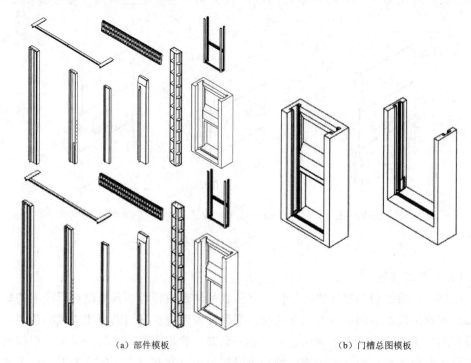

（a）部件模板　　　　　　　　　　　　（b）门槽总图模板

图 8-8　平面钢闸门门槽埋件模板

同理，按上述过程可完成吊杆、锁定座、加筋板等其他基础结构件模板创建。

二、闸门附件模板库建设

钢闸门附件包括充水阀装置、水封装置、行走支承装置、锁定装置等，构成这些部件装配的零件都以单个文档存在，通过装配关系组织在一起。

（一）充水阀装置

平面钢闸门充水阀系统用于闸门充水平压。因闸门形式及布置复杂多样，充水阀结构类型较多，主要分为平盖式、闸阀式、柱塞式三种类型，又按构造不同细分为六种形式、24 个型号。充水阀一般包括阀体、轴、连杆、闸阀、挡环、钢管、垫圈、装配螺栓等零件，根据充水行程、充水量、充水时间、设计水头、闸门水封方式等条件，结合设计计算习惯，对零件按照轮盘类、轴套类、箱体类进行零部件分类，并实现零件参数化，如图 8-9 所示。对零件进行装配形成一套完整的充水阀装置，如图 8-10 所示。

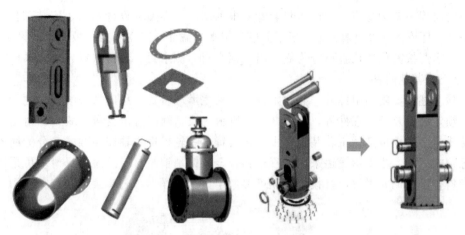

图 8-9　充水阀系统基础零件模板　　　图 8-10　充水阀装置的装配

（二）水封装置

水封装置是安装于闸门门叶或门槽上，用于阻止闸门与门槽之间的缝隙漏水，包括水封、水封压板、水封垫板、固定螺栓副等零件。水封主要采用橡胶材料，利用材料压缩变形实现密封水封。工作闸门封水不严会使水库渗漏造成资源浪费，检修闸门漏水会造成下游检修区排水困难，无法旱地检修。低温地区水封长期漏水，会使闸门结冰，导致启闭操作困难，影响工程安全，高水头闸门水封漏水或严重时形成射水，会使闸门产生自激振动。

按水封元件截面形式分为 P 形、I 形、L 形、Ω 形、"工"字形、山形等。其中常用的 P 形截面水封又分为空心/实心圆头 P 形、空心/实心方头 P 形、双圆头 P 形。

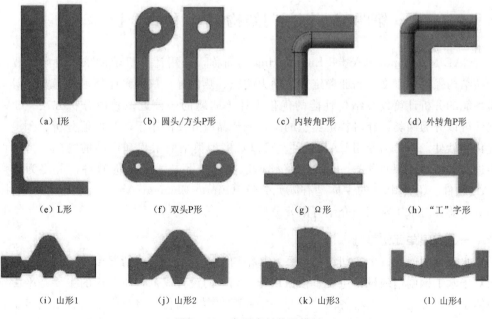

（a）I形　　（b）圆头/方头P形　　（c）内转角P形　　（d）外转角P形

（e）L形　　（f）双头P形　　（g）Ω形　　（h）"工"字形

（i）山形1　　（j）山形2　　（k）山形3　　（l）山形4

图 8-11　常用水封装置模板

水封的材料主要为橡皮，闸门水封装置应根据闸门的类型、设计水头、安装部位、运行条件、环境条件等因素选定。根据上述常用水封截面，建立水封模板库，如图 8 - 11 所示。水封按其设置位置可分为底水封、顶水封、侧水封、转角水封、节间水封等。

（三）其他附件

除上述主要闸门附件外，其他附件还包括主滑块装置、反向滑块装置、主轮、侧轮、锁定装置及锁定埋件等，如图 8 - 12 所示。根据闸门行走支承方式，即滑道式和滚轮式，主支承可选择主轮装置或主滑块装置。主轮根据主轴安装方式又分为简支式和悬臂式两种。主支承滑道采用工程塑料合金或钢基铜塑材料滑道，反滑块可采用工程塑料合金或尼龙滑块，其模板建立可参考定型产品样本。

图 8 - 12　钢闸门主要附件模板库

第四节　钢闸门结构 CAE 仿真分析

CAE 是 Computer Aided Engineering 的简称，是用计算机辅助求解复杂工程和产品结构强度、刚度、屈曲稳定性、动力响应、热传导、三维多体接触、弹塑性等力学性能的分析计算以及结构性能的优化设计等问题的一种近似数值分析方法。CAE 软件可以分为两类：针对特定类型的工程或产品所开发的用于产品性能分析、预测和优化的软件，称之为专用 CAE 软件；可以对多种类型的工程和产品的物理、力学性能进行分析、模拟和预测、评价和优化，以实现产品技术创新的软件，称之为通用 CAE 软件。CAE 软件的主体是有限元分析（Finite Element Analysis，FEA）软件。本节主要针对水工钢闸门介绍有限元分析方法。

一、有限单元法基础

水工钢闸门是一个空间结构体系，其结构形式及所受荷载情况十分复杂多样。目前对于水工钢闸门的设计主要是依据现行的钢闸门设计规范，所采用的主要是平面结构体系设计方法，一般将各部件进行一定程度的力学简化，将整个闸门分割成多个相互独立的构件，将外荷载（如静水压力等）按照经验分配给各构件，然后依据材料力学的方法对各个构件进行平面受力分析。这种方法虽然简单明了、便于操作，但存在不足。水工钢闸门实际上是三维空间结构，如果将闸门按空间结构体系进行计算，则更符合闸门实际工作状态，对于一些特殊的大跨度钢闸门或高水头钢闸门，空间效应将更加明显。因此，采用一种更为精确的方法对闸门结构进行分析计算就变得十分重要。

随着有限单元法理论的不断完善、计算机硬件水平的不断提升，涌现出一大批优秀的商用 CAE 软件，如 ANSYS、ABAQUS、Marc 等，这给水工钢闸门的有限元分析计算提供了必要的条件，加之三维设计的普遍应用，有限元模型有了基础模型，前处理工作大大缩减。采用有限元分析的方法对闸门进行计算，可以充分体现闸门较强的空间效应，并能准确计算出各构件的内力、应力和变形，便于深入分析闸门的受力和变形特点，不仅可以节省材料、减轻闸门的自重，实现对闸门结构的整体优化。

有限单元法最初作为结构力学位移法的发展，它的基本思路就是将复杂的结构看成由有限个单元仅在节点处连接的整体，首先对每一个单元分析其特性，建立相关物理量之间的相互联系。然后，依据单元之间的联系再将各个单元组装成整体，从而获得整体特性方程，应用方程相应的解法，即可完成整个问题的分析。

有限单元法作为一种近似的数值分析方法，它借助于矩阵等数学工具，尽管计算工作量很大，但是整个的分析是一致的，有很强的规律性，因此特别适合于编制计算机程序来处理。一般来说，一定前提条件下分析的近似性，随着离散化网格的不断细化，计算精度也随之得到改善。所以，随着计算机软硬件技术的飞速发展，有限单元法得到了越来越多的应用。

二、水工钢闸门有限元分析流程

水工钢闸门结构的静力学分析是有限元分析最为常见的一种类型，闸门结构的静力学分析即为计算在固定不变荷载作用下结构的响应，即闸门构件的位移、应力和应变等。采用有限元软件，如 ANSYS 等进行闸门结构静力分析一般包括以下基本步骤：资料准备、建立计算模型、加载求解和结果评价，如图 8－13 所示。

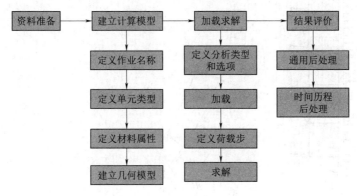

图 8－13　ANSYS 分析过程

三、CAD/CAE 模型转换

有限元模型的建立包括建立几何模型和划分网格。几何模型的来源有两种：一种是利用 BIM 模型，另一种是重新建立有限元分析专用的几何模型。单纯为了 CAE 仿真分析建立模型既费时费力，且与设计模型失去关联。利用已有 BIM 模型，可以对三维设计成果实时进行仿真，不必重复建模工作，也有利于 CAD/CAE 一体化。

但无论是平面钢闸门还是弧形钢闸门，大部分构件都是由钢板组合而成。钢板在厚度方向尺寸远远小于其他两个方向的尺寸，若直接将三维设计中的闸门模型导入有限元软件中划分成实体网格，将会形成非常庞大的单元数量，对节约计算时间和成本是不利的。因此，在利用已有的基于实体特征建立的 BIM 模型进行有限元分析时，需将实体模型转换为曲面模型，再用板壳单元划分网格。这样，可以大大减少划分的单元数量，合理控制单元尺寸并能保证较高的求解精度。

钢闸门结构连接形式有焊接、螺栓、铆钉连接等，在有限元模型建立时，需通过共享节点，或对节点不同自由度进行耦合的方式实现各种类型的连接，一般根据模拟精度要求，对连接方式的简化程度存在一定差别。

总之，几何实体转换为曲面的最终目的是划分成 2D 面单元网格，模型是在原结构体型上做一定的简化处理，处理的原则是尽量反映结构构造特征和真实力学特性，在计算代价和精度之间寻求平衡。

四、边界条件施加

工程结构的主要边界条件是指外部约束和荷载，如图 8-14 所示，结构分析中的约束一般为位移约束，荷载主要分为集中荷载，表面荷载，温度荷载，能量荷载，惯性荷载（重力、地震惯性力）等。

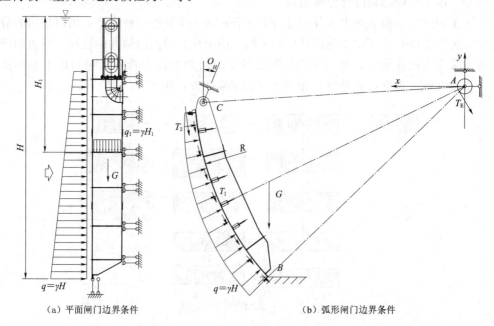

（a）平面闸门边界条件　　　（b）弧形闸门边界条件

图 8-14　钢闸门计算模型及边界条件

闸门常受水压和泥沙压力作用，这些荷载主要为分布面荷载，对于表孔闸门为三角形或梯形分布，对于深孔闸门可简化为均布面荷载。

五、求解及后处理

求解之间需要确定分析类型，例如静力分析、模态分析、动力响应分析等，对于特殊物理问题还需要定义其他可用的分析类型。定义分析类型后，需要设置求解控制选项，包括求解器选择，迭代次数，非线性控制等。这些选项为获得满意结果有极大帮助。

一般计算结果文件中包含了以下数据：基本数据，即节点位移信息；导出数据，即包括节点和单元应力、节点和单元应变、单元集中力以及节点支反力等。这些结果可在后处理器中查看或输出。

第五节 工 程 图 纸 订 制

目前，各行业在开展数字化设计过程中二维工程制图一直是需要解决的技术瓶颈问题，国外主流三维设计软件均存在制图标准，工程图标注习惯和规范要求等方面与国内行业需求不一致的情况。除了可以直接通过三维模型信息进行数控加工的零件外，国内设计行业主要施工阶段成果依然采用二维图纸交付，因此，从设计角度来看，二维出图效率和质量也成了检验数字化设计水平的重要指标。钢闸门主要为焊接件，无法完成整体数控加工，从目前国内制造厂家水平来看，CAD/CAM一体化还有很长的路要走。但随着航空、汽车、造船工业等精密制造业的发展，三维模型与二维工程图关联技术的应用，以及数字化现代工程制图标准的研究为钢闸门数字化设计出图提供了经验借鉴。随着三维设计和BIM技术的推广应用，图纸内容和表达方式不断丰富，在三维模型出图方面需要不断尝试和探索。

一、制图标准订制

二维工程图一直以来都是工程技术人员表达设计思想和技术要求的重要信息载体，而制图标准是统一和规范设计行为的准则和依据。随着三维设计软件的不断推广应用，三维模型信息逐渐作为主导，二维图与三维模型共同成为技术协调和生产制造的依据。一个工程往往由一个大的设计团队协同完成，如何提高不同协作者的协调性和一致性，企业制图模板和标准显得尤为重要。因此，对三维设计成果和二维工程出图提出了规范性和一致性的要求。工程制图标准正是为了体现这一思想，既能够制定企业制图形象标准，又能对图纸进行标准化自动审查，提高二维图纸出图的效率和质量。二维出图标准化主要包括：①标准化出图环境；②标准化制图样式；③标准化工程图模板；④标准化图形符号库；⑤标准化自动审查。

二、制图工具的二次开发

在应用三维设计软件进行三维设计投影出图时，常会遇到一些功能不能完全满足应用需要，一些功能不符合中国制图标准和设计者的习惯，在一些功能上使用效率不高等问题。某些功能只能由用户自己进行二次开发来满足三维设计需要。如钢闸门焊接结构的自动BOM表以及件号标注、钢结构焊缝的国标标注或板件放样图等。按自身需求进行二次开发也是国外通用软件进行本土化或行业订制的通常做法。二次开发应结合建模思路进行，不同的建模思路会有不同的二次开发思路。

三、制图标准与视图表达

随着三维设计和 BIM 技术的推广应用，图纸内容和表达方式不断丰富，二维平面制图标准已不能完全满足三维出图的要求，目前，还未针对水电工程金属结构三维数字化设计形成专门的制图标准，有必要制定新的标准规范图纸布局和三维表达方式，保证设计出图质量。

金属结构设计图通常分为布置图、装配图、加工制作图以及系统图。布置图主要用来表示金属结构设备布置和安装位置。装配图用来表示设备的组成部分、结构分段、安装方式和现场组装过程，即设备总图。加工制作图主要是针对非标准设备零部件的机械加工，以及结构构件的焊接制作。系统图主要用来表示设备、装置、仪器仪表及其连接管路等的基本组成和连接关系以及系统的作用和状态。根据图纸绘制方式和表达方式不同，金属结构设计图可分为二维图纸和三维图纸。传统二维 CAD 绘制的平面图纸即为二维图，通过三维建模并投影得到的工程图即为三维图纸，其特点是通过三维参数化建模可实现图纸的联动更新。

资源 8-1
水工钢闸门
三维布置图

对于已建立的三维参数化零件模板，对需要出加工详图的零件或装配部件进行二维工程图订制。二维工程图是三维模型信息表达的平面化，应确保三维信息完整准确地体现在二维工程图中。订制施工阶段深度的工程图时，采用向视图、剖视图、局部详图、三维轴测图全面完整表达零件各部位基准、结构尺寸、尺寸公差、形状公差、位置公差、加工表面要求等见资源 8-1。

第六节　钢闸门 BIM 技术的深化应用

一、智慧水电与智能闸门

近些年来，信息技术和计算机技术飞速发展，随着互联网、物联网、大数据、云计算、人工智能、5G 等信息技术的快速发展和演进，在各行各业触发了新的工业革命。传统水电站数据采集深度、数据传输效率、数据共享程度较低，各系统间存在数据壁垒，历史数据沉睡，资源浪费严重。为实现水利水电工程更加科学、高效、智能，智慧水电站应运而生，也迎来了水利水电业数字化、智能化建设的全新时代。

智慧水电工程以全方位、全过程、可追溯、智能化为特点，将物联网、大数据、云计算、人工智能等前沿技术与工程质量、安全、进度、成本、环保五大管控目标深度结合，实现了资源共享、信息互通，工程业主、施工、设计、监理等参建各方准确掌握工程动态，横向打通了信息壁垒。建立了统一的机电设备信息管理库，从设计阶段到制造、安装、启动验收以及运维检修等各环节，实现了各类设备的技术标准、质量记录、安装数据等资料全过程可追溯，确保工程建设与生产运营两阶段无缝对接、建管深度结合。

在智慧电站建设的潮流下，数字大坝与智能大坝、智能电网、智慧运维等概念也相继而生。数字大坝与智能大坝实现了大坝施工过程全方位、可视化、实时在线监测、通过智能平台管理系统，实现工程建设智慧管控和科学管理。智能电网利用信息通信技术、大数据和云计算等实现发电用电、电网及电力市场的高效运行，并提高电力系统的自愈能力、可靠性和稳定性。智能运维从电站运行角度出发，对机电设备监控系统数据运用创新技术，促进电站效益和管理水平的全面提升。

　　智能闸门控制是基于物联网技术，目前已在水利灌区和引调水工程中得到应用，智能闸门控制系统由感知层、网络层和应用层构成。感知层即数据采集，由各种传感器和监控器组成，通过基础数据采集和在线监测，实现闸门和启闭设备的系统感知。再通过无线通信接入云端服务器，建立数据上传和控制指令下达网络。在应用层用户通过统一管理平台实现远程监控和闸门远程控制，通过无人或少人管理实现智能闸门控制和合理调水。

二、闸门在线监测与智能运维

　　电站工程金属结构设备众多、技术参数高、运行条件复杂。金属结构与设备的可靠性、安全性是电站安全运行的重要因素，因此，保证电站金属结构设备的安全运行是保证大坝安全的首要工作。在金属结构设备的全生命周期中，影响其安全运行的因素众多，归纳起来闸门的运行环境、结构应力、结构变形、动态响应、启闭机运行状态、运行人员素质等是主要因素。

　　通过应用先进的科学技术手段，对金属结构设备的运行状态实施在线状态安全监测，可以实时监控金属结构设备的运行状况，准确的进行安全状况分析，得到具有参考价值的安全评价报告和预测分析结果，为制定安全对策提供可靠依据；借助闸门实时监控系统，掌握设备的"健康状况"，可准确、简便的进行设备检修、维护；通过金属结构设备实时监控系统，对有害趋势进行预估，提前预知缺陷的产生，有助于及时采取修正措施，预防事故的发生，从而起到增加和改进防范措施，提高对灾害事故的应变能力；最终，通过金属结构设备实时在线监控系统，实现金属结构设备自动化运行，为实现航运枢纽工程全自动化运行控制扫除障碍，真正实现"无人值班、少人值守"。

三、基于 BIM 的项目全生命周期管理

　　水电工程项目的生命周期包括水电工程的规划阶段、设计阶段、建设阶段和运营阶段，直至工程的拆除，如图 8-15 所示。

　　BIM 的最重要意义，在于它重新整合了工程设计的流程，其所涉及的工程生命周期管理，又恰好是现代项目管理所关注和影响的对象。现代项目管理脱胎于传统项目管理，但又有革命性的不同，其设计已经不单单是设计，不仅要考虑设计本身的可行性，还要考虑施工阶段的可执行性，更要关注运营阶段的合理性和可持续性。

　　为了适应和促进水电工程全生命周期管理的应用，水工钢闸门作为水电工程中的重要的设备之一，也应满足水电工程全生命周期管理的要求，开展设备的全生命周期管理。设备的全生命周期管理包括三个阶段：①前期管理；②运行维修管理；③轮换及报废管理。为了达到对钢闸门的全生命周期的合理管理，必须基于 BIM 技术辅助

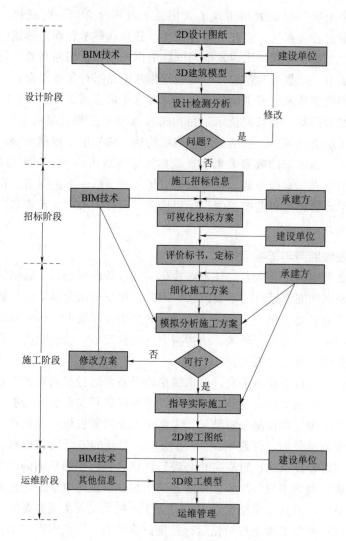

图 8-15 BIM 技术在项目全生命周期中的应用

实现对闸门从规划、设计、制造、选型、购置、安装、使用、维护、维修、改造、更新直至报废的管理。

四、基于 BIM 的钢闸门设计制造管理

随着计算机技术及应用的迅速发展，特别是大规模、超大规模集成电路和微型计算机的出现，使计算机图形学 (Computer Graphics，CG)、计算机辅助设计 (Computer Aided Design，CAD)、计算机辅助工程 (Computer Aided Engineering，CAE) 与计算机辅助制造 (Computer Aided Manufacturing，CAM) 等新技术得以十分迅猛的发展。CAD、CAM 已经在电子、造船、航空、航天、机械、建筑、汽车等各个领域中得到了广泛的应用，成为最具有生产潜力的工具，取得了巨大的经济效益。当前，在钢闸门行业领域中，CAD/CAE 一体化已经广泛应用，而与 CAM 一体化的工作尚在探索中。

基于三维模型的产品设计与制造已成为我国制造业的主流模式，由于产品三维模型具有可视化、数字化和虚拟化等特点，基于 BIM 的钢闸门的 CAD（此处泛指钢闸门的数字化设计）成为产品开发各环节不可或缺的基础载体。计算机在设计中的辅助作用主要体现在数值计算、数据存储与管理、图样绘制三个方面。计算机作为计算工具使用的优越性显而易见。许多需要多次迭代的复杂运算，只有用计算机才能完成。一些设计分析方法、例如优化方法、有限元分析，离开计算机便难以实现。计算机作为计算工具提高了计算精度，保证了结果的正确性。钢闸门数字化设计相比于传统设计能在很大程度上提升闸门的设计效率、提高设计产品的质量、缩短设计周期，数字化设计也是解决传统设计问题的重要手段。

从广义上说，计算机辅助工程 CAE 包括很多，从字面上讲，它可以包括工程和制造业信息化的所有方面，但是传统的 CAE 主要指用计算机对工程和产品进行性能与安全可靠性分析，对其未来的工作状态和运行行为进行模拟，及早发现设计缺陷，并证实未来工程、产品功能和性能的可用性和可靠性。

在钢闸门行业领域中，由于钢闸门工艺的复杂等因素，基于 BIM 的钢闸门 CAD/CAM 一体化尚在探索中。计算机辅助制造 CAM 是利用计算机对制造过程进行设计、管理和控制。一般说来．计算机辅助制造包括工艺设计、数控编程和机器人编程等内容。工艺设计主要是确定零件的加工方法、加工顺序和所用设备。近年来，计算机辅助工艺设计已逐渐形成了一门独立的技术分支。当采用数控机床加工零件时，需要编制数控机床的控制程序。计算机辅助编制程序，不但效率高，而且错误率很低。CAD/CAM 可大大缩短产品的制造周期，显著提高产品质量，从而产生巨大的经济效益。

资源 8 - 2
基于 BIM
的钢闸门
CAD/CAE
一体化过程

五、基于 BIM 的钢闸门过程跟踪管理

基于 BIM 的钢闸门过程跟踪管理涵盖了闸门设计制造以后，从采购计划、招标、制造、安装至试运行期间，即建设期与钢闸门相关的全过程的信息管理。

（1）采购招标。在建设部内部生成并流转招标设计文件及其他资料，其中立项审批表及其他资料传递给招投标管理系统，在招投标系统中完成评标、开标、决标等过程，过程信息及中标结果资料传递归档存储。

（2）监造管理。实现闸门监造的工作流程、工作报告、质量见证点跟踪、材料统计和检验记录等信息化管理；达到监造相关业务在系统中流程可跟踪、可追溯，工作报告、质量见证点、监造过程材料统计和检验等信息可管理和查询，并可对监造相关信息进行统计分析。

（3）验收管理。实现验收项目标准化，验收流程规范化；实现验收专家库管理，并实现验收人员工作范围和职责的管理；实现制造厂提供的质量数据是否符合相应标准、验收数据是否符合标准、设备制造质量等级等系统自动审核评判；实现对设备制造厂制造能力的综合评价；实现验收数据的统计分析导出，并能生成验收纪要。

（4）运输和仓储管理。系统实现从设备到货、验收、调拨以及设备部件仓库库存记录等信息管理。实现闸门从验收后出厂到现场调拨出库之前的运输和仓储过程跟踪

管理，包括设备的包装、发运、运输、现场接收、开箱验收、调拨出库、移库、退库、盘存等过程的信息录入、查询等。要求在箱件和设备两个层面上实现跟踪管理。

（5）安装管理。主要实现对闸门安装过程中各单元工程及所含工序的质量验收表格的管理。实现对质量验收表格数据录入、审核及会签的管理，实现单元工程、施工工序质量验收的自动评定，实现对特定人员在指定位置、规定时间内完成质量验收表格数据录入和质量管控的管理。

（6）设备移交。机组设备在完成有水调试后正式移交运行维护阶段，发起设备移交审批流程，并归档移交的技术资料，便于在设备运行过程中追溯和查询。

基于BIM的过程跟踪管理将以工程三维模型为信息载体，以数据信息对象编码为纽带，建立模型与动态信息之间的关联关系，对数据信息和组织结构进行统一定义，形成基于一个模型、一套数据、一个数据库数据系统，能够构建数据全面、组织有序、服务于闸门过程跟踪管理的系统，为运维移交提供全流程信息的模型数据。

六、基于 BIM 的钢闸门施工仿真管理

通过BIM技术的应用，基于BIM模型，综合考虑工程的自然条件、资源（工人、主材、机具）投入、目标工期、施工流程、经济效益等因素，进行施工安装过程的可视化模拟，并对方案进行分析和优化，提高方案审核的准确性。通过BIM技术的应用，改进施工组织，提高设备利用率，减少材料和备件库存，利用BIM数据进行构件加工，减少中间环节，提高加工效率和精度，提升施工组织水平。

钢闸门制造的重点和难点在于对制造工艺和焊接工艺的控制。基于BIM的钢闸门施工工艺管理能够实现对闸门安装的工作原理、结构特点、典型操作步骤、操作要点等内容进行虚拟仿真模拟；对拆卸、安装顺序以及检修要点及部件的装配等内容进行虚拟仿真模拟，对结构特点查看、典型操作步骤、操作要点查看、拆卸安装顺序、检修要点查看和部件装配和调试功能，实现运行、检修人员的虚拟培训。

七、基于 BIM 的钢闸门运行维护管理

基于BIM的钢闸门的运行维护管理主要体现在以下几个方面。

（1）基于BIM＋物联网的安全监测信息管理。在水电站运行期间，水工钢闸门上均设有压力、变位等相关的安全监测仪器，从现场自动化监测和控制系统中，获取各监测对象的历史和实时数据，建立各类历史状态数据的数据库，方便实现数据查询、统计、展示功能。

从各监测平台获取数据时，将各监测项的实测值与阈值进行比较，当数据达到阈值的某个百分比后，将产生对应级别的预警信息。预警信息将自动发布到消息服务器中，各前端用户将会在平台中实时接收到预警提示信息。历史预警记录在平台数据库中存储，方便用户对历史的预警记录进行追溯、统计、分析。

（2）基于BIM＋信息化的检修维护管理。在基于BIM的钢闸门的过程跟踪管理的基础上，开展基于BIM＋信息化的检修维护管理。在前面章节介绍的过程跟踪管理中，BIM模型已承载了闸门安装试运行前的全部信息，如闸门尺寸、规格、厂家、

属性等信息，在检修维护管理过程中，某闸门 BIM 模型可在系统中生成与模型对应的标准的检修维护单，检修人员接收检修维护单后，可参考闸门安装试运行前的全部信息，综合判断闸门的安全隐患部位、原因及问题，追加在同一个 BIM 模型中，待隐患排查后或安全问题解决后，填写解决办法及效果评价等，实现安全的闭环管理过程，并将整个安全管理过程集成在 BIM 模型上，为后期的闸门运行管理提供了宝贵的数据资料，也充分体现了 BIM 模型信息承载的特点。

第七节　设计例题：钢闸门的 BIM 技术应用

本节内容详见数字资源 8 - 3。

资源 8 - 3
设计例题：
钢闸门的
BIM 技术
应用

本　章　小　结

本章系统地介绍了利用 BIM 的概念和主要组成内容，并针对水工钢闸门的数字化设计中的设计思路、参数化、标准模板库建设、结构数值仿真、三维工程图表达等内容进行了详细阐述。结合工程实际案例，针对表孔和潜孔平面钢闸门、二支臂和三支臂弧形钢闸门的数字化设计进行了全面应用。

目前，水工钢闸门的 BIM 应用还存在不少亟待解决的问题，主要围绕以下几类问题：钢闸门全生命周期管理；实现 CAD/CAE/CAM 一体化；建立基于各种计算机信息技术的设备管理系统，解决设备在制造生产、出厂检验、运输安装、调试运营各阶段、多地点的跟踪管理；基于在线监测系统和运维系统实现提升设备监控、安全运行、巡视检修等方面的可视化、智能化水平等。水工钢闸门的 BIM 应用的目标是形成水利水电工程钢闸门数字化全过程管理平台，提升机电设备全生命周期数字化管理能力和管理效率，并对水利水电工程安全运行提供智能化决策依据。

在新兴技术不断发展的今天，可以预见，BIM 技术在水利水电工程钢闸门全生命周期的深化应用具有巨大的潜在应用价值和前景。

附　录

| 资源附表 1-1 《钢结构设计标准》（GB 50017—2017）规定的钢材的强度设计值 | 资源附表 1-2 《钢结构设计标准》（GB 50017—2017）规定的焊缝的强度指标 | 资源附表 1-3 《钢结构设计标准》（GB 50017—2017）规定的螺栓连接的强度设计值 | 资源附表 1-4 钢材的尺寸分组 | 资源附表 1-5 《水利水电工程钢闸门设计规范》（SL 74—2019）规定的钢材容许应力 | 资源附表 1-6 《水利水电工程钢闸门设计规范》（SL 74—2019）规定的焊缝的容许应力 |

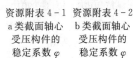

| 资源附表 1-7 《水利水电工程钢闸门设计规范》（SL 74—2019）规定的普通螺栓连接的容许应力 | 资源附表 1-8 《水利水电工程钢闸门设计规范》（SL 74—2019）规定的机械零件的容许应力 | 资源附录 2 结构或构件的变形容许值 | 资源附录 3 梁的整体稳定系数 | 资源附表 4-1 a 类截面轴心受压构件的稳定系数 φ | 资源附表 4-2 b 类截面轴心受压构件的稳定系数 φ |

| 资源附表 4-3 c 类截面轴心受压构件的稳定系数 φ | 资源附表 4-4 d 类截面轴心受压构件的稳定系数 φ | 资源附表 5-1 型钢规格和截面特性（等边角钢） | 资源附表 5-2 型钢规格和截面特性（普通工字钢） | 资源附表 5-3 型钢规格和截面特性（H 型钢和 T 型钢） | 资源附表 5-4 型钢规格和截面特性（普通槽钢） |

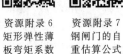

| 资源附表 5-5 型钢规格和截面特性（热轧无缝钢管） | 资源附表 5-6 型钢规格和截面特性（电焊钢管） | 资源附录 6 矩形弹性薄板弯矩系数 | 资源附录 7 钢闸门的自重估算公式 | 资源附录 8 材料的摩擦系数 |

参 考 文 献

［1］ 中华人民共和国住房和城乡建设部，中华人民共和国国家质量监督检验检疫总局. 钢结构设计标准：GB 50017—2017 ［S］. 北京：中国建筑工业出版社，2018.

［2］ 中华人民共和国住房和城乡建设部. 钢结构工程施工质量验收规范：GB 50205—2020 ［S］. 北京：中国计划出版社，2020.

［3］ 中华人民共和国住房和城乡建设部. 建筑结构荷载规范：GB 50009—2012 ［S］. 北京：中国建筑工业出版社，2012.

［4］ 中华人民共和国住房和城乡建设部，中华人民共和国国家质量监督检验检疫总局. 建筑抗震设计规范：GB 50011—2010 ［S］. 北京：中国建筑工业出版社，2010.

［5］ 王正中，尹志刚. 水工钢结构 ［M］. 2 版. 郑州：黄河水利出版社，2014.

［6］ 范崇仁. 水工钢结构 ［M］. 5 版. 北京：中国水利水电出版社，2019.

［7］ 王燕，李军，刁延松. 钢结构设计 ［M］. 2 版. 北京：中国建筑工业出版社，2019.

［8］ 张耀春. 钢结构设计原理 ［M］. 2 版. 北京：高等教育出版社，2020.

［9］ 戴国欣. 钢结构 ［M］. 5 版. 武汉：武汉理工大学出版社，2019.

［10］ 曹平周，朱召泉. 钢结构 ［M］. 4 版. 北京：中国电力出版社，2015.

［11］ 王正中，赵延风. 刘家峡水电站深孔弧门按双向平面主框架分析计算的探讨 ［J］. 水力发电，1992（9）：41 - 44，37.

［12］ 王正中，徐永前. 对四边固支矩形钢面板弹塑性调整系数理论值的探讨 ［J］. 水力发电，1989（5）：39 - 43.

［13］ 王正中，徐永前. 弧门双悬臂主梁最优梁高 ［C］. 全国水利水电工程学青年学术讨论会. 大连：海运学院出版社，1993.

［14］ 王正中，沙际德. 深孔钢闸门主梁横力弯曲正应力及挠度计算 ［J］. 水利学报，1995（9）：40 - 46，24.

［15］ Huijun Li，Yoshiya Taniguchi. Coupling Effect of Nodal Deviation and Member Imperfection on Load - Carrying Capacity of Single - Layer Reticulated Shell ［J］. International Journal of Steel Structures，2020，20（3）：919 - 930.

［16］ 陈绍蕃. 钢结构稳定设计指南 ［M］. 3 版. 北京：中国建筑工业出版社，2013.

［17］ 陈绍蕃. 钢结构设计原理 ［M］. 4 版. 北京：科学出版社，2016.

［18］ 陈绍番，顾强. 钢结构 上册：钢结构基础 ［M］. 4 版. 北京：中国建筑工业出版社，2018.

［19］ 沈祖炎，陈以一. 钢结构基本原理 ［M］. 3 版. 北京：中国建筑工业出版社，2018.